# Wahrscheinlichkeitsrechnung und schließende Statistik

Günther Bourier

# Wahrscheinlichkeitsrechnung und schließende Statistik

## Praxisorientierte Einführung
## Mit Aufgaben und Lösungen

8., aktualisierte Auflage

Springer Gabler

Prof. Dr. Günther Bourier
Hochschule Regensburg
Deutschland

ISBN 978-3-658-01446-9 ISBN 978-3-658-01447-6 (eBook)
DOI 10.1007/978-3-658-01447-6

Die Deutsche Nationalbibliothek verzeichnet diese Publikation in der Deutschen Nationalbibliografie; detaillierte bibliografische Daten sind im Internet über http://dnb.d-nb.de abrufbar.

Springer Gabler


*Lektorat:* Irene Buttkus, Renate Schilling

Gedruckt auf säurefreiem und chlorfrei gebleichtem Papier

Springer Gabler ist eine Marke von Springer DE. Springer DE ist Teil der Fachverlagsgruppe Springer Science+Business Media
www.springer-gabler.de

# Vorwort zur achten Auflage

Das Buch wurde für die achte Auflage kritisch durchgesehen, dabei wurde eine Reihe kleinerer Abänderungen vorgenommen.

Die beiden Lehrbücher "Beschreibende Statistik" und "Wahrscheinlichkeitsrechnung und schließende Statistik" stellen zusammen mit dem von mir verfassten Übungsbuch "Statistik-Übungen" (alle erschienen im Verlag Springer Gabler) eine umfassende Einheit dar, die den Studierenden die Aneignung und Umsetzung statistischer Methoden ermöglichen soll.

Als hilfreiches Zusatzmittel gibt es zu den drei Büchern die Lernsoftware "PC-Statistiktrainer", die unter www.springer.com (siehe dazu S. 309) kostenfrei heruntergeladen werden kann.

# Vorwort

Das vorliegende Lehrbuch ist als Einführung in die Wahrscheinlichkeitsrechnung und schließende Statistik konzipiert. Es umfaßt die Stoffbereiche, die sich Studenten der Betriebswirtschaftslehre an Fachhochschulen vornehmlich im Grundstudium, aber auch im Hauptstudium zu erarbeiten haben. Als praxisorientierte Ergänzung zu theoriegeleiteten Vorlesungen richtet es sich zugleich an Universitätsstudenten. Nicht zuletzt erschließt sich das Lehrbuch auch dem Praktiker, da es so abgefaßt ist, daß der Stoff auch im Selbststudium erarbeitet werden kann. Zusammen mit dem von mir verfaßten Lehrbuch "Beschreibende Statistik", das ebenfalls im Gabler Verlag erschienen ist, ist eine komplette Einführung in das Gebiet der betrieblichen Statistik entstanden.

Die Anwendung und praktische Umsetzung statistischer Methoden stehen im Mittelpunkt dieses Lehrbuches. Es wird daher bewußt auf ausführliche mathematische Darlegungen, die dem Bereich einer wissenschaftlichen Ausbildung vorbehalten sind, verzichtet. Nicht verzichtet wird dagegen auf eine ausführliche Darlegung der gedanklichen Konzeptionen, die den Methoden zugrunde liegen.

Bei der Beschreibung der statistischen Methoden wird besonderer Wert auf hohe Anschaulichkeit, gute Verständlichkeit und leichte Nachvollziehbarkeit gelegt. Um dies zu erreichen, werden die Methoden programmartig, Schritt für Schritt detailliert erklärt und stets anhand von Beispielen veranschaulicht. Ausgewählte Einführungsbeispiele sorgen zudem für einen leichteren Zugang und Einstieg in die jeweilige Materie.

Das Studium der Statistik erfordert viel eigenes Tun und Üben. So sind jedem Kapitel zahlreiche Übungsaufgaben und Kontrollfragen angefügt. Sie sollen beim Erarbeiten des Stoffes weiterhelfen, eine Selbstkontrolle des eigenen Wissensstandes ermöglichen und auch der Klausurvorbereitung dienen. Für jede rechnerisch zu lösende Aufgabe ist in Kapitel 11 eine ausführliche Lösung angegeben. Aufgrund der vielen ausführlich gehaltenen Beispiele und der zahlreichen Übungsaufgaben besitzt das Lehrbuch auch weitgehend die Funktion eines Übungsbuches.

Jeder Verfasser ist auf ein Umfeld angewiesen, das ihm die Arbeit ermöglicht und erleichtert. So gilt mein Dank meiner Frau und meinen Kindern, die mir den für die Entstehung des Buches nötigen Freiraum gelassen haben. Meiner Kollegin Frau Professor Klaiber danke ich herzlich für die mühevolle kritische Durchsicht des Manuskripts und viele wertvolle Anregungen. Dem Gabler Verlag und Frau Jutta Hauser-Fahr als verantwortlicher Lektorin danke ich für die reibungslose Zusammenarbeit.

Günther Bourier

# Inhaltsverzeichnis

# 1 Einführung

Unternehmen sind in hohem Maße auf Datenmaterial angewiesen, durch das sie über Zustände und Entwicklungen innerhalb und außerhalb des Unternehmens informiert werden. Ohne Datenmaterial wären eine rationale Planung, Steuerung und Kontrolle des Unternehmensgeschehens nicht möglich. Die erforderlichen Daten werden dabei zum einen in ihrer ursprünglichen Form verwendet, zum anderen müssen sie für die Verwendung zuerst zweckorientiert aufbereitet und analysiert werden. Der Statistik kommt dabei die Aufgabe zu, Methoden und Verfahren für die Erhebung, Aufbereitung und Analyse der Daten zu entwickeln und anzuwenden sowie die daraus resultierenden Ergebnisse zu interpretieren.

**Definition: Statistik**

Entwicklung und Anwendung von Methoden zur Erhebung, Aufbereitung, Analyse und Interpretation von Daten.

Das Gebiet der Statistik läßt sich in drei Teilgebiete untergliedern:

- Beschreibende Statistik
- Wahrscheinlichkeitsrechnung
- Schließende Statistik

Aufgabe der **beschreibenden Statistik** (auch: deskriptive Statistik) ist die Beschreibung des interessierenden Untersuchungsobjektes. Zur Erfüllung dieser Aufgabe sind in einem ersten Schritt die relevanten Daten des Untersuchungsobjektes vollständig zu erheben. Das dabei gewonnene, oft sehr umfangreiche Datenmaterial ist in einem zweiten Schritt aufzubereiten, d.h. in eine übersichtliche und geordnete Form (Tabelle, Graphik etc.) zu bringen. In einem dritten Schritt sind die aufbereiteten Daten zu analysieren. Die Analyse besteht im Herausarbeiten wesentlicher Eigenschaften des Untersuchungsobjektes beispielsweise durch die Berechnung von Kennzahlen (Mittelwert, Streuungsmaß etc.), durch das Erkennen von Gesetzmäßigkeiten bei zeitlichen Entwicklungen oder durch die Feststellung des Abhängigkeitsausmaßes zwischen zwei Größen. In einem abschließenden Schritt sind die Analyseergebnisse sachbezogen zu interpretieren.

Beispiel: Monatliche Umsatzentwicklung eines Unternehmens

In einem ersten Schritt sind die Umsätze der einzelnen Artikel monatlich zu erheben. Das gewonnene umfangreiche Datenmaterial ist in einem zweiten Schritt aufzubereiten. Dazu sind die einzelnen Artikelumsätze zu Artikelgruppenumsätzen bis hin zum Gesamtumsatz zu aggregieren und in Tabellenform oder graphischer Form übersichtlich wiederzugeben. Die so aufbereiteten Umsätze sind in einem weiteren Schritt zu analysieren. Dies kann von der Berechnung des monatlichen Durchschnittsumsatzes über das Herausarbeiten von Gesetzmäßigkeiten in der zeitlichen Entwicklung bis hin zur Abgabe einer Prognose für die Umsatzentwicklung der nächsten Monate reichen. Im Rahmen der abschließenden Interpretation kann die Entwicklung z.B. in den gesamtwirtschaftlichen Rahmen gestellt werden oder mit der Branchenentwicklung verglichen werden.

Kennzeichnend für die beschreibende Statistik ist die vollständige Kenntnis über das Untersuchungsobjekt. Diese wird durch die Erhebung bzw. Gewinnung aller relevanten Daten erreicht. Im Unterschied zur beschreibenden Statistik ist bei der Wahrscheinlichkeitsrechnung und der schließenden Statistik der Kenntnisstand über das interessierende Untersuchungsobjekt unvollständig.

Untersuchungsobjekt der **Wahrscheinlichkeitsrechnung** sind Vorgänge, deren Ausgang ungewiß ist. Welchen Ausgang ein Vorgang nehmen wird, ist vom Zufall abhängig und daher nicht mit Sicherheit vorhersehbar. Insofern besteht hier unvollständige Kenntnis. Aufgabe der Wahrscheinlichkeitsrechnung ist es, das Ausmaß der Sicherheit, mit dem ein möglicher Ausgang eintritt, zahlenmäßig auszudrücken. Die Kenntnis der Eintrittswahrscheinlichkeit ist oft von erheblicher Bedeutung für die Entscheidungsfindung.

Beispiel: Pumpenstation

In einer Pumpenstation sind sieben baugleiche Motoren installiert. Fällt während des täglichen 8-Stundenbetriebs ein Motor aus, so ist er erst am nächsten Tag wieder einsatzfähig. Das Risiko für den Ausfall eines Motors beträgt erfahrungsgemäß 5%. Zum Betrieb der Station sind fünf intakte Motoren erforderlich. - Aufgabe der Wahrscheinlichkeitsrechnung ist es, das Risiko für den Ausfall der Pumpenstation zahlenmäßig anzugeben. Dazu sind die Eintrittswahrscheinlichkeiten der relevanten Ausgänge (3, 4, 5, 6 oder 7 Motorenausfälle) zu berechnen und anschließend zur Gesamtwahrscheinlichkeit zu addieren. Diese beziffert das

Ausfallrisiko. Diese Wahrscheinlichkeit ist neben den Betriebskosten eines Motors und den durch einen Stationsausfall bedingten Kosten eine wesentliche Größe für die Entscheidung, ob die Anzahl der installierten Motoren beibehalten oder verändert werden soll.

Bei der **schließenden Statistik** (auch: induktive Statistik) liegen die Daten bzw. Informationen nur für einen Teil des interessierenden Untersuchungsobjektes vor. Insofern besteht hier unvollständige Kenntnis. Eine für die vollständige Kenntnis erforderliche umfassende Datenerhebung wäre zu teuer, zu langwierig oder praktisch unmöglich. Aufgabe der schließenden Statistik ist es, auf Grundlage der relativ wenigen vorliegenden Daten Kenntnisse über das gesamte Objekt zu erlangen. Anders ausgedrückt, es werden Rückschlüsse von der Eigenschaft der Teilgesamtheit (Stichprobe) auf die Eigenschaft der übergeordneten Gesamtheit gezogen. Der Rückschluß ist mit einem Fehlerrisiko verbunden, das unter bestimmten Bedingungen mit Hilfe der Wahrscheinlichkeitsrechnung quantifiziert werden kann.

Beispiel: Zuckerabfüllung

In einer Zuckerraffinerie werden täglich 200.000 Packungen mit Zucker gefüllt. Das Sollgewicht einer Packung beträgt 1.000 g. Aus einer Tagesabfüllung werden 150 Packungen zufällig entnommen und gewogen. Das durchschnittliche Gewicht, das mit Hilfe der beschreibenden Statistik ermittelt wird, beträgt in dieser Teilgesamtheit (Stichprobe) 1.000,8 g. Mit den Methoden der schließenden Statistik kann z.B. ein Intervall konstruiert werden, welches das Durchschnittsgewicht der 200.000 Packungen mit einer bestimmten Wahrscheinlichkeit überdeckt. Oder es kann z.B. auf der Basis dieses Stichprobenwertes die Behauptung "das Durchschnittsgewicht der 200.000 Packungen beträgt weniger als 1.000 g" auf ihre Glaubwürdigkeit hin überprüft werden.

Mit der Wahrscheinlichkeitsrechnung befassen sich die Kapitel 2 bis 7, mit der schließenden Statistik die Kapitel 8 bis 10. In Kapitel 11 sind die Lösungen zu allen rechnerisch zu bearbeitenden Übungsaufgaben angegeben.

# 2 Grundbegriffe der Wahrscheinlichkeitsrechnung

In diesem Kapitel werden vier grundlegende Begriffe der Wahrscheinlichkeitsrechnung, nämlich

Zufallsvorgang,
Elementarereignis,
Ereignisraum und
Ereignis

erklärt und definiert. Die Beschäftigung mit diesen Begriffen erleichtert den Zugang zum Begriff der Wahrscheinlichkeit. Zur Erklärung der Grundbegriffe werden - wie auch in den späteren Kapiteln - neben Beispielen aus der Betriebswirtschaftslehre auch Beispiele aus dem Bereich der Glücksspiele verwendet. Diese Vorgehensweise wird gewählt, nicht etwa weil die Wahrscheinlichkeitsrechnung ihren Ursprung in der Ermittlung der Gewinnaussichten bei Glücksspielen hat, sondern weil Glücksspiele - im Sinne der Wahrscheinlichkeitsrechnung - klare und überschaubare Strukturen besitzen, die das Erklären und Verstehen erleichtern.

## 2.1 Zufallsvorgang

Andere gebräuchliche Bezeichnungen für Zufallsvorgang sind Zufallsexperiment und Zufallsbeobachtung.

Der Begriff "Zufallsvorgang" wird an drei Zufallsvorgängen beispielhaft verdeutlicht; diese Vorgänge werden auch in den folgenden Abschnitten verwendet.

Beispiel 1: "Ein Würfel wird einmal geworfen."

Beispiel 2: "Aus einer Lieferung werden drei Einheiten entnommen und auf ihre Funktionstüchtigkeit geprüft."

Beispiel 3: "Der Benzinverbrauch eines umweltfreundlichen Autos wird für eine Teststrecke von 100 Kilometer gemessen."

Für jeden dieser drei Vorgänge ist typisch, daß es trotz fester Rahmenbedingungen selbst bei wiederholter Durchführung ungewiß bzw. nicht vorhersehbar ist, welchen Ausgang der Vorgang nehmen wird. Diese Ungewißheitssituation stellt sich ein, da das Zusammenwirken der Faktoren, die auf den Ausgang Einfluß nehmen, für eine vollständige Erfassung und Kontrolle zu komplex und vielfältig ist. Der Ausgang des Vorgangs wird deswegen als zufällig angesehen. Der Zufall resultiert so gesehen aus unserer Unwissenheit oder Unkenntnis über den Vorgang als solchen. Der Begriff Zufallsvorgang kann daher folgendermaßen definiert werden:

**Definition: Zufallsvorgang**

Ein Zufallsvorgang ist ein Vorgang, dessen Ausgang aufgrund von Unkenntnis oder Unwissenheit nicht vorhergesagt werden kann.

## 2.2 Elementarereignis und Ereignisraum

Beispiel 1: Wird der Würfel einmal geworfen, dann wird eine der Augenzahlen 1, 2, 3, 4, 5 oder 6 erscheinen.

Beispiel 2: Bei der Prüfung auf Funktionstüchtigkeit einer jeden der drei Einheiten wird das Urteil "ja" (j) oder "nein" (n) lauten. Für die Prüfung der drei Einheiten lauten damit die möglichen Elementarereignisse: (n,n,n), (j,n,n), (n,j,n), (n,n,j), (j,j,n), (j,n,j), (n,j,j) und (j,j,j).

Beispiel 3: Der Benzinverbrauch des Autos möge jeden Wert zwischen 2,70 und 3,10 Liter annehmen können.

Die in den Beispielen genannten, grundsätzlich möglichen Ausgänge der Zufallsvorgänge werden als Elementarereignisse bezeichnet. Bei der Durchführung eines Zufallsvorganges tritt genau eines der Elementarereignisse ein.

**Definition: Elementarereignis**

Elementarereignisse heißen die einzelnen, sich gegenseitig ausschließenden möglichen Ausgänge eines Zufallsvorganges.

Das Zusammenfassen aller Elementarereignisse eines Zufallvorganges zu einer Menge ergibt den Ereignisraum, genauer Elementarereignisraum. - Dem Ereignisraum wird als Symbol der griechische Buchstabe $\Omega$ (lies: Omega) zugeordnet.

**Definition: Ereignisraum**

Der Ereignisraum Ω ist die Menge aller möglichen Elementarereignisse.

Beispiel 1: $\Omega = \{1, 2, 3, 4, 5, 6\}$

Beispiel 2:

$\Omega = \{(n,n,n), (j,n,n), (n,j,n), (n,n,j), (j,j,n), (j,n,j), (n,j,j), (j,j,j)\}$

Beispiel 3: $\Omega = \{\text{Benzinverbrauch } x | \ 2{,}70 \leq x \leq 3{,}10\}$

In Worten: Ω umfasst alle Benzinverbräuche x, die die Bedingung x größer gleich 2,70 und zugleich kleiner gleich 3,10 Liter erfüllen.

Ereignisräume lassen sich in diskrete und stetige Ereignisräume untergliedern. Diskrete Ereignisräume umfassen endlich viele Elementarereignisse wie in den Beispielen 1 und 2 oder sie umfassen abzählbar unendlich viele Elementarereignisse, d.h. die Anzahl der Elementarereignisse läßt sich auf die Menge der natürlichen Zahlen abbilden. Stetige Ereignisräume umfassen überabzählbar unendlich viele Elementarereignisse, d.h. die natürlichen Zahlen reichen für ein Abzählen nicht mehr aus. Im Beispiel 3 enthält das Kontinuum 2,70 bis 3,10 Liter überabzählbar unendlich viele Elementarereignisse.

## 2.3 Ereignis

Bei der Durchführung eines Zufallsvorganges ist man daran interessiert, welchen Ausgang der Zufallsvorgang nehmen wird. Dieser interessierende Ausgang wird als Ereignis bezeichnet. Das Ereignis kann dabei aus einem oder aus mehreren Elementarereignissen bestehen; es besteht - in der Sprache der Mengenlehre - aus einer Teilmenge des Ereignisraumes.
Ereignissen werden als Symbol lateinische Großbuchstaben zugeordnet.

**Definition: Ereignis**

Ein Ereignis ist eine Menge, die aus einem Elementarereignis besteht oder sich aus mehreren Elementarereignissen zusammensetzt.

Beispiel 1:

a) Ereignis A: Werfen der Augenzahl 6.

$A = \{6\}$

b) Ereignis B: Werfen einer geraden Augenzahl.

$B = \{2, 4, 6\}$

Beispiel 2: Die Lieferung wird nur bei dem Ereignis C: "mindesten zwei funktionstüchtige Einheiten" angenommen.

$C = \{(j,j,n), (j,n,j), (n,j,j), (j,j,j)\}$

Beispiel 3: Die Entwicklungsingenieure sind an dem Ereignis D: "der Benzinverbrauch liegt unter 3,00 Liter pro 100 km" interessiert.

$D = \{\text{Benzinverbrauch } x | \, x < 3{,}00\}$

Die Ereignisse B und C unter den Beispielen 1b bzw. 2 werden als zusammengesetzte Ereignisse bezeichnet, da sie sich aus mehreren Elementarereignissen zusammensetzen. Tritt eines dieser Elementarereignisse ein, so tritt damit auch das übergeordnete Ereignis ein. - Das Ereignis A unter Beispiel 1a besteht aus einem einzigen Elementarereignis. Wenn genau dieses Elementarereignis eintritt, dann tritt auch das übergeordnete Ereignis ein. - Das Ereignis D unter Beispiel 3 setzt sich aus überabzählbar unendlich vielen Elementarereignissen zusammen. Das Ereignis D tritt ein, wenn eines seiner Elementarereignisse eintritt.

Aufgabe der Wahrscheinlichkeitsrechnung ist es, die Wahrscheinlichkeit für den Eintritt oder Nicht-Eintritt eines Ereignisses zu bestimmen. Für die Bestimmung von Wahrscheinlichkeiten sind zwei Ereignisse, nämlich das "sichere Ereignis" und das "unmögliche Ereignis" von besonderer Bedeutung. Diese werden im folgenden vorgestellt und am Zufallsvorgang "einmaliges Werfen eines Würfels" veranschaulicht.

**Definition: Sicheres Ereignis**

Ein Ereignis ist sicher, wenn es alle Elementarereignisse des Ereignisraumes umfaßt.

Das sichere Ereignis ist folglich mit dem Ereignisraum $\Omega$ identisch. Das sichere Ereignis ist damit das Ereignis, das immer eintritt. Im Beispiel 1 tritt das Ereignis

$E = \{1, 2, 3, 4, 5, 6\}$

mit Sicherheit ein, da es alle möglichen Augenzahlen umfaßt.

**Definition: Unmögliches Ereignis**
Ein Ereignis ist unmöglich, wenn es kein Elementarereignis des Ereignisraumes umfaßt.

Die Menge des unmöglichen Ereignisses ist also die leere Menge.

Unmögliches Ereignis = {} = ∅

Symbol: ∅ = leere Menge

Das unmögliche Ereignis kann nicht eintreten, da es keine Elementarereignisse enthält. Im Beispiel 1 kann das Ereignis

F = {} = ∅

nicht eintreten, da es keine Augenzahl (Elementarereignis) enthält.

## 2.4 Übungsaufgaben und Kontrollfragen

01) Erklären und erläutern Sie die Begriffe Zufallsvorgang, Elementarereignis, Ereignisraum und Ereignis!

02) Wählen Sie aus Ihrem heutigen Tagesablauf einen einfach strukturierten Zufallsvorgang aus! Geben Sie die Elementarereignisse, den Ereignisraum und ein Ereignis für diesen Zufallsvorgang an!

03) Ein Zufallsvorgang besteht im zweimaligen Werfen eines Würfels.
  a) Geben Sie in übersichtlicher Form die möglichen Elementarereignisse an!
  b) Geben Sie die Elementarereignisse für das Ereignis A: "Augenzahlsumme kleiner 6" an!

04) Vervollständigen Sie die Aussage: "Ein Ereignis ist eingetreten, wenn ... ."

05) Gegeben sind die vier Ereignisse
A = {1, 2, 3}; B = {2, 4, 6}; C = {4, 5, 6}; D = {6}.
  a) Können die Ereignisse A und B gleichzeitig eintreten?
  b) Können die Ereignisse B und C gleichzeitig eintreten?
  c) Können die Ereignisse A und C gleichzeitig eintreten?
  d) Können die Ereignisse B, C und D gleichzeitig eintreten?

06) Erklären Sie den Unterschied zwischen diskreten und stetigen Ereignisräumen!

07) Wodurch zeichnet sich ein zusammengesetztes Ereignis aus?

08) Wodurch zeichnet sich das sichere Ereignis aus?

09) Wodurch zeichnet sich das unmögliche Ereignis aus?

10) Das Ausspielen der Lottozahlen ist ein Zufallsvorgang.
  a) Geben Sie drei Elementarereignisse an!
  b) Warum ist die Auflistung aller Elementarereignisse bzw. die Beschreibung des Ereignisraumes praktisch nicht möglich?
  c) Nennen Sie ein Ereignis und dessen Elementarereignis(se)!

11) Um in das erste praktische Studiensemester vorrücken zu dürfen, sind mindestens vier von fünf Klausuren der Fächer A, B, C, D und E zu bestehen. Nennen Sie das einen Studenten interessierende Ereignis und listen Sie die zugehörigen Elementarereignisse auf!

# 3 Direkte Ermittlung von Wahrscheinlichkeiten

Im Mittelpunkt bei einem Zufallsvorgang steht das Interesse, welches der möglichen Elementarereignisse bzw. welches Ereignis eintreten wird. Für das Treffen von Entscheidungen oder das Verhalten in Situationen ist es oft von erheblicher Bedeutung, Kenntnisse über die Chancen oder Risiken für den Eintritt der Ereignisse zu besitzen.

Ein Maß für die Beschreibung der Chance oder des Risikos ist die Wahrscheinlichkeit. Durch sie wird der Grad der Sicherheit für den Eintritt oder Nicht-Eintritt eines Ereignisses zahlenmäßig wiedergegeben.

Wahrscheinlichkeiten für Ereignisse können direkt oder indirekt ermittelt werden. Bei der direkten Ermittlung wird der Zufallsvorgang tatsächlich oder gedanklich durchgeführt. Bei der indirekten Ermittlung wird die Wahrscheinlichkeit aus den bekannten Wahrscheinlichkeiten anderer Ereignisse abgeleitet, ohne daß der Zufallsvorgang nochmals tatsächlich oder gedanklich durchgeführt werden muß.

Die direkte Ermittlung kann auf klassische, statistische oder subjektive Weise erfolgen. Ihre Beschreibung ist Gegenstand der folgenden drei Abschnitte.

## 3.1 Die klassische Wahrscheinlichkeitsermittlung

Die klassische Wahrscheinlichkeitsermittlung wird häufig mit dem Namen Pierre Simon Laplace (1749 - 1827) verbunden, obwohl Jakob Bernoulli (1654 - 1705) bereits früher die im folgenden darzulegende Ermittlungsmethode beschrieben hat.

**a) Voraussetzungen**

Die Ermittlung der Wahrscheinlichkeit auf klassische Weise setzt voraus, daß der Zufallsvorgang

- endlich viele Elementarereignisse besitzt und
- diese alle gleich möglich bzw. gleich wahrscheinlich sind.

**b) Ermittlung**

Um die Wahrscheinlichkeit für ein Ereignis zu ermitteln, muß der Zufallsvorgang nicht tatsächlich durchgeführt werden. Die Wahrscheinlichkeit wird vielmehr auf rein gedankliche Weise ermittelt.

Dazu ist in einem ersten Schritt die Anzahl der Elementarereignisse zu bestimmen, aus denen sich ein interessierendes Ereignis A zusammensetzt. Diese Elementarereignisse werden als "die für den Eintritt von Ereignis A günstigen Elementarereignisse" - kurz: günstige Elementarereignisse - bezeichnet. In einem zweiten Schritt ist die Anzahl der Elementarereignisse zu bestimmen, aus denen sich der Ereignisraum Ω zusammensetzt. Im abschließenden dritten Schritt wird die Wahrscheinlichkeit berechnet, indem der Quotient aus den beiden Anzahlen gebildet wird.

**Definition: Klassische Wahrscheinlichkeit**

Die klassische Wahrscheinlichkeit für ein Ereignis A ist der Quotient aus
der Anzahl der für A günstigen Elementarereignisse und
der Anzahl der gleich möglichen Elementarereignisse.

Berechnungsformel für die klassische Wahrscheinlichkeit:

$$W(A) = \frac{\text{Anzahl der für A günstigen Elementarereignisse}}{\text{Anzahl der gleich möglichen Elementarereignisse}} \qquad \text{(Formel 3.1.-1)}$$

mit W(A) = Wahrscheinlichkeit für das Eintreten von Ereignis A.

**c) Beispiel**

Beim einmaligen Werfen mit einem Würfel möge der Eintritt des Ereignisses A "gerade Augenzahl" interessieren.

$$A = \{2, 4, 6\}; \qquad \Omega = \{1, 2, 3, 4, 5, 6\}$$

Die günstigen Elementarereignisse sind die Augenzahlen 2, 4 und 6; ihre Anzahl beträgt also 3. Die Anzahl der offensichtlich gleich möglichen Elementarereignisse beträgt - wie aus Ω zu ersehen ist - gleich 6.

Damit ergibt sich:

$$W(A) = \frac{3}{6} = 0{,}50 \quad \text{bzw. } 50\%$$

Die Wahrscheinlichkeit, bei einem einmaligen Werfen mit einem Würfel eine gerade Augenzahl zu erzielen, beträgt also 0,50 bzw. 50%.

**d) Probleme**

Die Möglichkeit, in der betrieblichen Praxis auf klassische Weise Wahrscheinlichkeiten zu ermitteln, ist insbesondere wegen der zweiten unter a) genannten Voraussetzung sehr stark eingeschränkt.

Besitzt ein Zufallsvorgang wie im Beispiel 3 unter Abschnitt 2.1 unendlich viele, gleich mögliche Elementarereignisse, dann ist die Ermittlung der Wahrscheinlichkeit wegen des unendlich großen Nenners der Berechnungsformel nicht möglich. Einen Ausweg kann die **geometrische Wahrscheinlichkeitsermittlung** bieten. An die Stelle der Elementarereignisse treten jetzt gleich lange bzw. gleich mögliche Strecken. Im Beispiel 3 könnte dazu der Bereich 2,70 bis 3,10 l in z.B. 20 gleich lange Strecken ("Elementarereignisse") zerlegt werden. Umfaßt ein interessierendes Ereignis A davon beispielsweise drei Strecken (günstige "Elementarereignisse"), dann beträgt die Wahrscheinlichkeit für das Ereignis A 3/20 = 0,15 bzw. 15%, vorausgesetzt alle 20 Abschnitte sind gleich möglich.

Die Voraussetzung der Gleichmöglichkeit ist in der betrieblichen Praxis im Unterschied zu sehr vielen Glücksspielen nur äußerst selten gegeben. So wird im Beispiel 2 unter Abschnitt 2.1 der Eintritt des Elementarereignisses "drei funktionstüchtige Einheiten" i.d.R. eher möglich sein als der des Elementarereignisses "drei funktionsuntüchtige" Einheiten.

Von der Gleichmöglichkeit abgesehen, kann das Auffinden oder auch das Abzählen der Elementarereignisse problematisch sein. Bei Zufallsvorgängen mit vielen Einflußfaktoren sind Zahl und Art der möglichen Ausgänge oft nicht mehr überschaubar.

**e) Bedeutung**

Die klassische Wahrscheinlichkeit kann theoretisch, d.h. rein gedanklich ermittelt werden. Dadurch ist die Ermittlung der Wahrscheinlichkeit für ein Ereignis schon vor der tatsächlichen Durchführung des Zufallsvorganges möglich. Deswegen und weil die Gleichmöglichkeit objektiv nachprüfbar ist, wird die klassische Wahrscheinlichkeit auch als objektive a priori-Wahrscheinlichkeit bezeichnet. Diese Kenntnis im vorhinein ist von großem Vorteil, wenn das Ausmaß der

Wahrscheinlichkeit von erheblicher Bedeutung für die Entscheidungsfindung ist. Dieser Vorteil kommt in der betrieblichen Praxis jedoch kaum zum Tragen, da die Gleichmöglichkeit der Elementarereignisse nur selten gegeben ist. - In der schließenden Statistik (Kapitel 8 ff.) kommt im Rahmen der Gewinnung von Zufallsstichproben der Herstellung der Gleichmöglichkeit große Bedeutung zu.

In der betrieblichen Praxis werden Wahrscheinlichkeiten nach der klassischen Methode ermittelt, wenn kein hinreichender Grund zu erkennen ist, der ein Elementarereignis im Vergleich zu anderen als mehr oder weniger möglich erscheinen läßt (Prinzip des unzureichenden Grundes). In diesen Fällen werden alle Elementarereignisse als gleich möglich angesehen. Die so ermittelte Wahrscheinlichkeit wird aber wegen der nicht sicheren Kenntnislage in der Regel von der tatsächlichen Wahrscheinlichkeit abweichen.

Große praktische Bedeutung kommt der klassischen Wahrscheinlichkeit im Bereich der Glücksspiele zu. Glücksspiele sind sehr oft so konstruiert, daß Elementarereignisse gleich möglich sind. Dadurch können die Wahrscheinlichkeiten für Ereignisse klassisch ermittelt werden. Auf der Basis dieser Wahrscheinlichkeiten können dann sinnvolle Spielstrategien entwickelt werden.

## 3.2 Die statistische Wahrscheinlichkeitsermittlung

Die statistische Wahrscheinlichkeitsermittlung wird häufig mit dem Namen Richard von Mises (1883 - 1953) verbunden, obwohl auch hier Jakob Bernoulli bereits früher die im folgenden darzulegende Ermittlungsmethode beschrieben hat.

**a) Voraussetzung**

Die Ermittlung der Wahrscheinlichkeit auf statistischem Wege setzt voraus, daß der Zufallsvorgang unter identischen Bedingungen wiederholbar ist.

**b) Ermittlung**

Um die Wahrscheinlichkeit für ein Ereignis A zu ermitteln, muss der Zufallsvorgang tatsächlich und wiederholt durchgeführt werden. Ist der Zufallsvorgang genügend oft durchgeführt worden, wird die für Ereignis A festgestellte **relative Häufigkeit** als Wert für die Wahrscheinlichkeit verwendet. Dazu ist die Anzahl der Zufallsvorgänge, bei denen das interessierende Ereignis A eingetreten ist, durch die Gesamtzahl der durchgeführten Zufallsvorgänge zu dividieren.

$$W(A) = \frac{\text{Zahl der Zufallsvorgänge mit Ereignis A}}{\text{Zahl der Zufallsvorgänge insgesamt}} \qquad \text{(Formel 3.2.-1)}$$

Wird der Zufallsvorgang relativ selten durchgeführt, dann ist das Risiko, daß die festgestellte relative Häufigkeit von der tatsächlichen Wahrscheinlichkeit zu stark abweicht, i.d.R. hoch. Mit zunehmender Wiederholung nähert sich die relative Häufigkeit der gesuchten Wahrscheinlichkeit tendenziell an. Der Zufallsvorgang ist daher so lange zu wiederholen, bis sich die relative Häufigkeit stabilisiert bzw. auf einen festen Wert, die Wahrscheinlichkeit, eingependelt hat.

Ihre Berechtigung findet diese Vorgehensweise durch das "Gesetz der großen Zahl" von Jakob Bernoulli. Mit wachsender Zahl der Zufallsvorgänge strebt die Wahrscheinlichkeit gegen Null, daß die absolute Differenz aus der relativen Häufigkeit und der Wahrscheinlichkeit größer als eine vorgegebene, beliebig kleine positive Zahl ε (griechischer Buchstabe; Sprechweise: Epsilon) ist.

$$\lim_{n \to \infty} W(\,|\,f_n(A) - W(A)\,| > \varepsilon\,) = 0$$

mit $f_n(A)$ = relative Häufigkeit für A bei n Zufallsvorgängen
$n$ = Anzahl der Zufallsvorgänge

Bei einer genügend großen Anzahl von Zufallsvorgängen liefert die statistische Vorgehensweise eine gute Näherung für die tatsächliche Wahrscheinlichkeit.

**c) Beispiel**

Beim einmaligen Werfen mit einem Würfel interessiert der Eintritt des Ereignisses A "Augenzahl 6".

$$A = \{6\}$$

Zur Ermittlung der Wahrscheinlichkeit ist der Zufallsvorgang "Werfen des Würfels" wiederholt durchzuführen. Nach jedem oder auch nur jedem z.B. zehnten Wurf ist die relative Häufigkeit zu berechnen und zu prüfen, ob sich diese schon stabilisiert hat oder noch relativ starken Schwankungen unterliegt. In einer Computersimulation wurde der Zufallsvorgang 10.000mal durchgeführt. Die Ergebnisse finden sich auszugsweise in Abb. 3.2.-1 und Abb. 3.2.-2 wieder.

| n | $f_n(A)$ | n | $f_n(A)$ | n | $f_n(A)$ |
|---|---|---|---|---|---|
| 1 | 0,000 | 100 | 0,160 | 1000 | 0,175 |
| 2 | 0,000 | 200 | 0,185 | 2000 | 0,172 |
| 3 | 0,333 | 300 | 0,177 | 3000 | 0,169 |
| 4 | 0,250 | 400 | 0,175 | 4000 | 0,171 |
| 5 | 0,200 | 500 | 0,186 | 5000 | 0,168 |
| 6 | 0,333 | 600 | 0,182 | 6000 | 0,168 |
| 7 | 0,286 | 700 | 0,166 | 7000 | 0,169 |
| 8 | 0,250 | 800 | 0,174 | 8000 | 0,170 |
| 9 | 0,222 | 900 | 0,177 | 9000 | 0,169 |
| 10 | 0,200 | 950 | 0,174 | 10000 | 0,168 |

Abb. 3.2.-1: Entwicklung der relativen Häufigkeit $f_n(A)$ bei wachsender Zahl von Zufallsvorgängen

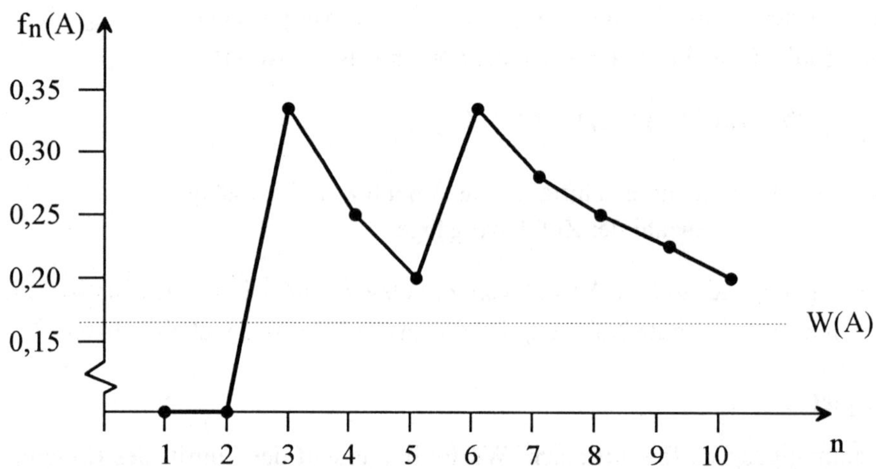


Abb. 3.2.-2: Entwicklung der relativen Häufigkeit $f_n(A)$ bei zehn Zufallsvorgängen

Aus den beiden Abbildungen ist ersichtlich, daß die relative Häufigkeit in der Anfangsphase sehr unruhig verläuft bzw. starke Schwankungen aufweist, um dann - dies zeigt die Abb. 3.2.-1 - allmählich in einen Gleichgewichtszustand überzugehen. - Nach 100 simulierten Würfen liegt die relative Häufigkeit mit 0,160 bereits nahe an der tatsächlichen Wahrscheinlichkeit W(A) = 0,167. Nach zirka 5.000 Würfen tritt eine deutliche Stabilisierung bei dem Wert 0,168 ein.

Diese relative Häufigkeit liefert einen sehr guten Näherungswert für die tatsächliche Wahrscheinlichkeit W(A) = 0,167.

**d) Probleme**

Im Unterschied zur klassischen Wahrscheinlichkeit muß der Zufallsvorgang tatsächlich durchgeführt werden. Die statistische Wahrscheinlichkeit ist damit erst im nachhinein bekannt und wird deshalb auch als a posteriori-Wahrscheinlichkeit bezeichnet. Häufig ist jedoch die Kenntnis einer Wahrscheinlichkeit bereits vor der Durchführung des Zufallsvorganges von Bedeutung.

Die Möglichkeit, in der betrieblichen Praxis auf statistische Weise Wahrscheinlichkeiten zu ermitteln, scheitert gewöhnlich daran, daß die Zufallsvorgänge nicht beliebig oft und dazu noch identisch wiederholt werden können.

Für die Anwendbarkeit der statistischen Wahrscheinlichkeit wird relativ oft die endliche Anzahl von Elementarereignissen als Voraussetzung genannt, da bei unendlich vielen Elementarereignissen die Wahrscheinlichkeit für ein einzelnes Elementarereignis nicht mehr feststellbar beziehungsweise gleichsam Null ist. Diesem kommt jedoch keine praktische Bedeutung zu. So wird im Beispiel 3 unter Abschnitt 2.1 (S. 5) sicher niemanden die Wahrscheinlichkeit für einen Benzinverbrauch von z.B. 2,8765 l interessieren. Vielmehr wird die Wahrscheinlichkeit für ein Ereignis interessieren, das sich über ein Kontinuum erstreckt, wie z.B. für einen Benzinverbrauch zwischen 2,80 und 2,90 l.

Bei der Ermittlung der statistischen Wahrscheinlichkeit besteht die Gefahr, daß die Wiederholung der Zufallsvorgänge aus Bequemlichkeit, Zeitgründen oder Kostenerwägungen zu früh beendet wird. Die Gefahr einer zu frühen Beendigung ist aber auch möglich, wenn es durch Zufall zu einer für kurze Zeit eintretenden Stabilisierung der relativen Häufigkeit auf falschem Niveau kommt.

**e) Bedeutung**

In vielen Situationen ist die statistische Wahrscheinlichkeitsermittlung die einzig mögliche Vorgehensweise. Bekannte und bedeutende Beispiele hierfür sind die Ermittlung der Wahrscheinlichkeit für eine Knabengeburt (0,514) bzw. Mädchengeburt (0,486) und die Ermittlung der Wahrscheinlichkeit für das Erreichen eines bestimmten Alters. Die in der Empirie beobachteten relativen Häufigkeiten liefern hier die Werte für die statistischen Wahrscheinlichkeiten.

Die statistische Wahrscheinlichkeitsermittlung gewinnt mit dem zunehmenden Einsatz der Computersimulation an Bedeutung. Durch das Abbilden der Wirklichkeit in einem Modell und das wiederholte Durchspielen bzw. Nachahmen von Zufallsvorgängen können statistische Wahrscheinlichkeiten ermittelt werden, wie an dem Würfelbeispiel unter c) aufgezeigt wurde.

## 3.3 Die subjektive Wahrscheinlichkeitsermittlung

Die subjektive (persönliche, individuelle) Wahrscheinlichkeitsermittlung wird mit dem Namen Leonard Savage (1917 - 1971) verbunden.

**a) Voraussetzung**

Die Ermittlung der subjektiven Wahrscheinlichkeit setzt sachkundige Personen voraus, die die Eintrittschance eines Ereignisses frei von Gefühlen und Emotionen, d.h. rational beurteilen können.

**b) Ermittlung**

Für die Ermittlung der Wahrscheinlichkeit eines Ereignisses muss der Zufallsvorgang nicht tatsächlich durchgeführt werden. Die Person, die die Wahrscheinlichkeit ermittelt, bildet sich rein gedanklich unter Einbringung ihrer Sachkenntnis und Erfahrung eine persönliche, eben eine subjektive Meinung über die Möglichkeit des Eintritts eines Ereignisses. Den Grad der Gewissheit bzw. der Überzeugung für diese Möglichkeit muß die Person zahlenmäßig ausdrücken.

**c) Beispiel**

Eine Automobilfabrik steht vor der Frage, ob sie ein umweltfreundliches Auto mit einem Benzinverbrauch von weniger als drei Liter pro 100 Kilometer entwickeln und auf den Markt bringen soll. Die Entscheidungsträger (Subjekte) werden dazu verschiedene Zukunftsszenarien gegenüberstellen und deren jeweilige Eintrittsmöglichkeit abschätzen. Dazu müssen sich die Entscheidungsträger unter anderem Gedanken machen über die zukünftige Benzinpreisentwicklung, die Kaufkraft der Bevölkerung, die konkurrierenden alternativen Verkehrsträger, die technische Realisierungschance eines sparsamen Motors etc. - Die Entscheidung für oder gegen die Entwicklung des umweltfreundlichen Autos wird ganz erheblich von den subjektiven Eintrittswahrscheinlichkeiten beeinflußt werden, die den einzelnen Szenarien zugeordnet werden.

**d) Probleme**

Bei der subjektiven Ermittlung der Wahrscheinlichkeit besteht die Gefahr der willkürlichen oder undurchdachten Vorgehensweise. Ist die Wahrscheinlichkeit eine Basisgröße für folgenschwere Entscheidungen, so sollte stets eine umfassende Begründung für das Wahrscheinlichkeitsurteil abgegeben werden, um Willkür und unqualifizierte Überlegungen auszuschalten.

Die subjektive Wahrscheinlichkeit wird in der Regel nicht mit der tatsächlichen Wahrscheinlichkeit übereinstimmen, da die Ermittlung personenbezogen erfolgt. Haben z.B. zwei Personen die Eintrittschance für ein Ereignis auf subjektivem Wege anzugeben, so werden sie selbst bei gewissenhafter Vorgehensweise und identischem Informationsstand i.d.R. zu unterschiedlichen Werten kommen.

**e) Bedeutung**

Die subjektive Wahrscheinlichkeit kann wie die klassische Wahrscheinlichkeit bereits vor der Durchführung des Zufallsvorganges festgestellt werden. Sie ist damit ebenfalls eine a priori-Wahrscheinlichkeit, die aber subjektiv ermittelt wird. Sie wird daher als subjektive a priori-Wahrscheinlichkeit bezeichnet. Die Kenntnis im vorhinein ist von großem Vorteil, wenn die Wahrscheinlichkeit eine wesentliche Größe für die Entscheidungsfindung ist.

Subjektive Wahrscheinlichkeiten sind für die betriebliche Praxis von sehr großer Bedeutung, da sie nicht an strenge Voraussetzungen wie Gleichmöglichkeit der Elementarereignisse und identische Wiederholbarkeit der Zufallsvorgänge gebunden sind. Sie stellen daher oft die einzige Ermittlungsmöglichkeit dar.

## 3.4 Übungsaufgaben und Kontrollfragen

01) Beschreiben Sie, wie die klassische Wahrscheinlichkeit ermittelt wird! Gehen Sie dabei auch auf die Voraussetzungen und Probleme ein!

02) Beschreiben Sie, wie die statistische Wahrscheinlichkeit ermittelt wird! Gehen Sie dabei auch auf die Voraussetzungen und Probleme ein!

03) Beschreiben Sie, wie die subjektive Wahrscheinlichkeit ermittelt wird! Gehen Sie dabei auch auf die Voraussetzungen und Probleme ein!

04) Welche praktische Bedeutung kommt der klassischen, statistischen und subjektiven Wahrscheinlichkeit jeweils zu?

05) Erklären Sie die Begriffe a priori- und a posteriori-Wahrscheinlichkeit!

06) Ein Glücksspieler interessiert sich bei dem Zufallsvorgang "Werfen mit zwei Würfeln" für die Wahrscheinlichkeit des Ereignisses A "Augenzahlsumme kleiner 6".

a) Führen Sie den Zufallsvorgang insgesamt 30mal durch und protokollieren Sie Ihre Ergebnisse! Halten Sie dabei die Entwicklung der relativen Häufigkeit für das Ereignis A fest. Bestimmen Sie die statistische Wahrscheinlichkeit für das Ereignis A!

b) Geben Sie ein Urteil über die Güte der unter a) ermittelten statistischen Wahrscheinlichkeit, indem Sie dieser die klassische Wahrscheinlichkeit gegenüberstellen!

07) Sie treffen zu einem zufälligen Zeitpunkt an der Bushaltestelle ein. Der Bus verkehrt im Abstand von 15 Minuten.

a) Geben Sie den Ereignisraum für die Wartezeit an!

b) Warum kann die Wahrscheinlichkeit, daß Sie genau 5,4321 Minuten warten müssen, nicht festgestellt werden?

c) Es ist die Wahrscheinlichkeit, höchstens drei Minuten warten zu müssen, zu ermitteln.

   1) Warum ist die Ermittlung der klassischen Wahrscheinlichkeit nicht möglich?

   2) Warum ist die Ermittlung der statistischen Wahrscheinlichkeit ohne Simulation praktisch nicht möglich?

   3) Ermitteln Sie die Wahrscheinlichkeit auf geometrischem Wege!

# 4 Indirekte Ermittlung von Wahrscheinlichkeiten

Die Wahrscheinlichkeit für ein interessierendes Ereignis kann indirekt ermittelt werden, wenn das Ereignis als eine Relation aus anderen Ereignissen dargestellt werden kann und die Wahrscheinlichkeiten für diese Ereignisse bekannt sind. Die gesuchte Wahrscheinlichkeit wird dann mit Hilfe von Operationen, die aus der Mengenlehre bekannt sind, ermittelt. Bei der indirekten Ermittlung von Wahrscheinlichkeiten wird der Zufallsvorgang also nicht nochmals tatsächlich oder gedanklich durchgeführt.

Die indirekte Ermittlung soll an einem einfachen, leicht nachvollziehbaren Einführungsbeispiel veranschaulicht werden:

Zufallsvorgang: "Einmaliges Werfen eines Würfels"

Für die beiden Ereignisse

$$A = \{1\} \quad \text{und} \quad B = \{3, 5\}$$

können die jeweiligen Eintrittswahrscheinlichkeiten direkt mit der klassischen Methode ermittelt werden:

$$W(A) = \frac{1}{6} \quad \text{und} \quad W(B) = \frac{2}{6}.$$

Das interessierende Ereignis

$$C = \{\text{ungerade Augenzahl}\} = \{1, 3, 5\}$$

ist offensichtlich eine Relation aus den Ereignissen A und B. Ereignis C vereinigt die Elementarereignisse der Ereignisse A und B. Die Wahrscheinlichkeit für das Ereignis C wird indirekt ermittelt, indem die für die Ereignisse A und B bekannten Wahrscheinlichkeiten addiert werden.

$$W(C) = W(A) + W(B) = \frac{1}{6} + \frac{2}{6} = \frac{3}{6}.$$

Für die Ermittlung der Wahrscheinlichkeit des Ereignisses C mußte der Zufallsvorgang weder tatsächlich noch gedanklich durchgeführt werden. Allerdings wäre in diesem einfach gelagerten Fall die direkte Ermittlung der Wahrscheinlichkeit für das Ereignis C weniger aufwendig gewesen.

Die indirekte Ermittlung ist der direkten Ermittlung dann vorzuziehen, wenn die indirekte Ermittlung einfacher, schneller und weniger aufwendig ist.

Für die indirekte Ermittlung von Wahrscheinlichkeiten werden zunächst im Abschnitt 4.1 wichtige Relationen von Ereignissen vorgestellt. Um mit Wahrscheinlichkeiten zulässig rechnen zu können, müssen diese bestimmte Eigenschaften aufweisen; damit beschäftigt sich Abschnitt 4.2. Im Abschnitt 4.3 wird dann aufgezeigt, wie mit Hilfe von Relationen Wahrscheinlichkeiten für Ereignisse ermittelt werden können.

## 4.1 Relationen von Ereignissen

Interessierende Ereignisse können - wie oben beispielhaft aufgezeigt - oft durch eine Relation aus anderen Ereignissen beschrieben werden, d.h. die anderen Ereignisse werden sinnvoll in Beziehung zueinander gesetzt. Im folgenden werden die Relationen Vereinigung, Durchschnitt und Komplement ausführlich, weitere Relationen relativ kurz vorgestellt. Zur Veranschaulichung der Relationen wird wieder der Zufallsvorgang "einmaliges Werfen eines Würfels" verwendet.

### 4.1.1 Vereinigung von Ereignissen

**a) Definition**

Werden zwei oder mehr Ereignisse zu einem neuen Ereignis vereinigt oder zusammengefügt, dann besteht das neue Ereignis genau aus den Elementarereignissen der vereinigten Ereignisse.

> **Definition: Vereinigung von Ereignissen**
>
> Die Vereinigung der Ereignisse A, B, C, ... umfaßt genau die Elementarereignisse, die in den Ereignissen A, B, C ... enthalten sind.

Das neue Ereignis tritt dann ein, wenn mindestens eines der die Vereinigung bildenden Ereignisse A, B, C, ... eintritt.

Schreibweise/Symbolik: $A \cup B \cup C \cup \ldots$

In Worten: A vereinigt mit B vereinigt mit C vereinigt mit ...

**b) Graphische Veranschaulichung**

Die Vereinigung von Ereignissen kann mit Hilfe des sogenannten Venn-Diagramms graphisch veranschaulicht werden.

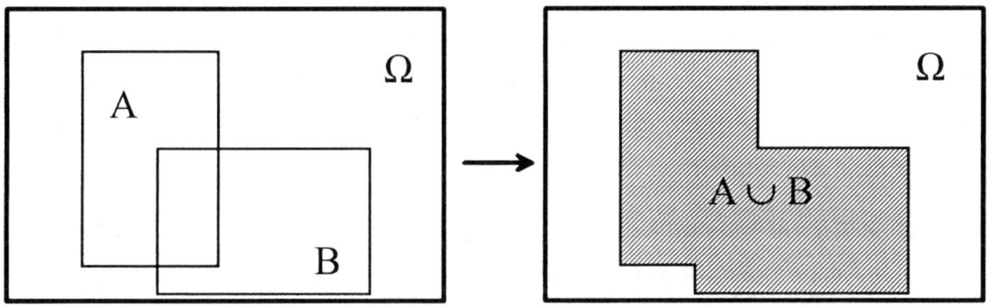


Abb. 4.1.1.-1: Vereinigung der Ereignisse A und B zum Ereignis $A \cup B$

Im linken Teil der Abbildung 4.1.1.-1 sind die beiden Ereignisse A und B durch die beiden Rechtecke im Ereignisraum Ω vor der Vereinigung dargestellt. Im rechten Teil ist die Vereinigung von A und B durch die schraffierte Fläche wiedergegeben.

**c) Beispiel**

Werden bei dem Zufallsvorgang "einmaliges Werfen eines Würfels" die beiden Ereignisse

$A = \{1, 2, 3\}$ und $B = \{2, 4\}$

vereinigt, dann umfaßt das neue Ereignis alle die Elementarereignisse, die in A und/oder B vorkommen, also 1, 2, 3 und 4.

$A \cup B = \{1, 2, 3, 4\}$

Das Ereignis $A \cup B$ tritt ein, wenn mindestens eines der beiden Ereignisse A und B eintritt, d.h. entweder A alleine oder B alleine oder A und B gleichzeitig.

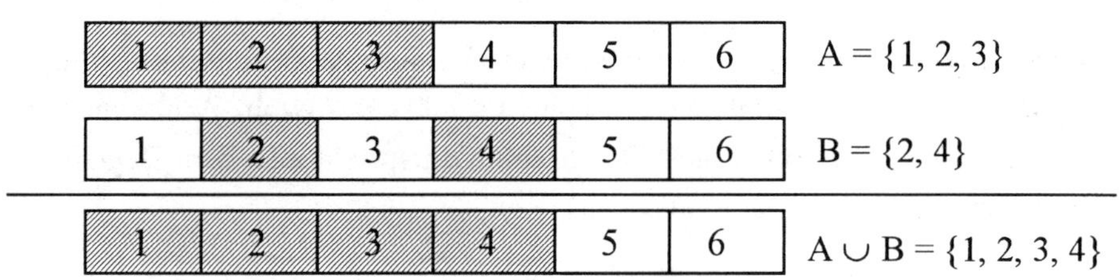


Abb. 4.1.1.-2: Vereinigung der Ereignisse A und B zu $A \cup B = \{1, 2, 3, 4\}$

Die Vereinigung der Ereignisse A und B ist in der letzten Zeile der Abb. 4.1.1.-2 als schraffierte Fläche optisch hervorgehoben.

**d) Bedeutung**

Bei der Durchführung eines Zufallsvorgangs oder mehrerer Zufallsvorgänge besteht oft ein Interesse daran, daß *mindestens (wenigstens) eines von mehreren* Ereignissen eintritt. Anders ausgedrückt: Es interessiert, daß die Vereinigung aus diesen Ereignissen eintritt.

Beispiele: Ein pharmazeutisches Unternehmen sieht es wegen der hohen Risiken im Bereich Arzneimittelforschung und wegen der strengen Anforderungen im klinischen Test als Erfolg an, wenn von zehn begonnenen Entwicklungsvorhaben wenigstens eines die Marktzulassung erreicht. - Ein Absolvent der Betriebswirtschaftslehre schätzt sich glücklich, wenn von fünf Bewerbungsgesprächen wenigstens eines zu einem Vertragsangebot führt. - Ein Spieler, der beim Roulette auf "ungerade" und auf "rot" gesetzt hat, ist daran interessiert, daß mindestens eines der beiden Ereignisse eintritt, auf die er gesetzt hat.

## 4.1.2 Durchschnitt von Ereignissen

**a) Definition**

Ein Ereignis, das aus dem Durchschnitt von zwei oder mehr Ereignissen hervorgeht, umfaßt genau die Elementarereignisse, die in jedem der den Durchschnitt bildenden Ereignisse enthalten sind.

> **Definition: Durchschnitt von Ereignissen**
>
> Der Durchschnitt der Ereignisse A, B, C, ... umfaßt genau die Elementarereignisse, die in einem jeden der Ereignisse A, B, C ... enthalten sind.

Das neue Ereignis tritt also dann ein, wenn alle die den Durchschnitt bildenden Ereignisse A, B, C, ... zugleich eintreten. Es müssen sowohl A als auch B als auch C als auch ... eintreten. Der Durchschnitt entspricht also dem Begriff "und" im logischen Sinne (sowohl ... als auch).

Schreibweise/Symbolik: $A \cap B \cap C \cap \ldots$

In Worten: A geschnitten mit B geschnitten mit C geschnitten mit ...

Besitzen die Ereignisse kein gemeinsames Elementarereignis, dann ist der Durchschnitt (Schnittfläche) die leere Menge bzw. das unmögliche Ereignis. Es gilt in diesem Fall:

$$A \cap B \cap C \cap \ldots = \varnothing$$

Ist der Durchschnitt zweier Ereignisse A und B die leere Menge bzw. besitzen die beiden Ereignisse kein gemeinsames Elementarereignis, so werden sie als disjunkt oder unvereinbar bezeichnet.

**Definition: Disjunkte Ereignisse**

Zwei Ereignisse A und B sind disjunkt (unvereinbar), wenn sie kein gemeinsames Elementarereignis besitzen.

**b) Graphische Veranschaulichung**

Der Durchschnitt von Ereignissen kann mit Hilfe des Venn-Diagramms graphisch veranschaulicht werden.

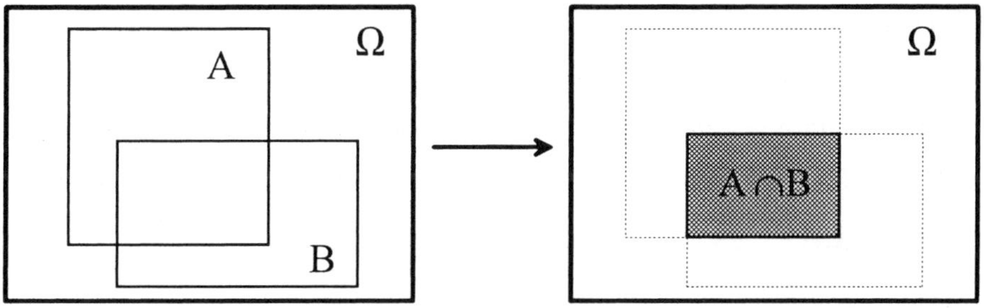


Abb. 4.1.2.-1: Bildung des Durchschnittes $A \cap B$

Im linken Teil der Abbildung 4.1.2.-1 sind die beiden Ereignisse A und B durch die beiden Rechtecke im Ereignisraum Ω vor der Durchschnittsbildung dargestellt. Im rechten Teil ist der Durchschnitt aus den Ereignissen A und B durch die schraffierte Fläche wiedergegeben.

**c) Beispiel**

Wird bei dem Zufallsvorgang "einmaliges Werfen eines Würfels" aus den beiden Ereignissen

$A = \{1, 2, 3\}$ und $B = \{2, 3, 4, 5\}$

der Durchschnitt gebildet, dann umfaßt das neue Ereignis die in A und B gemeinsam vorkommenden Elementarereignisse, also 2 und 3.

$$A \cap B = \{ 2, 3\}$$

Das Ereignis $A \cap B$ tritt ein, wenn beide Ereignisse A und B zugleich eintreten.

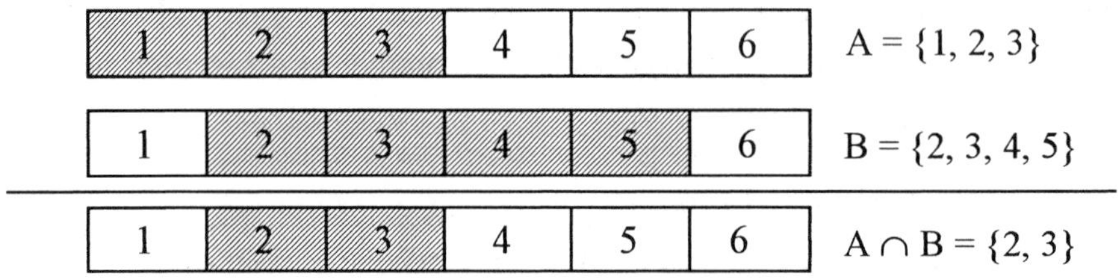


Abb. 4.1.2.-2: Bildung des Durchschnittes $A \cap B = \{2, 3\}$

Der Durchschnitt der beiden Ereignisse A und B ist als schraffierte Fläche in der letzten Zeile der Abb. 4.1.2.-2 optisch hervorgehoben.

Wird bei dem Zufallsvorgang "einmaliges Werfen eines Würfels" aus den beiden Ereignissen

$$A = \{2, 4, 6\} \quad \text{und} \quad B = \{3, 5\}$$

der Durchschnitt gebildet, dann ist das neue Ereignis das unmögliche Ereignis, da A und B disjunkt sind bzw. kein gemeinsames Elementarereignis besitzen.

$$A \cap B = \{\} = \varnothing$$

**d) Bedeutung**

Bei der Durchführung eines Zufallsvorgangs oder mehrerer Zufallsvorgänge besteht oft ein Interesse daran, daß *mehrere Ereignisse zugleich* eintreten. Anders ausgedrückt: Es interessiert, daß der Durchschnitt aus diesen Ereignissen eintritt.

Beispiele: Um einen Satelliten in eine Umlaufbahn zu schießen, ist das Funktionieren aller Raketenstufen (zugleich) erforderlich. - Für einen erfolgreichen Studienabschluß ist das Bestehen sämtlicher Examensprüfungen notwendig. - Aus einer Lieferung von 400 Einheiten werden 10 Einheiten stichprobenartig geprüft. Die Lieferung wird als annehmbar eingestuft, wenn jede der zehn entnommenen Einheiten funktionstüchtig ist. - Ein Spieler, der beim Roulette auf "ungerade" und auf "rot" gesetzt hat, ist besonders daran interessiert, daß "ungerade" und "rot" zugleich eintreten.

### 4.1.3 Komplementärereignis

**a) Definition**

Jedem Ereignis kann ein Ereignis gegenübergestellt werden, das genau aus den Elementarereignissen besteht, die das ursprüngliche Ereignis nicht umfaßt. Das gegenübergestellte Ereignis komplementiert das ursprüngliche Ereignis zum sicheren Ereignis. Es wird daher Komplementärereignis (Gegenereignis) genannt.

**Definition: Komplementärereignis**

> Ein Ereignis ist Komplementärereignis zu einem anderen Ereignis, wenn es genau die Elementarereignisse des Ereignisraumes umfaßt, die nicht Elementarereignisse des anderen Ereignisses sind.

Das zum Ereignis A komplementäre Ereignis $\overline{A}$ tritt also genau dann ein, wenn das Ereignis A nicht eintritt.

Schreibweise/Symbolik: $\overline{A}$

In Worten: Nicht-A, Non-A, A-quer.

Es gilt:

$$A \cup \overline{A} = \Omega \quad \text{und} \quad A \cap \overline{A} = \emptyset .$$

**b) Graphische Veranschaulichung**

Das Komplementärereignis kann mit Hilfe des Venn-Diagramms graphisch veranschaulicht werden.

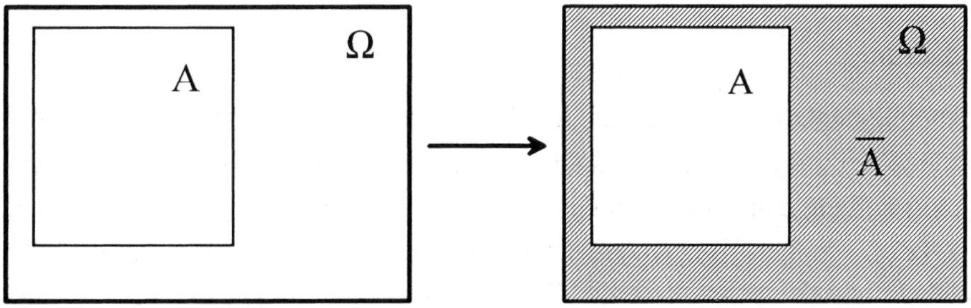


Abb. 4.1.3.-1: Bildung des Komplementärereignisses $\overline{A}$

Im linken Teil der Abbildung 4.1.3.-1 ist das Ereignis A durch das Rechteck im Ereignisraum Ω vor der Bildung des Komplementärereignisses dargestellt. Im rechten Teil der Abbildung ist das Komplementärereignis $\overline{A}$ durch die schraffierte Fläche wiedergegeben. Es ist deutlich zu erkennen, daß die beiden Ereignisse kein gemeinsames Elementarereignis besitzen und daß das Ereignis A durch das Ereignis $\overline{A}$ zum sicheren Ereignis ergänzt bzw. komplementiert wird.

**c) Beispiel**

Bei dem Zufallsvorgang "einmaliges Werfen eines Würfels" wird zu dem Ereignis

$$A = \{\text{gerade Augenzahl}\} = \{2, 4, 6\}$$

durch das Ereignis

$$\overline{A} = \{\text{ungerade Augenzahl}\} = \{1, 3, 5\}$$

das Komplementärereignis oder Gegenereignis gebildet.

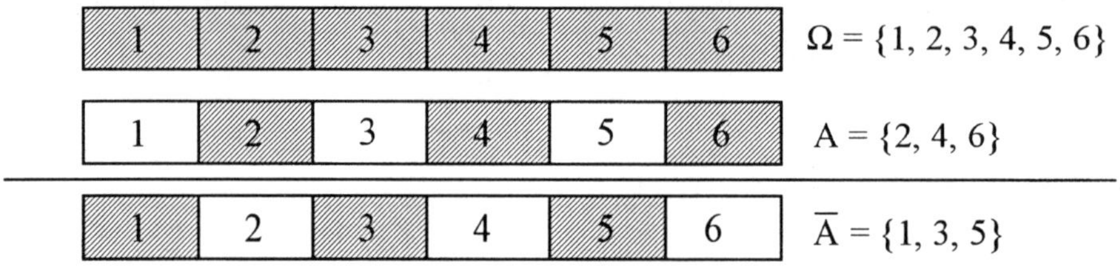


Abb. 4.1.3.-2: Bildung des Komplementärereignisses $\overline{A} = \{1, 3, 5\}$

In Abbildung 4.1.3.-2 wird die Bildung des Komplementärereignisses veranschaulicht. Es ist ersichtlich: Tritt das Ereignis A "gerade Augenzahl" nicht ein, dann tritt das Komplementärereignis $\overline{A}$ "ungerade Augenzahl" ein und umgekehrt.

**d) Bedeutung**

Das Komplementärereignis ist für die Wahrscheinlichkeitsrechnung von großer Bedeutung. Setzt sich ein Ereignis aus vielen oder relativ vielen Elementarereignissen zusammen, dann setzt sich das Komplementärereignis oft aus nur wenigen oder relativ wenigen Elementarereignissen zusammen. Die Berechnung der Wahrscheinlichkeit ist in diesen Fällen über die Berechnung der Gegenwahrscheinlichkeit, d.h. der Wahrscheinlichkeit des Komplementärereignisses weniger aufwendig, in manchen Fällen dadurch praktisch sogar erst möglich.

Beispiele: Im Beispiel des pharmazeutischen Unternehmens unter Abschnitt 4.1.1 setzt sich das Ereignis "mindestens ein Erfolg" aus 1.023 Elementarereignissen zusammen (10 Möglichkeiten für genau einen Erfolg, 45 für genau zwei Erfolge, ..., 1 für genau zehn Erfolge). Das Komplementärereignis "totaler Mißerfolg" dagegen besteht nur aus einem einzigen Elementarereignis. Die effiziente Ermittlung der Wahrscheinlichkeit erfolgt über das Komplementärereignis. - Analoges gilt für das Beispiel des Absolventen der Betriebswirtschaftslehre, der auf mindestens ein Vertragsangebot hofft. - Beim Zufallsvorgang "gleichzeitiges Werfen von zwei Würfeln" ist das Ereignis "mindestens die Gesamt-Augenzahl 4" (33 Elementarereignisse) umfangreicher zusammengesetzt als das Komplementärereignis "höchstens die Gesamt-Augenzahl 3" (3 Elementarereignisse).

### 4.1.4 Weitere Relationen

Ergänzend zu den oben dargestellten Relationen werden zur Vervollständigung weitere Relationen kurz aufgezeigt. Ihre praktische Relevanz ist jedoch nicht so groß wie die der oben beschriebenen Relationen.

**a) Logische Differenz**

Ein Ereignis, das aus der Differenz der Ereignisse A und B hervorgeht, umfaßt die Elementarereignisse, die dem Ereignis A angehören, ohne zugleich dem Ereignis B anzugehören.

> **Definition: Logische Differenz**
> Die logische Differenz der Ereignisse A und B ist das Ereignis,
> das genau aus den Elementarereignissen des Ereignisses A besteht,
> die nicht zugleich Elementarereignisse von B sind.

Schreibweise/Symbolik: A\B

In Worten: A ohne B

Die logische Differenz ist in Abbildung 4.1.4.-1 mit Hilfe des Venn-Diagramms graphisch veranschaulicht. Im linken Teil der Abbildung sind die Ereignisse A und B durch Rechtecke im Ereignisraum Ω vor der Bildung der logischen Differenz dargestellt. Im rechten Teil der Abbildung ist die logische Differenz durch die schraffierte Fläche wiedergegeben. Es ist klar zu erkennen, daß das Ereignis A\B eintritt, wenn das Ereignis A eintritt, ohne daß zugleich das Ereignis B eintritt.

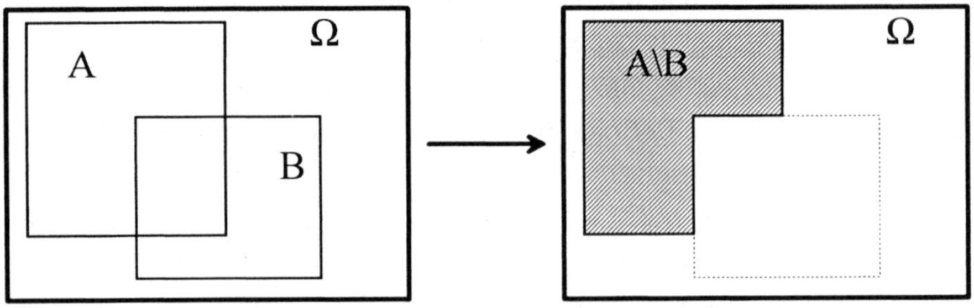


Abb. 4.1.4.-1: Bildung der logischen Differenz A\B

Wird z.B. bei dem Zufallsvorgang "einmaliges Werfen eines Würfels" aus den beiden Ereignissen

A = {1, 2, 3, 4} und B = {3, 4, 5}

die logische Differenz gebildet, dann umfaßt dieses Ereignis genau die in A vorkommenden Elementarereignisse, die nicht zugleich in B vorkommen, also die Elementarereignisse 1 und 2.

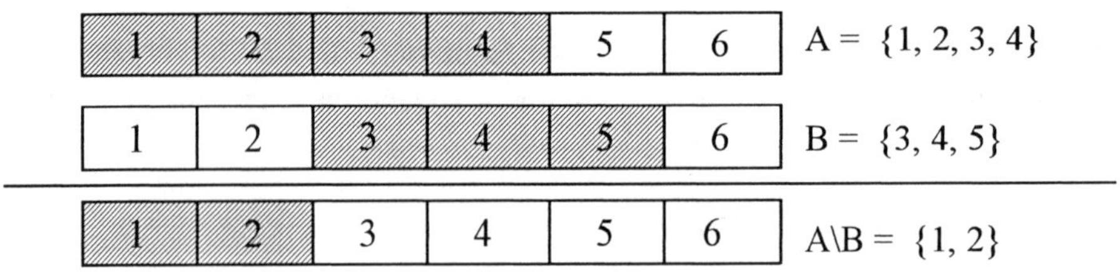


Abb. 4.1.4.-2: Bildung der logischen Differenz A\B = {1, 2}

In Abb. 4.1.4.-2 ist die Bildung der logischen Differenz veranschaulicht. Es ist ersichtlich, daß das Ereignis A\B dann eintritt, wenn Ereignis A eintritt, ohne daß zugleich Ereignis B eintritt.

**b) Symmetrische Differenz**

Die symmetrische Differenz der Ereignisse A und B ist die Vereinigung der beiden logischen Differenzen A\B und B\A. Die wechselseitige Differenzbildung ist begriffsbildend. Die symmetrische Differenz besteht - anders ausgedrückt - genau aus den Elementarereignissen der Vereinigung aus A und B ohne die Elementarereignisse des Durchschnitts aus A und B.

**Definition: Symmetrische Differenz**

Die symmetrische Differenz der Ereignisse A und B ist das Ereignis, das genau aus den Elementarereignissen besteht, die entweder nur zu Ereignis A oder nur zu Ereignis B gehören.

Schreibweise/Symbolik: A°B

In Worten: entweder A oder B

Die symmetrische Differenz wird mit Hilfe des Venn-Diagramms in Abbildung 4.1.4.-3 graphisch veranschaulicht.

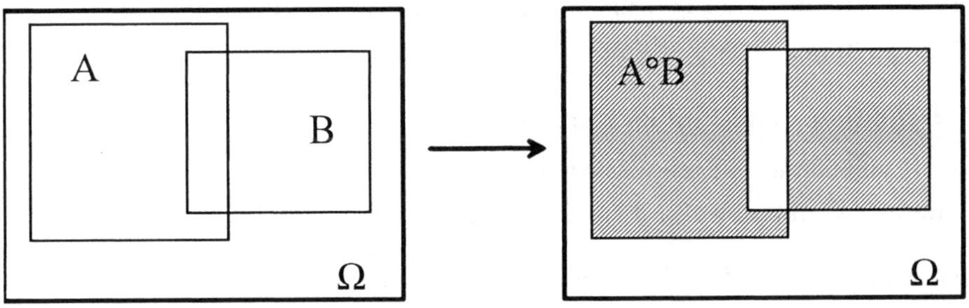


Abb. 4.1.4.-3: Bildung der symmetrischen Differenz A°B

Im linken Teil der Abbildung sind die Ereignisse A und B durch Rechtecke im Ereignisraum Ω vor der Bildung der symmetrischen Differenz dargestellt. Im rechten Teil ist die symmetrische Differenz durch die beiden schraffierten Flächen wiedergegeben. Es ist deutlich zu erkennen, daß das Ereignis A°B eintritt, wenn entweder nur das Ereignis A oder nur das Ereignis B eintritt.

Wird z.B. bei dem Zufallsvorgang "einmaliges Werfen eines Würfels" aus den beiden Ereignissen

$$A = \{1, 2, 3, 4\} \quad \text{und} \quad B = \{3, 4, 5\}$$

die symmetrische Differenz gebildet, dann umfaßt dieses Ereignis genau die Elementarereignisse, die entweder nur in A oder nur in B vorkommen, also die Elementarereignisse 1, 2 und 5. In Abb. 4.1.4.-4 ist die Bildung der symmetrischen Differenz veranschaulicht. Es ist ersichtlich, daß das Ereignis A°B genau dann eintritt, wenn Ereignis A allein oder wenn Ereignis B allein eintritt. Bei einem gemeinsamen Eintritt der beiden Ereignisse A und B, also den Elementarereignissen 3 und 4, tritt das Ereignis A°B nicht ein.

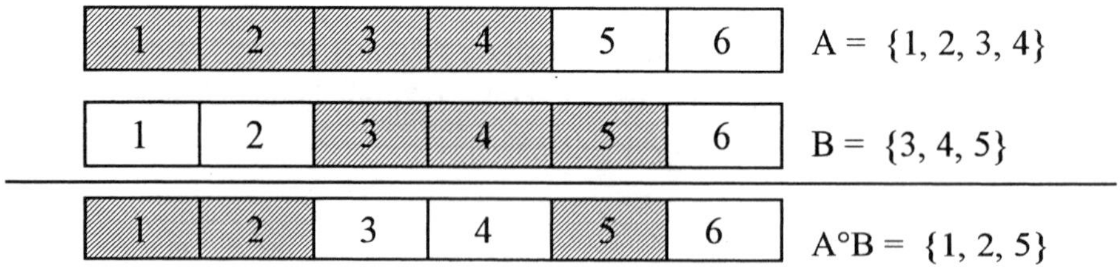


Abb. 4.1.4.-4: Bildung der symmetrischen Differenz A°B = {1, 2, 5}

**c) Vollständiges Ereignissystem**

Wird der Ereignisraum Ω vollständig in Ereignisse, die paarweise disjunkt sind, zerlegt, so bilden diese Ereignisse ein vollständiges Ereignissystem.

> **Definition: Vollständiges Ereignissystem**
>
> Als vollständiges Ereignissystem wird jede Zerlegung des Ereignisraumes Ω in paarweise disjunkte Ereignisse bezeichnet.

Anders ausgedrückt: Ein vollständiges Ereignissystem ist eine Zusammenstellung von Ereignissen derart, daß jedes Elementarereignis des Ereignisraumes Ω in genau einem der Ereignisse enthalten ist.

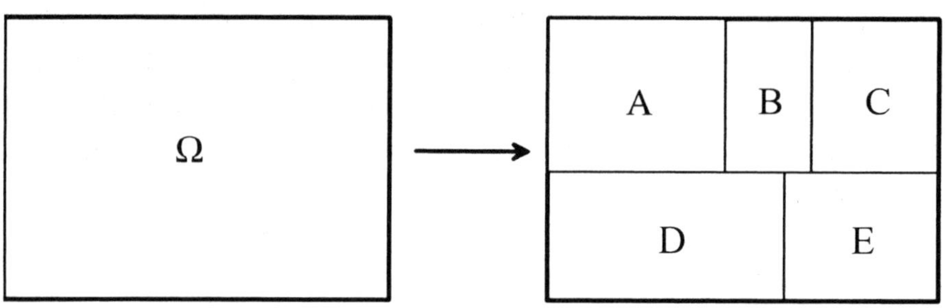


Abb. 4.1.4.-5: Bildung eines vollständigen Ereignissystems

Im linken Teil der Abbildung 4.1.4.-5 ist der Ereignisraum Ω vor der Bildung des vollständigen Ereignissystems bzw. vor der Zerlegung (Partition) dargestellt. Im rechten Teil ist ein mögliches vollständiges Ereignissystem durch die Zerlegung in die Ereignisse A bis E wiedergegeben. Aus der Abbildung ist ersichtlich, daß die fünf Ereignisse den Ereignisraum vollständig ausfüllen und jedes beliebige Paar von Ereignissen disjunkt ist.

Bei dem Zufallsvorgang "einmaliges Werfen eines Würfels" bilden die Ereignisse

$$A = \{1, 2, 3\}, \quad B = \{4, 5\} \quad \text{und} \quad C = \{6\}$$

ein mögliches vollständiges Ereignissystem. In Abbildung 4.1.4.-6 ist dies graphisch veranschaulicht.

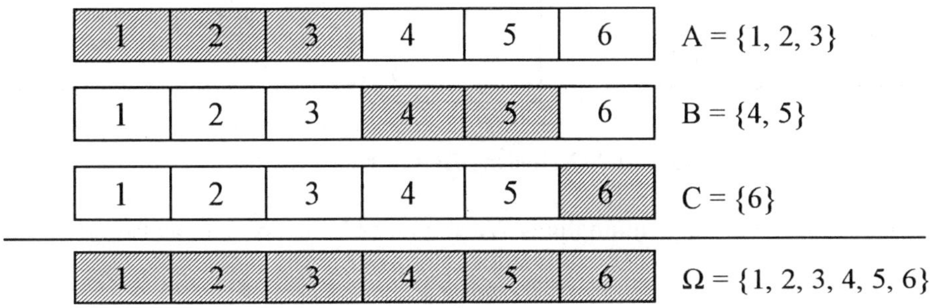


Abb. 4.1.4.-6: Vollständiges Ereignissystem A, B und C

Es ist ersichtlich, daß die Ereignisse A, B und C den Ereignisraum vollständig abbilden und paarweise disjunkt sind.

**d) Teilereignis**

Sind die Elemente eines Ereignisses B alle im Ereignis A enthalten, so wird das Ereignis B als Teilereignis von Ereignis A bezeichnet.

**Definition: Teilereignis**

Ein Ereignis B ist Teilereignis von Ereignis A, wenn alle Elementarereignisse von Ereignis B auch Elementarereignisse von Ereignis A sind.

Schreibweise/Symbolik: $B \subseteq A$

In Worten: B ist Teilereignis von A

Wenn Ereignis B eintritt, dann tritt auch das Ereignis A ein. Man sagt daher auch, das Ereignis B zieht das Ereignis A nach sich.

Die Bildung des Teilereignisses B wird mit Hilfe des Venn-Diagramms in Abbildung 4.1.4.-7 graphisch veranschaulicht. Im linken Teil der Abbildung ist das Ereignis A allein als Rechteck im Ereignisraum Ω dargestellt. Im rechten Teil ist Ereignis B als ein mögliches Teilereignis von Ereignis A wiedergegeben.

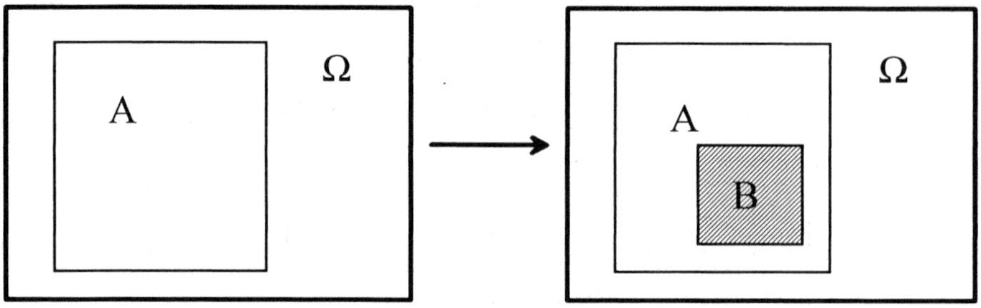


Abb. 4.1.4.-7: Bildung des Teilereignisses B

Bei dem Zufallsvorgang "einmaliges Werfen eines Würfels" ist das Ereignis

$B = \{2, 3\}$

ein Teilereignis des Ereignisses

$A = \{1, 2, 3, 4\}$,

da alle Elementarereignisse des Ereignisses B zugleich Elementarereignisse des Ereignisses A sind.

## 4.2 Eigenschaften von Wahrscheinlichkeiten

Um die Wahrscheinlichkeit für ein Ereignis indirekt über die Wahrscheinlichkeiten anderer Ereignisse berechnen zu können bzw. um rechentechnische Operationen mit Wahrscheinlichkeiten durchführen zu dürfen, müssen die Wahrscheinlichkeiten bestimmte Grundeigenschaften besitzen.

Andrej Kolmogoroff (1903 - 1987) hat zur Kennzeichnung der Eigenschaften von Wahrscheinlichkeiten ein System von Axiomen geschaffen. Axiome sind Aussagen, die nicht bewiesen werden können, jedoch jedermann einleuchtend und richtig erscheinen. Das System von Kolmogoroff besteht aus drei Axiomen.

**Axiom 1: Nichtnegativität**

Jedem Ereignis kann eine Wahrscheinlichkeit zugeordnet werden, die größer gleich Null ist.

$W(A) \geq 0$

**Axiom 2: Normierung**

Die Wahrscheinlichkeit für das sichere Ereignis ist gleich 1 bzw. 100 %.

$$W(\Omega) = 1 \quad \text{bzw.} \quad 100\,\%$$

**Axiom 3: Additivität**

Sind A und B zwei disjunkte Ereignisse, dann ist die Wahrscheinlichkeit für das Ereignis $A \cup B$ gleich der Summe der beiden Einzelwahrscheinlichkeiten für A und B.

$$W(A \cup B) = W(A) + W(B)$$

Wahrscheinlichkeiten, die mit der klassischen Methode ermittelt werden, besitzen diese drei Eigenschaften. Am Zufallsvorgang "einmaliges Werfen eines Würfels" soll dies veranschaulicht werden.

$$W(\{1\}) = \frac{1}{6} \geq 0 \quad \text{(Axiom 1)}$$

$$W(\Omega) = W(\{1, 2, 3, 4, 5, 6\}) = \frac{6}{6} = 1 \qquad \text{(Axiom 2)}$$

$$A = \{1, 2\}, \quad B = \{3, 4\}$$

$$W(A \cup B) = W(\{1, 2, 3, 4\})$$

$$= W(\{1, 2\}) + W(\{3, 4\}) = \frac{2}{6} + \frac{2}{6} = \frac{4}{6} \qquad \text{(Axiom 3)}$$

Wahrscheinlichkeiten, die nach der statistischen Methode ermittelt werden, besitzen diese drei Eigenschaften ebenfalls, da diese Wahrscheinlichkeiten relativen Häufigkeiten entspringen, deren Eigenschaften im übertragenen Sinne die drei Axiome erfüllen.

Während sich bei der klassischen und statistischen Wahrscheinlichkeitsermittlung die drei Eigenschaften aufgrund der methodischen Konzeption einstellen, muß bei der subjektiven Wahrscheinlichkeitsermittlung streng darauf geachtet werden, daß die Wahrscheinlichkeiten formal mit dem Axiomensystem von Kolmogoroff im Einklang stehen.

Das Axiomensystem von Kolmogoroff liefert keinen direkten Beitrag für die Ermittlung von Wahrscheinlichkeiten, es liefert vielmehr die formale Basis für den rechentechnischen Umgang mit Wahrscheinlichkeiten.

## 4.3 Rechnen mit Wahrscheinlichkeiten

Aufbauend auf dem Axiomensystem von Kolmogoroff können weitere Eigenschaften von Wahrscheinlichkeiten abgeleitet werden. Diese Eigenschaften werden üblicherweise als Sätze der Wahrscheinlichkeitsrechnung formuliert. Mit Hilfe dieser Sätze können die Wahrscheinlichkeiten für Ereignisse berechnet werden, die durch Relationen aus anderen Ereignissen beschrieben werden können. Die folgenden Ausführungen haben die Darstellung der weiteren Eigenschaften von Wahrscheinlichkeiten bzw. die Sätze zur Wahrscheinlichkeitsrechnung zum Inhalt.

### 4.3.1 Additionssätze

**a) Aufgabenstellung**

Gegeben sind zwei oder mehr Ereignisse. Das Interesse besteht darin, daß mindestens eines dieser Ereignisse eintreten wird.

Die Aufgabenstellung lautet daher:

> Wie groß ist die Wahrscheinlichkeit, daß *mindestens eines von mehreren* gegebenen Ereignissen eintreten wird?

Der Eintritt von mindestens einem von mehreren Ereignissen ist identisch mit dem Eintritt der Vereinigung dieser Ereignisse (siehe Abschnitt 4.1.1, S. 22 ff.). Es ist die Eintrittswahrscheinlichkeit für die Vereinigung von Ereignissen zu ermitteln.

**b) Einführungsbeispiel**

Bei dem Zufallsvorgang "zweimaliges Werfen eines Würfels" interessieren die Ereignisse

$$A = \{\text{Werfen eines Pasches}\} = \{(1,1), (2,2), (3,3), (4,4), (5,5), (6,6)\}$$

$$B = \{\text{Augenzahlsumme} \leq 4\} = \{(1,1), (1,2), (1,3), (2,1), (2,2), (3,1)\}$$

Die Eintrittswahrscheinlichkeiten betragen

$$W(A) = \frac{6}{36}, \quad W(B) = \frac{6}{36}$$

Besteht ein Interesse an der Wahrscheinlichkeit, daß mindestens eines der beiden Ereignisse A und B eintritt, so ist die Wahrscheinlichkeit für den Eintritt der Vereinigung von A und B zu bestimmen. Die Addition der beiden Einzelwahrscheinlichkeiten würde einen zu hohen Wert ergeben, da die beiden Elementarereignisse (1,1) und (2,2) sowohl in A als auch in B vorkommen und somit doppelt erfaßt würden. Von der Summe der beiden Einzelwahrscheinlichkeiten ist daher die Wahrscheinlichkeit für den Eintritt des Durchschnittes, d.h. der Elementarereignisse (1,1) und (2,2) abzuziehen.

$$W(A \cup B) = \frac{6}{36} + \frac{6}{36} - \frac{2}{36} = \frac{10}{36}$$

**c) Satz/Rechenregel**

Am Einführungsbeispiel unter b) wurde beschrieben, wie die Wahrscheinlichkeit für die Vereinigung zweier bestimmter Ereignisse zu berechnen ist. Die nachstehende Abbildung 4.3.1.-1 dient der Veranschaulichung der Wahrscheinlichkeitsermittlung für zwei beliebige Ereignisse.

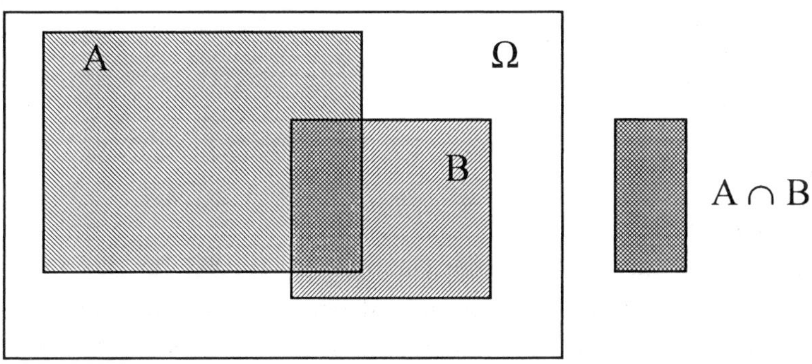


Abb. 4.3.1.-1: Vereinigung der Ereignisse A und B

Abbildung 4.3.1.-1 veranschaulicht, daß bei der Addition der Wahrscheinlichkeiten für A und B die Wahrscheinlichkeit für die Schnittfläche bzw. den Durchschnitt $A \cap B$ doppelt erfaßt wird und daher von der Summe der Einzelwahrscheinlichkeiten einmal abzuziehen ist.

**Allgemeiner Additionssatz:**

Die Wahrscheinlichkeit, daß mindestens eines von zwei Ereignissen A und B eintritt, beträgt

$$W(A \cup B) = W(A) + W(B) - W(A \cap B).$$

Die Erweiterung des allgemeinen Additionssatzes auf mehr als zwei Ereignisse stößt schnell an praktische Grenzen, wie der Additionssatz für drei Ereignisse bereits erkennen läßt.

$$\begin{aligned} W(A \cup B \cup C) = {} & W(A) + W(B) + W(C) \\ & - W(A \cap B) - W(A \cap C) - W(B \cap C) \\ & + W(A \cap B \cap C) \end{aligned}$$

Für den speziellen Fall, daß die Ereignisse paarweise disjunkt sind, vereinfacht sich der Additionssatz erheblich, da Durchschnitte von Ereignissen dann stets die leere Menge sind. Die Gefahr, Elementarereignisse fälschlicherweise mehrfach zu erfassen, besteht hier nicht.

**Additionssatz für disjunkte Ereignisse:**

Die Wahrscheinlichkeit, daß *mindestens (!) eines von n disjunkten* Ereignissen eintritt, beträgt

$$W\left(\bigcup_{i=1}^{n} A_i\right) = \sum_{i=1}^{n} W(A_i)$$

**d) Weitere Beispiele**

Beispiel: Klausur

In Abb. 4.3.1.-2 sind die relativen Häufigkeiten (in %) für das Bestehen oder Nicht-Bestehen einer Statistikklausur und einer Mathematikklausur angegeben. Dabei bedeuten S und M Statistik bzw. Mathematik bestanden, $\overline{S}$ und $\overline{M}$ Statistik bzw. Mathematik nicht bestanden. Die relativen Häufigkeiten (in %) werden im folgenden als Wahrscheinlichkeiten verwendet.

| | S | $\overline{S}$ | Σ |
|---|---|---|---|
| M | 60 | 20 | 80 |
| $\overline{M}$ | 5 | 15 | 20 |
| Σ | 65 | 35 | 100 |

Abb. 4.3.1.-2: Klausurergebnisse (in %) in Mathematik und Statistik

Wie groß ist die Wahrscheinlichkeit, daß ein zufällig ausgewählter Student mindestens eine der beiden Klausuren bestanden hat?

Zur Lösung ist der allgemeine Additionssatz zu verwenden, da die Ereignisse S und M zugleich eintreten können bzw. nicht disjunkt sind.

$$\begin{aligned} W(S \cup M) &= W(S) + W(M) - W(S \cap M) \\ &= 0{,}65 + 0{,}80 - 0{,}60 \\ &= 0{,}85 \text{ bzw. } 85\,\% \end{aligned}$$

Die Wahrscheinlichkeit, daß ein zufällig ausgewählter Student mindestens eine der beiden Klausuren bestanden hat, beträgt 85 %.

Beispiel: Werbeanzeige
Ein Hersteller von Werkzeugmaschinen vermutet, daß 70 % seiner potentiellen Kunden die Fachzeitschrift A, 40 % die Fachzeitschrift B und 35 % beide Fachzeitschriften lesen. In beiden Fachzeitschriften gibt der Maschinenhersteller jeweils eine einseitige Werbeanzeige auf. - Wie groß ist die Wahrscheinlichkeit, daß ein potentieller Kunde die Anzeige liest?

Zur Lösung ist der allgemeine Additionssatz zu verwenden, da es Kunden gibt, die beide Zeitschriften lesen.

$A = \{\text{Leser der Zeitschrift A}\}; \quad W(A) = 0{,}70$

$B = \{\text{Leser der Zeitschrift B}\}; \quad W(B) = 0{,}40$

$A \cap B = \{\text{Leser der Zeitschriften A und B}\}; \quad W(A \cap B) = 0{,}35$

Unter Verwendung dieser Symbolik lautet die Wahrscheinlichkeitsrechnung:

$$\begin{aligned} W(A \cup B) &= W(A) + W(B) - W(A \cap B) \\ &= 0{,}70 + 0{,}40 - 0{,}35 \\ &= 0{,}75 \text{ bzw. } 75\,\% \end{aligned}$$

Die Wahrscheinlichkeit, daß ein Kunde die Anzeige liest, beträgt 75 %.

**e) Bedeutung**

Wie in Abschnitt 4.1.1.d) dargelegt, besteht bei der Durchführung eines Zufallsvorgangs oder mehrerer Zufallsvorgänge oft ein Interesse daran, daß mindestens (wenigstens) eines von mehreren Ereignissen eintritt. In diesen Fällen bieten Additionssätze eine rechnerisch einfache Möglichkeit, die Wahrscheinlichkeit für das interessierende Ereignis (Vereinigung) zu ermitteln.

## 4.3.2 Bedingte Wahrscheinlichkeit

Kenntnisse über die bedingte Wahrscheinlichkeit und die in Abschnitt 4.3.3 zu behandelnde Unabhängigkeit von Ereignissen sind notwendig für die Vermittlung der Multiplikationssätze unter Abschnitt 4.3.4.

**a) Aufgabenstellung**

In vielen Situationen interessiert der Eintritt eines Ereignisses unter der Vorgabe einer Bedingung, die im Eintritt oder Nicht-Eintritt eines anderen Ereignisses besteht. So schätzt z.B. eine Kfz-Versicherung die Wahrscheinlichkeit für den Diebstahl eines Kraftfahrzeuges geringer ein, wenn es sich um einen "Garagenwagen" handelt. Oder: Die Wahrscheinlichkeit, daß eine Person die nächsten fünf Jahre überleben wird, wird geringer eingeschätzt, wenn diese Person bereits 90 Jahre alt ist.

Die Aufgabenstellung lautet:

> Wie groß ist die Wahrscheinlichkeit für den Eintritt eines Ereignisses A, *wenn* ein Ereignis B bereits eingetreten ist oder eintreten wird?

Diese Wahrscheinlichkeit wird als Wahrscheinlichkeit des Ereignisses A unter der Bedingung des Ereignisses B oder kurz als "bedingte Wahrscheinlichkeit" bezeichnet.

Schreibweise/Symbolik: $W(A|B)$

In Worten: Wahrscheinlichkeit für A, gegeben B.
Wahrscheinlichkeit für A unter der Bedingung B.

**b) Einführungsbeispiel**

Bei dem Zufallsvorgang "zweimaliges Werfen eines Würfels" interessiert die Eintrittswahrscheinlichkeit für das Ereignis

$$A = \{\text{Augenzahlsumme} \leq 4\} = \{(1,1), (1,2), (1,3), (2,1), (2,2), (3,1)\}.$$

Die Eintrittswahrscheinlichkeit für das Ereignis A beträgt vor dem 1. Wurf:

$$W(A) = \frac{6}{36} = \frac{1}{6}$$

Wenn im 1. Wurf eine "1" geworfen wird (Bedingung B), dann reduziert sich die Anzahl der noch möglichen Elementarereignisse von ursprünglich 36 auf folgende sechs Elementarereignisse:

(1,1), (1,2), (1,3), (1,4), (1,5), (1,6)

Die Wahrscheinlichkeit für das Ereignis A verändert sich. Unter den sechs gleich möglichen Elementarereignissen sind drei für den Eintritt von A günstig. Die bedingte Wahrscheinlichkeit für das Ereignis A lautet damit

$$W(A|B) = \frac{3}{6}.$$

Die Wahrscheinlichkeit für den Eintritt des Ereignisses A erhöht sich also von ursprünglich 1/6 auf 3/6, wenn im 1. Wurf eine "1" geworfen wird.

**c) Satz/Rechenregel**

Aus dem Einführungsbeispiel ist erkennbar, daß für die Eintrittswahrscheinlichkeit des Ereignisses A zunächst die Relation der günstigen Elementarereignisse (6) zu den gleich möglichen (36) maßgebend ist. Der Eintritt der Bedingung bzw. des Ereignisses B kommt einer Reduzierung des Ereignisraumes Ω auf die Elementarereignisse gleich, die das Ereignis B bilden. Durch diese Reduzierung kann sich auch die Anzahl der ursprünglich günstigen Elementarereignisse verringern. Die Eintrittswahrscheinlichkeit für das Ereignis A ergibt sich nach dieser Reduzierung aus der Relation der verbleibenden günstigen (3) zu den verbleibenden gleich möglichen (6) Elementarereignissen. In Abbildung 4.3.2.-1 ist dies graphisch veranschaulicht.

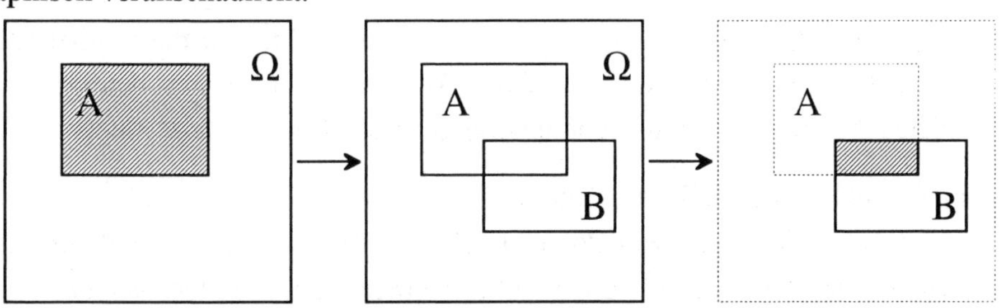


Abb. 4.3.2.-1: W(A) bei Reduzierung des Ereignisraums Ω auf den "Ereignisraum B"

Die Eintrittswahrscheinlichkeit für das Ereignis A ergibt sich ursprünglich aus der Relation A zu Ω (Abb. 4.3.2.-1, links). Nach Eintritt des Ereignisses B ergibt sich die Eintrittswahrscheinlichkeit für das Ereignis A aus der Relation der schraffierten Fläche $A \cap B$ zur Fläche B (Abb. 4.3.2.-1, rechts).

Die bedingte Wahrscheinlichkeit wird wie folgt berechnet:

**Bedingte Wahrscheinlichkeit**

Die Wahrscheinlichkeit für das Ereignis A unter der Bedingung des Ereignisses B ( $W(B) > 0$ ) beträgt

$$W(A|B) = \frac{W(A \cap B)}{W(B)} .$$

**d) Weitere Beispiele**

Beispiel: Klausur

In dem Beispiel "Klausur" unter Abschnitt 4.3.1.d) (s.S. 38) beträgt die Wahrscheinlichkeit 65 %, daß ein zufällig ausgewählter Studenten die Statistikklausur bestanden hat. Wie verändert sich diese Wahrscheinlichkeit, wenn ein Student befragt wird, der die Mathematikklausur bestanden hat?

Durch die Kenntnis der Bedingung "Mathematik bestanden" reduziert sich der Ereignisraum von Ω auf M. Es gilt:

$M = \{\text{Mathematik bestanden}\}; \quad W(M) = 0{,}80$

$(S \cap M) = \{\text{Statistik und Mathematik bestanden}\}; \quad W(S \cap M) = 0{,}60$

Mit dem Satz für die bedingte Wahrscheinlichkeit ergibt sich:

$$W(S|M) = \frac{W(S \cap M)}{W(M)} = \frac{0{,}60}{0{,}80} = 0{,}75 \quad \text{bzw.} \quad 75\ \%$$

Die Wahrscheinlichkeit, daß ein zufällig ausgewählter Student die Statistikklausur bestanden hat, wenn er die Mathematikklausur bestanden hat, beträgt 75 %. Die Wahrscheinlichkeit ist also von ursprünglich 65 % auf 75 % gestiegen.

Beispiel: Qualitätskontrolle von Tellern

Bei der Qualitätskontrolle von Porzellantellern wird u.a. auf Unebenheiten und Dekorfehler geachtet. Bei 20 % der Teller wurden Unebenheiten, bei 12 % Dekorfehler, bei 8 % wurden beide Fehler gemeinsam entdeckt. Teller mit einem

Fehler werden als II. Wahl, Teller mit zwei Fehlern als III. Wahl verkauft. Wie groß ist die Wahrscheinlichkeit, daß bei einem Teller mit Unebenheiten auch ein Dekorfehler entdeckt wird?

$U = \{\text{Teller mit Unebenheiten}\};\quad W(U) = 0{,}20$

$D = \{\text{Teller mit Dekorfehler}\};\quad W(D) = 0{,}12$

$(D \cap U) = \{\text{Teller mit Dekorfehler und Unebenheit}\};\quad W(D \cap U) = 0{,}08$

$D|U = \{\text{Teller mit Dekorfehler, Unebenheit bereits festgestellt}\}$

Mit dem Satz für die bedingte Wahrscheinlichkeit ergibt sich:

$$W(D|U) = \frac{W(D \cap U)}{W(U)} = \frac{0{,}08}{0{,}20} = 0{,}40 \quad \text{bzw. } 40\,\%$$

Die Wahrscheinlichkeit bei einem Teller, der eine Unebenheit aufweist, einen Dekorfehler zu entdecken, beträgt 40 %.

**e) Bedeutung**

Die bedingte Wahrscheinlichkeit liefert zum einen die Möglichkeit, die Abhängigkeit oder Unabhängigkeit von Ereignissen (Abschnitt 4.3.3) feststellen zu können, und zum anderen, die Wahrscheinlichkeit für den gleichzeitigen Eintritt von mehreren Ereignissen (Abschnitt 4.3.4) berechnen zu können.

Darüber hinaus werden in der Praxis häufig Informationen in Form von bedingten Wahrscheinlichkeiten gezielt eingeholt, um Eintrittswahrscheinlichkeiten genauer abschätzen zu können. Zum Beispiel ist für einen Lebensversicherer die Kenntnis der unbedingten Wahrscheinlichkeit, daß eine Person die nächsten zwölf Jahren (Vertragsdauer) überleben wird, nicht ausreichend. Für die Prämienkalkulation muß er Bedingungen wie u.a. Lebensalter und Geschlecht berücksichtigen. Den Versicherer interessiert z.B. die bedingte Wahrscheinlichkeit, daß eine Person die nächsten zwölf Jahre überlebt, wenn sie 20 Jahre alt und weiblich ist.

Bei Zufallsvorgängen, die sich über einen längeren Zeitraum erstrecken, werden oft ursprünglich unbedingte Wahrscheinlichkeiten im Zeitablauf in bedingte Wahrscheinlichkeiten abgeändert. So wird z.B. die Wahrscheinlichkeit, ein Projekt innerhalb von 36 Monaten abzuschließen, nach 30 Monaten korrigiert bzw. präzisiert werden, da der dann vorliegende Informationsstand höher ist als zu Projektbeginn.

### 4.3.3 Unabhängigkeit von Ereignissen

**a) Aufgabenstellung**

In vielen betrieblichen Situationen ist es wichtig zu wissen, ob durch den Eintritt eines Ereignisses A der Eintritt eines Ereignisses B beeinflußt wird oder nicht. Anders ausgedrückt, es interessiert, ob zwei oder mehr Ereignisse abhängig oder unabhängig voneinander sind. Die Aufgabe besteht also darin, herauszufinden, ob Ereignisse abhängig oder unabhängig voneinander sind.

**b) Einführungsbeispiel**

Bei dem Zufallsvorgang "zweimaliges Werfen eines Würfels" beträgt - wie in Abschnitt 4.3.2.b) (s.S. 41) aufgezeigt - die Wahrscheinlichkeit für das Ereignis

$$A = \{\text{Augenzahlsumme} \le 4\} \qquad W(A) = \frac{6}{36} = \frac{1}{6}.$$

Wird im 1. Wurf eine "1" geworfen (Bedingung B), dann steigt die Wahrscheinlichkeit für das Ereignis A - wie in Abschnitt 4.3.2.b) (s.S. 41) aufgezeigt - auf

$$W(A|B) = \frac{3}{6}.$$

Die Wahrscheinlichkeit für das Ereignis A wird offensichtlich durch den Eintritt des Ereignisses B erhöht. Damit sind A und B voneinander abhängig.

Für das zusätzliche Ereignis C

$$C = \{\text{"1" im 2.Wurf}\}$$

beträgt die Wahrscheinlichkeit

$$W(C) = \frac{1}{6}.$$

Diese Wahrscheinlichkeit bleibt unbeeinflußt davon, ob das Ereignis B ("1" im 1.Wurf) eingetreten ist oder nicht, wie nachstehend aufgezeigt wird.

$$W(C|B) = \frac{W(C \cap B)}{W(B)} = \frac{\frac{1}{36}}{\frac{1}{6}} = \frac{1}{6}$$

$$W(C|\overline{B}) = \frac{W(C \cap \overline{B})}{W(\overline{B})} = \frac{\frac{5}{36}}{\frac{5}{6}} = \frac{1}{6}$$

Da es für die Eintrittswahrscheinlichkeit von C ohne Einfluß ist, ob B eintritt oder nicht, sind die beiden Ereignisse B und C voneinander unabhängig.

**c) Satz/Rechenregel**

Die Einführungsbeispiele zeigen: Zwei Ereignisse A und B sind unabhängig, wenn die Wahrscheinlichkeit für A nicht davon abhängt, ob Ereignis B eintritt oder nicht eintritt. Die Ereignisse A und B sind dagegen abhängig, wenn die Wahrscheinlichkeit für A davon abhängt, ob Ereignis B eintritt oder nicht eintritt.

In Abbildung 4.3.3.-1 sind Unabhängigkeit und Abhängigkeit zweier Ereignisse A und B graphisch veranschaulicht.

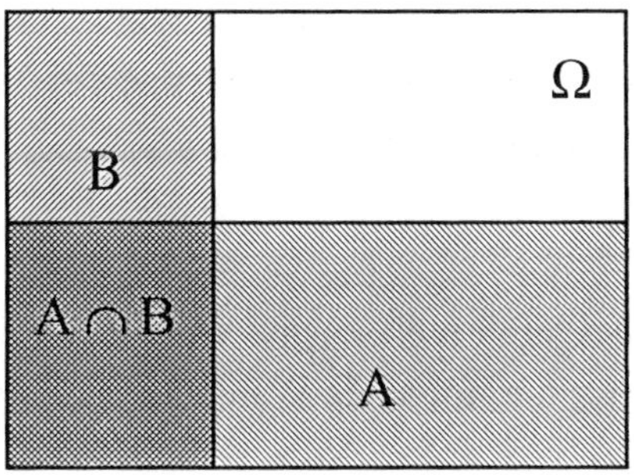


Abb. 4.3.3.-1a: Unabhängigkeit von A und B

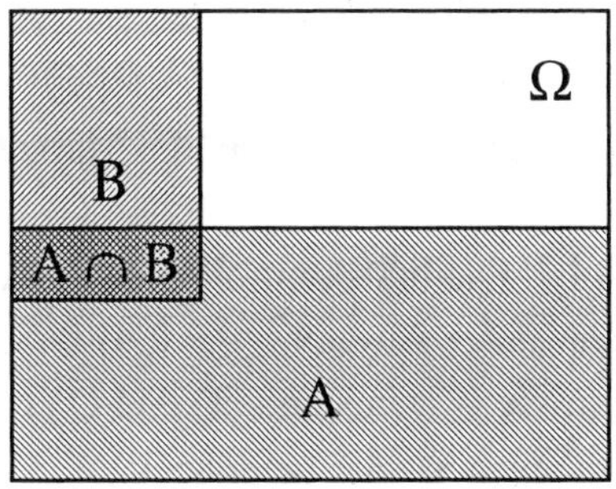


Abb. 4.3.3.-1b: Abhängigkeit von A und B

Die Wahrscheinlichkeit für Ereignis A ist durch die Relation A : Ω gegeben. Tritt Ereignis B ein, dann wird die Wahrscheinlichkeit für Ereignis A durch die Relation (A∩B) : B angegeben. - In Abb. 4.3.3.-1a sind beide Relationen bzw. Wahrscheinlichkeiten identisch, d.h. B ist ohne Einfluß auf A. Die Ereignisse A und B sind voneinander unabhängig. - In Abb. 4.3.3.-1b dagegen sind beide Relationen bzw. Wahrscheinlichkeiten offensichtlich unterschiedlich, d.h. B ist von Einfluß auf A. Die Ereignisse A und B sind voneinander abhängig.

**Satz für unabhängige Ereignisse**

Zwei Ereignisse A und B sind voneinander unabhängig, wenn gilt

$W(A) = W(A|B)$ bzw.

$W(A) = W(A|\overline{B})$ bzw.

$W(A|B) = W(A|\overline{B})$

**d) Weitere Beispiele**

Beispiel: Klausur
In den Abschnitten 4.3.1.d) (s.S. 38) und 4.3.2.d) (s.S. 42) wurden für das Beispiel "Klausur" folgende Wahrscheinlichkeiten berechnet:

$$W(S) = 0{,}65; \quad W(S|M) = 0{,}75; \quad W(S|\overline{M}) = 0{,}25$$

Wegen

$$W(S) = 0{,}65 \neq 0{,}75 = W(S|M)$$

sind die beiden Ereignisse S (Bestehen der Statistikklausur) und M (Bestehen der Mathematikklausur) abhängig. Dieses Ergebnis war zu erwarten. Für einen aus der Gesamtheit aller Studenten zufällig ausgewählten Studenten ist die Wahrscheinlichkeit für S geringer als für einen Studenten, der aus der Menge der Studenten ausgewählt wurde, die Mathematik bestanden haben.

Beispiel: Qualitätskontrolle von Tellern
In dem unter Abschnitt 4.3.2.d) (s.S. 42 f.) aufgeführten Beispiel wurden für die Ereignisse U (Unebenheit) und D (Dekorfehler) u.a. folgende Wahrscheinlichkeiten angegeben oder berechnet:

$$W(D) = 0{,}12; \quad W(D|U) = 0{,}40$$

Da die Wahrscheinlichkeit für das Ereignis D (12 %) von der Wahrscheinlichkeit für das bedingte Ereignis D|U (40 %) abweicht, sind die beiden Ereignisse D und U abhängig. Die Firma sollte nach der Ursache für die Abhängigkeit suchen. Ist die Unebenheit verantwortlich für die vermehrten Dekorfehler, so kann über eine Beseitigung des Qualitätsmangels "Unebenheit" auch der Qualitätsmangel "Dekorfehler" reduziert werden.

**e) Bedeutung**

Die Feststellung der Unabhängigkeit oder Abhängigkeit ist von hoher Bedeutung.

Die Feststellung ist aus formaler Sicht von Bedeutung, da im Falle der Unabhängigkeit einige Rechenregeln stark vereinfacht werden können, da die bedingte Wahrscheinlichkeit durch die unbedingte Wahrscheinlichkeit ersetzt werden kann.

Die Feststellung ist aus sachlicher Sicht von Bedeutung, da die Kenntnis der Abhängigkeit die Entscheidungsfindung beeinflussen kann. Ist für zwei Ereignisse die Abhängigkeit feststellt worden, so kann dies ein auslösendes Moment für die Ursachenforschung bzw. für die Suche nach dem kausalen Zusammenhang sein. Wie im Beispiel Qualitätskontrolle angedeutet, kann über die Einflußnahme auf das Ereignis A indirekt Einfluß genommen werden auf das Ereignis B.

### 4.3.4 Multiplikationssätze

#### a) Aufgabenstellung

Gegeben sind zwei oder mehr Ereignisse. Das Interesse besteht darin, daß diese Ereignisse ohne Ausnahme alle gemeinsam eintreten.

Die Aufgabenstellung lautet daher:

> Wie groß ist die Wahrscheinlichkeit, daß *alle* gegebenen
> Ereignisse gemeinsam eintreten werden?

Der gemeinsame Eintritt von mehreren Ereignissen ist identisch mit dem Eintritt des Durchschnittes dieser Ereignisse (Abschnitt 4.1.2, s.S. 24 ff.). Es ist die Eintrittswahrscheinlichkeit für den Durchschnitt der Ereignisse zu ermitteln.

#### b) Einführungsbeispiel

In einer Urne befinden sich fünf Kugeln, von denen vier rot sind und eine weiß ist. Wie groß ist die Wahrscheinlichkeit, daß bei zwei Ziehungen ohne Zurücklegen zwei rote Kugeln gezogen werden?

Die Ereignisse lauten:

R1 = {"rot" im 1. Zug}

R2 = {"rot" im 2. Zug}

$R1 \cap R2$ = {"rot" im 1. Zug und "rot" im 2. Zug}

Gesucht ist die Wahrscheinlichkeit

$W(R1 \cap R2)$

Der Ablauf des Zufallsvorgangs "zweimaliges Ziehen einer Kugel *ohne* Zurücklegen" wird in Abbildung 4.3.4.-1 anschaulich mit Hilfe des sogenannten Baumdiagramms wiedergegeben.

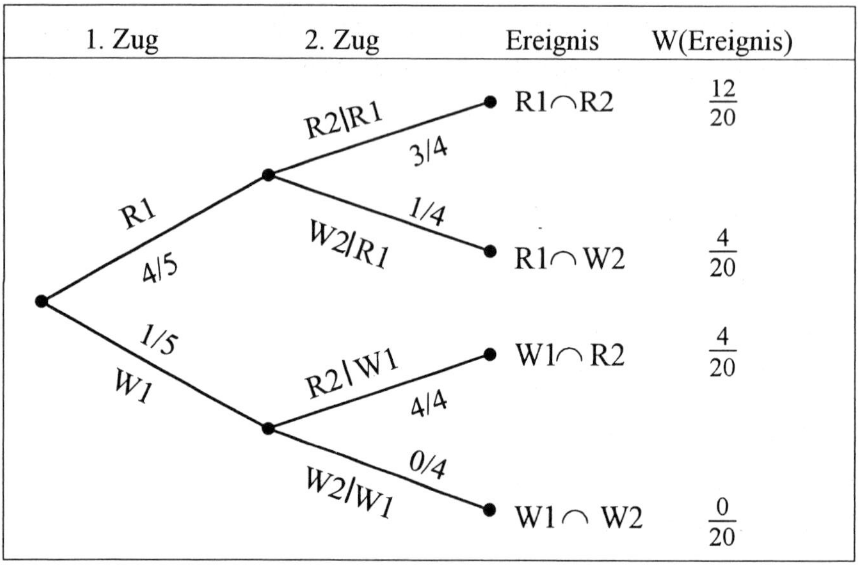


Abb. 4.3.4.-1: Baumdiagramm für "Entnahme (Ziehen) von zwei Kugeln ohne Zurücklegen"

Die beiden Ereignisse R1 und W1 bilden die erste Verzweigung des Baumes. Die Ereignisse und ihre jeweilige Eintrittswahrscheinlichkeit sind an dem entsprechenden Zweig vermerkt. Die beiden Ereignisse R2 und W2 bilden die Verzweigung für die bisherigen zwei Zweigenden. Die Ereignisse und ihre jeweilige Eintrittswahrscheinlichkeit sind wieder an dem entsprechenden Zweig vermerkt. Da die im 1. Zug entnommene Kugel nicht in die Urne zurückgelegt wird, sind die Eintrittswahrscheinlichkeiten davon abhängig, ob im 1. Zug eine rote oder weiße Kugel entnommen wurde. Die Ereignisse des 1. Zugs und des 2. Zugs sind also voneinander abhängig. So gilt z.B.

$$W(R2|R1) = \frac{3}{4} \neq \frac{4}{4} = W(R2|W1)$$

Wurde im 1. Zug eine rote Kugel gezogen, so sind von den in der Urne verbliebenen 4 Kugeln 3 rot und eine weiß, so daß die Wahrscheinlichkeit für die Entnahme einer roten Kugel 3/4 beträgt. Wurde im 1. Zug die weiße Kugel gezogen, so sind die in der Urne verbliebenen 4 Kugeln alle rot, so daß die Entnahme einer roten Kugel das sichere Ereignis darstellt.

Am Ende eines jeden Weges ist das zugehörige Ereignis mit der Eintrittswahrscheinlichkeit angegeben. Der obere Weg z.B. gibt das Ereignis "rot" im 1. Zug und "rot" im 2. Zug an. Die Wahrscheinlichkeit für dieses Ereignis ergibt sich aus der Multiplikation der auf diesem Weg liegenden Wahrscheinlichkeiten.

$$W(R1 \cap R2) = \frac{4}{5} \cdot \frac{3}{4} = \frac{12}{20}$$

Der Ablauf des Zufallsvorgangs "zweimaliges Ziehen einer Kugel *mit* Zurücklegen" wird in Abbildung 4.3.4.-2 anschaulich mit Hilfe des Baumdiagramms wiedergegeben.

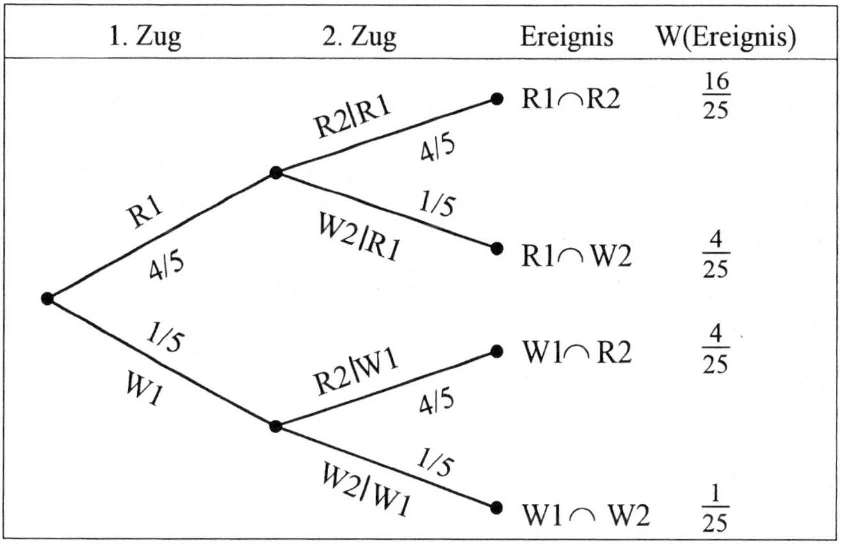


Abb. 4.3.4.-2: Baumdiagramm für "Entnahme (Ziehen) von zwei Kugeln mit Zurücklegen"

Da die im 1. Zug entnommene Kugel wieder in die Urne zurückgelegt wird, ist die Ausgangssituation vor dem 2. Zug mit der Ausgangssituation vor dem 1. Zug identisch. Die Eintrittswahrscheinlichkeiten der möglichen Ereignisse im 2. Zug sind daher unabhängig davon, ob im 1. Zug eine rote oder weiße Kugel entnommen wurde. Die Ereignisse des 1. Zugs und des 2. Zugs sind also voneinander unabhängig. So gilt z.B.

$$W(R2|R1) = \frac{4}{5} = W(R2|W1) = W(R2)$$

Die Wahrscheinlichkeit für ein durch einen Weg gekennzeichnetes Ereignis ergibt sich wieder aus der Multiplikation der auf diesem Weg liegenden Wahrscheinlichkeiten. Zum Beispiel

$$W(R1 \cap R2) = \frac{4}{5} \cdot \frac{4}{5} = \frac{16}{25}$$

**c) Satz/Rechenregel**

Aus den beiden Einführungsbeispielen geht hervor, daß sich die Wahrscheinlichkeit für den gemeinsamen Eintritt zweier Ereignisse aus dem Produkt der beiden Einzelwahrscheinlichkeiten ergibt.

Dieses Ergebnis läßt sich auch aus dem Satz für die bedingte Wahrscheinlichkeit ableiten. Nach diesem Satz gilt

$$W(B|A) = \frac{W(A \cap B)}{W(A)} \qquad \text{oder} \qquad W(A|B) = \frac{W(A \cap B)}{W(B)}$$

Durch einfaches Umstellen der Größen ergibt sich

$$W(A \cap B) = W(A) \cdot W(B|A) \quad \text{bzw.} \quad W(A \cap B) = W(B) \cdot W(A|B)$$

**Allgemeiner Multiplikationssatz**

Die Wahrscheinlichkeit, daß zwei Ereignisse A und B *gemeinsam* eintreten, beträgt

$$W(A \cap B) = W(A) \cdot W(B|A)$$

oder

$$W(A \cap B) = W(B) \cdot W(A|B)$$

Ist die Wahrscheinlichkeit für den gemeinsamen Eintritt von drei Ereignissen zu ermitteln, so ist die obige Berechnungsformel um die Wahrscheinlichkeit des dritten Ereignisses C unter der Bedingung, daß sowohl A als auch B eingetreten sind, zu erweitern.

Bei n Ereignissen gilt entsprechend

$$W(A_1 \cap A_2 \cap A_3 \cap \ldots \cap A_n) = W(A_1) \cdot W(A_2|A_1) \cdot W(A_3|A_1 \cap A_2) \cdot \ldots \cdot W(A_n|A_1 \cap A_2 \cap \ldots \cap A_{n-1})$$

Oder in Kurzschreibweise:

$$W\left(\bigcap_{i=1}^{n} A_i\right) = W(A_1) \cdot \prod_{i=2}^{n} W(A_i \mid \bigcap_{j=1}^{i-1} A_j)$$

Für den speziellen Fall, daß alle Ereignisse unabhängig voneinander sind, kann der allgemeine Multiplikationssatz mit Hilfe des Satzes für unabhängige Ereignisse (Abschnitt 4.3.3.c, s.S. 45) vereinfacht werden. Im Falle der Unabhängigkeit sind die unbedingte und bedingte Wahrscheinlichkeit identisch.

**Multiplikationssatz für unabhängige Ereignisse**

Die Wahrscheinlichkeit, daß zwei unabhängige Ereignisse A und B *gemeinsam* eintreten, beträgt

$$W(A \cap B) = W(A) \cdot W(B) .$$

Die Wahrscheinlichkeit für den gemeinsamen Eintritt von mehr als zwei unabhängigen Ereignissen ergibt sich entsprechend aus dem Produkt der unbedingten Wahrscheinlichkeiten der einzelnen Ereignisse.

### d) Weitere Beispiele

Beispiel: Wareneingangskontrolle Glühbirnen

Aus einer Lieferung von 50 Glühbirnen werden vier Glühbirnen ohne Zurücklegen entnommen und geprüft. Die Lieferung wird angenommen, wenn alle vier Glühbirnen brennen. - Wie groß ist die Wahrscheinlichkeit, daß eine Lieferung mit 10 % Ausschuß angenommen wird?

$$A_i = \{\text{Glühbirne Nr. i ist in Ordnung}\} \qquad \text{für } i = 1, 2, 3, 4$$

Es ist die Wahrscheinlichkeit dafür zu berechnen, daß alle vier Ereignisse eintreten, d.h. alle vier entnommenen Glühbirnen brennen. Die Ereignisse sind abhängig, da die Entnahme ohne Zurücklegen erfolgt. Es ist daher der allgemeine Multiplikationssatz anzuwenden.

$$W(A_1 \cap A_2 \cap A_3 \cap A_4) = W(A_1) \cdot W(A_2 | A_1) \cdot W(A_3 | A_1 \cap A_2) \cdot W(A_4 | A_1 \cap A_2 \cap A_3)$$

$$= \frac{45}{50} \cdot \frac{44}{49} \cdot \frac{43}{48} \cdot \frac{42}{47} = 0{,}6497 \quad \text{bzw.} \quad 64{,}97\,\%$$

Die Wahrscheinlichkeit, daß die Lieferung bei einer Ausschußquote von 10 % angenommen wird, beträgt knapp 65 %. Die Entscheidungsregel sollte geändert werden, da das Risiko des Abnehmers zu hoch ist.

Beispiel: Roulette

Die Wahrscheinlichkeit, daß beim Roulette das Ereignis "ungerade Zahl" eintritt, ist mit 18/37 genauso groß wie die Wahrscheinlichkeit für das Ereignis "gerade Zahl". Die Strategie eines Spielers besteht darin, nach fünfmaligem aufeinanderfolgendem Ausspielen einer ungeraden Zahl € 20 auf "gerade Zahl" zu setzen in der Annahme, es sei nahezu unwahrscheinlich, daß im sechsten Wurf wieder eine "ungerade Zahl" ausgespielt wird. - Ist diese Strategie verfolgenswert?

Die Frage kann mit Hilfe des Multiplikationssatzes beantwortet werden. Da beim Roulette für jedes einzelne Spiel die gleiche Ausgangssituation gilt (Fall mit Zurücklegen), sind die einzelnen Ereignisse unabhängig. Die Wahrscheinlichkeit, daß sechsmal nacheinander das Ereignis "ungerade Zahl" eintritt, beträgt:

$$U_i = \{\text{"ungerade Zahl" im Wurf Nr. } i\} \qquad \text{für } i = 1, 2, ..., 6$$

$$W(\bigcap_{i=1}^{6} U_i) = \prod_{i=1}^{6} W(U_i) = \frac{18}{37} \cdot \frac{18}{37} \cdot \frac{18}{37} \cdot \frac{18}{37} \cdot \frac{18}{37} \cdot \frac{18}{37} = 0,0133 \quad \text{bzw.} \quad 1,33\,\%$$

Die Wahrscheinlichkeit ist mit 1,33 % tatsächlich sehr gering. Genauso gering ist aber auch die Wahrscheinlichkeit, daß fünfmal nacheinander das Ereignis "ungerade Zahl" und dann das Ereignis "gerade Zahl" eintritt. *Die Wahrscheinlichkeit hat bei unabhängigen Ereignissen kein Gedächtnis.* Die Wahrschcinlichkeit, daß im 6. Spiel "ungerade" oder "gerade" eintritt, beträgt jeweils 18/37.

Die Annahme des Spielers ist folglich falsch. Das Spielkasino muß aus eigenem Interesse sehr streng darauf bedacht sein, daß die Ereignisse der aufeinanderfolgenden Zufallsvorgänge "Ausspielen einer Zahl" grundsätzlich unabhängig sind. Anderenfalls läuft die Spielbank Gefahr, relativ einfach gesprengt zu werden.

**e) Bedeutung**

Wie in Abschnitt 4.1.2.d) (s.S. 26) dargelegt wurde, besteht bei der Durchführung von Zufallsvorgängen oft ein Interesse daran, daß mehrere Ereignisse gemeinsam eintreten. Die Multiplikationssätze bieten eine rechnerisch einfache Möglichkeit, die Wahrscheinlichkeit für den gemeinsamen Eintritt der Ereignisse zu ermitteln.

Mit dem Multiplikationssatz kann auch die Unabhängigkeit von zwei Ereignissen festgestellt werden. Zwei Ereignisse A und B sind unabhängig, wenn gilt

$$W(A) \cdot W(B) = W(A \cap B).$$

### 4.3.5 Wahrscheinlichkeit des Komplementärereignisses

**a) Aufgabenstellung**

Das Komplementärereignis $\overline{A}$ ist das Ereignis, das genau dann eintritt, wenn das Ereignis A nicht eintritt. Die Aufgabe besteht darin, die Wahrscheinlichkeit dafür zu ermitteln, daß das Ereignis A nicht eintritt bzw. das Ereignis $\overline{A}$ eintritt.

**b) Einführungsbeispiel**

Ein Unternehmen führt auf dem Markt die drei Produkte A, B und C ein. Die drei Produkte sind voneinander unabhängig, d.h. sie konkurrieren nicht miteinander und sie ergänzen sich nicht. Die Marketingabteilung schätzt die Wahrscheinlichkeiten für eine erfolgreiche Einführung auf 0,9, 0,8 bzw. 0,95. - Wie groß ist die Wahrscheinlichkeit, daß mindestens ein Produkt am Markt erfolgreich sein wird?

$A = \{A \text{ ist erfolgreich}\}; \quad B = \{B \text{ ist erfolgreich}\}; \quad C = \{C \text{ ist erfolgreich}\};$

$E = \{\text{mindestens ein Produkt ist erfolgreich}\}; \quad W(E) = ?$

Es gibt verschiedene Möglichkeiten, die Wahrscheinlichkeit für E zu ermitteln. Eine Möglichkeit bietet der Additionssatz

$$W(E) = W(A \cup B \cup C)$$

Eine weitere Möglichkeit bietet der Multiplikationssatz. Für die sieben günstigen Elementarereignisse (mindestens ein erfolgreiches Produkt)

$$(A \cap B \cap C),\ (A \cap B \cap \overline{C}),\ (A \cap \overline{B} \cap C),\ (\overline{A} \cap B \cap C),$$
$$(A \cap \overline{B} \cap \overline{C}),\ (\overline{A} \cap B \cap \overline{C}),\ (\overline{A} \cap \overline{B} \cap C)$$

sind jeweils mit Hilfe des Multiplikationssatzes die Eintrittswahrscheinlichkeiten zu berechnen und anschließend zu addieren.

Beide Lösungswege sind sehr aufwendig. Wesentlich einfacher ist es, die Wahrscheinlichkeit des Komplementärereignisses zu E, nämlich

$$\overline{E} = \{\text{alle Produkte sind erfolglos}\} = \{(\overline{A} \cap \overline{B} \cap \overline{C})\}$$

zu berechnen.

$$W(\overline{A} \cap \overline{B} \cap \overline{C}) = W(\overline{A}) \cdot W(\overline{B}) \cdot W(\overline{C})$$
$$= 0{,}10 \cdot 0{,}20 \cdot 0{,}05 = 0{,}001 \quad \text{bzw.} \quad 0{,}1\,\%$$

Die Wahrscheinlichkeit, daß kein Produkt erfolgreich ist, beträgt 0,1 %. Die Wahrscheinlichkeit, daß mindestens ein Produkt erfolgreich ist, beträgt dann

$$W(E) = 1 - W(\overline{E}) = 1 - 0{,}001 = 0{,}999 \quad \text{bzw.} \quad 99{,}9\,\%$$

**c) Satz/Rechenregel**

Wie aus dem Einführungsbeispiel oder der Abbildung 4.1.3.-1 (s.S. 27) zu erkennen ist, ist das Komplementärereignis $\overline{A}$ die Ergänzung des Ereignisses A zum sicheren Ereignis bzw. zum Ereignisraum $\Omega$.

> **Wahrscheinlichkeit des Komplementärereignisses**
> Die Wahrscheinlichkeit für das zum Ereignis A komplementäre Ereignis $\overline{A}$ beträgt
>
> $$W(\overline{A}) = 1 - W(A)$$

**d) Weitere Beispiele**

Beispiel: Werfen mit zwei Würfeln
Wie groß ist die Wahrscheinlichkeit, bei zehnmaligem Werfen mit zwei Würfeln mindestens einmal einen Sechserpasch zu werfen?

$$A_i = \{\text{Sechserpasch im Wurf } i\} \qquad \text{für } i = 1, \ldots, 10$$

Bei Anwendung des Additionssatzes ist zu berechnen:

$$W(A_1 \cup A_2 \cup \ldots \cup A_{10})$$

Die Berechnung mit Hilfe des Additionssatzes wäre äußerst aufwendig. Die Berechnung der Wahrscheinlichkeit für das komplementäre Ereignis, nämlich in zehn Würfen keinen Sechserpasch zu erzielen, bereitet erheblich weniger Aufwand.

$$W(\overline{A}_1 \cap \overline{A}_2 \cap \ldots \cap \overline{A}_{10}) = \left(\frac{35}{36}\right)^{10} = 0{,}7545 \quad \text{bzw.} \quad 75{,}45\,\%$$

Die Wahrscheinlichkeit, mindestens einen Sechserpasch in 10 Würfen zu erzielen, beträgt damit

$$W(A) = 1 - W(\overline{A}) = 1 - 0{,}7545 = 0{,}2455 \quad \text{bzw.} \quad 24{,}55\,\%.$$

Beispiel: Arzneimittelforschung
Ein pharmazeutisches Unternehmen schätzt die Wahrscheinlichkeit dafür, daß von zehn entwickelten Präparaten kein einziges eine Marktzulassung erreicht, auf 5 %. - Geben Sie das komplementäre Ereignis und dessen Wahrscheinlichkeit an!

$\overline{Z}_i$ = {Präparat i ist ohne Zulassung} für i = 1, ..., 10

$$W\left(\bigcap_{i=1}^{10} \overline{Z}_i\right) = 0{,}05$$

Das komplementäre Ereignis zu "alle 10 Präparate sind ohne Zulassung" ist nicht etwa "alle 10 Präparate sind mit Zulassung", sondern "mindestens ein Präparat ist mit Zulassung". Dafür beträgt die Wahrscheinlichkeit

$$W\left(\bigcup_{i=1}^{10} Z_i\right) = 1 - 0{,}05 = 0{,}95 \quad \text{bzw.} \quad 95\,\%.$$

**e) Bedeutung**

Die Bedeutung des komplementären Ereignisses ist anhand der obigen Beispiele erkennbar. Die Ermittlung der Wahrscheinlichkeit über das komplementäre Ereignis kann mit erheblich weniger Rechenaufwand verbunden sein als die unmittelbare Ermittlung der Wahrscheinlichkeit für das eigentlich interessierende Ereignis. - Bei der Lösung von Aufgaben zur Wahrscheinlichkeitsbestimmung sollte daher stets geprüft werden, ob eine indirekte Wahrscheinlichkeitsermittlung über das komplementäre Ereignis mit weniger Aufwand verbunden ist.

## 4.3.6 Die totale Wahrscheinlichkeit

**a) Aufgabenstellung**

Gegeben sind die Ereignisse $A_i$ (i = 1, ..., n), die ein vollständiges Ereignissystem bilden, sowie das Ereignis B, das sich aus Elementarereignissen der Ereignisse $A_i$ zusammensetzt. In Abbildung 4.3.6.-1 ist diese Situation graphisch veranschaulicht. - Die Wahrscheinlichkeiten

$W(A_i)$ und $W(B|A_i)$ für i = 1, ..., n

sind bekannt.

Gesucht ist die Wahrscheinlichkeit für das Ereignis B.

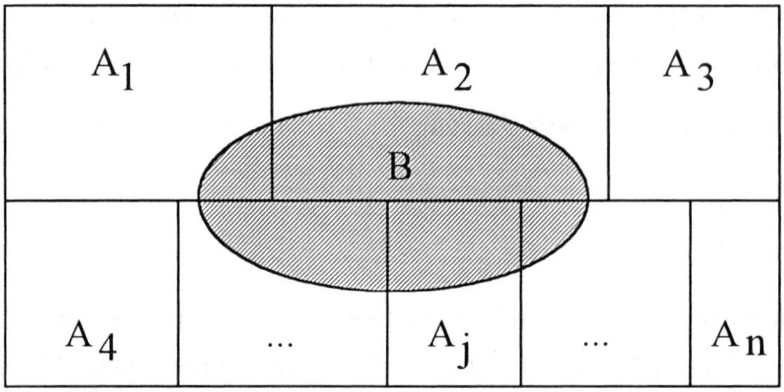


Abb. 4.3.6.-1: Vollständiges Ereignissystem und Ereignis B

Faßt man das Ereignis B als die Vereinigung aller Durchschnitte $A_i \cap B$ auf, dann kann die Wahrscheinlichkeit für B einfach ermittelt werden. So wie die Vereinigung aller Durchschnitte $A_i \cap B$ zu einem "Totalen" das Ereignis B ergibt, ergibt die Addition ihrer Wahrscheinlichkeiten zu einem "Totalen" die gesuchte Wahrscheinlichkeit für den Eintritt des Ereignisses B. Diese Wahrscheinlichkeit wird daher als *totale Wahrscheinlichkeit* bezeichnet.

**b) Einführungsbeispiel**

Auf den drei Maschinen 1, 2 und 3 wird der gleiche Artikel produziert. Die Maschinen haben einen jeweiligen Produktionsanteil von 60, 10 bzw. 30 % und eine jeweilige Ausschußquote von 5, 2 bzw. 4 %. - Wie groß ist die Wahrscheinlichkeit, daß ein für die Warenendkontrolle zufällig entnommener Artikel Ausschuß darstellt?

$A_i$ = {Artikel stammt von Maschine i} für i = 1, 2, 3

B = {Artikel ist Ausschuß}

$B|A_i$ = {Artikel ist Ausschuß, wenn der Artikel von Maschine i stammt}

$W(A_1) = 0{,}60;$ $W(B|A_1) = 0{,}05;$

$W(A_2) = 0{,}10;$ $W(B|A_2) = 0{,}02;$

$W(A_3) = 0{,}30;$ $W(B|A_3) = 0{,}04.$

Die zu ermittelnde Wahrscheinlichkeit für B setzt sich - wie unter a) allgemein für n Ereignisse aufgezeigt - aus den Wahrscheinlichkeiten für die drei Ereignisse

$A_i \cap B$ = {Artikel stammt von Maschine i und ist Ausschuß} für i = 1, 2, 3

zusammen. Die Wahrscheinlichkeit für $(A_i \cap B)$, d.h. ein Artikel stammt von Maschine i und ist zugleich Ausschuß, kann mit Hilfe des allgemeinen Multiplikationssatzes (s.S. 50) berechnet werden:

$$W(A_i \cap B) = W(A_i) \cdot W(B|A_i)$$

Die Berechnung dieser Wahrscheinlichkeiten ist nachstehend angegeben:

| i | $W(A_i)$ | $W(B\|A_i)$ | $W(A_i \cap B)$ |
|---|---|---|---|
| 1 | 0,60 | 0,05 | 0,030 |
| 2 | 0,10 | 0,02 | 0,002 |
| 3 | 0,30 | 0,04 | 0,012 |

Von z.B. 100 Artikeln stammen durchschnittlich 60 % bzw. 60 von Maschine 1, von diesen 60 wiederum sind 5 % bzw. 3 Artikel Ausschuß. Die Wahrscheinlichkeit, daß ein zufällig entnommener Artikel von Maschine 1 stammt und zugleich Ausschuß ist, beträgt also 3 %. Die Wahrscheinlichkeit, daß ein für die Warenendkontrolle zufällig entnommener Artikel ein Ausschußartikel ist, ergibt sich aus der Addition der in der letzten Spalte aufgeführten Wahrscheinlichkeiten.

$$W(B) = 0{,}03 + 0{,}002 + 0{,}012 = 0{,}044 \quad \text{bzw.} \quad 4{,}4\ \%$$

Die Wahrscheinlichkeit, daß ein zufällig entnommener Artikel Ausschuß ist, beträgt 4,4 %.

Der Leser möge sich diesen Sachverhalt zusätzlich mit Hilfe des Baumdiagramms - analog zur Abbildung 4.3.4.-1 (s.S. 48) - veranschaulichen. Die 1. Verzweigung umfaßt drei Zweige für die drei Maschinen, die 2. Verzweigung ist für die Ereignisse "Ausschuß" und "kein Ausschuß" vorzunehmen.

**c) Satz/Rechenregel**

Das Ereignis B ist die Vereinigung aus den Durchschnitten $A_i \cap B$.

$$B = (A_1 \cap B) \cup (A_2 \cap B) \cup \ldots \cup (A_n \cap B)$$

Da die Ereignisse $A_i \cap B$ paarweise disjunkt sind, kann die Wahrscheinlichkeit für B mit dem Additionssatz für disjunkte Ereignisse (s.S. 38) berechnet werden.

$$W(B) = \sum_{i=1}^{n} W(A_i \cap B) \qquad \text{(Ausdruck 4.3.6.-1)}$$

Die Wahrscheinlichkeiten für die Ereignisse $A_i \cap B$ können mit dem allgemeinen Multiplikationssatz (s.S. 50) berechnet werden.

$$W(A_i \cap B) = W(A_i) \cdot W(B|A_i) \qquad \text{(Ausdruck 4.3.6.-2)}$$

Setzt man Ausdruck 4.3.6.-2 in Ausdruck 4.3.6.-1 ein, ergibt sich

$$W(B) = \sum_{i=1}^{n} W(A_i) \cdot W(B|A_i).$$

**Satz von der totalen Wahrscheinlichkeit**

Bilden die Ereignisse $A_1, A_2, ..., A_n$ ein vollständiges Ereignissystem und ist B ein beliebiges Ereignis, dann gilt

$$W(B) = \sum_{i=1}^{n} W(A_i) \cdot W(B|A_i).$$

**d) Weitere Beispiele**

Beispiel: Klausur (s.S.38)

Die Wahrscheinlichkeit, die Statistikklausur zu bestehen, beträgt 0,65. Die Wahrscheinlichkeit, die Mathematikklausur zu bestehen, beträgt, wenn

a) die Statistikklausur bestanden wurde: 60/65 = 0,923

b) die Statistikklausur nicht bestanden wurde: 20/35 = 0,571.

Wie groß ist die Wahrscheinlichkeit, die Mathematikklausur (= totale Wahrscheinlichkeit) zu bestehen?

$$W(S) = 0{,}65; \quad W(M|S) = 0{,}923; \quad W(\bar{S}) = 0{,}35; \quad W(M|\bar{S}) = 0{,}571.$$

$$\begin{aligned} W(M) &= W(S) \cdot W(M|S) + W(\bar{S}) \cdot W(M|\bar{S}) \\ &= 0{,}65 \cdot 0{,}923 + 0{,}35 \cdot 0{,}571 \\ &= 0{,}60 + 0{,}20 = 0{,}80 \quad \text{bzw.} \quad 80\% \end{aligned}$$

Die Wahrscheinlichkeit, die Mathematikklausur zu bestehen, beträgt 80 %.

Beispiel: Glücksspiel

Ein Student schlägt Ihnen folgendes Glücksspiel vor. Der Student darf - für Sie nicht sichtbar - 10 grüne Kugeln (G) und 10 rote Kugeln (R) beliebig auf zwei Urnen A und B verteilen. Sie bestimmen die Urne, aus der dann eine Kugel zufällig entnommen wird. Ist die Kugel grün, erhalten Sie 10 €; ist die Kugel rot, so zahlen Sie 5 €. - Gehen Sie als risikoneutrale Person auf das Spiel ein?

Der Student wird die für Sie ungünstigste Verteilung wählen, nämlich eine rote Kugel in die Urne A und die restlichen 19 Kugeln in die Urne B legen.

$$W(A) = 0{,}5 \qquad W(B) = 0{,}5$$

$$W(G|A) = \frac{0}{1} \qquad W(G|B) = \frac{10}{19}$$

$$W(R|A) = \frac{1}{1} \qquad W(R|B) = \frac{9}{19}$$

Die Wahrscheinlichkeit für die Entnahme einer grünen Kugel beträgt

$$W(G) = W(A)\cdot W(G|A) + W(B)\cdot W(G|B)$$

$$= 0{,}5\cdot\frac{0}{1} + 0{,}5\cdot\frac{10}{19} = \frac{5}{19} \qquad = 0{,}2631.$$

Die Wahrscheinlichkeit für die Entnahme einer roten Kugel beträgt

$$W(R) = W(A)\cdot W(R|A) + W(B)\cdot W(R|B)$$

$$= 0{,}5\cdot\frac{1}{1} + 0{,}5\cdot\frac{9}{19} = \frac{14}{19} \qquad = 0{,}7369.$$

Bei 19 Spielen wird tendenziell fünfmal die grüne und vierzehnmal die rote Kugel entnommen. Tendenziell bezahlen Sie damit bei 19 Spielen $14 \cdot 5 = 70$ € und erhalten $5 \cdot 10 = 50$ €. Bei 19 Spielen verlieren Sie also durchschnittlich 20 € bzw. pro Spiel 20/19 €. Es ist daher nicht ratsam, auf das Spiel einzugehen.

**e) Bedeutung**

Die Bedeutung wird an den obigen Beispielen erkennbar. In Situationen, in denen lediglich die bedingten Wahrscheinlichkeiten für ein Ereignis bekannt sind, kann mit Hilfe des Satzes von der totalen Wahrscheinlichkeit die unbedingte Wahrscheinlichkeit für das interessierende Ereignis berechnet werden. Dies ist stets dann relevant, wenn nicht bekannt ist, welche dieser Bedingungen eintreten wird.

## 4.3.7 Der Satz von Bayes

### a) Aufgabenstellung

Gegeben sind die Ereignisse $A_i$ (i = 1, ..., n), die ein vollständiges Ereignissystem bilden, sowie das Ereignis B, das sich aus Elementarereignissen der Ereignisse $A_i$ zusammensetzt. Die Wahrscheinlichkeiten

$$W(A_i) \quad \text{und} \quad W(B|A_i) \qquad \text{für } i = 1, ..., n$$

sind bekannt. - Gesucht ist die Wahrscheinlichkeit

$$W(A_i|B) \qquad \text{für } i = 1, ..., n.$$

Es gilt also, die Wahrscheinlichkeit für das Ereignis $A_i$ zu "korrigieren" mit dem Wissen, daß Ereignis B eingetreten ist oder eintreten wird. - In Abb. 4.3.7.-1 ist diese Situation für drei Ereignisse veranschaulicht.

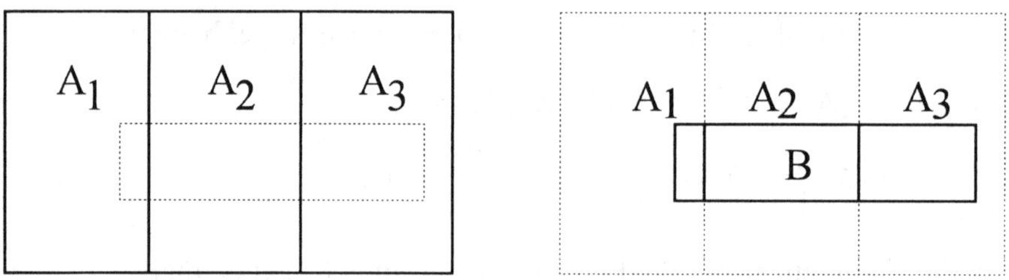


Abb. 4.3.7.-1: Wahrscheinlichkeiten für $A_1$, $A_2$ und $A_3$ vor und nach Eintritt von Ereignis B

### b) Einführungsbeispiel

Das Beispiel aus Abschnitt 4.3.6.b) wird fortgeführt. Die Wahrscheinlichkeit, daß ein zufällig entnommener Artikel auf Maschine i produziert wurde, beträgt

$$W(A_1) = 0{,}60; \qquad W(A_2) = 0{,}10; \qquad W(A_3) = 0{,}30.$$

Die Wahrscheinlichkeit, daß ein zufällig entnommener Artikel Ausschuß (B) ist, wenn er auf Maschine i produziert wurde, beträgt

$$W(B|A_1) = 0{,}05; \quad W(B|A_2) = 0{,}02; \quad W(B|A_3) = 0{,}04.$$

Gesucht ist die Wahrscheinlichkeit, daß ein Artikel auf Maschine i ($A_i$) produziert wurde, wenn von diesem Artikel bekannt ist, daß er Ausschuß (B) ist, also

$$W(A_i|B)$$

Diese gesuchte Wahrscheinlichkeit ergibt sich, wie aus Abbildung 4.3.7.-1 erkennbar, aus der Relation

$$W(A_i \cap B) \quad \text{zu} \quad W(B),$$

also als Anteil der Schnittfläche $A_i \cap B$ an der Fläche B.

Die Berechnung der Wahrscheinlichkeit für den gleichzeitigen Eintritt von $A_i$ und B, d.h. ein Artikel stammt von Maschine i und ist zugleich Ausschuß, wurde unter Abschnitt 4.3.6.b) (s.S. 57) ausführlich aufgezeigt.

$$W(A_1 \cap B) = 0{,}03; \quad W(A_2 \cap B) = 0{,}002; \quad W(A_3 \cap B) = 0{,}012.$$

Die Berechnung der Wahrscheinlichkeit für B wurde ebenfalls unter Abschnitt 4.3.6.b) (S. 57) aufgezeigt.

$$W(B) = 0{,}03 + 0{,}002 + 0{,}012 = 0{,}044 \quad \text{bzw.} \quad 4{,}4\,\%$$

Die Wahrscheinlichkeit für die Entnahme eines Ausschußartikels beträgt 4,4 %.

Damit sind die Wahrscheinlichkeiten $W(A_i \cap B)$ und $W(B)$, die für die Berechnung der Wahrscheinlichkeit $W(A_i|B)$ erforderlich sind, bekannt.

$$W(A_i|B) = \frac{W(A_i \cap B)}{W(B)}$$

Die drei gesuchten Wahrscheinlichkeiten betragen damit

$$W(A_1|B) = \frac{W(A_1 \cap B)}{W(B)} = \frac{0{,}03}{0{,}044} = 0{,}6818 \quad \text{bzw.} \quad 68{,}18\,\%$$

$$W(A_2|B) = \frac{W(A_2 \cap B)}{W(B)} = \frac{0{,}002}{0{,}044} = 0{,}0455 \quad \text{bzw.} \quad 4{,}55\,\%$$

$$W(A_3|B) = \frac{W(A_3 \cap B)}{W(B)} = \frac{0{,}012}{0{,}044} = 0{,}2727 \quad \text{bzw.} \quad 27{,}27\,\%.$$

Die Wahrscheinlichkeit, daß ein zufällig ausgewählter Artikel auf z.B. Maschine 2 produziert wurde, beträgt 10 %. Mit der Zusatzinformation, daß der zufällig ausgewählte Artikel Ausschuß ist, sinkt die Wahrscheinlichkeit, daß dieser auf Maschine 2 produziert wurde, von 10 % auf 4,55 %.

**c) Satz/Rechenregel**

Wie unter a) und beispielhaft unter b) aufgezeigt, sind aus den bekannten Wahrscheinlichkeiten

$$W(A_i) \quad \text{und} \quad W(B|A_i) \qquad \text{für } i = 1, ..., n$$

die Wahrscheinlichkeiten

$$W(A_i|B) \qquad \text{für } i = 1, ..., n$$

zu ermitteln.

Mit dem Satz für die bedingte Wahrscheinlichkeit (s.S. 42) ergibt sich

$$W(A_i|B) = \frac{W(A_i \cap B)}{W(B)} . \qquad \text{(Ausdruck 4.3.7.-1)}$$

Für den Zähler von Ausdruck 4.3.7.-1 ergibt sich mit dem allgemeinen Multiplikationssatz (s.S. 50)

$$W(A_i \cap B) = W(A_i) \cdot W(B|A_i) . \qquad \text{(Ausdruck 4.3.7.-2)}$$

Für den Nenner von Ausdruck 4.3.7.-1 ergibt sich mit dem Satz von der totalen Wahrscheinlichkeit (s.S. 58)

$$W(B) = \sum_{i=1}^{n} W(A_i) \cdot W(B|A_i) . \qquad \text{(Ausdruck 4.3.7.-3)}$$

Durch Einsetzen der Ausdrücke 4.3.7.-2 und 4.3.7.-3 in Ausdruck 4.3.7.-1 ergibt sich der Satz von Thomas Bayes (1702 - 1761).

**Satz von Bayes**

Bilden die Ereignisse $A_1, A_2, ..., A_n$ ein vollständiges Ereignissystem und ist B ein beliebiges Ereignis, dann gilt für das Ereignis $A_j|B$

$$W(A_j|B) = \frac{W(A_j) \cdot W(B|A_j)}{\sum_{i=1}^{n} W(A_i) \cdot W(B|A_i)} .$$

**d) Weitere Beispiele**

Beispiel: Qualitätsprüfung Kopfstützen

Eine automatische Meßanlage prüft die Bruchfestigkeit von Rohrgestellen für Kopfstützen. Der Anteil der fehlerhaften Rohrgestelle in der gesamten Produktion beträgt erfahrungsgemäß 3 %. Wenn ein Rohrgestell den Anforderungen genügt, dann wird es mit einer Wahrscheinlichkeit von 2 % fälschlicherweise als fehlerhaft eingestuft. Wenn ein Rohrgestell den Anforderungen nicht genügt, dann wird es mit einer Wahrscheinlichkeit von 99,9 % als fehlerhaft eingestuft. Damit sind folgende Ereignisse und Wahrscheinlichkeiten gegeben:

RG= {Rohrgestell ist in Ordnung (gut)}; RF = {Rohrgestell ist fehlerhaft}

EF = {Rohrgestell als "fehlerhaft" eingestuft}

EG = {Rohrgestell als "in Ordnung" (gut) eingestuft}

$W(RG) = 0{,}97;\qquad W(EF|RG) = 0{,}02;\qquad W(EG|RG) = 0{,}98;$

$W(RF) = 0{,}03;\qquad W(EF|RF) = 0{,}999;\qquad W(EG|RF) = 0{,}001$

Bei der Beurteilung der Güte des Prüfverfahrens besitzt die Frage nach der Wahrscheinlichkeit (Risiko), daß ein Rohrgestell fehlerhaft (RF) ist, wenn (obwohl) es als "in Ordnung" (EG) eingestuft worden ist, höchste Priorität. Die Wahrscheinlichkeit für diese Fehlbeurteilung wird mit dem Satz von Bayes berechnet.

$$W(RF|EG) = \frac{W(RF) \cdot W(EG|RF)}{W(RG) \cdot W(EG|RG) + W(RF) \cdot W(EG|RF)}$$

$$= \frac{0,03 \cdot 0,001}{0,97 \cdot 0,98 + 0,03 \cdot 0,001} = \frac{0,00003}{0,9506 + 0,00003}$$

$$= \frac{0,00003}{0,95063} = 0{,}00003 \quad \text{bzw.} \quad 0{,}003\ \%.$$

Die Wahrscheinlichkeit, daß ein Rohrgestell fehlerhaft ist, wenn es als "in Ordnung" eingestuft worden ist, beträgt 0,003 %. Die Wahrscheinlichkeit für die Weiterverarbeitung eines fehlerhaften Rohrgestells sinkt damit von ursprünglich

$W(RF) = 0{,}03$ bzw. 3 %

durch die Information "als in Ordnung eingestuft" auf nur

$W(RF|EG) = 0{,}00003$ bzw. 0,003 %.

Bei z.B. 1.000.000 als "in Ordnung" eingestuften Rohrgestellen ist also mit durchschnittlich 30 fehlerhaften Rohrgestellen zu rechnen. Relativ gesehen ist das Fehlerrisiko sehr gering. Ob das Risiko wirtschaftlich vernachlässigbar ist, hängt davon ab, wie groß die Gefahr ist, daß das fehlerhafte Gestell einen Schaden nach sich zieht und welches Ausmaß der dann mögliche Schaden annehmen könnte.

Eine zweite mögliche Fehlbeurteilung besteht darin, daß ein Rohrgestell in Ordnung (RG) ist, wenn (obwohl) es als fehlerhaft (EF) eingestuft worden ist. Die Wahrscheinlichkeit für diese Fehlbeurteilung (Risiko) wird wieder mit dem Satz von Bayes berechnet.

$$W(RG|EF) = \frac{W(RG) \cdot W(EF|RG)}{W(RG) \cdot W(EF|RG) + W(RF) \cdot W(EF|RF)}$$

$$= \frac{0,97 \cdot 0,02}{0,97 \cdot 0,02 + 0,03 \cdot 0,999} = 0,393 \quad \text{bzw.} \quad 39,3\ \%$$

Die Wahrscheinlichkeit, daß ein Rohrgestell in Ordnung ist, wenn es als "fehlerhaft" eingestuft worden ist, beträgt 39,3 %. - Ursächlich für diesen hoch erscheinenden Wert ist der mit 97 % sehr hohe Anteil an fehlerfreien Rohrgestellen.

Beispiel: Kundenzufriedenheit

Eine Brauerei bewirtschaftet die drei Biergärten A, B und C. Der Geschäftsführung kommen wiederholt Klagen über die unfreundlichen Bedienungen zu Ohren. Im Biergarten A fühlen sich 10 %, in B 40 % und in C sogar 70 % unfreundlich bedient. Die Gäste verteilen sich im Verhältnis 60 zu 30 zu 10 auf die drei Biergärten. - Damit sind folgende Ereignisse und "Wahrscheinlichkeiten" gegeben:

$A = \{\text{Gast aus Biergarten A}\}$; $B = \{\text{Gast aus Biergarten B}\}$;

$C = \{\text{Gast aus Biergarten C}\}$; $U = \{\text{unzufriedener Gast}\}$.

$W(A) = 0,60$; $W(B) = 0,30$; $W(C) = 0,10$;

$W(U|A) = 0,10$; $W(U|B) = 0,40$; $W(U|C) = 0,70$.

In welchem Biergarten oder welchen Biergärten sollten insbesondere Maßnahmen ergriffen werden, um die Unzufriedenheit wirksam abzubauen?

Die Maßnahmen sollten insbesondere in Biergärten ergriffen werden, auf die ein großer Anteil ($\hat{=}$ Wahrscheinlichkeit) der unzufriedenen Gäste entfällt. Diese Anteile bzw. Wahrscheinlichkeiten W(i|U) können mit dem Satz von Bayes ermittelt werden.

$$W(i|U) = \frac{W(i) \cdot W(U|i)}{W(A) \cdot W(U|A) + W(B) \cdot W(U|B) + W(C) \cdot W(U|C)}$$

In der nachfolgenden Tabelle sind die Berechnungsgrundlagen dargestellt.

| i | W(i) | W(U\|i) | W(i)·W(U\|i) |
|---|---|---|---|
| A | 0,6 | 0,1 | 0,06 |
| B | 0,3 | 0,4 | 0,12 |
| C | 0,1 | 0,7 | 0,07 |
| Σ | 1,0 | | 0,25 |

Die gesuchten Wahrscheinlichkeiten betragen

$$W(A|U) = \frac{0{,}06}{0{,}25} = 0{,}24; \quad W(B|U) = \frac{0{,}12}{0{,}25} = 0{,}48; \quad W(C|U) = \frac{0{,}07}{0{,}25} = 0{,}28.$$

Mit den Maßnahmen ist im Biergarten B zu beginnen, da die Wahrscheinlichkeit, daß ein Gast, wenn er unzufrieden ist, aus dem Biergarten B kommt, mit 48 % am größten ist. Biergarten B stellt 48 % der unzufriedenen Gäste.

**e) Bedeutung**

Die große Bedeutung des Satzes von Bayes liegt in der Verarbeitung von Informationen, was zu einer "Verbesserung" der Wahrscheinlichkeitsaussage für den Eintritt eines Ereignisses führt.

Vor der Durchführung des Zufallsvorgangs beträgt die Eintrittswahrscheinlichkeit für das Ereignis A gleich W(A), im Beispiel 0,60. Diese Wahrscheinlichkeit wird daher auch als a priori-Wahrscheinlichkeit bezeichnet. Ist Ereignis B eingetreten, so kann diese Information durch Anwendung des Satzes von Bayes zu einer "verbesserten" oder "korrigierten" Wahrscheinlichkeit W(A|B) für den Eintritt von Ereignis A verarbeitet werden, im Beispiel 0,24. Diese Wahrscheinlichkeit wird daher auch als a posteriori-Wahrscheinlichkeit bezeichnet. Diese korrigierte Größe liefert eine bessere Basis für die Entscheidungsfindung.

### 4.3.8 Weitere Rechenregeln

#### Logische Differenz A\B

In Abbildung 4.1.4.-1 (s.S. 30) ist die logische Differenz, d.h. Ereignis A tritt ohne das Ereignis B ein, graphisch veranschaulicht. Es ist deutlich zu erkennen, daß sich die Fläche für die logische Differenz aus der Differenz der Fläche A und der Schnittfläche $A \cap B$ ergibt. Für die Wahrscheinlichkeit der logischen Differenz gilt analog

$$W(A \setminus B) = W(A) - W(A \cap B).$$

#### Symmetrische Differenz A°B

In Abbildung 4.1.4.-3 (s.S. 31) ist die symmetrische Differenz, d.h. entweder "Ereignis A ohne Ereignis B" oder "Ereignis B ohne Ereignis A" tritt ein, graphisch veranschaulicht. Es ist deutlich zu erkennen, daß sich die Fläche für die symmetrische Differenz aus der Vereinigung der Flächen von logischer Differenz A\B und logischer Differenz B\A ergibt. Für die Wahrscheinlichkeit der symmetrischen Differenz gilt analog

$$\begin{aligned} W(A^\circ B) &= W(A) - W(A \cap B) + W(B) - W(A \cap B) \\ &= W(A) + W(B) - 2 \cdot W(A \cap B) . \end{aligned}$$

#### Vollständiges Ereignissystem

In Abbildung 4.1.4.-5 (s.S. 32) ist das vollständige Ereignissystem graphisch veranschaulicht. Es ist klar zu erkennen, daß die Fläche des vollständigen Ereignissystems mit dem Ereignisraum identisch ist. Daher gilt

$$W\left(\bigcup_{i=1}^{n} A_i\right) = \sum_{i=1}^{n} W(A_i) = 1 .$$

## 4.4 Übungsaufgaben und Kontrollfragen

01) Erklären Sie den Unterschied zwischen direkter und indirekter Wahrscheinlichkeitsermittlung!

02) Zwei Ereignisse A und B werden zum Ereignis C vereinigt. Welche Elementarereignisse umfaßt C?

03) Auf welche Fragestellung gibt die Wahrscheinlichkeit für die "Vereinigung" von Ereignissen Antwort?

04) Beschreiben Sie mit Hilfe des Venn-Diagramms den Begriff "Durchschnitt"!

05) Auf welche Fragestellung gibt die Wahrscheinlichkeit für den "Durchschnitt" von Ereignissen Antwort?

06) Wann sind zwei Ereignisse disjunkt?

07) Definieren Sie den Begriff "Komplementärereignis"! Worin liegt seine Bedeutung?

08) Welches Ereignis entsteht aus der Vereinigung (welches aus dem Durchschnitt) eines Ereignisses und dessen Komplementärereignisses?

09) Erklären Sie den Unterschied zwischen logischer und symmetrischer Differenz!

10) Erklären Sie an dem Zufallsvorgang "dreimaliges Werfen einer Münze" den Begriff "vollständiges Ereignissystem"!

11) Beschreiben Sie die Eigenschaften von Wahrscheinlichkeiten, die für ein zulässiges Rechnen mit Wahrscheinlichkeiten notwendig sind!

12) Erklären Sie den allgemeinen Additionssatz für zwei Ereignisse A und B!

13) Erläutern Sie unter Verwendung des Venn-Diagramms den allgemeinen Additionssatz für drei Ereignisse A, B und C!

14) Ein Hochschulabsolvent hat sich bei den Firmen A und B vorgestellt. Seine Chancen für Zusagen schätzt er auf 35 bzw. 60 %. - Wie groß ist die subjektive Wahrscheinlichkeit für wenigstens eine Zusage? (Unterstellen Sie unabhängige Ereignisse!)

15) Ein Projektleiter schätzt die Wahrscheinlichkeit für eine Projektdauer von mindestens 5 Monaten (A) auf 60 %, die von höchstens 9 Monaten (B) auf 80 %. Welche Antwort muß der Projektleiter auf die Frage nach einer Projektdauer von mindestens 5 und höchstens 9 Monaten (C) geben, wenn seine Antwort im Einklang mit dem Axiomensystem von Kolmogoroff stehen soll?

16) Erklären Sie unter Zuhilfenahme des Venn-Diagramms den Begriff "bedingte Wahrscheinlichkeit"! Worin liegt ihre Bedeutung?

17) Zwei Ereignisse A und B, die disjunkt sind, sind auch abhängig (A, B $\neq \varnothing$).
   a) Erklären Sie diese Aussage mit Hilfe des Venn-Diagramms!
   b) Veranschaulichen Sie Ihre Ausführungen am Zufallsvorgang "einmaliges Werfen eines Würfels" mit A = {Werfen einer "1"} und B = {Werfen einer geraden Augenzahl}!

18) Für den Betrieb einer Maschine ist ein Motor erforderlich. Aus Sicherheitsgründen ist ein zweiter, unabhängig arbeitender Motor installiert. Die Ausfallwahrscheinlichkeit für jeden Motor beträgt 1 %. - Wie groß ist die Wahrscheinlichkeit, daß die Maschine betrieben werden kann?

19) Zur Lösung welcher Fragestellung ist der Multiplikationssatz anzuwenden?

20) Zeichnen Sie für das Beispiel unter Abschnitt 4.3.5.b) (S. 53) das Baumdiagramm! Berechnen Sie die Wahrscheinlichkeiten für
   a) einen totalen Mißerfolg,
   b) einen totalen Erfolg,
   c) mindestens einen Mißerfolg,
   d) mindestens einen Erfolg,
   c) genau zwei Erfolge!

21) Blutspenden werden daraufhin untersucht, ob sie zur Aufbereitung zu einer Blutkonserve geeignet sind oder nicht. 5 % der Blutspenden sind für eine Aufbereitung nicht verwendbar. - Eine Aufbereitungsfirma führt stets drei miteinander verträgliche Blutspenden zu einem Pool zusammen und führt für diesen Pool die Untersuchung durch. Die Kosten für eine Untersuchung belaufen sich - unabhängig von der Blutmenge - auf € 20. Wird eine gute Blutspende mit einer schlechten Blutspende vermengt, so beträgt der Schaden für eine zerstörte Blutspende € 100. - Berechnen Sie, ob die Poolbildung unter Kostenaspekten sinnvoll ist?

22) Ein Elektronikhersteller schickt am Montagmorgen an einen Kunden zwei Pakete mit elektronischen Bauteilen ab. Der Paketzusteller versichert, daß 80 % aller Pakete innerhalb von zwei Tagen ausgeliefert werden. - Wie groß ist die Wahrscheinlichkeit, daß beide Pakete bis Mittwochmorgen ausgeliefert werden?

23) Auf einem Markt konkurrieren die Unternehmen A und B. Analysen des Verbraucherverhaltens haben ergeben, daß ein Kunde mit einer Wahrscheinlichkeit von 20 % bei seinem nächsten Kauf auf das Konkurrenzprodukt umsteigt. - Wie groß ist die Wahrscheinlichkeit, daß ein Kunde, der zuletzt bei Unternehmen A gekauft hat, seinen übernächsten Kauf wieder bei Unternehmen A tätigen wird?

24) Stellen Sie fest, ob aus paarweiser Unabhängigkeit von Ereignissen auf die totale Unabhängigkeit von Ereignissen geschlossen werden kann! Verwenden Sie dazu die Ereignisse A = {"ungerade" im 1. Wurf}, B = {"gerade" im 2. Wurf} und C = {gerade Augenzahlsumme} für den Zufallsvorgang "zweimaliges Werfen eines Würfels"!

25) Bei dem Spiel 77 wird eine siebenstellige Zahl ausgespielt. In der Anfangszeit des Spiels wurden in eine Urne 70 Kugeln gegeben, wobei je sieben Kugeln die Aufschrift "0", "1", ..., "9" trugen. Dann wurden zur Ermittlung der Zahl nacheinander sieben Kugeln ohne Zurücklegen entnommen. - Nach einiger Zeit wurde die Ermittlung anders vorgenommen: Die Urne wurde derart in sieben Teilurnen zerlegt, daß für jede Stelle der auszuspielenden Zahl eine eigene Urne entstand. In jede Urne wurden 10 Kugeln gegeben, wobei je eine Kugel die Aufschrift "0", "1", ..., "9" trug. Dann wurde zur Ermittlung der Zahl aus jeder Urne genau eine Kugel entnommen. - Warum war diese Umstellung dringend geboten?

26) Erklären Sie unter Zuhilfenahme des Venn-Diagramms den "Satz von der totalen Wahrscheinlichkeit"!

27) Der als Sanierungsexperte bekannte Kajo Altkirchen wurde beauftragt, für die beiden angeschlagenen Unternehmen A und B jeweils ein Sanierungskonzept zu erarbeiten. Altkirchen schätzt die Wahrscheinlichkeiten für einen Erfolg seiner Konzepte auf 70 bzw. 60 % ein. - Wie groß ist die Wahrscheinlichkeit, daß
  a) beide Konzepte wirksam greifen,
  b) mindestens ein Konzept wirksam greift,
  c) kein Konzept wirksam greift?

28) Eine Autofabrik bezieht von drei Zulieferern A, B und C Fahrzeugverdecke für die Cabrioversion eines Fahrzeugtyps. A liefert 20, B 30 und C 50 % des Bedarfs. Bei A weisen 5, bei B 4 und bei C 2 % aller Verdecke Fehler auf.

a) Wie groß ist die Wahrscheinlichkeit, daß ein zufällig ausgewähltes Verdeck Fehler aufweist?
b) Wie groß ist die Wahrscheinlichkeit, daß ein Verdeck mit einem Fehler vom Zulieferer A stammt?

29) Ein Abnehmer von Bauteilen akzeptiert Lieferungen mit einer Ausschußquote von maximal 2 %. Ein Zulieferer produziert diese Teile auf den drei Maschinen A, B und C, die mit Ausschußquoten von 4, 3 bzw. 1 % arbeiten. Die Lieferungen setzen sich stets zusammen aus 30 % von Maschine A, 50 % von B und 20 % von C. - Bei der Endkontrolle wird mit einer Wahrscheinlichkeit von 98 % erkannt, ob ein Bauteil defekt ist. Andererseits wird mit einer Wahrscheinlichkeit von 3 % ein fehlerfreies Bauteil irrtümlich als defekt eingestuft.
a) Berechnen Sie, ob eine Lieferung ohne Endkontrolle die maximale Ausschußquote überschreiten würde?
b) Wie groß ist die Wahrscheinlichkeit, daß ein bei der Endkontrolle als defekt eingestuftes Bauteil von Maschine B stammt?
c) Wie groß ist die Wahrscheinlichkeit, daß ein bei der Endkontrolle als defekt eingestuftes Bauteil tatsächlich defekt ist?
d) Wie groß ist die Wahrscheinlichkeit, daß ein bei der Endkontrolle als defekt eingestuftes Bauteil in Wirklichkeit fehlerfrei ist?
e) Wie groß ist die Wahrscheinlichkeit, daß ein bei der Endkontrolle als fehlerfrei eingestuftes Bauteil tatsächlich fehlerfrei ist?
f) Wie groß ist die Wahrscheinlichkeit, daß ein bei der Endkontrolle als fehlerfrei eingestuftes Bauteil in Wirklichkeit defekt ist?
g) Bei einer zweiten, intensiven Kontrolle könnte mit Sicherheit festgestellt werden, ob ein als defekt eingestuftes Bauteil tatsächlich defekt ist. Die Kosten der Kontrolle belaufen sich pro Bauteil auf € 10. Der Erlös für ein fehlerfreies Bauteil beträgt € 80. - Soll die zweite Kontrolle durchgeführt werden oder sollen alle als defekt eingestuften Teile verschrottet werden? Begründen Sie Ihre Ansicht rechnerisch!

# 5 Kombinatorik

Die Kombinatorik beschäftigt sich mit Problemen des Auswählens und/oder Anordnens von Elementen aus einer vorgegebenen endlichen Menge von Elementen. Aufgabe der Kombinatorik ist es, die Anzahl der Möglichkeiten für das Auswählen und/oder das Anordnen der Elemente zu ermitteln.

Die Beschäftigung mit der Kombinatorik ist aus drei Gründen erforderlich:

a) Die Ermittlung von Wahrscheinlichkeiten ist relativ häufig mit der Lösung kombinatorischer Probleme verbunden.
b) Kenntnisse auf dem Gebiet der Kombinatorik erleichtern den Zugang bzw. das Verstehen bestimmter theoretischer Verteilungen wie z.B. der Binomialverteilung (siehe Kap. 7).
c) Kenntnisse auf dem Gebiet der Kombinatorik vereinfachen die Lösung eigenständiger Aufgaben kombinatorischer Art.

Kombinatorische Probleme lassen sich anhand von drei Kriterien klassifizieren.

a) Auswahlmöglichkeit
Von den vorgegebenen Elementen ist jedes Element genau einmal, höchstens einmal oder beliebig oft zu entnehmen und in die Anordnung einzubringen.

b) Verschiedenartigkeit der vorgegebenen Elemente
Die vorgegebenen Elemente sind alle voneinander verschieden oder nur teilweise voneinander verschieden.

c) Bedeutung der Anordnung der ausgewählten Elemente
Die Anordnung der ausgewählten Elemente ist von Bedeutung oder nicht.

Im folgenden werden kombinatorische Probleme in einer ersten Gliederungsebene nach dem Kriterium "Auswahlmöglichkeit" klassifiziert. Dabei wird in Permutationen und Kombinationen unterschieden.

## 5.1 Permutationen

Eine Anordnung, in die ein *jedes vorgegebene Element genau einmal* eingebracht wird, wird als Permutation bezeichnet. Da jedes gegebene Element genau einmal in die Anordnung einzubringen ist, besteht bei Permutationen keine freie Auswahlmöglichkeit. - In einer zweiten Gliederungsebene wird unter dem Kriterium der "Verschiedenartigkeit der vorgegebenen Elemente" in Permutationen *ohne* Wiederholung und Permutationen *mit* Wiederholung unterschieden.

### 5.1.1 Permutationen ohne Wiederholung

Eine Permutation ohne Wiederholung liegt vor, wenn die vorgegebenen Elemente *alle voneinander verschieden* sind. Da jedes Element genau einmal vorgegeben und genau einmal in die Anordnung einzubringen ist, ist ein wiederholtes Auftreten eines Elementes in der Anordnung nicht möglich.

Beispiel: Bearbeitungsfolgen
Auf einer Maschine sind vier verschiedene Aufträge A, B, C und D nacheinander zu bearbeiten. - Wieviele Bearbeitungsfolgen (Anordnungen) sind möglich?
Für die Besetzung der ersten freien Position der Folge stehen die Aufträge A, B, C und D zur Auswahl; es gibt daher mindestens vier Folgen. Jede dieser vier Folgen kann auf drei verschiedene Arten fortgeführt werden, da für die zweite freie Position jeweils drei noch nicht zugeordnete Aufträge zur Auswahl stehen; es gibt daher mindestens $4 \cdot 3 = 12$ Folgen. Jede dieser zwölf Folgen kann auf zwei verschiedene Weisen fortgeführt werden, da für die dritte freie Position jeweils zwei noch nicht zugeordnete Aufträge zur Auswahl stehen; es gibt daher mindestens $4 \cdot 3 \cdot 2 = 24$ Folgen. Jede dieser 24 Folgen ist mit dem verbliebenen vierten Auftrag zu vervollständigen, so daß es insgesamt $4 \cdot 3 \cdot 2 \cdot 1 = 24$ verschiedene Bearbeitungsfolgen gibt. In Abb. 5.1.1.-1 ist dies ausschnittsweise skizziert.

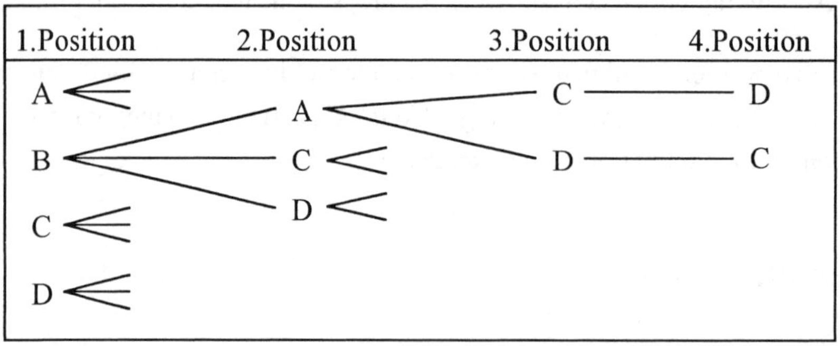


Abb. 5.1.1-1: Entwicklung möglicher Bearbeitungsfolgen (ausschnittsweise)

Sind - allgemein ausgedrückt - n Aufträge zu bearbeiten, so gibt es

$n \cdot (n-1) \cdot (n-2) \ldots \cdot 3 \cdot 2 \cdot 1$ (Ausdruck 5.1.1.-1)

verschiedene Bearbeitungsfolgen.

Für den Ausdruck 5.1.1.-1 wird die Kurzschreibweise "n!" verwendet. (Sprechweise: n-Fakultät)

**Definition: n!**
n! ist das Produkt der ersten n natürlichen Zahlen.

Die Anzahl der Permutationen ohne Wiederholung kann mit Hilfe des folgenden Satzes ermittelt werden:

**Satz: Permutationen ohne Wiederholung**
Die Anzahl der Permutationen von n gegebenen verschiedenen Elementen ist $P(n) = n!$

## 5.1.2 Permutationen mit Wiederholung

Eine Permutation mit Wiederholung liegt vor, wenn von den vorgegebenen Elemente *mindestens zwei identisch* sind. Da jedes vorgegebene Element genau einmal in die Anordnung eingebracht wird, kommt es in der Anordnung zu einem wiederholten Auftreten der mehrfach vorgegebenen Elemente.

Beispiel: Von 5 Kugeln sind drei mit der Aufschrift "1" und zwei mit der Aufschrift "2" versehen. Es gibt also $k = 2$ Klassen von Kugeln. Die "1-Kugeln" sind durch die zusätzlichen Aufschriften a, b und c, die "2-Kugeln" durch d und e unterscheidbar. - Wieviele Anordnungen sind möglich?

Mit dem Satz für Permutationen ohne Wiederholung gilt:

$5! = 120$ Anordnungen.

Werden auf den beiden "2-Kugeln" die Zusätze d und e entfernt, dann fallen je zwei der bisher unterscheidbaren Anordnungen zu einer Anordnung zusammen, da "2d" und "2e" auf 2! verschiedene Weise angeordnet werden konnten. Dies ist nachstehend für eines der 60 existierenden "Anordnungspaare" aufgezeigt:

| | | |
|---|---|---|
| 1a 1b 1c 2d 2e | → | 1a 1b 1c 2 2 |
| 1a 1b 1c 2e 2d | | |

Die Anzahl der Anordnungen reduziert sich damit von 120 auf 60. Werden auf den drei "1-Kugeln" die Zusätze a, b und c entfernt, dann fallen je sechs der bisher unterscheidbaren Anordnungen zu einer Anordnung zusammen, da "1a", "1b" und "1c" auf 3! = 6 verschiedene Weise angeordnet werden konnten. Dies ist nachstehend für einen der 10 existierenden "Anordnungssechslinge" aufgezeigt:

| | | | | |
|---|---|---|---|---|
| 1a 1b 1c 2 2 | 1a 1c 1b 2 2 | 1b 1a 1c 2 2 | → | 1 1 1 2 2 |
| 1b 1c 1a 2 2 | 1c 1a 1b 2 2 | 1c 1b 1a 2 2 | | |

Die Anzahl der bisher 60 Anordnungen wird auf schließlich 10 Anordnungen reduziert.

Die Anzahl der Anordnungen errechnet sich also mit:

$$\frac{120}{2 \cdot 6} = \frac{5!}{2! \cdot 3!} = 10$$

Die Anzahl der Permutationen mit Wiederholung kann mit Hilfe des folgenden Satzes ermittelt werden:

**Satz: Permutationen mit Wiederholung**

Gegeben sind n Elemente, die in k Klassen von untereinander gleichen Elementen zerfallen. Die einzelnen Klassen enthalten $n_1, n_2, ..., n_k$ Elemente ($\sum n_i = n$). Dann gibt es

$$P_{n_1,n_2,..,n_k}(n) = \frac{n!}{n_1! \cdot n_2! \cdot \ldots \cdot n_k!} \quad \text{Permutationen.}$$

Beispiel: Zahlenschloß

Von einem 6stelligen Zahlenschloß weiß man, daß es sich mit einer bestimmten Folge der Ziffern 1, 1, 4, 4, 4 und 8 öffnen läßt. Wieviele Versuche sind maximal notwendig, um das Zahlenschloß zu öffnen?

Gegeben sind n = 6 Ziffern, die in k = 3 Klassen von untereinander gleichen Ziffern zerfallen. Die Klasse "1" enthält $n_1 = 2$ Elemente, die Klasse "4" $n_2 = 3$

Elemente und die Klasse "8" $n_3 = 1$ Element. Mit dem Satz "Permutationen mit Wiederholung" ergibt sich:

$$P_{2,3,1}(6) = \frac{6!}{2! \cdot 3! \cdot 1!} = \frac{720}{12} = 60$$

Es gibt 60 Permutationen. Es sind also maximal 60 Versuche notwendig, um das Schloß zu öffnen.

## 5.2 Kombinationen

Es sind n Elemente gegeben, die voneinander verschieden sind. Aus den n Elementen werden k Elemente ausgewählt und anschließend in eine Anordnung gebracht. Im Unterschied zur Permutation geht dem Anordnungsprozeß ein echter Auswahlprozeß voraus.

**Definition: Kombination k-ter Ordnung**

Gegeben sind n verschiedene Elemente. Jede Anordnung von k dieser n Elemente heißt Kombination k-ter Ordnung der gegebenen n Elemente.

Je nachdem, ob bei dem Auswahlprozeß die wiederholte Auswahl eines vorgegebenen Elements zulässig ist oder nicht, wird von Kombinationen *mit* Wiederholung bzw. Kombinationen *ohne* Wiederholung gesprochen.

### 5.2.1 Kombinationen ohne Wiederholung

Kombinationen ohne Wiederholung sind dadurch gekennzeichnet, daß *ein vorgegebenes Element in der Anordnung höchstens einmal* auftreten kann, da es nicht wiederholt ausgewählt werden darf. Es liegt eine "*Auswahl ohne Zurücklegen*" vor. - Die Anordnung der Elemente in der Kombination kann von Bedeutung sein (z.B. Rangliste) oder nicht (z.B. Ziehung der Lottozahlen). Dies führt zur Unterscheidung in Kombinationen mit bzw. ohne Beachtung der Anordnung.

#### 5.2.1.1 mit Beachtung der Anordnung

Bei der Kombination ohne Wiederholung und mit Beachtung der Anordnung ist es von Bedeutung, ob Element a vor Element b oder umgekehrt angeordnet ist.

Beispiel: Berufungsliste
Von den zahlreichen Bewerbern um eine Professorenstelle wurden fünf eingeladen. Nach den Probevorlesungen und Bewerbungsgesprächen ist eine Berufungsliste, d.h. eine Rangliste für die ersten drei Plätze, zu erstellen.

Im Unterschied zur Permutation ohne Wiederholung sind nicht alle 5, sondern nur 3 Bewerber anzuordnen, d.h. die Anordnung endet mit der Besetzung der dritten und zugleich letzten Position. Es gibt - theoretisch gesehen -

$$5 \cdot 4 \cdot 3 = 60$$

verschiedene Berufungslisten.

Um zu einer anschaulichen, einfach darstellbaren Formel zu gelangen, wird das Produkt aus 5, 4 und 3 wie folgt erweitert:

$$V_3(5) = \frac{5 \cdot 4 \cdot 3 \cdot 2 \cdot 1}{2 \cdot 1} = \frac{5!}{2!} = \frac{5!}{(5-3)!}$$

Durch Verallgemeinerung mit 5 = n und 3 = k ergibt sich:

**Satz: Kombination ohne Wiederholung mit Beachtung der Anordnung**

Sind aus n verschiedenen Elementen k Elemente ohne Wiederholung auszuwählen und ist die Anordnung von Bedeutung, dann beträgt die Anzahl der Kombinationen (Variationen V)

$$V_k(n) = \frac{n!}{(n-k)!}\,.$$

Kombinationen, bei denen die Anordnung der Elemente beachtet wird, werden auch als *Variationen* bezeichnet.

### 5.2.1.2 ohne Beachtung der Anordnung

Bei der Kombination ohne Wiederholung und ohne Beachtung der Anordnung ist es ohne Bedeutung, ob Element a vor Element b oder umgekehrt angeordnet ist.

Die Anzahl der Kombinationen ohne Beachtung der Anordnung ist kleiner als die Anzahl der Kombinationen mit Beachtung der Anordnung, da alle Variationen mit denselben k Elementen zu einer einzigen Kombination zusammenfallen.

Würden bei dem Beispiel "Berufungsliste" (s. Abschn. 5.2.1.1) die drei besten Bewerber berufen, dann fallen z.B. die sechs Variationen aus den Bewerbern A, B und C zu einer einzigen Kombination zusammen:

| ABC | ACB | BAC | BCA | CAB | CBA | → | ABC |
|---|---|---|---|---|---|---|---|

Da k ausgewählte Elemente auf k! verschiedene Arten angeordnet werden können, reduziert sich die Zahl der Anordnungen gegenüber dem Fall mit Beachtung der Anordnung (Abschnitt 5.2.1.1) auf den k!-ten Teil.

**Satz: Kombination ohne Wiederholung ohne Beachtung der Anordnung**

Sind aus n verschiedenen Elementen k Elemente ohne Wiederholung auszuwählen und ist die Anordnung ohne Bedeutung, dann beträgt die Anzahl der Kombinationen

$$K_k(n) = \frac{n!}{(n-k)! \cdot k!} = \binom{n}{k}.$$

Die Berechnungsformel bzw. der Quotient aus den drei Fakultätsausdrücken entspricht dem Binomialkoeffizienten $\binom{n}{k}$ (Sprechweise: "n über k").

Beispiel: Anzahl der möglichen Tipps beim Lotto (6 aus 49)
Beim Lotto sind von den n = 49 Zahlen genau k = 6 Zahlen anzukreuzen. Eine Zahl darf höchstens einmal ausgewählt werden (ohne Zurücklegen). Die Anordnung bzw. Reihenfolge der ausgewählten Zahlen ist ohne Bedeutung. Wieviele Möglichkeiten (Kombinationen) des Ankreuzen gibt es?

$$K_6(49) = \binom{49}{6} = \frac{49!}{43! \cdot 6!} = 13.983.816$$

Es gibt 13.983.816 Möglichkeiten, einen Tipp im Lotto abzugeben.

## 5.2.2 Kombinationen mit Wiederholung

Kombinationen mit Wiederholung sind dadurch gekennzeichnet, daß *ein vorgegebenes Element in der Anordnung wiederholt auftreten* kann, da es wiederholt ausgewählt werden darf. Es liegt eine "*Auswahl mit Zurücklegen*" vor. - Die

Anordnung der Elemente in der Kombination kann von Bedeutung (z.B. Postleitzahl) sein oder nicht (Bewertungen durch mehrere Punktrichter). Dies führt zur Unterscheidung in Kombinationen mit und ohne Beachtung der Anordnung.

#### 5.2.2.1 mit Beachtung der Anordnung

Bei der Kombination mit Wiederholung und mit Beachtung der Anordnung ist es von Bedeutung, ob Element a vor Element b oder umgekehrt angeordnet ist.

Beispiel: Teller-Wechsel-Dich
Auf der Suche nach Neuerungen kam ein Porzellanhersteller auf die Idee, Tassen, Teller etc. in vier unterschiedlichen, aber aufeinander abgestimmten Dekors A, B, C und D herzustellen. Der Kunde kann auf diese Weise nach seinem speziellen Wunsch ein Gedeck zusammenstellen. - Wieviele Zusammenstellungen gibt es für ein Mittagsgedeck, das aus drei Teilen besteht?

Gegeben sind n = 4 Dekors (Elemente). Für das dreiteilige Gedeck (Anordnung) sind k = 3 Dekors auszuwählen. Eine Wiederholung ist möglich, so können z.B. alle drei Teile einheitlich Dekor A besitzen. Die Anordnung ist von Bedeutung, da es einen Unterschied macht, ob z.B. der Suppenteller Dekor A und der Speiseteller Dekor B besitzen oder umgekehrt.

Für die Teile 1 und 2 gibt es 16 Variationen, da die vier möglichen Dekors für Teil 1 jeweils mit den vier möglichen Dekors für Teil 2 kombiniert werden können. Die 16 Variationen wiederum können jeweils mit den vier möglichen Dekors für das Teil 3 kombiniert werden. Die Anzahl der Variationen beträgt damit

$$V_3^W(4) = 4 \cdot 4 \cdot 4 = 64.$$

Durch Verallgemeinerung mit 4 = n und 3 = k ergibt sich:

$$\underbrace{n \cdot n \cdot n \cdot \ldots \cdot n}_{\text{k-mal}} = n^k \quad \text{Anordnungen}$$

> **Satz: Kombination mit Wiederholung mit Beachtung der Anordnung**
> Sind aus n verschiedenen Elementen k Elemente mit Wiederholung auszuwählen und ist die Anordnung von Bedeutung, dann beträgt die Anzahl der Kombinationen (Variationen)
> $$V_k^W(n) = n^k.$$

### 5.2.2.2 ohne Beachtung der Anordnung

Bei der Kombination mit Wiederholung und ohne Beachtung der Anordnung ist es ohne Bedeutung, ob Element a vor Element b oder umgekehrt angeordnet ist.

Im Unterschied zu den Permutationen und oben dargestellten Kombinationen ist die Herleitung der Berechnungsformel sehr langwierig. Aus diesem Grund wird auf die Herleitung verzichtet.

**Satz: Kombination mit Wiederholung ohne Beachtung der Anordnung**
Sind aus n verschiedenen Elementen k Elemente mit Wiederholung auszuwählen und ist die Anordnung ohne Bedeutung, dann beträgt die Anzahl der Kombinationen

$$K_k^W(n) = \binom{n+k-1}{k}.$$

Beispiel: Gremienwahl

Den Studenten einer Hochschule stehen im Fachbereichsrat drei Sitze zu. Um diese Sitze konkurrieren die sechs studentischen Verbände A, B, C, D, E und F. Jeder Verband verfügt über mindestens drei Kandidaten. - Wieviele Sitzverteilungen sind möglich?

Die n = 6 Verbände (Elemente) konkurrieren um die k = 3 Sitze. Mögliche Sitzverteilungen sind z.B. AAA, BBE, EEF, ABC. Die wiederholte Auswahl eines Verbands ist möglich, so können z.B. alle drei Sitze vom Verband A gewonnen werden. Die Anordnung ist ohne Bedeutung, da es keinen Unterschied macht, ob z.B. die Auswahl in der Reihenfolge ABC oder CBA erfolgt.

$$K_3^W(6) = \binom{6+3-1}{3} = \binom{8}{3} = \frac{8!}{3! \cdot 5!} = \frac{40.320}{6 \cdot 120} = 56$$

Es gibt 56 mögliche Sitzverteilungen.

## 5.3 Permutation, Variation oder Kombination

Die nachstehende Folge von Fragen dient dazu, auf einfache Weise feststellen zu können, ob es sich bei einem zu lösenden kombinatorischen Problem um eine Permutation, Variation oder Kombination handelt.

Schritt 1: Ist jedes vorgegebene Element genau einmal anzuordnen?
- ja: Gehe nach Schritt 2.
- nein: Gehe nach Schritt 3.

Schritt 2: Sind die vorgegebenen Elemente alle verschieden?
- ja: Permutation ohne Wiederholung (Abschnitt 5.1.1). Ende.
- nein: Permutation mit Wiederholung (Abschnitt 5.1.2). Ende.

Schritt 3: Darf ein vorgegebenes Elemente wiederholt ausgewählt werden?
- nein: Gehe nach Schritt 4.
- ja: Gehe nach Schritt 5.

Schritt 4: Ist die Anordnung der Elemente von Bedeutung?
- ja: Variation ohne Wiederholung (Abschnitt 5.2.1.1). Ende.
- nein: Kombination ohne Wiederholung (Abschnitt 5.2.1.2). Ende.

Schritt 5: Ist die Anordnung der Elemente von Bedeutung?
- ja: Variation mit Wiederholung (Abschnitt 5.2.2.1). Ende.
- nein: Kombination mit Wiederholung (Abschnitt 5.2.2.2). Ende.

## 5.4 Übungsaufgaben und Kontrollfragen

01) Worin besteht die Aufgabe der Kombinatorik?

02) Nach welchen Kriterien kann die Kombinatorik untergliedert werden?

03) Wodurch unterscheiden sich Permutationen und Kombinationen?

04) Ein Regalsystem umfaßt sieben Grundelemente, die in ihren räumlichen Ausmaßen identisch, in ihren Funktionen aber unterschiedlich sind. Die auszuwählenden Grundelemente sind nebeneinander aufzustellen. Wieviele Anordnungen sind möglich, wenn

a) genau sieben Elemente aufzustellen sind,
b) genau fünf Elemente aufzustellen sind,
c) jedes Grundelement nur noch einmal vorhanden ist und genau vier Elemente aufzustellen sind,
d) vier Elemente einmal und ein Element zweimal vorhanden sind und alle diese Elemente aufzustellen sind?

05) Wie groß ist die Wahrscheinlichkeit im Lotto (6 aus 49) genau drei Richtige anzukreuzen?

06) In der Spielzeit 1997/98 waren in der Champions League unter den letzten acht Mannschaften drei deutsche Mannschaften. Wie groß war bei der Auslosung des Viertelfinales die Wahrscheinlichkeit, daß zwei deutsche Mannschaften gegeneinander antreten müssen? Zeichnen Sie als Lösungshilfe das Baumdiagramm, soweit es für die Lösungsermittlung erforderlich ist!

07) Beim Fußballtoto (11er-Wette) sind für elf Fußballspiele die Spielausgänge vorauszusagen. Ein Spielausgang ist in der Form "Heimmannschaft gewinnt" (Tipp 1), "unentschieden" (Tipp 0) oder "Heimmannschaft verliert" (Tipp 2) anzugeben. Ermitteln Sie mit Hilfe der Kombinatorik die Wahrscheinlichkeit, durch rein zufälliges Ankreuzen
a) alle Ausgänge richtig vorauszusagen,
b) alle Ausgänge falsch vorauszusagen!

08) Eine Lieferung besteht aus 50 Glühbirnen. Aus der Lieferung werden fünf Glühbirnen zufällig und ohne Zurücklegen entnommen.
a) Wieviele Stichproben sind möglich?
b) Wie groß ist die Wahrscheinlichkeit, daß in einer Stichprobe genau zwei defekte Glühbirnen enthalten sind, wenn von den 50 Glühbirnen genau 10 defekt sind?

09) Jede Blutspende wird daraufhin untersucht, ob sie zur Aufbereitung zu einer Blutkonserve geeignet ist oder nicht. Erfahrungsgemäß sind 5 % der Blutspenden für eine Aufbereitung nicht verwendbar. - Eine Aufbereitungsfirma führt stets fünf miteinander verträgliche Blutspenden zu einem Pool zusammen und führt für diesen Pool die Untersuchung durch. Wie groß ist die Wahrscheinlichkeit, daß drei gute Blutspenden mit zwei schlechten Blutspenden vermengt werden?

10) Ein Zigarettenautomat hat sieben Fächer, die jeweils mit genau einer Zigarettenmarke aufzufüllen sind. Der Zigarettenhändler verfügt über zehn Zigarettenmarken. Wieviele Auffüllungsmöglichkeiten gibt es?

11) Ein Student möchte einen der beiden modernen Aktenkoffer A und B kaufen. Aktenkoffer A ist mit einem sechsstelligen Zahlenschloß ausgestattet, während Aktenkoffer B mit zwei dreistelligen Zahlenschlössern ausgestattet ist. Die Sicherungscodes können vom Studenten selbst festgelegt werden, wobei für jede Stelle die Ziffern 0 bis 9 zulässig sind.

a) Wieviele Sicherungscodes sind für den Aktenkoffer A möglich?

b) Bietet der Aktenkoffer B eine höhere Sicherheit?

12) Fruchtbonbons

Die Rubus GmbH stellt hochwertige Bonbons mit den Geschmacksrichtungen Erdbeere, Himbeere, Brombeere, Zitrone und Apfelsine her. In eine Tüte werden 12 Bonbons abgefüllt. Wieviele mögliche Bonbonmischungen gibt es, wenn die Bonbons rein zufällig in die Tüten abgefüllt werden?

# 6 Zufallsvariable

In den vorangehenden Kapiteln wurde u.a. aufgezeigt, wie für Elementarereignisse bzw. Ereignisse Eintrittswahrscheinlichkeiten ermittelt werden können. Für viele praktische Anwendungen der Wahrscheinlichkeitsrechnung ist es erforderlich, die interessierende Eigenschaft der Elementarereignisse mit Hilfe von Zahlen zu beschreiben. Dabei hat sich die Einführung des Begriffes Zufallsvariable als sehr sinnvoll erwiesen. Durch die Verwendung der Zufallsvariablen werden z.B. in vielen konkreten Problemstellungen die Berechnung und die Darstellung von Wahrscheinlichkeiten erleichtert oder sogar erst ermöglicht.

In diesem Kapitel wird ausführlich dargelegt, wie die oft schwer überschaubare Anzahl von Elementarereignissen eines Zufallvorganges mit Hilfe des Begriffes Zufallsvariable problembezogen und übersichtlich zu Ereignissen zusammengefaßt werden kann, wie für die Zufallsvariable die Wahrscheinlichkeitsverteilung ermittelt wird und wie die Eigenschaften der Wahrscheinlichkeitsverteilung kurz und prägnant durch Parameter vermittelt werden können.

## 6.1 Zum Begriff Zufallsvariable

Auch: Zufallsgröße, Zufallsveränderliche, zufällige oder stochastische Variable.

### a) Einführungsbeispiel

Ein Unternehmen führt auf einem Markt die vier Produkte A, B, C und D ein. Die vier Produkte sind voneinander unabhängig und werden wirtschaftlich als gleichbedeutend angesehen. Die Wahrscheinlichkeiten für eine erfolgreiche Markteinführung werden auf 80, 90, 70 bzw. 80 % eingeschätzt. - Das Unternehmen möchte wissen, mit wievielen erfolgreichen Produkten es rechnen kann.

A = {Erfolg mit Produkt A}; B = {Erfolg mit Produkt B};

C = {Erfolg mit Produkt C}; D = {Erfolg mit Produkt D}.

Ein jedes der vier Produkte kann Erfolg oder keinen Erfolg haben, so daß es insgesamt $2 \cdot 2 \cdot 2 \cdot 2 = 16$ Elementarereignisse gibt. Diese sind mit ihrer jeweiligen Eintrittswahrscheinlichkeit in den Spalten 2 bzw. 3 der Abb. 6.1.-1 aufgelistet.

Die Vielzahl der Elementarereignisse macht es - trotz der systematischen Anordnung - schwierig, einen Einblick in die Erfolgsmöglichkeiten zu erhalten.

| i | Elementar-ereignis | Wahrschein-lichkeit | Anzahl der Erfolge | |
|---|---|---|---|---|
| | | | Ereignis | Wahrscheinlichkeit |
| 1 | $\bar{A} \cap \bar{B} \cap \bar{C} \cap \bar{D}$ | 0,0012 | 0 Erfolge | 0,0012 |
| 2 | $\bar{A} \cap \bar{B} \cap \bar{C} \cap D$ | 0,0048 | 1 Erfolg | 0,0232 |
| 3 | $\bar{A} \cap \bar{B} \cap C \cap \bar{D}$ | 0,0028 | | |
| 4 | $\bar{A} \cap B \cap \bar{C} \cap \bar{D}$ | 0,0108 | | |
| 5 | $A \cap \bar{B} \cap \bar{C} \cap \bar{D}$ | 0,0048 | | |
| 6 | $\bar{A} \cap \bar{B} \cap C \cap D$ | 0,0112 | 2 Erfolge | 0,1532 |
| 7 | $\bar{A} \cap B \cap \bar{C} \cap D$ | 0,0432 | | |
| 8 | $\bar{A} \cap B \cap C \cap \bar{D}$ | 0,0252 | | |
| 9 | $A \cap \bar{B} \cap \bar{C} \cap D$ | 0,0192 | | |
| 10 | $A \cap \bar{B} \cap C \cap \bar{D}$ | 0,0112 | | |
| 11 | $A \cap B \cap \bar{C} \cap \bar{D}$ | 0,0432 | | |
| 12 | $\bar{A} \cap B \cap C \cap D$ | 0,1008 | 3 Erfolge | 0,4192 |
| 13 | $A \cap \bar{B} \cap C \cap D$ | 0,0448 | | |
| 14 | $A \cap B \cap \bar{C} \cap D$ | 0,1728 | | |
| 15 | $A \cap B \cap C \cap \bar{D}$ | 0,1008 | | |
| 16 | $A \cap B \cap C \cap D$ | 0,4032 | 4 Erfolge | 0,4032 |

Abb. 6.1.-1: Elementarereignis, Ereignis und Wahrscheinlichkeit

Ein guter Einblick in die Erfolgsmöglichkeiten wird erzielt, wenn die Elementarereignisse problemgerecht zu Ereignissen zusammengesetzt werden. Dazu wird jedem Elementarereignis die Zahl zugeordnet, die den mit ihm verbundenen Erfolg beschreibt. Als Maßstab für den Erfolg wird die Anzahl der Erfolge gewählt. Dem Elementarereignis 1 wird daher die "0", den Elementarereignissen 2 bis 5 die "1", ..., dem Elementarereignis 16 die "4" zugeordnet. Die 5 Zahlen stehen für die 5 interessierenden Ereignisse, die eintreten können. Ein Ereignis kann aus einem oder aus mehreren Elementarereignissen bestehen. Die Wahrscheinlichkeit für eine Zahl bzw. ein Ereignis wird ermittelt, indem die Wahrscheinlichkeiten der Elementarereignisse, denen diese Zahl zugeordnet worden ist bzw. aus denen sich dieses Ereignis zusammensetzt, addiert werden. So ergibt sich z.B. die Wahrscheinlichkeit 0,0232 für das Ereignis "1 Erfolg" bzw. "1", indem die Wahrscheinlichkeiten der Elementarereignisse 2 bis 5 addiert werden. In den beiden letzten Spalten der Abb. 6.1.-1 sind die möglichen Zahlen bzw. Ereignisse mit ihren zugehörigen Wahrscheinlichkeiten systematisch aufgelistet. - Durch die problemgerechte Aufbereitung und Darstellung erhält das Unternehmen einen klaren Überblick über die Erfolgsmöglichkeiten und deren Wahrscheinlichkeiten.

**b) Definition**

Im Einführungsbeispiel wurde veranschaulicht, wie den Elementarereignissen unter der Zielsetzung einer problemgerechten oder aufgabenbezogenen Aufbereitung Zahlen zugeordnet werden können. Diese Zuordnung wird als Zufallsvariable bezeichnet. Die den Elementarereignissen zugeordneten Zahlen werden als *Realisationen* oder Ausprägungen der Zufallsvariablen bezeichnet. Die Wahrscheinlichkeit für eine Realisation wird ermittelt, indem die Wahrscheinlichkeiten der Elementarereignisse, die zu dieser Realisation führen, addiert werden. In Abb. 6.1.-2 sind für das Einführungsbeispiel die möglichen Realisationen mit ihren zugehörigen Wahrscheinlichkeiten für die Zufallsvariable "Anzahl der Erfolge" angegeben.

| Zufallsvariable: Anzahl der Erfolge | |
|---|---|
| Realisation | Wahrscheinlichkeit |
| 0 | 0,0012 |
| 1 | 0,0232 |
| 2 | 0,1532 |
| 3 | 0,4192 |
| 4 | 0,4032 |

Abb. 6.1.-2: Zufallsvariable, Realisation und Wahrscheinlichkeit

Eine alternative Zufallsvariable bzw. Zuordnungsregel wäre gewesen: "Ordne dem Elementarereignis die Anzahl der Mißerfolge zu" oder kurz "Anzahl der Mißerfolge".

Zufallsvariablen erhalten als Symbole lateinische Großbuchstaben (meistens X, Y oder Z), ihre Realisationen entsprechende lateinische Kleinbuchstaben (meistens x, y bzw. z).

**Definition: Zufallsvariable X**

Eine Zufallsvariable X ist eine Funktion, die jedem Elementarereignis aus dem Ereignisraum Ω eine reelle Zahl x zuordnet.

Sieht man in dem Begriff Zufallsvariable weniger die Zuordnungsvorschrift und mehr den Oberbegriff für die Realisationen, dann kann auch definiert werden:

**Definition: Zufallsvariable X**

Eine Zufallsvariable X ist eine Variable, die bestimmte Realisationen x mit bestimmten Wahrscheinlichkeiten annimmt.

### c) Weitere Beispiele

Die Zufallsvariable bzw. Zuordnungsregel ergibt sich in natürlicher Weise oder aus dem Untersuchungsinteresse. Dies zeigen die folgenden Beispiele auf.

Beispiel: Multiple-choice-Klausur
Eine Klausur besteht aus 50 Multiple-choice-Aufgaben. Für jede der 50 Aufgaben sind drei Antworten vorgegeben, von denen genau eine richtig ist. Die Klausur ist bestanden, wenn mindestens 20 Aufgaben richtig angekreuzt worden sind. Wie groß ist die Wahrscheinlichkeit, die Klausur durch rein zufälliges Ankreuzen der Antworten zu bestehen?

Die im Untersuchungsinteresse stehende Größe "Anzahl der richtigen Antworten" bildet die Zufallsvariable. Ihre möglichen Realisationen reichen von 0 bis 50 richtige Antworten. Eine Realisation wird festgestellt, indem die Anzahl bzw. Häufigkeit der richtig gegebenen Antworten (z.B.: {r, r, f, f, r, ..., f, r}) ermittelt wird. Die Feststellung der Realisation erfolgt durch eine *Zählvorgang.*

Zufallsvariable X = Anzahl der richtigen Antworten
Realisationen: $x_1 = 0, x_2 = 1, \ldots, x_{51} = 50$

Oder als alternative Zufallsvariable:

Zufallsvariable Y = Anzahl der falschen Antworten
Realisationen: $y_1 = 0, y_2 = 1, \ldots, y_{51} = 50$

Beispiel: Monopoly
Beim Spiel Monopoly ist die Summe der Augenzahlen zweier Würfel maßgebend dafür, um wieviele Felder ein Spieler seinen Spielstein weiterrücken muß. - Wie groß ist die Wahrscheinlichkeit für ein Vorrücken um 5 Felder?

Die im Untersuchungsinteresse stehende Größe "Augenzahlsumme" bildet die Zufallsvariable. Ihre möglichen Realisationen reichen von 2 bis 12. Eine Realisation wird festgestellt, indem die beiden Augenzahlen addiert werden. Die Feststellung der Realisation erfolgt durch einen *Rechenvorgang*.

Zufallsvariable X = Augenzahlsumme
Realisationen: $x_1 = 2, x_2 = 3, ..., x_{11} = 12$

Beispiel: Pegelstand in einem Stausee
Durch einen 7 Meter hohen Damm ist ein Bach zu einem See aufgestaut worden. Zur Stromerzeugung ist ein Pegelstand von mindestens 6 Meter notwendig.

Die im Untersuchungsinteresse stehende Größe "Pegelstand" bildet die Zufallsvariable. Ihre möglichen Realisationen reichen von 0 bis 7 Meter. Eine Realisation wird direkt durch das Ablesen des Pegelstands festgestellt. Die Feststellung der Realisation ist das Ergebnis eines *Meßvorgangs*.

Zufallsvariable X = Pegelstand
Realisationen: $0 \leq x \leq 7$

**d) Bedeutung**

Die Zufallsvariable ermöglicht eine problembezogene und damit überschaubare Darstellung der möglichen Ausgänge eines Zufallsvorgangs. Durch die Verwendung von sinnvoll zugeordneten Zahlen anstatt von Symbolen oder verbalen Beschreibungen sind die dargestellten Ausgänge mit ihren Wahrscheinlichkeiten streng auf das Untersuchungsinteresse bezogen (siehe Einführungsbeispiel).

Die Zufallsvariable ermöglicht die Zusammenfassung von Elementarereignissen zu einem Ereignis (Realisation), was zu einer erheblichen Reduzierung des Darstellungsumfangs führen kann. Die Darstellung wird damit überschaubarer oder sogar erst möglich gemacht. So wäre es bei dem Spiel "Lotto" praktisch unmöglich, die nahezu 14 Mio. Elementarereignisse aufzulisten. Die Zufallsvariable "Anzahl der Richtigen" mit ihren nur sieben Realisationen ermöglicht - und dies in übersichtlicher Form - die Darstellung der Gewinnmöglichkeiten.

Die Zufallsvariable ermöglicht in vielen Fällen die funktionale Darstellung von Wahrscheinlichkeitsverteilungen und die einfache Berechnung von Parametern wie z.B. Erwartungswert und Varianz. Dies wird in den Abschnitten 6.2 und 6.3 aufgezeigt werden.

**e) Arten von Zufallsvariablen**

Zufallsvariable können in diskrete und stetige Zufallsvariable unterteilt werden.

Eine *diskrete Zufallsvariable* ist dadurch gekennzeichnet, daß für ihre Realisation in einem vorgegebenen Intervall nur ganz bestimmte Werte in Frage kommen. Anders ausgedrückt: Die Realisation der Zufallsvariablen wird durch einen Zählvorgang festgestellt (z.B. Anzahl der richtigen Antworten, Anzahl der Kunden, Absatzmenge).

Eine *stetige Zufallsvariable* ist dadurch gekennzeichnet, daß für ihre Realisation in einem vorgegebenen Intervall jeder beliebige Wert in Frage kommt. Anders ausgedrückt: Die Realisation der Zufallsvariablen wird durch einen Meßvorgang festgestellt (z.B. Pegelstand des Stausees, Benzinverbrauch eines Autos, Wartezeit am Bankschalter).

Aus meßtechnischen Gründen werden stetige Zufallsvariable häufig wie diskrete Zufallsvariablen (z.B. Angabe in ganzen Zentimetern oder Litern) behandelt; umgekehrt werden diskrete Zufallsvariablen aus rechentechnischen Gründen manchmal wie stetige Zufallsvariable (z.B. durchschnittlich 3,4 Personen) behandelt.

Zufallsvariable können in eindimensionale und mehrdimensionale Zufallsvariable unterteilt werden.

Eine *eindimensionale Zufallsvariable* ist dadurch gekennzeichnet, daß einem Elementarereignis nur eine Zahl zugeordnet wird, d.h. die Realisation besteht aus nur einer Zahl. Dies ist stets dann der Fall, wenn bei einem Zufallsvorgang nur an einer Größe Interesse besteht.

Eine *mehrdimensionale Zufallsvariable* ist dadurch gekennzeichnet, daß einem Elementarereignis mehrere Zahlen zugeordnet werden, d.h. die Realisation setzt sich aus mehreren Zahlen zusammen. Dies ist stets dann der Fall, wenn bei einem Zufallsvorgang mehrere Größen (z.B. Benzinverbrauch und Durchschnittsgeschwindigkeit) gleichzeitig interessieren.

# 6.2 Diskrete Zufallsvariable

Eine diskrete Zufallsvariable ist dadurch gekennzeichnet, daß ihre Realisationen in einem vorgegebenen Intervall *auf bestimmte Werte eingeschränkt* sind. Anders ausgedrückt, die möglichen Realisationen sind abzählbar. So kann z.B. in einem Fertigungslos von 15 Stück die Zufallsvariable "Anzahl der Ausschußstücke" nur die Realisationen 0, 1, 2, ..., 15 annehmen. Andere Werte wie 2,4 oder 8,987 sind nicht möglich. In Abb. 6.2.-1 ist dieser Sachverhalt veranschaulicht.

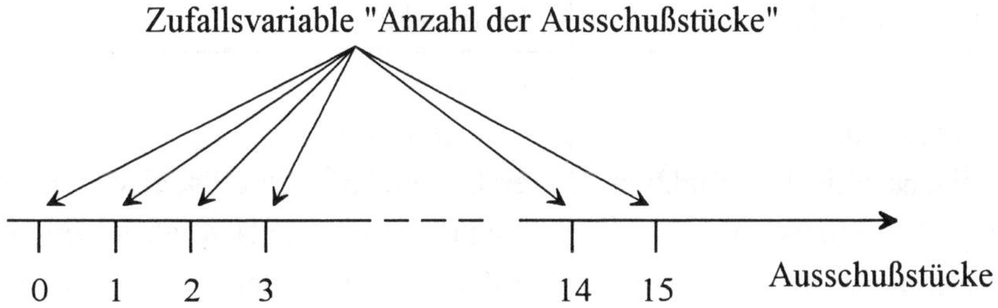


Abb. 6.2.-1: Mögliche Realisationen der Zufallsvariablen "Anzahl der Ausschußstücke"

Weitere Beispiele für diskrete Zufallsvariablen sind:

- Anzahl der Betriebsunfälle im Monat August,
- Tagesumsatz eines Supermarkts,
- Anzahl der Hörer in der Statistikvorlesung.

Bei der Durchführung eines Zufallsvorgangs interessieren insbesondere Fragen wie:

- Wie wahrscheinlich ist es, daß die Zufallsvariable eine bestimmte Realisation annimmt?
- Wie wahrscheinlich ist es, daß die Zufallsvariable höchstens oder mindestens eine bestimmte Realisation annimmt?
- Welche Realisation der Zufallsvariablen ist am wahrscheinlichsten?
- Welche Realisation ist bei häufiger Durchführung des Zufallsvorgangs durchschnittlich zu erwarten? (Erwartungswert)
- Wie stark weichen die möglichen Realisationen von dem Erwartungswert ab? (Streuung)

Zur Beantwortung dieser Fragen sind die Wahrscheinlichkeitsverteilung, die sich in die Wahrscheinlichkeitsfunktion und die Verteilungsfunktion untergliedert, zu erstellen und ihre Parameter zu berechnen. Dies ist Gegenstand der folgenden Abschnitte.

Zwischen der Zufallsvariablen X und ihrer Wahrscheinlichkeitsverteilung und dem in der beschreibenden Statistik verwendeten Merkmal X und seiner Häufigkeitsverteilung besteht eine sehr enge Analogie. Nachstehend sind die wichtigsten korrespondierenden Größen gegenübergestellt.

| Zufallsvariable X | Merkmal X |
|---|---|
| Realisation x | Merkmalswert x |
| Wahrscheinlichkeit | relative Häufigkeit |
| Wahrscheinlichkeitsfunktion | einfache relative Häufigkeitsverteilung |
| Verteilungsfunktion | kumulierte relative Häufigkeitsverteilung |
| Erwartungswert | arithmetisches Mittel |
| Varianz | Varianz |

## 6.2.1 Wahrscheinlichkeitsfunktion

In der beschreibenden Statistik informiert die einfache relative Häufigkeitsverteilung darüber, wie groß die relative Häufigkeit für einen jeden beobachteten Merkmalswert ist. Analog informiert die Wahrscheinlichkeitsfunktion darüber, wie groß die Wahrscheinlichkeit für eine jede mögliche Realisation ist. Die Wahrscheinlichkeitsfunktion ordnet also jeder Realisation die Wahrscheinlichkeit zu.

**a) Einführungsbeispiel**

Ein Spieler, der sich am Glücksspiel "6 aus 49" beteiligt, interessiert sich für seine Gewinnaussichten, d.h. für die mögliche Anzahl der richtig angekreuzten Zahlen und die jeweilige Realisierungswahrscheinlichkeit.

Zufallsvorgang: Ausspielung der Lottozahlen

Zufallsvariable X: "Anzahl der Richtigen"

Mögliche Realisationen $x_i$: 0, 1, 2, 3, 4, 5 und 6.

In Abb. 6.2.1.-1 ist die Wahrscheinlichkeitsfunktion tabellarisch wiedergegeben (die Wahrscheinlichkeiten sind auf 5 Dezimalstellen gerundet):

| i | Realisation $x_i$ | Wahrscheinlichkeit $W(X = x_i)$ |
|---|---|---|
| 1 | 0 | 0,43596 |
| 2 | 1 | 0,41302 |
| 3 | 2 | 0,13238 |
| 4 | 3 | 0,01765 |
| 5 | 4 | 0,00097 |
| 6 | 5 | 0,00002 |
| 7 | 6 | 0,00000 |

Abb. 6.2.1.-1: Wahrscheinlichkeitsfunktion für die Zufallsvariable "Anzahl der Richtigen" im Spiel "6 aus 49"

Der tabellarischen Darstellung der Wahrscheinlichkeitsfunktion (Abb. 6.2.1.-1) kann z.B. entnommen werden:

$$W(X = 3) = 0{,}01765$$

Die Wahrscheinlichkeit, daß die Zufallsvariable X genau den Wert 3 annimmt bzw. daß bei einem Tipp genau drei richtige Zahlen angekreuzt werden, beträgt 0,01765 bzw. 1,765 %.

**b) Definition**

Aus dem Einführungsbeispiel geht hervor, daß die Wahrscheinlichkeitsfunktion für jeden möglichen Wert $x_i$ der Zufallsvariablen X die Realisierungschance angibt.

**Definition: Wahrscheinlichkeitsfunktion**

Die Funktion, die den möglichen Realisationen $x_i$ der diskreten Zufallsvariablen X Eintrittswahrscheinlichkeiten zuordnet, heißt Wahrscheinlichkeitsfunktion.

Schreibweise/Symbolik: $f(x_i) = W(X = x_i)$

In Worten: Die Wahrscheinlichkeit, daß die Zufallsvariable X genau den Wert $x_i$ annimmt, beträgt $f(x_i)$.

**c) Eigenschaften**

Die Eigenschaften der Wahrscheinlichkeitsfunktion bzw. ihrer Wahrscheinlichkeiten ergeben sich unmittelbar aus dem Axiomensystem von Kolmogoroff (s.S. 34 ff.) und auch aus der Analogie zur relativen Häufigkeit.

Eigenschaft 1:

Die Wahrscheinlichkeit $f(x_i)$ (Funktionswert) kann nur Werte aus dem Intervall [0, 1] annehmen.

$$0 \leq f(x_i) \leq 1$$

Eigenschaft 2:

Die Summe aller Wahrscheinlichkeiten $f(x_i)$ (Funktionswerte) ist gleich 1.

$$\sum_i f(x_i) = 1$$

**d) Darstellung**

Die Wahrscheinlichkeitsfunktion kann tabellarisch, graphisch und - bei Vorliegen bestimmter Eigenschaften - als Funktionsgleichung dargestellt werden.

Eine Möglichkeit der *tabellarischen* Darstellung wurde unter a) für das Einführungsbeispiel aufgezeigt. Eine andere Form der "tabellarischen" Darstellung ist nachstehend aufgeführt (die Wahrscheinlichkeiten sind auf fünf Dezimalstellen gerundet).

$$f(x) = \begin{cases} 0,43596 & \text{für } x = 0 \\ 0,41302 & \text{für } x = 1 \\ 0,13238 & \text{für } x = 2 \\ 0,01765 & \text{für } x = 3 \\ 0,00097 & \text{für } x = 4 \\ 0,00002 & \text{für } x = 5 \\ 0,00000 & \text{für } x = 6 \\ 0,00000 & \text{sonst} \end{cases}$$

Für die *graphische* Darstellung eignet sich insbesondere das aus der beschreibenden Statistik bekannte Stabdiagramm. Dazu werden über den Realisationswerten, die auf der Abszisse abgetragen sind, Stäbe errichtet, deren Höhe der jeweiligen Wahrscheinlichkeit entspricht. In Abb. 6.2.1.-2 ist die Wahrscheinlichkeitsfunktion für das Beispiel "6 aus 49" mit Hilfe des Stabdiagramms graphisch wiedergegeben. Die Wahrscheinlichkeiten für die Realisationen 4, 5 und 6 sind so gering, dass sie - ein möglicher Nachteil von graphischen Abbildungen - nicht mehr graphisch darstellbar sind.

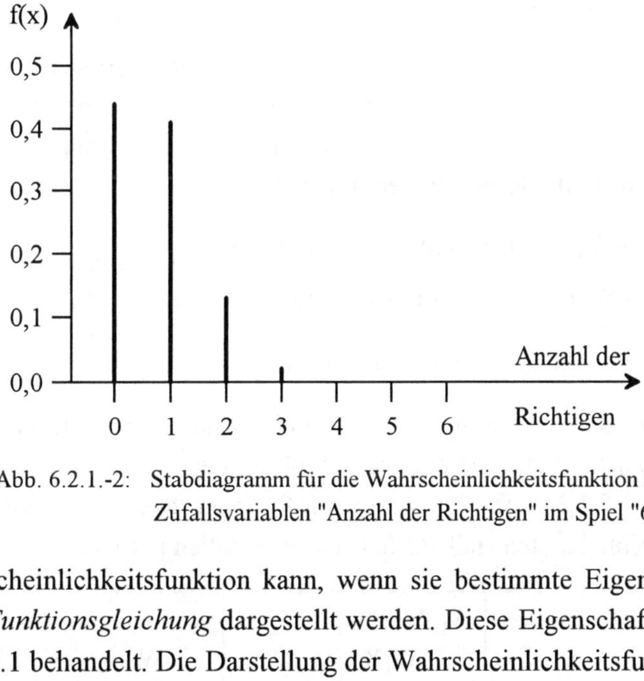


Abb. 6.2.1.-2: Stabdiagramm für die Wahrscheinlichkeitsfunktion der Zufallsvariablen "Anzahl der Richtigen" im Spiel "6 aus 49"

Die Wahrscheinlichkeitsfunktion kann, wenn sie bestimmte Eigenschaften aufweist, als *Funktionsgleichung* dargestellt werden. Diese Eigenschaften werden in Abschnitt 7.1 behandelt. Die Darstellung der Wahrscheinlichkeitsfunktion für das Spiel "6 aus 49" als Funktionsgleichung lautet :

$$f(x) = \begin{cases} \dfrac{\binom{6}{x} \cdot \binom{43}{6-x}}{\binom{49}{6}} & \text{für } x = 0, 1, 2, 3, 4, 5, 6 \\ 0 & \text{sonst} \end{cases}$$

## 6.2.2 Verteilungsfunktion

In der beschreibenden Statistik informiert die kumulierte relative Häufigkeitsverteilung darüber, wie groß die relative Häufigkeit für die Merkmalsträger ist, deren Merkmalswert kleiner oder gleich einem bestimmten Merkmalswert ist. Analog informiert die Verteilungsfunktion einer diskreten Zufallsvariablen darüber, wie groß die Wahrscheinlichkeit für eine Realisation ist, deren Wert kleiner oder gleich einer bestimmten Realisation x ist.

**a) Einführungsbeispiel**

Ein Spieler, der sich am Spiel "6 aus 49" beteiligt, interessiert sich für das Risiko, nicht zu gewinnen, d.h. höchstens zwei Richtige anzukreuzen. Die Risikowahrscheinlichkeit ergibt sich aus der Summe der in Abb. 6.2.2.-1 angegebenen Wahrscheinlichkeiten für die Realisationen 0, 1 und 2.

$$W(X \leq 2) = W(X = 0) + W(X = 1) + W(X = 2)$$

$$= 0{,}43596 + 0{,}41302 + 0{,}13238$$

$$= 0{,}98136 \quad \text{bzw.} \quad 98{,}136\ \%.$$

Zur Ermittlung der Verteilungsfunktion sind die aus der Wahrscheinlichkeitsfunktion bekannten Wahrscheinlichkeiten sukzessive zu addieren bzw. zu kumulieren. In Abb. 6.2.2.-1 ist die Verteilungsfunktion tabellarisch wiedergegeben (die Wahrscheinlichkeiten sind auf fünf Dezimalstellen gerundet):

| i | Realisation $x_i$ | Wahrscheinlichkeit $W(X = x_i)$ | Wahrscheinlichkeit $W(X \leq x_i)$ |
|---|---|---|---|
| 1 | 0 | 0,43596 | 0,43596 |
| 2 | 1 | 0,41302 | 0,84898 |
| 3 | 2 | 0,13238 | 0,98136 |
| 4 | 3 | 0,01765 | 0,99901 |
| 5 | 4 | 0,00097 | 0,99998 |
| 6 | 5 | 0,00002 | 1,00000 |
| 7 | 6 | 0,00000 | 1,00000 |

Abb. 6.2.2.-1: Verteilungsfunktion für die Zufallsvariable "Anzahl der Richtigen" im Spiel "6 aus 49"

Der tabellarischen Darstellung der Verteilungsfunktion (Abb. 6.2.2.-1) kann z.B. entnommen werden:

$$W(X \leq 3) = 0{,}99901$$

Die Wahrscheinlichkeit dafür, daß die Zufallsvariable X höchstens den Wert 3 annimmt bzw. daß höchstens drei richtige Zahlen angekreuzt werden, beträgt 0,99901 bzw. 99,901 %.

**b) Definition**

Aus dem Einführungsbeispiel geht hervor, daß die Verteilungsfunktion die Wahrscheinlichkeit dafür angibt, daß sich die Zufallsvariable X mit einem Wert realisiert, der kleiner oder gleich (höchstens) einem Wert x ist.

**Definition: Verteilungsfunktion**

Die Funktion, die die Wahrscheinlichkeit dafür angibt, daß die diskrete Zufallsvariable X eine Realisation annimmt, die kleiner oder gleich einem Wert x ist, heißt Verteilungsfunktion.

Schreibweise/Symbolik: $F(x) = W(X \leq x)$

In Worten: Die Wahrscheinlichkeit, daß die Zufallsvariable X einen Wert kleiner oder gleich (höchstens) x annimmt, beträgt F(x).

Die Berechnung von F(x) erfolgt, indem die Wahrscheinlichkeiten aller möglichen Realisationswerte $x_i$, die kleiner oder gleich dem vorgegebenen Realisationswert x sind, addiert werden.

$$F(x) = \sum_{x_i \leq x} f(x_i) = \sum_{x_i \leq x} W(X = x_i)$$

**c) Eigenschaften**

Die Eigenschaften der Verteilungsfunktion bzw. ihrer Wahrscheinlichkeiten ergeben sich unmittelbar aus dem Axiomensystem von Kolmogoroff (s.S. 34 ff.) und auch aus der Analogie zur relativen Häufigkeit.

Eigenschaft 1:

Die Wahrscheinlichkeit F(x) (Funktionswert) kann nur Werte aus dem Intervall [0, 1] annehmen.

$$0 \leq F(x) \leq 1$$

Eigenschaft 2:

Die Verteilungsfunktion ist eine monoton steigende Funktion.

$$F(x) \leq F(x + a) \qquad (a > 0)$$

**d) Darstellung**

Die Verteilungsfunktion kann tabellarisch, graphisch und - bei Vorliegen bestimmter Eigenschaften - als Funktionsgleichung dargestellt werden.

Eine Möglichkeit der *tabellarischen* Darstellung wurde unter a) für das Einführungsbeispiel aufgezeigt. Eine andere Form der "tabellarischen" Darstellung ist nachstehend aufgeführt (die Wahrscheinlichkeiten sind auf fünf Dezimalstellen gerundet):

$$F(x) = \begin{cases} 0,00000 & \text{für } x < 0 \\ 0,43596 & \text{für } 0 \leq x < 1 \\ 0,84898 & \text{für } 1 \leq x < 2 \\ 0,98136 & \text{für } 2 \leq x < 3 \\ 0,99901 & \text{für } 3 \leq x < 4 \\ 0,99998 & \text{für } 4 \leq x < 5 \\ 1,00000 & \text{für } 5 \leq x < 6 \\ 1,00000 & \text{für } 6 \leq x \end{cases}$$

Für die *graphische* Darstellung eignet sich die aus der beschreibenden Statistik bekannte Treppenfunktion. Die Treppenfunktion bzw. Verteilungsfunktion verläuft abschnittsweise parallel zur Abszisse, auf der die Realisationswerte abgetragen werden. Bei den möglichen Realisationswerten $x_i$ springt die Funktion um die Wahrscheinlichkeit $f(x_i)$ auf die kumulierte Wahrscheinlichkeit $F(x_i)$. Das treppenförmige Aussehen der Funktion ist für sie namensgebend. - Um an den Sprungstellen erkennen zu können, welche Wahrscheinlichkeit einer möglichen Realisation $x_i$ zugeordnet ist, wird am Beginn einer jeden Treppenstufe die

Wahrscheinlichkeit $F(x_i)$ als Punkt abgetragen. Dadurch wird zugleich graphisch ausgedrückt, daß die Funktion rechtsseitig stetig ist. Um den Wahrscheinlichkeitsanstieg an einer Sprungstelle optisch deutlicher hervorzuheben, werden die senkrechten Treppenabstände als gepunktete Linien eingetragen. In Abb. 6.2.2.-2 ist die Treppenfunktion für das Beispiel wiedergegeben. Die Wahrscheinlichkeiten für die Realisationen 4, 5 und 6 sind so gering, dass sie nicht mehr graphisch darstellbar sind.

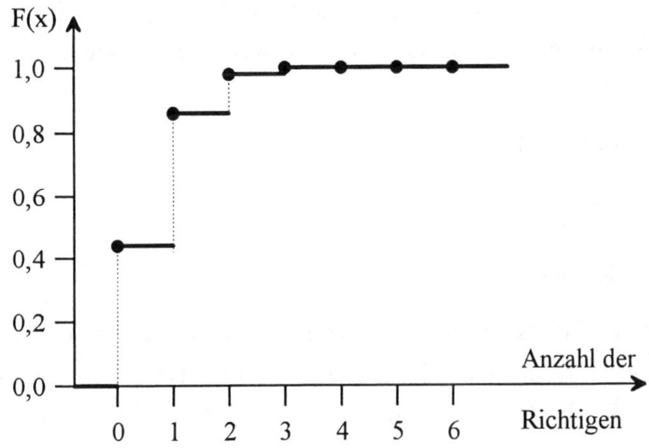


Abb. 6.2.2.-2: Treppenfunktion für die Verteilungsfunktion der Zufallsvariablen "Anzahl der Richtigen" im Spiel "6 aus 49"

Die Verteilungsfunktion kann, wenn sie bestimmte Eigenschaften aufweist, als *Funktionsgleichung* dargestellt werden. Diese Eigenschaften werden in Abschnitt 7.1 behandelt. Die Darstellung der Verteilungsfunktion für das Spiel "6 aus 49" als Funktionsgleichung lautet:

$$F(x) = \begin{cases} 0 & \text{für } x < 0 \\ \sum\limits_{a=0}^{x} \dfrac{\binom{6}{a} \cdot \binom{43}{6-a}}{\binom{49}{6}} & \text{für } 0 \leq x < 6 \\ 1 & \text{für } x \geq 6 \end{cases}$$

## 6.2.3 Parameter

Analog zu den Parametern von Häufigkeitsverteilungen in der beschreibenden Statistik können auch für Wahrscheinlichkeitsverteilungen Parameter berechnet werden. Parameter oder Maßzahlen beschreiben die Eigenschaften der Verteilung. Dazu werden viele Einzelinformationen bzw. Daten zu wenigen, aber aussagekräftigen Größen verdichtet.

Im folgenden werden der Erwartungswert und die Varianz bzw. Standardabweichung als die wichtigsten und am häufigsten verwendeten Parameter vorgestellt.

### 6.2.3.1 Erwartungswert

Auch: Mathematische Erwartung.

**a) Einführungsbeispiel**

Ein Teilnehmer des Spiels "6 aus 49" interessiert sich dafür, wieviele Zahlen je Spiel durchschnittlich richtig angekreuzt werden. Er interessiert sich also für die durchschnittliche Realisation der Zufallsvariablen, d.h. den Erwartungswert. Die Ermittlung des Erwartungswertes erfolgt analog der Ermittlung des arithmetischen Mittels bei Vorliegen relativer Häufigkeiten. Es ist die Summe der mit ihren Wahrscheinlichkeiten gewichteten möglichen Realisationen zu berechnen.

$$0 \cdot 0{,}43596 + 1 \cdot 0{,}41302 + 2 \cdot 0{,}13238 + 3 \cdot 0{,}01765 +$$
$$4 \cdot 0{,}00097 + 5 \cdot 0{,}00002 + 6 \cdot 0{,}00000$$
$$= 0{,}73471$$

Kreuzt ein Spieler beim Spiel "6 aus 49" sechs Zahlen an, so kann er erwarten, daß er 0,73471 Richtige erzielt. Die unmögliche Realisation 0,73471 zeigt, daß der Erwartungswert nicht notwendig ein Wert ist, dessen Realisation tatsächlich möglich ist und der sich tatsächlich einstellt. Der Erwartungswert ist vielmehr ein Wert, der bei häufiger Durchführung eines Zufallsvorgangs als durchschnittliche Realisation beobachtet werden kann. Besonders verständlich wird dies beim Begriff "Lebenserwartung". Jedermann sieht in der Lebenserwartung nicht etwa das Alter, das er ganz genau erreichen wird, sondern das durchschnittliche Alter vieler Personen, von dem das tatsächlich erreichte Alter (Realisationen) der einzelnen Personen mehr oder weniger nach unten oder oben abweicht.

**b) Definition**

Ausgehend von dem Einführungsbeispiel kann der Erwartungswert wie folgt definiert werden:

**Definition: Erwartungswert**

Der Wert, der bei genügend häufiger - tatsächlicher oder gedanklicher - Durchführung des Zufallsvorgangs als durchschnittliche Realisation zu erwarten ist, heißt Erwartungswert.

Eine am Rechenvorgang ausgerichtete Definition lautet:

**Definition: Erwartungswert**

Der Erwartungswert ist die Summe aller möglichen, mit ihrer jeweiligen Wahrscheinlichkeit gewichteten Realisationen.

Schreibweise/Symbolik: E(X)

Leseweise: Erwartungswert von X. Oder kurz: E von X.

Anhand der zweiten Definition kann die Berechnungsformel aufgestellt werden:

$$E(X) = \sum_{i=1}^{n} x_i \cdot f(x_i) \qquad \text{(Formel 6.2.3.1.-1)}$$

mit n = Anzahl der möglichen Realisationen

**c) Voraussetzungen**

Die Berechnung des Erwartungswerts ist nur sinnvoll, wenn die Abstände zwischen den Realisationswerten interpretiert werden können. Dies ist der Fall, wenn das für die Zuordnung des Wertes maßgebende Merkmal (z.B. Anzahl der Erfolge, Stauseehöhe) intervall- oder verhältnisskaliert ist. Ist das Merkmal nominal- oder ordinalskaliert, dann ist die Berechnung des Erwartungswertes nicht zulässig. Der Realisationswert ist dann nur eine Verschlüsselung (Codierung), so daß "Abstände" zwischen Realisierungswerten nicht interpretierbar sind.

**d) Beispiel**

Bei einem technisch schwierigen Fertigungsprozeß beträgt die Wahrscheinlichkeit, daß ein Stück Ausschuß ist, 20 %. Werden zufällig vier Teile aus dem

Fertigungsprozeß entnommen und geprüft, dann lautet die Wahrscheinlichkeitsfunktion für die Anzahl der Ausschußstücke (Binomialverteilung, s.S. 130 ff.):

| $x_i$ | 0 | 1 | 2 | 3 | 4 |
|---|---|---|---|---|---|
| $f(x_i)$ | 0,4096 | 0,4096 | 0,1536 | 0,0256 | 0,0016 |

$$E(X) = 0 \cdot 0{,}4096 + 1 \cdot 0{,}4096 + 2 \cdot 0{,}1536 + 3 \cdot 0{,}0256 + 4 \cdot 0{,}0016$$

$$= 0{,}8 \text{ Ausschußstücke}$$

Werden dem Fertigungsprozeß 4 Teile entnommen und geprüft, so sind durchschnittlich 0,8 Ausschußstücke zu erwarten.

**e) Bedeutung**

Der Erwartungswert liefert als durchschnittlicher Realisationswert eine Vorstellung über die Mitte und damit die Lage der Wahrscheinlichkeitsfunktion.

Der Erwartungswert ist von zentraler Bedeutung, wenn Entscheidungen in Risikosituationen (z.B. Glücksspiel, Investitionsentscheid) zu treffen sind. Risikosituationen sind Situationen, in denen der Entscheidungsträger weiß, mit welcher Wahrscheinlichkeit welche möglichen Zustände bzw. welche möglichen Realisationen eintreten können. In diesen Situationen ist die Zielgröße (z.B. Gewinn) eine Zufallsvariable. Der Erwartungswert liefert eine wichtige Entscheidungshilfe bzw. Entscheidungsgrundlage.

Beispiel: Immobilienanlage
Ein Kapitalanleger führt für eine mögliche Immobilieninvestition eine Renditeberechnung durch. Unter Berücksichtigung verschiedener Wertansätze für die Baukosten, den Mietpreis, den Wiederveräußerungspreis etc. gelangt er zu folgender Wahrscheinlichkeitsfunktion für die Rendite nach Steuern x (in %):

| $x_i$ | 0 | 2 | 4 | 6 |
|---|---|---|---|---|
| $f(x_i)$ | 0,10 | 0,20 | 0,60 | 0,10 |

Der Erwartungswert von 3,4 % für die Rendite ist für den Anleger eine wichtige Entscheidungsgrundlage. Er kann den Erwartungswert an seiner angestrebten

Mindestrendite messen oder mit den Erwartungswerten alternativer Anlageobjekte vergleichen.

### 6.2.3.2 Varianz und Standardabweichung

Auch: Mittlere quadratische Abweichung (synonym für Varianz)

**a) Einführungsbeispiel**

Die Streuung der Realisationen um ihren Erwartungswert wird in der Wahrscheinlichkeitsrechnung fast ausschließlich mit den Streuungsparametern Varianz und Standardabweichung gemessen. Analog zur Varianz in der beschreibenden Statistik werden die Abweichungen aller möglichen Realisationen vom Erwartungswert jeweils quadriert und mit der Wahrscheinlichkeit der jeweiligen Realisation gewichtet. Die Varianz errechnet sich aus der Summe dieser gewichteten quadrierten Abweichungen.

Die Varianz für das Spiel "6 aus 49" errechnet sich folgendermaßen:

$$(0 - 0{,}73471)^2 \cdot 0{,}43596 + (1 - 0{,}73471)^2 \cdot 0{,}41302 +$$

$$(2 - 0{,}73471)^2 \cdot 0{,}13238 + (3 - 0{,}73471)^2 \cdot 0{,}01765 +$$

$$(4 - 0{,}73471)^2 \cdot 0{,}00097 + (5 - 0{,}73471)^2 \cdot 0{,}00002 +$$

$$(6 - 0{,}73471)^2 \cdot 0{,}00000$$

$$= 0{,}577611 \text{ Richtige}^2$$

Die Standardabweichung ist die Quadratwurzel aus der Varianz:

$$\sqrt{0{,}577611} = 0{,}76 \text{ Richtige}$$

Die beiden niedrigen Streuungsmaße sind Ausdruck dafür, daß die Realisationen eng um den Erwartungswert streuen. Erwartungswert und Varianz machen deutlich, daß das Spiel nur deswegen interessant ist, da auf die nahezu unwahrscheinlich hohe Realisation x = 6 außerordentlich hohe Gewinne entfallen.

**b) Definition**

Die Konstruktion der Varianz und der Standardabweichung lassen keine inhaltliche, sondern nur eine an dem Berechnungsvorgang ausgerichtete Definition zu.

Ausgehend von dem Einführungsbeispiel kann die Varianz wie folgt definiert werden:

**Definition: Varianz**

Die Varianz ist die Summe der mit der jeweiligen Wahrscheinlichkeit gewichteten quadrierten Abweichungen aller möglichen Realisationen vom Erwartungswert.

Schreibweise/Symbolik: VAR(X) oder $\sigma^2$

In Worten: Varianz von X bzw. Sigma-Quadrat

Die Berechnungsformel lautet:

$$VAR(X) = \sum_{i=1}^{n} \left[x_i - E(X)\right]^2 \cdot f(x_i) \qquad \text{(Formel 6.2.3.2.-1)}$$

Die Definition der Standardabweichung $\sigma$ (Sigma) lautet:

**Definition: Standardabweichung**

Die Standardabweichung ist die Quadratwurzel aus der Varianz.

Die Berechnungsformel lautet:

$$\sigma = \sqrt{VAR(X)} \qquad \text{(Formel 6.2.3.2.-2)}$$

**c) Voraussetzung**

Die Berechnung der Varianz bzw. der Standardabweichung setzt wie der Erwartungswert (s.S. 99) die Intervall- oder Verhältnisskala voraus.

**d) Beispiel**

Für das Beispiel aus Abschnitt 6.2.3.1.d) "Anzahl der Ausschußstücke" sind Varianz und Standardabweichung zu berechnen.

| $x_i$ | 0 | 1 | 2 | 3 | 4 |
|---|---|---|---|---|---|
| $f(x_i)$ | 0,4096 | 0,4096 | 0,1536 | 0,0256 | 0,0016 |

Der Erwartungswert wurde bereits (s.S. 100) mit 0,8 Ausschußstücken errechnet.

$$VAR(X) = (0 - 0{,}8)^2 \cdot 0{,}4096 + (1 - 0{,}8)^2 \cdot 0{,}4096 + (2 - 0{,}8)^2 \cdot 0{,}1536 + (3 - 0{,}8)^2 \cdot 0{,}0256 + (4 - 0{,}8)^2 \cdot 0{,}0016$$

$$= 0{,}64 \text{ Ausschußstücke}^2$$

$$\sigma = \sqrt{0{,}64} = 0{,}8 \text{ Ausschußstücke}$$

Varianz bzw. Standardabweichung drücken aus, daß die Realisationen eng um den Erwartungswert streuen.

**e) Bedeutung**

Varianz und Standardabweichung besitzen als rechentechnische Größen in der schließenden Statistik eine herausragende Bedeutung. Darauf ist die verbreitete, fast ausschließliche Verwendung der Varianz bzw. Standardabweichung als Streuungsparameter in der Wahrscheinlichkeitsrechnung zurückzuführen.

In ihrer Funktion als Maßstab für die Streuung sind sie jedoch problematisch. Der Berechnungsvorgang "Abweichungen quadrieren, gewichten, addieren, Wurzelziehen" ist inhaltlich nicht nachvollziehbar. Varianz und Standardabweichung erlauben daher keine quantitative, sondern nur eine mehr 'qualitative' Interpretation. Die beiden Streuungsparameter können nur zu einer ungefähren Vorstellung über die Streuung beitragen. In den Beispielen unter a) und c) kann lediglich festgestellt werden, daß mit einer Varianz von 0,577611 bzw. 0,64 und einer Standardabweichung von 0,76 bzw. 0,8 eine geringe Streuung vorliegt.

Varianz und Standardabweichung werden zur Messung und Darstellung des Risikos verwendet. Mit zunehmendem Parameterwert streuen die Realisationen immer stärker um den Erwartungswert, d.h. die Gefahren und Chancen, die mit der Streuung verbunden sind, werden immer größer.

Beispiel: Immobilienanlage

Der Kapitalanleger aus dem Beispiel in Abschnitt 6.2.3.1e) (s.S. 100) verfügt über eine alternative Anlagemöglichkeit. Die Wahrscheinlichkeitsfunktion für die Rendite nach Steuern (in %) dieser alternativen Anlagemöglichkeit beträgt:

| $x_i$ | -5 | 0 | 3 | 6 | 9 |
|---|---|---|---|---|---|
| $f(x_i)$ | 0,10 | 0,10 | 0,40 | 0,30 | 0,10 |

Der Erwartungswert für die Rendite beträgt 3,4 % und ist damit genau so hoch wie die Rendite der anderen Anlage. Chancen und Gefahren sind bei den beiden Anlagemöglichkeiten jedoch unterschiedlich. Die beiden unterschiedlichen Renditeprofile können mit Hilfe der Streuungsparameter zu einer Kenngröße verdichtet und damit leichter vergleichbar gemacht werden.

Varianz und Standardabweichung betragen für die erste Anlage 2,44 bzw. 1,56, für die zweite Anlage 13,44 bzw. 3,67. Die höheren Werte für die zweite Anlage drücken aus, daß die Realisationen stärker um den Erwartungswert schwanken. Chance und Risiko, vom Erwartungswert stärker abzuweichen, sind größer.

Varianz und Standardabweichung sollten neben dem Erwartungswert zusätzlich in das Entscheidungskalkül einbezogen werden.

Ein Streuungsparameter, der einfach und verständlich interpretiert werden kann, ist die mittlere absolute Abweichung δ. Diese kommt jedoch in der Wahrscheinlichkeitsrechnung nur sehr selten zum Einsatz. Anstelle der quadrierten Abweichungen werden die absoluten Abweichungen verwendet.

$$\delta = \sum_{i=1}^{n} \left| x_i - E(X) \right| \cdot f(x_i) \qquad \text{(Formel 6.2.3.2.-3)}$$

Im Beispiel Immobilienanlage beträgt die mittlere absolute Abweichung für die erste Anlage 1,24 %-Punkte ($\sigma = 1{,}56$), für die zweite 2,68 %-Punkte ($\sigma = 3{,}67$). Die mittlere absolute Abweichung 1,24 bedeutet, daß bei dieser Immobilienanlage damit zu rechnen ist, daß die Rendite durchschnittlich um 1,24 %-Punkte vom Erwartungswert 3,4 % abweicht.

Im Unterschied zur mittleren absoluten Abweichung sind jedoch die Varianz und die Standardabweichung aus mathematischen Gründen für weiterführende Rechnungen deutlich leichter handhabbare Größen.

## 6.2.4 Die Ungleichung von Tschebyscheff

In der angewandten Wahrscheinlichkeitsrechnung interessiert häufig, mit welcher Wahrscheinlichkeit sich die Zufallsvariable X in einem Intervall realisiert, das zentral bzw. symmetrisch um den Erwartungswert liegt. Die Breite des Intervalls wird dabei oft als ein Vielfaches c der Standardabweichung σ ausgedrückt.

$$W(\, E(X) - c \cdot \sigma < X < E(X) + c \cdot \sigma \,) = ? \qquad \text{mit } c > 0$$

Ist die Wahrscheinlichkeitsverteilung der Zufallsvariablen X bekannt, dann kann die gesuchte Wahrscheinlichkeit auf einfache Weise mit Hilfe der Wahrscheinlichkeitsfunktion bzw. der Verteilungsfunktion bestimmt werden.

Sind jedoch für eine Zufallsvariable X nur der Erwartungswert und die Standardabweichung bekannt, dann kann die gesuchte Wahrscheinlichkeit nur noch geschätzt werden. Mit Hilfe der Ungleichung von Tschebyscheff (1821 - 1894) kann die Mindestwahrscheinlichkeit berechnet werden, mit der sich die Zufallsvariable X in einem zentralen Intervall realisieren wird.

Die Ungleichung von Tschebyscheff lautet:

$$W(\, E(X) - c \cdot \sigma < X < E(X) + c \cdot \sigma \,) > 1 - \frac{1}{c^2} \qquad \text{(Formel 6.2.4.-1)}$$

Die Ungleichung von Tschebyscheff ist für jede beliebige Verteilung, also stets einsetzbar. Diese universelle Einsetzbarkeit wird mit einer mitunter recht groben Abschätzung erkauft, d.h. die tatsächliche Wahrscheinlichkeit kann deutlich über der berechneten Mindestwahrscheinlichkeit liegen. - Mit der Ungleichung von Tschebyscheff kommt die in Abschnitt 6.2.3.2 angesprochene Bedeutung der Varianz als weiterführende Rechengröße zum Ausdruck.

Im Beispiel "6 aus 49" betragen der Erwartungswert und die Standardabweichung 0,73 bzw. 0,76 Richtige. Mit Formel 6.2.4.-1 ergibt sich für c = 2:

$$W(\, 0{,}73 - 2 \cdot 0{,}76 < X < 0{,}73 + 2 \cdot 0{,}76 \,) > 1 - \frac{1}{2^2}$$

$$W(\, 0{,}73 - 1{,}52 < X < 0{,}73 + 1{,}52 \,) > 1 - 0{,}25$$

$$W(\, -0{,}79 < X < 2{,}25 \,) > 0{,}75$$

D.h. die Wahrscheinlichkeit, daß die Zufallsvariable "Anzahl der Richtigen" die Werte 0, 1 oder 2 annimmt, beträgt mindestens 75 %. Der Verteilungsfunktion (s.S. 94) kann entnommen werden, daß der exakte Wert 98,1 % beträgt.

Für c gleich 3 errechnet sich:

$$W(\, -1{,}55 < X < 3{,}01) > 0{,}889 \quad \text{bzw. } 88{,}9\,\% \qquad \text{(exakter Wert: } 99{,}9\,\%)$$

## 6.3 Stetige Zufallsvariable

Eine stetige Zufallsvariable ist dadurch gekennzeichnet, daß für sie *alle Werte* in einem endlichen oder unendlichen Intervall (Kontinuum) als Realisationen möglich sind. Typisch für die stetige Zufallsvariable ist, daß ihre Realisation - anders als bei der diskreten Zufallsvariablen - nicht durch Zählen, sondern durch einen Meßvorgang ermittelt wird. So kann zum Beispiel der Pegelstand in einem Stausee mit einer Dammhöhe von 12 Metern jeden beliebigen Wert aus dem endlichen Intervall 0 bis 12 Meter annehmen; der Pegelstand wird dabei durch einen Meßvorgang, nicht durch einen Zählvorgang ermittelt. In Abb. 6.3.-1 ist die Stetigkeit graphisch veranschaulicht.

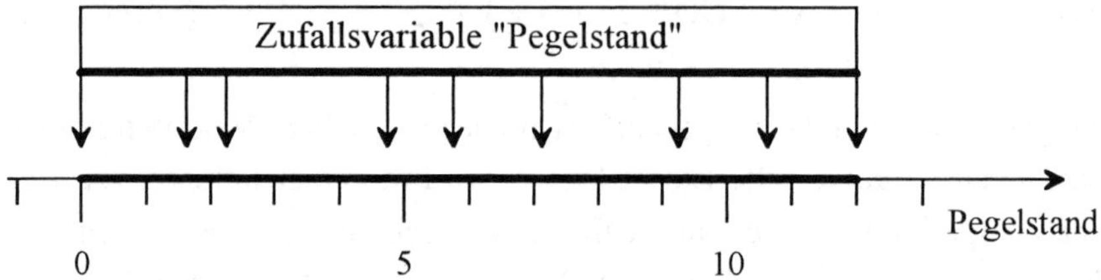


Abb. 6.3.-1: Mögliche Realisationen der Zufallsvariablen "Pegelstand"

Weitere Beispiele für stetige Zufallsvariablen sind:

- Benzinverbrauch eines Lastwagens pro 100 km,
- Durchlaufzeit eines Auftrags,
- Geschwindigkeit eines Autos bei einer Radarkontrolle.

Bei der Durchführung eines Zufallsvorgangs interessieren insbesondere Fragen wie:

- Wie wahrscheinlich ist es, daß die Zufallsvariable eine bestimmte Realisation annimmt?
- Wie wahrscheinlich ist es, daß die Zufallsvariable höchstens oder mindestens eine bestimmte Realisation annimmt?
- Welche Realisation ist bei häufiger Durchführung des Zufallsvorgangs durchschnittlich zu erwarten? (Erwartungswert)
- Wie stark weichen die möglichen Realisationen von dem Erwartungswert ab? (Streuung)

Zur Beantwortung dieser Fragen sind die Wahrscheinlichkeitsverteilung, die sich in die Wahrscheinlichkeitsdichte und die Verteilungsfunktion untergliedert, zu erstellen und deren Parameter zu berechnen. Dies ist Gegenstand der folgenden Abschnitte.

## 6.3.1 Wahrscheinlichkeitsdichte

Auch: Dichtefunktion, Dichte, Verteilungsdichte.

Im Unterschied zur diskreten Zufallsvariablen ist für stetige Zufallsvariablen die Erstellung einer Wahrscheinlichkeitsfunktion nicht möglich, da es jetzt überabzählbar viele mögliche Realisationen gibt. An die Stelle der Wahrscheinlichkeitsfunktion tritt die Wahrscheinlichkeitsdichte. Die Wahrscheinlichkeitsdichte kann man sich als ein Histogramm vorstellen, das auf der Basis relativer Häufigkeiten erstellt wird. Das Histogramm kann - je nach Verteilung der Zufallsvariablen - aus einem einzigen, mehr oder weniger breiten Rechteck bis hin zu "überabzählbar vielen, unendlich schmalen" Rechtecken bestehen. Die oberen Rechteckbegrenzungen, in der beschreibenden Statistik Häufigkeitsdichten genannt, stellen dabei die Wahrscheinlichkeitsdichte dar. Die Summe der Rechteckflächen ist dabei so zu normieren, daß die Fläche zwischen der Abszisse und der Wahrscheinlichkeitsdichte im Bereich der möglichen Realisationen gleich 1 bzw. 100 % ist, also die Summe aller Einzelwahrscheinlichkeiten.

**a) Einführungsbeispiel**

Eine Person trifft zu einem zufälligen Zeitpunkt an einer Bushaltestelle ein. Der Bus verkehrt pünktlich im 10-Minuten-Takt. Die Person möchte wissen, mit welcher Wahrscheinlichkeit sie wie lange auf den Bus warten muß. Es wird angenommen, daß die Zeit sehr fein gemessen werden kann.

Zufallsvariable X: Wartezeit (min)

Realisationen x: $x \in [0, 10]$

Da die Person zu einem zufälligen Zeitpunkt eintrifft, ist jede Realisation gleich möglich. Die Wahrscheinlichkeitsdichte entspricht daher der oberen Begrenzung eines Histogramms, das aus einem einzigen Rechteck besteht. Da die Fläche des Rechtecks 1 betragen muß, ist bei einer Rechteckbreite von 10 - 0 = 10 die Höhe des Rechtecks bzw. die Wahrscheinlichkeitsdichte gleich 1/10.

Die formale Darstellung der Wahrscheinlichkeitsdichte f(x) lautet damit:

$$f(x) = \begin{cases} \frac{1}{10} & \text{für } 0 \leq x \leq 10 \\ 0 & \text{sonst} \end{cases}$$

Im Unterschied zur Wahrscheinlichkeitsfunktion gibt die Wahrscheinlichkeitsdichte nicht die Wahrscheinlichkeit, sondern den Funktionswert (Ordinate) an der Stelle x an. Die Wahrscheinlichkeit selbst wird durch die Fläche zwischen Abszisse und Wahrscheinlichkeitsdichte wiedergegeben.

Die Wahrscheinlichkeit, daß die Person eine ganz bestimmte Zeit wie zum Beispiel 3,45678 Minuten warten muß, ist rechnerisch gleich 0, da über einer Realisation bzw. einem Punkt keine Fläche existiert.

$$f(3{,}45678) = W(X = 3{,}45678) = 0$$

"0" bedeutet hier nicht "unmöglich", sondern die Realisation ist unwahrscheinlich bzw. die Wahrscheinlichkeit der Realisation ist nicht feststellbar. Diese Auslegung ist verständlich, da sich die Gesamtwahrscheinlichkeit 1 (100 %) auf überabzählbar viele mögliche Realisationen verteilt.

Dagegen ist die Ermittlung der Wahrscheinlichkeit, daß sich die Variable in einem Intervall realisiert, möglich, da in diesem Fall eine Fläche zwischen Abszisse und Wahrscheinlichkeitsdichte existiert. In Abb. 6.3.1.-1 ist die Wahrscheinlichkeit für eine Wartezeit zwischen 3 und 5 Minuten graphisch veranschaulicht.

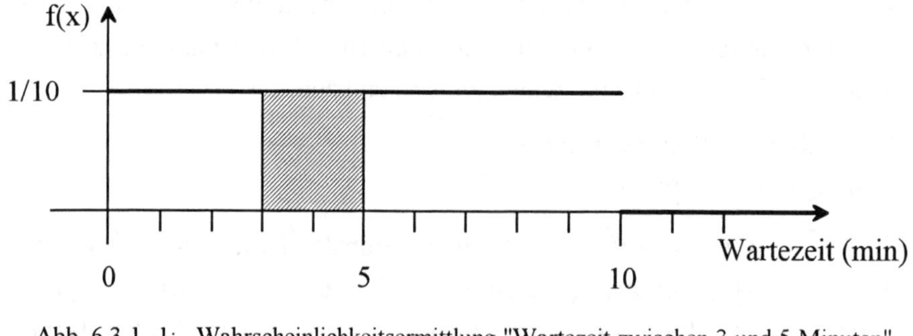


Abb. 6.3.1.-1: Wahrscheinlichkeitsermittlung "Wartezeit zwischen 3 und 5 Minuten"

Zur Berechnung der Wartezeit ist die Fläche unter der Wahrscheinlichkeitsdichte im Intervall [3, 5] zu berechnen.

$$W(3 \leq X \leq 5) = \int_3^5 \frac{1}{10} dx = \frac{1}{10} \cdot x \Big|_3^5 = \frac{1}{10} \cdot (5-3) =$$

$$= 0{,}20 \quad \text{bzw.} \quad 20\,\%.$$

Die Wahrscheinlichkeit, daß die Person zwischen 3 und 5 Minuten warten muß, beträgt 20 %. - Dieses Ergebnis ist gedanklich leicht nachvollziehbar, da die Zeitspanne des Intervalls [3, 5] genau 20 % des Gesamtintervalls [0, 10] umfaßt.

**b) Definition**

In dem Einführungsbeispiel wurde aufgezeigt, wie mit Hilfe der Wahrscheinlichkeitsdichte die Wahrscheinlichkeit dafür ermittelt werden kann, daß sich die stetige Zufallsvariable X in einem Intervall [a, b] realisiert.

Die allgemeine Berechnungsformel lautet:

$$W(a \leq X \leq b) = \int_a^b f(x)\, dx \qquad \text{(Formel 6.3.1.-1)}$$

**Definition: Wahrscheinlichkeitsdichte f(x)**

Eine Funktion, welche die Fläche über einem Intervall [a, b] derart begrenzt, daß diese Fläche der Wahrscheinlichkeit der Realisierung der Zufallsvariablen in diesem Intervall entspricht, heißt Wahrscheinlichkeitsdichte f(x).

**c) Eigenschaften**

Die Wahrscheinlichkeitsdichte ist so konstruiert, daß sie im Einklang mit dem Axiomensystem von Kolmogoroff steht. Sie besitzt folgende Eigenschaften:

Eigenschaft 1:

Die Wahrscheinlichkeitsdichte ist eine nichtnegative Funktion, d.h. ihre Funktionswerte sind im Bereich der möglichen Realisationen größer gleich Null.

$$f(x) \geq 0$$

Eigenschaft 2:

Die Gesamtwahrscheinlichkeit bzw. die Fläche zwischen Abszisse und Wahrscheinlichkeitsdichte im möglichen Realisierungsbereich, d.h. zwischen der minimalen Realisation $x_{min}$ und der maximalen Realisation $x_{max}$ ist gleich 1 bzw. 100 %.

$$W(x_{min} \leq X \leq x_{max}) = \int_{x_{min}}^{x_{max}} f(x)\, dx = 1$$

Da die Wahrscheinlichkeit für eine bestimmte Realisation "gleich 0" ist, gilt

$$W(a \leq X \leq b) = W(a < X \leq b) = W(a \leq X < b) = W(a < X < b)$$

**d) Beispiel**

In Erweiterung zum Einführungsbeispiel wird eine zweite Buslinie eingesetzt. Diese zweite Linie fährt pünktlich in einem 20-Minuten-Takt, der um 5 Minuten zum ersten Takt zeitversetzt ist. - Wie groß ist die Wahrscheinlichkeit, daß die Person, die zu einem zufälligen Zeitpunkt an der Busstation eintrifft, eine bestimmte Zeit warten muß?

In Abb. 6.3.1.-2 sind die beiden Takte 1 und 2 getrennt und dann verknüpft abgebildet, so daß die möglichen Wartezeiten bei einem zufälligen Eintreffen an der Busstation erkennbar sind.

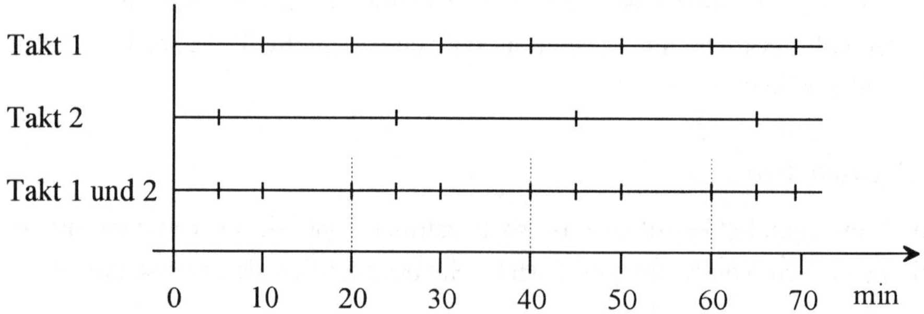


Abb. 6.3.1.-2: Ermittlung der Ankunftszeiten der Busse bzw. der Wartezeitintervalle

Zerlegt man die Zeit in Intervalle zu je 20 Minuten und ein jedes Intervall in Abschnitte zu je 5 Minuten, dann beträgt in 75 % dieser Abschnitte die Wartezeit zwischen 0 und 5 Minuten und in 25 % der Abschnitte 5 bis 10 Minuten. In einem Histogramm müßte die Höhe des Rechteckes (Dichte) von 0 bis 5 gleich 0,15 und die Höhe des Rechteckes von 5 bis 10 gleich 0,05 betragen.

$$\frac{0,75}{5-0} = 0,15 \quad \text{bzw.} \quad \frac{0,25}{10-5} = 0,05.$$

Damit ergibt sich folgende Wahrscheinlichkeitsdichte:

$$f(x) = \begin{cases} 0,15 & \text{für } 0 \leq x \leq 5 \\ 0,05 & \text{für } 5 < x \leq 10 \\ 0 & \text{sonst} \end{cases}$$

In Abb. 6.3.1.-3 ist die Wahrscheinlichkeitsdichte graphisch veranschaulicht:

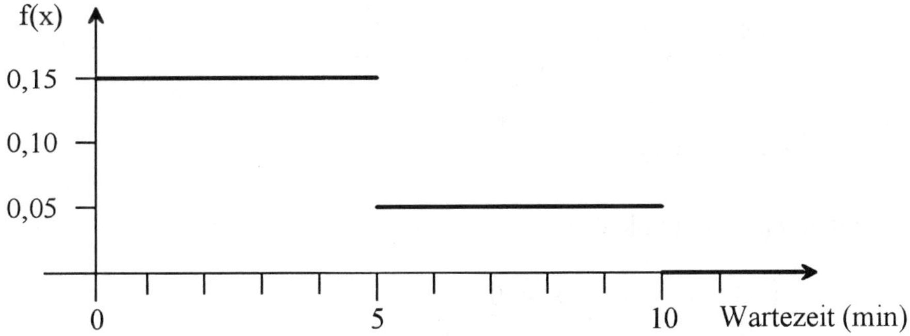


Abb. 6.3.1.-3: Wahrscheinlichkeitsdichte für die Zufallsvariable "Wartezeit"

Die Wahrscheinlichkeit, daß eine Person, die zu einem zufälligen Zeitpunkt eintrifft, zwischen 3 und 6 Minuten warten muß, beträgt:

$$W(3 \leq X \leq 6) = \int_3^5 0,15\,dx + \int_5^6 0,05\,dx = 0,15x\Big|_3^5 + 0,05x\Big|_5^6$$

$$= 0,15 \cdot (5-3) + 0,05 \cdot (6-5) = 0,35 \quad \text{bzw.} \quad 35\,\%.$$

## 6.3.2 Verteilungsfunktion

Die Verteilungsfunktion einer stetigen Zufallsvariablen informiert - wie bei einer diskreten Zufallsvariablen - darüber, wie groß die Wahrscheinlichkeit für eine Realisation ist, die kleiner oder gleich einem vorgegebenen Realisationswert ist.

**a) Einführungsbeispiel**

Die Funktionswerte der Verteilungsfunktion sind jetzt - im Gegensatz zur Wahrscheinlichkeitsdichte - Wahrscheinlichkeiten, die den Realisationen zugeordnet sind. Ein Funktionswert gibt die Wahrscheinlichkeit an, daß die stetige Zufallsvariable X höchstens den Wert x annimmt. Der Funktionswert bzw. die Wahrscheinlichkeit entspricht der Fläche zwischen Abszisse und Wahrscheinlichkeitsdichte für das Intervall, das nach unten durch die minimal mögliche Realisation und nach oben durch die vorgegebene Realisation x begrenzt ist. - Für das Einführungsbeispiel unter Abschnitt 6.3.1.a) errechnet sich die Wahrscheinlichkeit, daß die Person z.B. höchstens 6 Minuten warten muß, wie folgt:

$$F(6) = W(X \leq 6) = W(0 \leq X \leq 6)$$

$$= \int_0^6 \frac{1}{10}\,dx = \frac{1}{10}x\,\Big|_0^6 = \frac{1}{10}\cdot(6-0)$$

$$= 0{,}60 \quad \text{bzw.} \quad 60\,\%.$$

Die Verteilungsfunktion lautet:

$$F(x) = \begin{cases} 0 & \text{für } x < 0 \\ \frac{1}{10}x & \text{für } 0 \leq x \leq 10 \\ 1 & \text{sonst} \end{cases}$$

In Abb. 6.3.2.-1 ist die Verteilungsfunktion graphisch wiedergegeben.

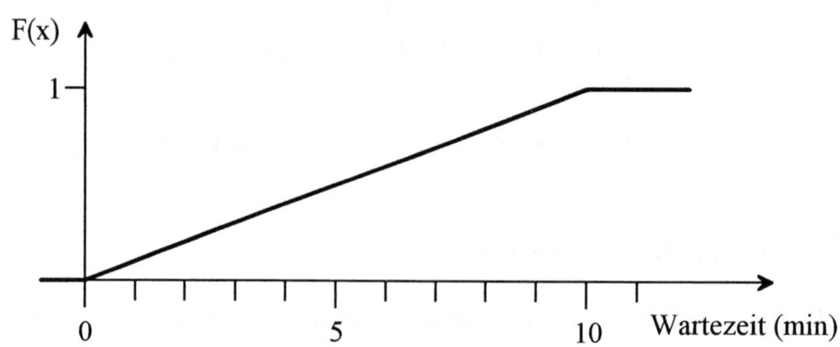


Abb. 6.3.2.-1: Verteilungsfunktion für die Zufallsvariable "Wartezeit"

**b) Definition**

Aus dem Einführungsbeispiel geht hervor, daß die Verteilungsfunktion die Wahrscheinlichkeit dafür angibt, daß sich die Zufallsvariable X mit einem Wert realisiert, der kleiner oder gleich (höchstens) einem bestimmten Wert x ist.

$$F(x) = W(X \leq x) = \int_{x_{min}}^{x} f(v)\,dv \qquad \text{(Formel 6.3.2.-1)}$$

Hinweis: Da die Obergrenze des Intervalls mit x bezeichnet wird, muß die Integrationsvariable x gegen das Symbol v ausgetauscht werden.

**Definition: Verteilungsfunktion F(x)**

Die Funktion, die die Wahrscheinlichkeit dafür angibt, daß die stetige Zufallsvariable X eine Realisation annimmt, die kleiner oder gleich einem Wert x ist, heißt Verteilungsfunktion F(x).

Die Verteilungsfunktion ist die Stammfunktion der Wahrscheinlichkeitsdichte. Die Wahrscheinlichkeitsdichte kann also durch die Bildung der 1. Ableitung der Verteilungsfunktion ermittelt werden.

$$f(x) = \frac{dF(x)}{dx}$$

**c) Eigenschaften**

Die Verteilungsfunktion für stetige Zufallsvariablen besitzt die gleichen Eigenschaften wie die Verteilungsfunktion für diskrete Zufallsvariablen. Darüber hinaus ist sie eine stetige Funktion.

Eigenschaft 1:

Die Wahrscheinlichkeit F(x) (Funktionswert) kann nur Werte aus dem Intervall [0, 1] annehmen.

$$0 \leq F(x) \leq 1$$

Eigenschaft 2:

Die Verteilungsfunktion ist eine monoton steigende Funktion.

$$F(x) \leq F(x+a) \qquad (\text{mit } a > 0)$$

**d) Beispiel**

Das Beispiel unter Abschnitt 6.3.1.d) "Warten auf den Bus" bei Einrichtung einer zweiten Buslinie wird fortgeführt. Die Fragestellung lautet: Wie groß ist die Wahrscheinlichkeit, daß die Person höchstens x Minuten auf den Bus warten muß? Zur Beantwortung der Frage ist die Verteilungsfunktion zu erstellen. Die Verteilungsfunktion besteht für den Bereich der möglichen Realisationen aus zwei Abschnitten, den Abschnitten [0, 5] und [5, 10] Minuten Wartezeit.

i) Abschnitt [0, 5] Minuten

$$F(x) = \int_0^x f(v)\,dv = \int_0^x 0{,}15\,dv = 0{,}15\,v\,\Big|_0^x$$

$$= 0{,}15\,x$$

ii) Abschnitt [5, 10] Minuten

$$F(x) = \int_0^5 0{,}15\,dv + \int_5^x 0{,}05\,dv$$

$$= 0{,}15\,v\Big|_0^5 + 0{,}05\,v\Big|_5^x$$

$$= 0{,}75 - 0{,}00 + 0{,}05 \cdot x - 0{,}25 = 0{,}50 + 0{,}05\,x$$

Damit kann die Verteilungsfunktion erstellt werden:

$$F(x) = \begin{cases} 0 & \text{für } x < 0 \\ 0{,}15x & \text{für } 0 \le x \le 5 \\ 0{,}50 + 0{,}05x & \text{für } 5 < x \le 10 \\ 1 & \text{für } x > 10 \end{cases}$$

Die Wahrscheinlichkeit, daß die Person höchstens 6 Minuten warten muß, errechnet sich wie folgt:

$$F(6) = 0{,}50 + 0{,}05 \cdot 6$$

$$= 0{,}80 \quad \text{bzw.} \quad 80\,\%.$$

In Abb. 6.3.2.-2 ist die Verteilungsfunktion graphisch wiedergegeben.

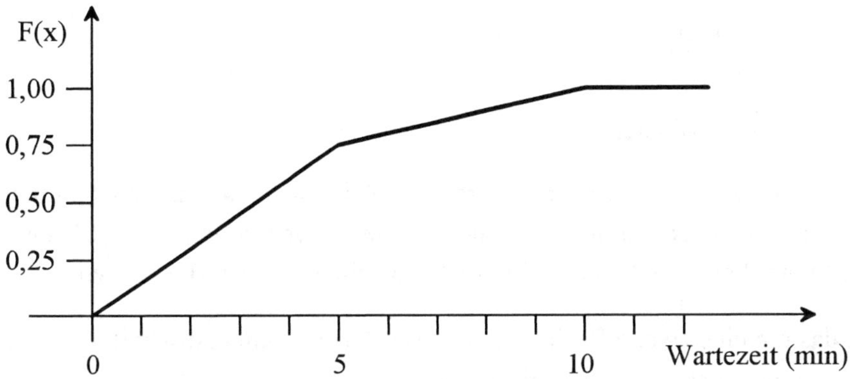


Abb. 6.3.2.-2: Verteilungsfunktion für die Zufallsvariable "Wartezeit"

## 6.3.3 Parameter

Die Eigenschaften von Wahrscheinlichkeitsverteilungen stetiger Zufallsvariablen lassen sich wie bei diskreten Zufallsvariablen durch Parameter darstellen. Im folgenden werden mit dem Erwartungswert und der Varianz bzw. Standardabweichung die wichtigsten und am häufigsten verwendeten Parameter vorgestellt. Da in den Abschnitten 6.2.3.1 und 6.2.3.2 bereits umfangreich über Aufgabe, Inhalt und Bedeutung dieser Parameter informiert wurde, beschränken sich die folgenden Ausführungen auf die Berechnungsvorgänge.

### 6.3.3.1 Erwartungswert

Der Erwartungswert einer stetigen Zufallsvariablen errechnet sich prinzipiell wie der Erwartungswert einer diskreten Zufallsvariablen. An die Stelle der Summe in Formel 6.2.3.1.-1 (s.S. 99) tritt das Integral.

$$E(X) = \int_{x_{min}}^{x_{max}} x \cdot f(x)\, dx \qquad \text{(Formel 6.3.3.1.-1)}$$

Für das Beispiel "Warten auf den Bus" unter Abschnitt 6.3.1.a) mit der Wahrscheinlichkeitsdichte

$$f(x) = \frac{1}{10} \qquad \text{für } 0 \le x \le 10$$

ergibt sich mit Formel 6.3.3.1.-1

$$E(X) = \int_0^{10} \frac{1}{10}x\,dx = \frac{1}{20}x^2\Big|_0^{10} = \frac{1}{20}\cdot(100 - 0)$$

$$= 5 \text{ Minuten}$$

Trifft eine Person wiederholt zu zufälligen Zeitpunkten an der Busstation ein, so muß sie mit einer durchschnittlichen Wartezeit von 5 Minuten rechnen. Oder kurz: Eine Person muß durchschnittlich 5 Minuten auf den Bus warten.

Für das um eine zweite Buslinie erweiterte Beispiel unter Abschnitt 6.3.1.d) (s.S. 110) mit der Wahrscheinlichkeitsdichte

$$f(x) = \begin{cases} 0,15 & \text{für } 0 \le x \le 5 \\ 0,05 & \text{für } 5 < x \le 10 \\ 0,00 & \text{sonst} \end{cases}$$

ergibt sich mit Formel 6.3.3.1.-1

$$E(X) = \int_0^5 0{,}15x\,dx + \int_5^{10} 0{,}05x\,dx$$

$$= 0{,}075x^2\Big|_0^5 + 0{,}025x^2\Big|_5^{10} = (1{,}875 - 0) + (2{,}5 - 0{,}625)$$

$$= 3{,}75 \text{ Minuten}$$

Eine Person, die zu einem zufälligen Zeitpunkt an der Busstation eintrifft, muß mit einer Wartezeit von durchschnittlich 3,75 Minuten rechnen.

### 6.3.3.2 Varianz und Standardabweichung

Die Varianz bzw. Standardabweichung einer stetigen Zufallsvariablen errechnet sich prinzipiell wie die Varianz bzw. Standardabweichung einer diskreten Zufallsvariablen. An die Stelle der Summe in Formel 6.2.3.2.-1 tritt das Integral.

$$VAR(X) = \int_{x_{min}}^{x_{max}} [x - E(X)]^2 \cdot f(x)\,dx \qquad \text{(Formel 6.3.3.2.-1)}$$

Für das Beispiel "Warten auf den Bus" unter Abschnitt 6.3.1.a (s.S. 108) mit der Wahrscheinlichkeitsdichte

$$f(x) = \frac{1}{10} \qquad \text{für } 0 \leq x \leq 10$$

und dem Erwartungswert E(X) = 5 ergibt sich mit Formel 6.3.3.2.-1

$$VAR(X) = \int_0^{10} (x-5)^2 \cdot \frac{1}{10}\,dx = \int_0^{10} (x^2 - 10x + 25)\cdot\frac{1}{10}\,dx$$

$$= \int_0^{10} (\frac{1}{10}x^2 - x + 2{,}5)\,dx = (\frac{1}{30}x^3 - \frac{1}{2}x^2 + 2{,}5x)\Big|_0^{10}$$

$$= \frac{1000}{30} - 50 + 25 = 8{,}33 \text{ Minuten}^2$$

Die Standardabweichung beträgt damit

$$\sigma = \sqrt{8{,}33} = 2{,}89 \text{ Minuten}$$

Wie unter Abschnitt 6.2.3.2 (s.S. 103) ausgeführt, können die Werte der Varianz und der Standardabweichung nur "qualitativ" interpretiert werden. In Relation zur Spannweite der Relationen von 0 bis 10 und gemessen am Erwartungswert 5 kann von einer mittleren Streuung gesprochen werden. - Ein Blick auf die graphische Abbildung der Wahrscheinlichkeitsdichte (s.S. 108) oder der Verteilungsfunktion (s.S. 112) zeigt, daß die Realisationen über den gesamten Realisationsbereich gleich verteilt sind, d.h. jede Realisation ist gleich möglich. Die Realisationen streuen also gleichmäßig über den gesamten Bereich. Die mittlere absolute Abweichung δ mit 2,5 Minuten bringt dies zum Ausdruck; die Wartezeit weicht durchschnittlich um 2,5 Minuten vom Erwartungswert 5 Minuten ab.

Für das um eine zweite Buslinie erweiterte Beispiel in Abschnitt 6.3.1.d (s.S. 110) mit der Wahrscheinlichkeitsdichte

$$f(x) = \begin{cases} 0{,}15 & \text{für } 0 \leq x \leq 5 \\ 0{,}05 & \text{für } 5 < x \leq 10 \\ 0{,}00 & \text{sonst} \end{cases}$$

und dem Erwartungswert E(X) = 3,75 ergibt sich mit Formel 6.3.3.2.-1

$$\mathrm{VAR}(X) = \int_0^5 (x - 3{,}75)^2 \cdot 0{,}15\,dx \quad + \quad \int_5^{10} (x - 3{,}75)^2 \cdot 0{,}05\,dx$$

$$= \int_0^5 (x^2 - 7{,}5x + 14{,}0625) \cdot 0{,}15\,dx + \int_5^{10} (x^2 - 7{,}5x + 14{,}0625) \cdot 0{,}05\,dx$$

$$= \int_0^5 (0{,}15x^2 - 1{,}125x + 2{,}1093)\,dx + \int_5^{10} 0{,}05x^2 - 0{,}375x + 0{,}7031)\,dx$$

$$= (0{,}05x^3 - 0{,}5625x^2 + 2{,}1093x)\Big|_0^5 + (0{,}0167x^3 - 0{,}1875x^2 + 0{,}7031x)\Big|_5^{10}$$

$$= 6{,}25 - 14{,}0625 + 10{,}5465 + 16{,}7 - 18{,}75 + 7{,}031 - 2{,}0875 + 4{,}6875 - 3{,}5155$$

$$= 6{,}7995 \text{ Minuten}^2$$

Die Standardabweichung beträgt damit

$$\sigma = \sqrt{6{,}7995} = 2{,}6076 \text{ Minuten}$$

In Relation zur Spannweite der möglichen Realisationen von 0 bis 10 und gemessen am Erwartungswert 3,75 kann auch hier - wie im Beispiel zuvor - von einer mittleren Streuung gesprochen werden. - Die mittlere absolute Abweichung mit ca. 2,11 wäre ein anschaulicher Wert: Die Wartezeit weicht durchschnittlich um 2,11 Minuten vom Erwartungswert 3,75 Minuten ab.

## 6.4 Mehrdimensionale Zufallsvariable

In den vorhergehenden Abschnitten stand bei den Zufallsvorgängen jeweils eine einzige Zufallsvariable oder Größe - also eine Dimension - im Interesse. Es wurde jedem Elementarereignis genau eine reelle Zahl zugeordnet. Zum Beispiel interessierte bei dem Zufallsvorgang "Einführung von vier Produkten" (s.S. 83 ff.) allein die Zufallsvariable X "Anzahl der Erfolge".

Bei einem Zufallsvorgang können weitere Zufallsvariablen - also weitere Dimensionen - interessieren. Bei der Produkteinführung können neben der Anzahl der

Erfolge auch der Umsatz oder der Gewinn von Interesse sein. Die Zufallsvariablen Y (Umsatz) und Z (Gewinn) ordnen jedem Elementarereignis je eine weitere reelle Zahl zu. Werden mehrere Zufallsvariablen zu einer Zufallsvariablen zusammengefaßt, entsteht eine mehrdimensionale Zufallsvariable. Eine n-dimensionale Zufallsvariable ordnet jedem Elementarereignis ein n-Tupel reeller Zahlen zu.

Die obigen Ausführungen zur eindimensionalen Zufallsvariablen können auf die n-dimensionale Zufallsvariable übertragen werden. In der beschreibenden Statistik findet die mehrdimensionale Zufallsvariable ihre Entsprechung in der mehrdimensionalen Häufigkeitsverteilung. Die folgenden Ausführungen konzentrieren sich auf zwei diskrete Zufallsvariablen X und Y.

## 6.4.1 Wahrscheinlichkeitsfunktion

### a) Einführungsbeispiel

Für die Montage eines Erzeugnisses werden drei Einheiten des Bauteils X und zwei Einheiten des Bauteils Y benötigt. Vor der Montage werden die hochempfindlichen Bauteile auf ihre Funktionsfähigkeit geprüft. Die Wahrscheinlichkeit, daß ein Bauteil X funktionsunfähig ist, beträgt 10 %, die für Bauteil Y 20 %.

Zufallsvariable X: Anzahl der funktionsunfähigen Bauteile X

Realisationen $x_i$: 0, 1, 2, 3

Zufallsvariable Y: Anzahl der funktionsunfähigen Bauteile Y

Realisationen $y_j$: 0, 1, 2

In Abb. 6.4.1.-1 ist die gemeinsame (zweidimensionale) Wahrscheinlichkeitsfunktion tabellarisch wiedergegeben. Der Wahrscheinlichkeitsfunktion kann z.B. entnommen werden

$$W(X = 1, Y = 0) = 0{,}15552$$

Die Wahrscheinlichkeit, daß genau ein Bauteil X und zugleich kein Bauteil Y funktionsunfähig sind, beträgt ca. 15,55 %.

| $x_i$ \ $y_j$ | 0 | 1 | 2 | $f_X(x_i)$ |
|---|---|---|---|---|
| 0 | 0,46656 | 0,23328 | 0,02916 | 0,7290 |
| 1 | 0,15552 | 0,07776 | 0,00972 | 0,2430 |
| 2 | 0,01728 | 0,00864 | 0,00108 | 0,0270 |
| 3 | 0,00064 | 0,00032 | 0,00004 | 0,0010 |
| $f_Y(y_j)$ | 0,64000 | 0,32000 | 0,04000 | 1,0000 |

Abb. 6.4.1.-1: Zweidimensionale Wahrscheinlichkeitsfunktion der Zufallsvariablen X und Y

In der letzten Spalte wird als sogenannte Randverteilung die Wahrscheinlichkeitsverteilung der Zufallsvariablen X angegeben. Ihre Werte ergeben sich aus der Addition der Funktionswerte in der jeweiligen Zeile. Zum Beispiel:

$$f_X(x_1 = 0) = 0{,}46656 + 0{,}23328 + 0{,}02916 = 0{,}7290$$

In der letzten Zeile wird als sogenannte Randverteilung die Wahrscheinlichkeitsverteilung der Zufallsvariablen Y angegeben. Ihre Werte ergeben sich aus der Addition der Funktionswerte in der jeweiligen Spalte.

**b) Definition**

Aus dem Einführungsbeispiel geht hervor, daß die gemeinsame Wahrscheinlichkeitsfunktion für jede mögliche Wertekombination $(x_i, y_j)$ der beiden Zufallsvariablen X und Y die Realisierungschance angibt.

**Definition: Zweidimensionale Wahrscheinlichkeitsfunktion**

Die Funktion, die den möglichen Realisationen $(x_i, y_j)$ der beiden diskreten Zufallsvariablen X und Y Wahrscheinlichkeiten zuordnet, heißt zweidimensionale Wahrscheinlichkeitsfunktion $f_{XY}(x, y)$.

Schreibweise/Symbolik: $W(X = x_i, Y = y_j) = f_{XY}(x_i, y_j)$

Leseweise: Die Wahrscheinlichkeit, daß die Zufallsvariable X genau den Wert $x_i$ und die Zufallsvariable Y genau den Wert $y_j$ annimmt, beträgt $f_{XY}(x_i, y_j)$.

**c) Eigenschaften**

Die Eigenschaften der Wahrscheinlichkeitsfunktion bzw. ihrer Wahrscheinlichkeiten ergeben sich unmittelbar aus dem Axiomensystem von Kolmogoroff und auch aus der Analogie zur relativen Häufigkeit.

Eigenschaft 1:

Der Funktionswert (Wahrscheinlichkeit) $f_{XY}(x_i, y_j)$ kann nur Werte aus dem Intervall [0, 1] annehmen.

$$0 \leq f_{XY}(x_i, y_j) \leq 1$$

Eigenschaft 2:

Die Summe aller Funktionswerte (Wahrscheinlichkeiten) $f_{XY}(x_i, y_j)$ ist gleich 1.

$$\sum_i \sum_j f_{XY}(x_i, y_j) = 1$$

**d) Darstellung**

Die Wahrscheinlichkeitsfunktion kann tabellarisch, graphisch und - bei Vorliegen bestimmter Eigenschaften - als Funktionsgleichung dargestellt werden. Den Darstellungsmöglichkeiten sind bei mehr als zwei Zufallsvariablen i.d.R. sehr enge Grenzen gesetzt.

Die *tabellarische* Darstellung ist im Einführungsbeispiel unter a) aufgezeigt. Platzgründe verhindern diese Darstellungsmöglichkeit, sobald viele Realisationen möglich sind. Die Darstellung einer dreidimensionalen Wahrscheinlichkeitsfunktion ist nur bei Vorliegen sehr weniger Realisationen möglich und dann bereits wenig übersichtlich.

Die *graphische* Darstellung, die mit Hilfe des Stabdiagramms erfolgt, ist nur für zweidimensionale Wahrscheinlichkeitsfunktionen möglich. In diesem Fall wird in der zweiten Ebene die zweite Zufallsvariable Y mit ihren möglichen Realisationen abgetragen. In der X,Y-Ebene werden an den Koordinatenpunkten $(x_i/y_j)$ Stäbe errichtet, deren Höhe der jeweiligen Wahrscheinlichkeit entspricht. Es bedarf eines zeichnerischen Geschicks, damit bei einer Vielzahl von Stäben, die sich nach Möglichkeit nicht überlappen oder verdecken sollten, ein guter Einblick in die Wahrscheinlichkeitsverteilung ermöglicht wird.

Die Darstellung der Wahrscheinlichkeitsfunktion als Funktionsgleichung ist nur bei Vorliegen bestimmter Eigenschaften möglich, die in Abschnitt 7.1 beschrieben werden. Für das Einführungsbeispiel unter a) lautet die Funktionsgleichung

$$f_{XY}(x, y) = \begin{cases} \binom{3}{x} \cdot 0,1^x \cdot 0,9^{3-x} \cdot \binom{2}{y} \cdot 0,2^y \cdot 0,8^{2-y} & \text{für } x = 0,1,2,3 \\ & \quad y = 0,\ 1,2 \\ 0 & \text{sonst} \end{cases}$$

## 6.4.2 Verteilungsfunktion

### a) Einführungsbeispiel

Die Verteilungsfunktion für das Einführungsbeispiel "Bauteile" unter Abschnitt 6.4.1.a) ist in Abb. 6.4.2.-1 tabellarisch dargestellt.

| $x_i$ \ $y_j$ | 0 | 1 | 2 |
|---|---|---|---|
| 0 | 0,46656 | 0,69984 | 0,72900 |
| 1 | 0,62208 | 0,93312 | 0,97200 |
| 2 | 0,63936 | 0,95904 | 0,99900 |
| 3 | 0,64000 | 0,96000 | 1,00000 |

Abb. 6.4.2.-1: Zweidimensionale Verteilungsfunktion der Zufallsvariablen X und Y

Der Verteilungsfunktion kann z.B. entnommen werden

$$W(X \leq 2,\ Y \leq 1) = 0,95904$$

Die Wahrscheinlichkeit, daß höchstens zwei Bauteile X und zugleich höchstens ein Bauteil Y funktionsunfähig sind, beträgt ca. 95,90 %. Zur Ermittlung des Wertes sind die Wahrscheinlichkeiten derjenigen Realisationen zu addieren, bei denen die Variable X einen Wert kleiner oder gleich 2 und zugleich die Variable Y einen Wert kleiner oder gleich 1 hat.

**b) Definition**

Ausgehend von dem Einführungsbeispiel kann die zweidimensionale Verteilungsfunktion folgendermaßen definiert werden:

**Definition: Zweidimensionale Verteilungsfunktion**

Die Funktion, die die Wahrscheinlichkeit dafür angibt, daß die diskrete Zufallsvariable X eine Realisation annimmt, die kleiner oder gleich einer Realisation x ist, und die diskrete Zufallsvariable Y zugleich eine Realisation annimmt, die kleiner oder gleich einer Realisation y ist, heißt zweidimensionale Verteilungsfunktion.

Schreibweise/Symbolik: $W(X \leq x, Y \leq y) = F_{XY}(x, y)$

In Worten: Die Wahrscheinlichkeit, daß die Zufallsvariable X einen Wert kleiner oder gleich x und die Zufallsvariable Y einen Wert kleiner oder gleich y annimmt, beträgt $F_{XY}(x, y)$.

Die Berechnung des Funktionswerts erfolgt, indem die Wahrscheinlichkeiten der Realisationen $(x_i, y_j)$ addiert werden, bei denen $x_i$ kleiner oder gleich x und $y_j$ kleiner oder gleich y ist.

$$F_{XY}(x, y) = \sum_{x_i \leq x} \sum_{y_j \leq y} f_{XY}(x_i, y_j)$$

**c) Eigenschaften**

Die Eigenschaften der Verteilungsfunktion bzw. ihrer Wahrscheinlichkeiten ergeben sich aus dem Axiomensystem von Kolmogoroff und auch aus der Analogie zur relativen Häufigkeit.

Eigenschaft 1:

Der Funktionswert bzw. die Wahrscheinlichkeit $F_{XY}(x, y)$ kann nur Werte aus dem Intervall [0, 1] annehmen.

$$0 \leq F_{XY}(x, y) \leq 1$$

Eigenschaft 2:

Die Verteilungsfunktion ist eine monoton steigende Funktion.

$$F_{XY}(x, y) \leq F_{XY}(x+a, y+b) \qquad (\text{ mit } a, b > 0)$$

**d) Darstellung**

Die Verteilungsfunktion kann tabellarisch, graphisch und - bei Vorliegen bestimmter Eigenschaften - als Funktionsgleichung dargestellt werden. Den Darstellungsmöglichkeiten sind - wie bei der Wahrscheinlichkeitsfunktion - bei mehr als zwei Zufallsvariablen i.d.R. sehr enge Grenzen gesetzt.

Die *tabellarische* Darstellung ist im Einführungsbeispiel unter a) aufgezeigt. Platzgründe verhindern diese Darstellungsmöglichkeit, sobald viele Realisationen möglich sind. Die Darstellung einer dreidimensionalen Verteilungsfunktion ist nur bei Vorliegen sehr weniger Realisationen möglich und dann bereits wenig übersichtlich.

Die *graphische* Darstellung, die mit Hilfe der Treppenfunktion erfolgt, ist nur für zweidimensionale Verteilungsfunktionen möglich. In diesem Fall wird in der zweiten Ebene die zweite Zufallsvariable Y mit ihren möglichen Realisationen abgetragen. Die X,Y-Ebene wird durch die Realisationen in rechteckige Parzellen zerlegt, über denen Quader mit der jeweiligen Wahrscheinlichkeit als Höhe errichtet werden.

Die Darstellung der Verteilungsfunktion als *Funktionsgleichung* ist nur bei Vorliegen bestimmter Eigenschaften möglich, die im Abschnitt 7.1 beschrieben werden. Für das Einführungsbeispiel unter a) lautet die Funktionsgleichung

$$F_{XY}(x,y) = \sum_{a=0}^{x} \binom{3}{a} \cdot 0,1^{a} \cdot 0,9^{3-a} \cdot \sum_{b=0}^{y} \binom{2}{b} \cdot 0,2^{b} \cdot 0,8^{2-b}$$

$$\text{für } x = 0, 1, 2, 3 \quad \text{und} \quad y = 0, 1, 2$$

## 6.4.3 Parameter

Im folgenden werden der Erwartungswert, die Varianz bzw. Standardabweichung und die Kovarianz für die zweidimensionale diskrete Wahrscheinlichkeitsverteilung vorgestellt.

**a) Erwartungswert**

Der Erwartungswert der Zufallsvariablen X errechnet sich bei einer zweidimensionalen Wahrscheinlichkeitsfunktion mit

$$E(X) = \sum_i \sum_j x_i \cdot f_{XY}(x_i,y_j) \qquad \text{(Formel 6.4.3.-1a)}$$

$$= \sum_i x_i \sum_j f_{XY}(x_i,y_j) \qquad \text{(Formel 6.4.3.-1b)}$$

Mit

$$\sum_j f_{XY}(x_i, y_j) = f_X(x_i)$$

ergibt sich für Formel 6.4.3.-1b

$$E(X) = \sum_i x_i \cdot f_X(x_i) \qquad \text{(Formel 6.4.3.-2)}$$

Der Erwartungswert der Zufallsvariablen X ist also der Erwartungswert der Randverteilung der zweidimensionalen Wahrscheinlichkeitsfunktion (letzte Spalte der Abb. 6.4.1.-1, s.S. 120) und damit der Erwartungswert der eindimensionalen Zufallsvariablen X.

Analog wird der Erwartungswert der Zufallsvariablen Y aus der zweidimensionalen Wahrscheinlichkeitsfunktion ermittelt

$$E(Y) = \sum_j y_j \cdot f_Y(y_j) \qquad \text{(Formel 6.4.3.-3)}$$

Für das Beispiel "Bauteile" aus Abschnitt 6.4.1.a) ergibt sich

$$E(X) = 0 \cdot 0,7290 + 1 \cdot 0,2430 + 2 \cdot 0,0270 + 3 \cdot 0,0010 = 0,3 \text{ Bauteile X}$$

$$E(Y) = 0 \cdot 0,6400 + 1 \cdot 0,3200 + 2 \cdot 0,0400 = 0,4 \text{ Bauteile Y}$$

D.h. bei der Prüfung der bereitgestellten drei Bauteile X und zwei Bauteile Y sind durchschnittlich 0,3 funktionsunfähige Bauteile X und 0,4 funktionsunfähige Bauteile Y zu erwarten.

**b) Varianz**

Der Erwartungswert der Zufallsvariablen X errechnet sich bei einer zweidimensionalen Wahrscheinlichkeitsfunktion mit

$$\mathrm{VAR}(X) = \sum_i \sum_j \left[x_i - E(X)\right]^2 \cdot f_{XY}(x_i, y_j) \qquad \text{(Formel 6.4.3.-4a)}$$

$$= \sum_i \left[x_i - E(X)\right]^2 \cdot \sum_j f_{XY}(x_i, y_j) \qquad \text{(Formel 6.4.3.-4b)}$$

Mit

$$\sum_j f_{XY}(x_i, y_j) = f_X(x_i)$$

ergibt sich für Formel 6.4.3.-4b)

$$\mathrm{VAR}(X) = \sum_i \left[x_i - E(X)\right]^2 \cdot f_X(x_i) \qquad \text{(Formel 6.4.3.-5)}$$

Die Varianz der Zufallsvariablen X ist also die Varianz der Randverteilung der zweidimensionalen Wahrscheinlichkeitsfunktion (letzte Spalte der Abb. 6.4.1.-1, S. 120) und damit die Varianz der eindimensionalen Zufallsvariablen X.

Analog wird die Varianz der Zufallsvariablen Y aus der zweidimensionalen Wahrscheinlichkeitsfunktion ermittelt.

$$\mathrm{VAR}(Y) = \sum_j \left[y_j - E(Y)\right]^2 \cdot f_Y(y_j) \qquad \text{(Formel 6.4.3.-6)}$$

Für das Beispiel "Bauteile" aus Abschnitt 6.4.1.a) ergibt sich

$$\mathrm{VAR}(X) = (0 - 0{,}3)^2 \cdot 0{,}729 + (1 - 0{,}3)^2 \cdot 0{,}243 + (2 - 0{,}3)^2 \cdot 0{,}027 + (3 - 0{,}3)^2 \cdot 0{,}001 = 0{,}27$$

$$\sigma_X = \sqrt{0{,}27} = 0{,}52 \text{ Bauteile X}$$

$$\mathrm{VAR}(Y) = (0 - 0{,}4)^2 \cdot 0{,}64 + (1 - 0{,}4)^2 \cdot 0{,}32 + (2 - 0{,}4)^2 \cdot 0{,}04 = 0{,}32$$

$$\sigma_Y = \sqrt{0{,}32} = 0{,}57 \text{ Bauteile Y}$$

**c) Kovarianz**

Während die Varianz unter b) angibt, wie die Realisationen x einer Zufallsvariablen X um ihren Erwartungswert streuen, mißt die Kovarianz COV(X,Y) als eine Art gemeinsame Varianz der Zufallsvariablen X und Y, wie die Realisationen (x,y) um den gemeinsamen Erwartungswert ( E(X), E(Y) ) streuen.

$$\mathrm{COV}(X,Y) = \sum_i \sum_j \left[x_i - E(X)\right] \cdot \left[y_j - E(Y)\right] \cdot f_{XY}(x_i, y_j) \quad \text{(Formel 6.4.3.-7)}$$

Durch Umformung ergibt sich die rechentechnisch einfacher zu handhabende Formel

$$\mathrm{COV}(X,Y) = \sum_i \sum_j x_i y_j \cdot f_{XY}(x_i, y_j) - E(X) \cdot E(Y) \quad \text{(Formel 6.4.3.-8a)}$$

$$= E(XY) - E(X) \cdot E(Y) \quad \text{(Formel 6.4.3.-8b)}$$

Die Kovarianz ist insbesondere für die Messung des Zusammenhangs zwischen Zufallsvariablen von Bedeutung, worauf wegen des einführenden Charakters dieses Buches nicht näher eingegangen wird.

Der Erwartungswert des Produktes der Zufallsvariablen X und Y, nämlich E(XY) ist interpretierbar, wenn das Produkt aus zwei Realisationswerten x und y eine sinnvolle Größe ist. Ist z.B. X die Anzahl der abgefertigten Kunden pro Stunde und Y der Kaufbetrag pro Kunde, dann gibt E(XY) den im Durchschnitt zu erwartenden Kaufbetrag pro Stunde an.

## 6.4.4 Unabhängigkeit von Zufallsvariablen

Die Unabhängigkeit von Zufallsvariablen findet in der beschreibenden Statistik ihre Entsprechung in der Unabhängigkeit von Merkmalen.

Zwei Zufallsvariable sind unabhängig, wenn die Realisation der einen Zufallsvariablen nicht davon abhängt, welche Realisation die andere Zufallsvariable annimmt. - In Analogie zum Multiplikationssatz für unabhängige Ereignisse (Abschnitt 4.3.4, S. 51) sind zwei Zufallsvariable unabhängig, wenn für alle Paare von Realisationswerten

$$f_{XY}(x_i, y_j) = f_X(x_i) \cdot f_Y(y_j) \qquad \text{für } i, j = 1, 2, 3, \ldots$$

gilt. Anderenfalls sind die beiden Zufallsvariablen abhängig.

Im Beispiel "Bauteile" sind die beiden Zufallsvariablen unabhängig, wie mit Hilfe der Abb. 6.4.1.-1 (s.S. 120) einfach festgestellt werden kann, d.h. es besteht kein Zusammenhang zwischen der Funktionsunfähigkeit der Bauteile X und der Funktionsunfähigkeit der Bauteile Y.

## 6.5 Übungsaufgaben und Kontrollfragen

01) Erklären Sie den Begriff Zufallsvariable!

02) Wodurch unterscheiden sich diskrete und stetige Zufallsvariable?

03) Erklären Sie die Begriffe Wahrscheinlichkeitsfunktion und Verteilungsfunktion!

04) Erklären Sie den Begriff Erwartungswert! Worin liegt seine Bedeutung?

05) Erklären Sie den Begriff Varianz! Inwiefern ist die Varianz als Streuungsparameter problematisch?

06) Ein Zufallsvorgang besteht im dreimaligen Werfen einer Münze. Von Interesse ist die Anzahl Wappen.
  a) Geben Sie die Wahrscheinlichkeitsfunktion und Verteilungsfunktion an!
  b) Berechnen und interpretieren Sie den Erwartungswert!
  c) Berechnen Sie die Varianz und die Standardabweichung!

07) Erklären Sie Aufgabe und Bedeutung der Ungleichung von Tschebyscheff!

08) Geben Sie für das Beispiel unter Aufgabe 06 mit Hilfe der Ungleichung von Tschebyscheff die Realisationen an, die mit einer Mindestwahrscheinlichkeit von 75 % eintreten. Wie groß ist die exakte Wahrscheinlichkeit für diese Realisationen?

09) Die Durchlaufzeit eines Auftrages ist gleichmäßig verteilt zwischen 210 und 230 Minuten.
  a) Geben Sie die Wahrscheinlichkeitsfunktion und Verteilungsfunktion an!
  b) Berechnen Sie die Wahrscheinlichkeit für eine Durchlaufzeit zwischen 214 und 218 Minuten!
  c) Wie groß ist die Wahrscheinlichkeit dafür, daß die Durchlaufzeit höchstens 223 Minuten beträgt?
  d) Berechnen und interpretieren Sie den Erwartungswert!

10) Das auf S. 59 beschriebene Glücksspiel ist unfair, weil der Student aufgrund der Spielanlage die besseren Gewinnchancen besitzt. Welchen Betrag müßte die mitspielende Person beim Ziehen einer grünen Kugel erhalten, damit das Spiel als fair (Erwartungswert = 0) bezeichnet werden kann?

# 7 Theoretische Verteilungen von Zufallsvariablen

Wird ein Zufallsvorgang wiederholt durchgeführt, dann bildet die geordnete Aufstellung der beobachteten Realisationen mit ihren jeweiligen Häufigkeiten die *empirische Verteilung* der Zufallsvariablen, in der Sprache der beschreibenden Statistik die (empirische) Häufigkeitsverteilung. Die empirische Verteilung bzw. Häufigkeitsverteilung ist also das Resultat einer wiederholten tatsächlichen Durchführung eines Zufallsvorgangs.

*Theoretische Verteilungen* dagegen sind das Ergebnis einer rein gedanklichen, also theoretischen Durchdringung eines Zufallvorgangs. Der Zufallsvorgang wird nicht tatsächlich durchgeführt. Den möglichen Realisationen werden deswegen anstelle empirischer Häufigkeiten "theoretische Häufigkeiten", nämlich Wahrscheinlichkeiten zugeordnet. In den Kapiteln 4 bis 6 wurde aufgezeigt, wie den Realisationen einer Zufallsvariablen Wahrscheinlichkeiten zugeordnet werden können (z.B. Markteinführung von vier Produkten; Wartezeit auf den Bus). Die geordnete Aufstellung der möglichen Realisationen mit ihren jeweiligen Wahrscheinlichkeiten bildet die theoretische Verteilung. Die theoretischen Verteilungen - darin liegt ihre große Bedeutung - zeigen modellhaft, wie die empirische Verteilung vom theoretischen Standpunkt her aussehen müßte.

Theoretische Verteilungen von Zufallsvariablen weisen Eigenschaften auf, die eine Klassifizierung der Verteilungen auf relativ wenige Grundtypen möglich machen. Die Auseinandersetzung mit diesen Grundtypen vereinfacht die Erstellung von Wahrscheinlichkeitsverteilungen sowie die Berechnung der Parameter von Wahrscheinlichkeitsverteilungen ganz erheblich. Sind die Eigenschaften einer Wahrscheinlichkeitsverteilung bekannt und einem Grundtyp zuordenbar, können die Wahrscheinlichkeitsverteilung und deren Parameter leicht bestimmt werden.

Die Vorstellung der wichtigsten grundlegenden theoretischen Verteilungen ist Gegenstand der folgenden Abschnitte. Entsprechend der Einteilung in diskrete und stetige Zufallsvariablen werden theoretische Verteilungen in diskrete und stetige Verteilungen unterteilt.

## 7.1 Diskrete Verteilungen

Einer diskreten Verteilung liegt eine Zufallsvariable zugrunde, die in einem festgelegten Intervall nur bestimmte Werte annimmt. In den folgenden Abschnitten werden die Binomialverteilung, die hypergeometrische Verteilung und die Poissonverteilung, die für die betriebliche Praxis sehr bedeutend sind, ausführlich dargestellt. Anschließend werden weitere diskrete Verteilungen kurz vorgestellt.

### 7.1.1 Binomialverteilung

Die Binomialverteilung geht auf Jakob Bernoulli (1654 - 1705) zurück.

**a) Einführungsbeispiel**

In einer Pumpenstation sind sieben baugleiche Dieselmotoren eingebaut. Fällt während des täglichen achtstündigen Betriebs ein Motor aus, dann ist er erst wieder am nächsten Tag einsatzbereit. Das Risiko für einen solchen Ausfall beträgt erfahrungsgemäß 5 %. - Wie groß ist die Wahrscheinlichkeit, daß die Pumpenstation an einem beliebigen Tag durchgehend läuft, wenn zur Aufrechterhaltung des Pumpenbetriebs fünf Motoren erforderlich sind?

Die Pumpenstation läuft, wenn 5, 6 oder 7 Motoren einsatzfähig sind bzw. 2, 1 oder 0 Motoren nicht einsatzfähig sind. Davon ausgehend können Zufallsvorgang, Ereignisse, Zufallsvariable und Realisationen angegeben werden:

| | |
|---|---|
| Zufallsvorgang: | Einsatz eines Motors im 8-Stundenbetrieb |
| Ereignisse: | A = {Motor läuft}; $\overline{A}$ = {Motor fällt aus} |
| Wahrscheinlichkeit: | $W(A) = 0{,}95$; $W(\overline{A}) = 0{,}05$ |
| Zufallsvariable X: | Anzahl der laufenden Motoren |
| Realisationen x: | 0, 1, 2, ..., 7 |

Gesucht ist die Wahrscheinlichkeit dafür, daß mindestens 5 Motoren während des 8-Stundenbetriebs laufen:

$$F(X \geq 5) = f(5) + f(6) + f(7)$$

Zur Ermittlung der Wahrscheinlichkeit sind die Wahrscheinlichkeiten für die Realisationen 5, 6 und 7 zu berechnen und anschließend zu addieren.

*i) Wahrscheinlichkeit, daß genau 5 Motoren laufen*

Schritt 1: Anzahl der Möglichkeiten, daß von 7 Motoren genau 5 laufen.

Ein ausgefallener Motor ist erst wieder am nächsten Tag einsatzbereit und kann somit an einem Tag nicht wiederholt ausfallen. - Es macht keinen Unterschied, ob z.B. die Motoren 1 und 2 in der Reihenfolge (Anordnung) 1 vor 2 oder 2 vor 1 ausfallen. Es liegt also eine Kombination ohne Wiederholung und ohne Beachtung der Anordnung vor. Die Anzahl der Möglichkeiten beträgt damit (s.S. 77)

$$K_5(7) = \binom{7}{5} = \frac{7!}{5! \cdot 2!} = 21$$

Schritt 2: Eintrittswahrscheinlichkeit für jede der 21 Möglichkeiten.

Die Wahrscheinlichkeit, daß genau 5 Motoren laufen und zugleich genau 2 Motoren ausfallen, wird mit dem Multiplikationssatz für unabhängige Ereignisse (s.S. 51) berechnet.

$$0{,}95^5 \cdot 0{,}05^2 = 0{,}001934$$

Schritt 3: Verknüpfung der Ergebnisse aus den Schritten 1 und 2

Die Wahrscheinlichkeit, daß genau 5 Motoren laufen, beträgt

$$f(5) = 21 \cdot 0{,}001934 = 0{,}0406$$

*ii) Wahrscheinlichkeit, daß genau 6 Motoren laufen*

Schritt 1: Anzahl der Möglichkeiten, daß von 7 Motoren genau 6 laufen.

$$K_6(7) = \binom{7}{6} = \frac{7!}{6! \cdot 1!} = 7$$

Schritt 2: Eintrittswahrscheinlichkeit für eine jede der 7 Möglichkeiten.

$$0{,}95^6 \cdot 0{,}05^1 = 0{,}03675$$

Schritt 3: Verknüpfung der Ergebnisse aus den Schritten 1 und 2

Die Wahrscheinlichkeit, daß genau 6 Motoren laufen, beträgt

$$f(6) = 7 \cdot 0{,}03675 = 0{,}2573$$

*iii) Wahrscheinlichkeit, daß genau 7 Motoren laufen*

Schritt 1: Anzahl der Möglichkeiten, daß von 7 Motoren genau 7 laufen.

$$K_7(7) = \binom{7}{7} = 1$$

Schritt 2: Eintrittswahrscheinlichkeit für diese eine Möglichkeit

$$0{,}95^7 \cdot 0{,}05^0 = 0{,}6983$$

Schritt 3: Verknüpfung der Ergebnisse aus den Schritten 1 und 2

Die Wahrscheinlichkeit, daß genau 7 Motoren laufen, beträgt

$$f(7) = 1 \cdot 0{,}6983 = 0{,}6983$$

Die gesuchte Wahrscheinlichkeit beträgt damit

$$F(X \geq 5) = 0{,}0406 + 0{,}2573 + 0{,}6983$$
$$= 0{,}9962 \quad \text{bzw.} \quad 99{,}62\ \%.$$

Die gedankliche Durchdringung des Sachverhaltes ergibt, daß die Pumpenstation an einem Tag mit einer Wahrscheinlichkeit von 99,62 % durchgehend läuft bzw. mit einer Wahrscheinlichkeit von 0,38 % ausfällt. In der Empirie hätte man die Station über Jahrzehnte beobachten müssen, um dieses Ergebnis annähernd zu erhalten. - Durch die Anschaffung eines achten Motors würde die Ausfallwahrscheinlichkeit auf 0,04 % sinken. Diese Anschaffung wäre ökonomisch sinnvoll, wenn die dadurch zu erwartende Verringerung der Ausfallfolgekosten größer ist als die durch den achten Motor anfallenden Anschaffungs- und Betriebskosten.

**b) Eigenschaften**

Die Binomialverteilung ist durch drei Eigenschaften gekennzeichnet:

1. Der Zufallsvorgang wird n-mal identisch durchgeführt.
   Im Einführungsbeispiel wird der Zufallsvorgang "Einsatz eines Motors im 8-Stundenbetrieb" 7-mal identisch durchgeführt.
2. Der Zufallsvorgang besitzt genau zwei mögliche Ausgänge (Elementarereignisse) A und $\overline{A}$. Im Einführungsbeispiel lauten die Ausgänge "Motor läuft" (A) und der "Motor fällt aus" ($\overline{A}$).
3. Die Wahrscheinlichkeiten für beide Ausgänge sind bei jedem Zufallsvorgang mit $W(A) = \Theta$ (griechischer Buchstabe: Theta) bzw. $W(\overline{A}) = 1 - \Theta$ konstant.

Im Einführungsbeispiel betragen bei jedem Zufallsvorgang die entsprechenden Wahrscheinlichkeiten oder Anteilswerte $\Theta = 0{,}95$ bzw. $1 - \Theta = 0{,}05$.

Die Eigenschaften der Binomialverteilung finden sich im Modell "*Ziehen mit Zurücklegen*" wieder: Für die Ereignisse A und $\overline{A}$ sind zwei Sorten von Kugeln (Eigenschaft 2) im Verhältnis Θ zu 1 - Θ enthalten. Da eine Kugel nach ihrer Ziehung stets wieder in die Urne zurückgelegt wird, erfolgen die n Ziehungen unter *identischen* Bedingungen (Eigenschaften 1 und 3). - Kann eine Folge von Zufallsvorgängen als Modell "Ziehen *mit* Zurücklegen" aufgefaßt werden, dann ist die zugrunde liegende Zufallsvariable binomialverteilt.

**c) Wahrscheinlichkeitsfunktion und Verteilungsfunktion**

Aus den Berechnungen zum Einführungsbeispiel

$$f(5) = \binom{7}{5} \cdot 0{,}95^5 \cdot 0{,}05^2$$

$$f(6) = \binom{7}{6} \cdot 0{,}95^6 \cdot 0{,}05^1$$

$$f(7) = \binom{7}{7} \cdot 0{,}95^7 \cdot 0{,}05^0$$

kann durch Verallgemeinerung die Formel für die Wahrscheinlichkeitsfunktion erstellt werden: (Formel 7.1.1-1)

$$f_B(x \mid n; \Theta) = \begin{cases} \binom{n}{x} \cdot \Theta^x \cdot (1-\Theta)^{n-x} & \text{für } x = 0, 1, 2, \ldots, n \\ 0 & \text{sonst} \end{cases}$$

Die Wahrscheinlichkeitsfunktion wird von den beiden Funktionalparametern n und Θ geprägt. Sie sind daher in die Symbolik $f_B(x \mid n; \Theta)$ für die Wahrscheinlichkeitsfunktion aufgenommen worden. Oder auch nur kurz: $f_B(x)$.

Die Wahrscheinlichkeit, daß z.B. genau fünf von sieben Motoren laufen, beträgt

$$f_B(5 \mid 7; 0{,}95) = \binom{7}{5} \cdot 0{,}95^5 \cdot (1 - 0{,}95)^2$$

$$= 0{,}0406 \quad \text{bzw.} \quad 4{,}06\ \%$$

Die Verteilungsfunktion lautet: (Formel 7.1.1.-2)

$$F_B(x \mid n; \Theta) = \sum_{a=0}^{x} \binom{n}{a} \cdot \Theta^a \cdot (1 - \Theta)^{n-a} \qquad \text{für} \quad x = 0, 1, 2, ..., n$$

In Abb. 7.1.1.-1 sind die Wahrscheinlichkeits- und Verteilungsfunktion (auf vier Dezimalstellen gerundet) für das Einführungsbeispiel tabellarisch angegeben.

| x | $f_B(x)$ | $F_B(x)$ |
|---|---|---|
| 0 | 0,0000 | 0,0000 |
| 1 | 0,0000 | 0,0000 |
| 2 | 0,0000 | 0,0000 |
| 3 | 0,0002 | 0,0002 |
| 4 | 0,0036 | 0,0038 |
| 5 | 0,0406 | 0,0444 |
| 6 | 0,2573 | 0,3017 |
| 7 | 0,6983 | 1,0000 |

Abb. 7.1.1.-1: Wahrscheinlichkeitsverteilung der Zufallsvariablen "Anzahl der laufenden Motoren"

**d) Tabellierung der Binomialverteilung**

Um Rechenaufwand zu vermeiden, ist die Binomialverteilung für ausgewählte Werte der Funktionalparameter n und Θ tabelliert. Eine Tabellierung findet sich im Anhang auf den Seiten 359 - 361. Die Tabellierung ist so ausgelegt, daß bei Vorliegen der drei Größen x, n und Θ die Wahrscheinlichkeits- und Verteilungsfunktionswerte auf einfache Weise abgelesen werden können.

Die Tabellierung erfolgt i.d.R. nur für Anteilswerte Θ, die kleiner gleich 0,5 sind. Ist die Wahrscheinlichkeit für A größer als 0,5, dann ist die Wahrscheinlichkeit für $\overline{A}$ kleiner als 0,5. Durch entsprechendes Umstellen der Zufallsvariablen X auf die Häufigkeit des Eintretens von $\overline{A}$ kann die Wahrscheinlichkeit, falls tabelliert, nachgeschlagen werden. - Im Einführungsbeispiel ist z.B. die "Wahrscheinlichkeit, daß genau 5 Motoren laufen" (X = Anzahl der laufenden Motore) identisch mit der "Wahrscheinlichkeit, daß genau 2 Motoren nicht laufen (und 5 Motoren laufen)" ($\overline{X}$ = Anzahl der ausgefallenen Motore).

$$f_B(5 \mid 7; 0{,}95) = f_B(2 \mid 7; 0{,}05) = 0{,}0406$$

**e) Erwartungswert und Varianz**

Der Erwartungswert der Binomialverteilung errechnet sich mit der Formel

$$E(X) = n \cdot \Theta \qquad \text{(Formel 7.1.1.-3)}$$

und die Varianz mit der Formel

$$VAR(X) = n \cdot \Theta \cdot (1 - \Theta) \qquad \text{(Formel 7.1.1.-4)}$$

Für das Beispiel Pumpenstation gilt mit Formel 7.1.1.-3

$$E(X) = 7 \cdot 0{,}95 = 6{,}65$$

Es ist zu erwarten, daß von den 7 Motoren an einem Tag durchschnittlich 6,65 Motoren durchgehend laufen.

Mit Formel 7.1.1.-4 gilt

$$VAR(X) = 7 \cdot 0{,}95 \cdot 0{,}05 = 0{,}3325$$

$$\sigma_X = \sqrt{0{,}3325} = 0{,}58$$

Varianz bzw. Standardabweichung lassen erkennen, daß die Realisationen eng um den Erwartungswert 6,65 streuen. Eine Realisation von 4 oder weniger und damit ein Ausfall der Pumpenstation sind nicht sehr wahrscheinlich.

## 7.1.2 Hypergeometrische Verteilung

Die hypergeometrische Verteilung wurde, ohne sie beim Namen zu nennen, bereits in den Aufgaben 05) und 08) unter Abschnitt 5.4 (s.S. 81) und als Beispiel für die diskrete Zufallsvariable im Abschnitt 6.2 (s.S. 90 f.) behandelt.

**a) Einführungsbeispiel**

Eine Lieferung bestehe aus 24 Mengeneinheiten, von denen 4 Einheiten bzw. 16,67 % Ausschuß sind. Nach einem Stichprobenplan sind 5 ME zu entnehmen; die Lieferung ist anzunehmen, wenn dabei höchstens eine Einheit Ausschuß ist. - Mit welcher Wahrscheinlichkeit wird diese schlechte Lieferung angenommen?

Zufallsvorgang: Entnahme und Prüfung einer Einheit

Ereignisse: $A = \{\text{Einheit ist Ausschuß}\}$; $\overline{A} = \{\text{Einheit ist kein Ausschuß}\}$

Zufallsvariable X: Anzahl der Ausschußeinheiten

Realisationen x: 0, 1, 2, 3, 4

Die Wahrscheinlichkeit kann u.a. auf klassische Weise (Abschnitt 3.1, s.S. 12) ermittelt werden. Dazu ist die Anzahl der günstigen Elementarereignisse der Anzahl der gleich möglichen Elementarereignisse gegenüberzustellen.

*i) Anzahl der gleich möglichen Elementarereignisse*

Es ist festzustellen, auf wieviele gleich mögliche, unterschiedliche Arten 5 Einheiten aus 24 Einheiten entnommen werden können. - Eine Einheit, die entnommen wurde, kann nicht noch einmal entnommen werden. Es ist unbedeutend, ob z.B. die Einheiten 1 und 2 in der Reihenfolge (Anordnung) 1 vor 2 oder 2 vor 1 entnommen werden. Damit liegt eine Kombination ohne Wiederholung und ohne Beachtung der Anordnung vor. Die Anzahl der Möglichkeiten beträgt

$$K_5(24) = \binom{24}{5} = \frac{24!}{5! \cdot 19!} = 42.504.$$

Es gibt 42.504 Arten, 5 Einheiten aus 24 Einheiten zu entnehmen. Jede dieser Stichproben ist bei zufälliger Entnahme gleich möglich.

*ii) Anzahl der günstigen Elementarereignisse*

Ein Elementarereignis ist - im Sinne der gefragten Realisationen - "günstig", wenn von den 5 Einheiten eine oder keine Einheit Ausschuß ist.

- eine Einheit Ausschuß

Aus den 4 Einheiten Ausschuß ist 1 Einheit zu entnehmen und aus den 20 guten Einheiten sind 4 Einheiten zu entnehmen. Dies ist auf

$$K_1(4) \cdot K_4(20) = \binom{4}{1} \cdot \binom{20}{4} = 4 \cdot 4.845 = 19.380$$

verschiedene Arten möglich.

- keine Einheit Ausschuß

Aus den 4 Einheiten Ausschuß ist keine Einheit zu entnehmen und aus den 20 guten Einheiten sind 5 Einheiten zu entnehmen. Dies ist auf

$$K_0(4) \cdot K_5(20) = \binom{4}{0} \cdot \binom{20}{5} = 1 \cdot 15.504 = 15.504$$

verschiedene Arten möglich.

*iii) Gegenüberstellung der günstigen und gleich möglichen Elementarereignisse*

Durch die Gegenüberstellung der günstigen und der gleich möglichen Elementarereignisse werden die Wahrscheinlichkeiten f(x) bestimmt:

$$f(0) = \frac{15.504}{42.504} = 0{,}3648 \quad \text{bzw.} \quad 36{,}48\,\%$$

$$f(1) = \frac{19.380}{42.504} = 0{,}4560 \quad \text{bzw.} \quad 45{,}60\,\%$$

Die Wahrscheinlichkeit, daß bei der Entnahme von 5 Einheiten höchstens eine Einheit Ausschuß entnommen wird, beträgt damit

$$F(1) = F(X \leq 1) = f(0) + f(1) = 0{,}3648 + 0{,}4560$$

$$= 0{,}8208 \quad \text{bzw.} \quad 82{,}08\,\%.$$

Die Wahrscheinlichkeit, daß die schlechte Lieferung angenommen wird, beträgt 82,08 %. Der Stichprobenplan ist damit für den Abnehmer nicht akzeptabel.

**b) Eigenschaften**

Die hypergeometrische Verteilung ist durch zwei Eigenschaften gekennzeichnet:

1. Eine vorgegebene Menge umfaßt N Elemente. Davon besitzen M Elemente die Eigenschaft A. Die restlichen N - M Elemente besitzen diese Eigenschaft nicht; sie besitzen die Eigenschaft $\overline{A}$.
   Im Einführungsbeispiel besteht die Warensendung aus N = 24 Einheiten. Von diesen sind M = 4 Einheiten Ausschuß. Die restlichen N - M = 24 - 4 = 20 Einheiten sind kein Ausschuß.

2. Von den N Elementen werden n Elemente *ohne* Zurücklegen entnommen.
   Im Einführungsbeispiel werden von den 24 Einheiten 5 Einheiten ohne Zurücklegen entnommen.

Die Eigenschaften der hypergeometrischen Verteilung finden sich im Modell "*Ziehen ohne Zurücklegen*" wieder: In einer Urne sind N Kugeln enthalten, davon sind M Kugeln rot und N - M Kugeln schwarz (Eigenschaft 1). Da eine Kugel nach ihrer Ziehung nicht wieder zurückgelegt wird (Eigenschaft 2), erfolgen die n Ziehungen stets unter *unterschiedlichen* Bedingungen, d.h. das Verhältnis der roten und schwarzen Kugeln verändert sich stets. - Kann eine Folge von Zufallsvorgängen als Modell "Ziehen *ohne* Zurücklegen" aufgefaßt werden, dann ist die zugrunde liegende Zufallsvariable hypergeometrisch verteilt.

Bei der Binomialverteilung gilt für jeden Zufallsvorgang (Ziehung) *dieselbe* Ausgangssituation, da das entnommene Element zurückgelegt wird. Die einzelnen Zufallsvorgänge sind damit voneinander unabhängig. Bei der hypergeometrischen Verteilung dagegen gilt für jeden Zufallsvorgang (Ziehung) eine *veränderte* Ausgangssituation, da das zuvor entnommene Element nicht mehr zurückgelegt wird. Die einzelnen Zufallsvorgänge sind damit voneinander abhängig.

**c) Wahrscheinlichkeitsfunktion und Verteilungsfunktion**

Aus den Berechnungen zum Einführungsbeispiel

$$f(x=0) = \frac{\binom{4}{0}\cdot\binom{24-4}{5-0}}{\binom{24}{5}}$$

$$f(x=1) = \frac{\binom{4}{1}\cdot\binom{24-4}{5-1}}{\binom{24}{5}}$$

kann durch Verallgemeinerung die Formel für die Wahrscheinlichkeitsfunktion erstellt werden: (Formel 7.1.2.-1)

$$f_H(x|\,N;M;n) = \begin{cases} \dfrac{\binom{M}{x}\cdot\binom{N-M}{n-x}}{\binom{N}{n}} & \text{für } x = \max\{0, n-(N-M)\},\ldots,\min\{n, M\} \\ 0 & \text{sonst} \end{cases}$$

Der kleinste Wert, den die Zufallsvariable X annehmen kann, ist

$0$, wenn $n \le N - M$

$n - (N - M)$, wenn $n > N - M$.

Der größte Wert, den die Zufallsvariable X annehmen kann, ist

$n$, wenn $n \le M$

$M$, wenn $n > M$.

Die Wahrscheinlichkeitsfunktion wird von den drei Funktionalparametern N, M und n geprägt. Sie sind daher in die Symbolik $f_H(x \mid N; M; n)$ für die Wahrscheinlichkeitsfunktion aufgenommen worden. Oder auch nur kurz: $f_H(x)$.

Die Wahrscheinlichkeit, daß z.B. genau 2 Einheiten von 5 entnommenen Einheiten Ausschuß sind, beträgt mit Formel 7.1.2.-1

$$f_H(2|\, 24; 4; 5) = \frac{\binom{4}{2} \cdot \binom{20}{3}}{\binom{24}{5}} = \frac{6.840}{42.504}$$

$$= 0{,}1609 \quad \text{bzw.} \quad 16{,}09\,\%.$$

Die Verteilungsfunktion lautet: (Formel 7.1.2.-2)

$$F_H(x|\, N; M; n) = \sum_{a=a'}^{x} \frac{\binom{M}{a} \cdot \binom{N-M}{n-a}}{\binom{N}{n}} \qquad \text{mit } a' = \max\{0, n-(N-M)\}$$

In Abb. 7.1.2.-1 sind die Wahrscheinlichkeits- und Verteilungsfunktion (auf vier Dezimalstellen gerundet) für das Einführungsbeispiel tabellarisch angegeben.

| x | $f_H(x)$ | $F_H(x)$ |
|---|---|---|
| 0 | 0,3648 | 0,3648 |
| 1 | 0,4560 | 0,8207 |
| 2 | 0,1609 | 0,9816 |
| 3 | 0,0179 | 0,9995 |
| 4 | 0,0005 | 1,0000 |

Abb. 7.1.2.-1: Wahrscheinlichkeitsverteilung der Zufallsvariablen "Anzahl der Ausschußeinheiten"

**d) Tabellierung der hypergeometrischen Verteilung**

Um Rechenaufwand zu vermeiden, kann die hypergeometrischen Verteilung tabelliert werden. Da die Verteilung drei Funktionalparameter (N, M, n) besitzt, ist die Tabellierung jedoch sehr platzaufwendig und daher nur selten zu finden und wenn dann nur für kleine Parameterwerte, so daß die dann einfache Berechnung den Tabellierungs- und Nachschlageaufwand nicht rechtfertigt. Aus diesem Grund wird in diesem Buch auf eine Tabellierung der hypergeometrischen Verteilung verzichtet.

**e) Erwartungswert und Varianz**

Der Erwartungswert errechnet sich mit der Formel

$$E(X) = n \cdot \frac{M}{N} \qquad \text{(Formel 7.1.2.-3)}$$

und die Varianz mit der Formel

$$VAR(X) = n \cdot \frac{M}{N} \cdot (1 - \frac{M}{N}) \cdot \frac{N - n}{N - 1} \qquad \text{(Formel 7.1.2.-4)}$$

Da der Quotient aus M und N dem Anteilswert Θ entspricht, sind die Erwartungswerte für die Binomialverteilung und die hypergeometrische Verteilung identisch. Die Varianz der hypergeometrischen Verteilung und die der Binomialverteilung unterscheiden sich um den "Korrekturfaktor für endliche Gesamtheiten" (kurz: Endlichkeitskorrektur)

$$\frac{N - n}{N - 1},$$

der stets kleiner als 1 ist. Ist n gemessen an N sehr klein, dann sind die Varianzen und die beiden Verteilungen nahezu identisch, da bei der Entnahme ohne Zurücklegen die Zusammensetzung der N Elemente nach jeder Entnahme nahezu unverändert bleibt.

Für das Beispiel Warensendung ergibt sich mit Formel 7.1.2.-3

$$E(X) = 5 \cdot \frac{4}{24} = 0{,}83.$$

Es ist zu erwarten, daß bei einer Entnahme von 5 Einheiten durchschnittlich 0,83 Einheiten Ausschuß sind.

Mit Formel 7.1.2.-4 ergibt sich

$$VAR(X) = 5 \cdot \frac{4}{24} \cdot \frac{20}{24} \cdot \frac{19}{23} = 0{,}5737$$

$$\sigma_X = \sqrt{0{,}5737} = 0{,}7574$$

Der Wert der Varianz bzw. Standardabweichung läßt in Verbindung mit dem Erwartungswert die Aussage zu, daß vornehmlich die Realisationen 0, 1 und 2 auftreten werden.

### 7.1.3 Poissonverteilung

Die Poissonverteilung wurde von Simeon-Denis Poisson (1781 - 1840) entdeckt. 1898 wurde sie durch v. Bortkiewicz unter der Bezeichnung "Gesetz der kleinen Zahlen" (auch: Verteilung seltener Ereignisse) bekannt.

**a) Einführung**

Ein Einzelhandelsgeschäft wird werktäglich zwischen 10.00 und 11.00 Uhr von durchschnittlich $\mu$ (griechischer Buchstabe; Sprechweise: my) Kunden betreten. Der Geschäftsinhaber will wissen, wie groß die Wahrscheinlichkeit ist, daß in dieser Zeitspanne x Kunden das Geschäft betreten.

Die Wahrscheinlichkeit kann ermittelt werden, wenn das Eintreffen der Kunden voneinander unabhängig ist. - Wird die Zeitspanne 10.00 bis 11.00 Uhr derart in n gleich große Segmente zerlegt, so daß in jedem Segment höchstens ein Kunde das Geschäft betritt, dann beträgt die Wahrscheinlichkeit, daß genau ein Kunde das Geschäft betritt, in jedem Segment $\mu/n$. Die Wahrscheinlichkeit, daß an einem Werktag zwischen 10.00 und 11.00 Uhr genau x Kunden eintreffen, kann so mit Hilfe der Binomialverteilung ermittelt werden:

$$f_B(x|\, n; \tfrac{\mu}{n}) = \binom{n}{x} \cdot \left(\frac{\mu}{n}\right)^x \cdot \left(1 - \frac{\mu}{n}\right)^{n-x}$$

Die Aufteilung der Zeitspanne in Segmente, in denen höchstens ein Kunde eintrifft, gelingt letztlich nur, wenn die Zeitspanne in sehr kleine Segmente aufgeteilt wird. Anderenfalls könnte es vorkommen, daß in einem Segment mehr als ein Kunde das Geschäft betritt. Die Anzahl der Segmente n muß daher gegen unendlich gehen.

Geht n gegen unendlich, dann streben

$$\binom{n}{x} \cdot \left(\frac{\mu}{n}\right)^x \quad \text{gegen} \quad \frac{\mu^x}{x!}$$

und

$$\left(1 - \frac{\mu}{n}\right)^{n-x} \quad \text{gegen} \quad e^{-\mu} \qquad (e \approx 2{,}71828;\ \text{Eulersche Zahl})$$

Die Wahrscheinlichkeit, daß an einem Werktag zwischen 10.00 und 11.00 Uhr x Kunden das Geschäft betreten, beträgt damit

$$\frac{\mu^x \cdot e^{-\mu}}{x!}.$$

**b) Eigenschaften**

In einer vorgegebenen Einheit (Zeit, Strecke, Fläche, Raum) tritt das Ereignis A durchschnittlich μ-mal ein. Wird die Einheit in Segmente unterteilt, dann

1. tritt das Ereignis A bei genügend feiner, gleichmäßiger Segmentierung in jedem der gleich großen Segmente höchstens einmal auf. (Ordinarität)
2. tritt in einem Segment, das den n-ten Teil der vorgegebenen Einheit umfaßt, das Ereignis A durchschnittlich $(\mu/n)$-mal ein. (Stationarität)
3. ist das Auftreten der Ereignisse A in zwei disjunkten Segmenten i und j voneinander unabhängig. D.h. der Eintritt des Ereignisses A im Segment i ist ohne Einfluß auf den Eintritt des Ereignisses A im Segment j. (Nachwirkungsfreiheit)

Typische Beispiele für Zufallsvariable, die sehr häufig poissonverteilt sind:
- Anzahl der Telefonanrufe pro Stunde,
- Anzahl der Druckfehler pro Seite,
- Anzahl der eintreffenden Kunden pro Stunde,
- Anzahl der Arbeitsunfälle an einem Tag.

**c) Wahrscheinlichkeitsfunktion und Verteilungsfunktion**

Die Wahrscheinlichkeitsfunktion der Poissonverteilung ergibt sich unmittelbar aus den Ausführungen unter a) mit

$$f_P(x|\,\mu) = \frac{\mu^x \cdot e^{-\mu}}{x!} \qquad \text{für} \quad x = 0, 1, 2, \ldots \qquad \text{(Formel 7.1.3.-1)}$$

Die Wahrscheinlichkeitsfunktion wird durch den Funktionalparameter μ geprägt. Er ist daher in die Symbolik $f_P(x|\,\mu)$ für die Wahrscheinlichkeitsfunktion aufgenommen worden. Oder auch nur kurz: $f_P(x)$.

Die Verteilungsfunktion lautet:

$$F_P(x|\mu) = e^{-\mu} \cdot \sum_{a=0}^{x} \frac{\mu^a}{a!} \qquad \text{für } x = 0, 1, 2, \ldots \qquad \text{(Formel 7.1.3.-2)}$$

Beträgt im Beispiel unter a) die Anzahl der Kunden durchschnittlich 3,5, dann beträgt die Wahrscheinlichkeit, daß z.B. genau 2 Kunden das Geschäft zwischen 10.00 und 11.00 Uhr betreten, mit Formel 7.1.3.-1

$$f_P(2|3{,}5) = \frac{3{,}5^2 \cdot e^{-3{,}5}}{2!} = \frac{12{,}25 \cdot 0{,}0301973}{2}$$

$$= 0{,}1850 \quad \text{bzw.} \quad 18{,}50\ \%.$$

Die Wahrscheinlichkeit, daß z.B. höchstens 2 Kunden das Geschäft zwischen 10.00 und 11.00 Uhr betreten, beträgt mit Formel 7.1.3.-2

$$F_P(2|3{,}5) = f_P(0|3{,}5) + f_P(1|3{,}5) + f_P(2|3{,}5)$$

$$= 0{,}0302 + 0{,}1056 + 0{,}1850$$

$$= 0{,}3208 \quad \text{bzw.} \quad 32{,}08\ \%.$$

In Abb. 7.1.3 sind die Wahrscheinlichkeitsfunktion und die Verteilungsfunktion (auf vier Dezimalstellen gerundet) für das Beispiel auszugsweise wiedergegeben.

| x | $f_P(x)$ | $F_P(x)$ |
|---|---|---|
| 0 | 0,0302 | 0,0302 |
| 1 | 0,1056 | 0,1358 |
| 2 | 0,1850 | 0,3208 |
| 3 | 0,2158 | 0,5366 |
| 4 | 0,1888 | 0,7254 |
| 5 | 0,1322 | 0,8576 |
| 6 | 0,0771 | 0,9347 |
| 7 | 0,0385 | 0,9732 |
| 8 | 0,0169 | 0,9901 |
| 9 | 0,0066 | 0,9967 |
| ... | ... | ... |

Abb. 7.1.3: Poissonverteilung für $\mu = 3{,}5$

**d) Tabellierung der Poissonverteilung**

Um Rechenaufwand zu vermeiden, ist die Poissonverteilung für ausgewählte Werte des Funktionalparameters $\mu$ tabelliert. Eine Tabellierung findet sich im Anhang auf den Seiten 362 - 367. Die Tabellierung ist so ausgelegt, daß bei Vorliegen der beiden Größen x und $\mu$ die Wahrscheinlichkeits- und Verteilungsfunktionswerte auf einfache Weise abgelesen werden können.

**e) Erwartungswert und Varianz**

Der Erwartungswert der Poissonverteilung errechnet sich mit der Formel

$$E(X) = \mu \qquad \text{(Formel 7.1.3.-3)}$$

und die Varianz mit der Formel

$$Var(X) = \mu. \qquad \text{(Formel 7.1.3.-4)}$$

Für das obige Beispiel ergibt sich mit Formel 7.1.3.-3

$$E(X) = \mu = 3{,}5$$

Es ist zu erwarten, daß an Werktagen zwischen 10.00 und 11.00 Uhr durchschnittlich 3,5 Kunden das Geschäft betreten.

Mit Formel 7.1.3.-4 ergibt sich

$$VAR(X) = \mu = 3{,}5 \quad \text{bzw.} \quad \sigma_X = \sqrt{3{,}5} = 1{,}87.$$

**f) Reproduktivität (Additivität)**

Beispiel: Hotline
Ein PC-Hersteller hat für seine Kunden die beiden Hotlines A und B eingerichtet, die zwischen 07.00 bis 22.00 Uhr erreichbar sind. Hotline A ist für die Region A und Hotline B für die Region B zuständig. Pro Stunde treffen bei A durchschnittlich 3 und bei B durchschnittlich 6 Anrufe ein. A kann pro Stunde 5, B kann pro Stunde 10 Anrufe erledigen. Die Wahrscheinlichkeit, daß bei A und/oder bei B während einer Stunde nicht alle Anrufe erledigt werden können, beträgt 12,3 % ($0{,}0839 + 0{,}0426 - 0{,}0839 \cdot 0{,}0426$). - Der PC-Hersteller möchte wissen, ob durch eine Aufgabe der regionalen Einteilung bzw. durch eine Zusammenlegung der beiden Hotlines diese Wahrscheinlichkeit verringert oder erhöht wird.

Zufallsvariable $X_A$: Anzahl der Anrufe pro Stunde bei Hotline A

Zufallsvariable $X_B$: Anzahl der Anrufe pro Stunde bei Hotline B

Funktionalparameter: $\mu_A = 3; \quad \mu_B = 6$

Gesucht ist die Wahrscheinlichkeit, daß in einer Stunde mehr als 15 Anrufe bei A und B eintreffen:

$$W(X_A + X_B > 15)$$

Dazu sind die Wahrscheinlichkeiten für alle Kombinationen aus $X_A$ und $X_B$, die zu mehr als 15 Anrufen (z.B. 4 + 12, 8 + 9, 6 + 13) führen, zu ermitteln und zu addieren. Diese sehr umfangreiche Berechnung erübrigt sich wegen der Reproduktivitätseigenschaft der Poissonverteilung.

**Reproduktivität der Poissonverteilung**

Sind die Zufallsvariablen $X_1, X_2, ..., X_n$ unabhängig und poissonverteilt mit $\mu_1, \mu_2, ..., \mu_n$, dann ist die Zufallsvariable $X = X_1 + X_2 + ... + X_n$ ebenfalls poissonverteilt mit

$$\mu = \sum_{i=1}^{n} \mu_i$$

Für das Beispiel Hotline ergibt sich damit:

Zufallsvariable X: Anzahl der Anrufe pro Stunde bei A und B

Funktionalparameter: $\mu = \mu_A + \mu_B = 3 + 6 = 9$

$$\begin{aligned} W(X > 15) &= 1 - W(X \le 15) = 1 - F_P(15;\ 9) \\ &= 1 - 0{,}9780 \\ &= 0{,}0220 \quad \text{bzw.} \quad 2{,}20\% \end{aligned}$$

Durch die Zusammenlegung der beiden Hotlines A und B kann die Wahrscheinlichkeit, daß während einer Stunde nicht alle Anrufe erledigt werden können, von 12,3 % auf 2,2 % reduziert werden. Die Zusammenlegung ist unter diesem Aspekt empfehlenswert.

## 7.1.4 Weitere Verteilungen

Mit der Binomialverteilung, der hypergeometrischen Verteilung und der Poissonverteilung sind die für die Praxis bedeutsamsten diskreten Verteilung ausführlich beschrieben worden. Daneben sind auch die negative Binomialverteilung, die geometrische Verteilung und die Multinomialverteilung von Bedeutung. Diese Verteilungen werden nachstehend in kurzen Zügen dargestellt.

### 7.1.4.1 Negative Binomialverteilung

Auch: Pascalverteilung (nach Blaise Pascal, 1623 - 1662)

Die negative Binomialverteilung gibt die Wahrscheinlichkeit dafür an, daß das interessierende Ereignis A genau mit der x-ten Durchführung eines Zufallsvorgangs zum b-ten Mal eintritt. Sie basiert auf der Binomialverteilung.

Zufallsvariable X: Anzahl der Zufallsvorgänge, bis das Ereignis A genau zum b-ten Mal eingetreten ist.

Realisationen x: b, b+1, b+2, ...

i) Die Wahrscheinlichkeit, daß das Ereignis A bei x - 1 Durchführungen eines Zufallsvorgangs (b - 1)-mal eingetreten ist, beträgt

$$f_B(b-1 \mid x-1; \Theta) = \binom{x-1}{b-1} \cdot \Theta^{b-1} \cdot (1-\Theta)^{(x-1)-(b-1)}$$

ii) Die Wahrscheinlichkeit, daß das Ereignis A bei der x-ten Durchführung des Zufallsvorgang eintritt, beträgt $\Theta$.

iii) Aus der Verknüpfung von i) und ii) ergibt sich die Wahrscheinlichkeitsfunktion der negativen Binomialverteilung:

$$f_{NB}(x \mid b; \Theta) = \binom{x-1}{b-1} \cdot \Theta^{b} \cdot (1-\Theta)^{x-b} \qquad \text{für } x = b, b+1, b+2, \ldots$$

Der Erwartungswert und die Varianz betragen

$$E(X) = \frac{b}{\Theta} \qquad \text{bzw.} \qquad Var(X) = \frac{b \cdot (1-\Theta)}{\Theta^2}$$

Beispiel: Verpackungseinheit
Für eine Verpackungseinheit werden 10 fehlerfreie Stücke eines Artikels benötigt. Die Wahrscheinlichkeit, daß ein Artikel fehlerfrei ist, beträgt 95 %.
i) Wie groß ist die Wahrscheinlichkeit, daß die Verpackungseinheit genau mit der Herstellung des zwölften Artikels vollständig aufgefüllt wird?
ii) Wieviele Artikel müssen durchschnittlich hergestellt werden, damit eine Verpackungseinheit gefüllt werden kann?

Zufallsvariable X: Anzahl der hergestellten Artikel
Anzahl der fehlerfreien Artikel (Anzahl des Ereignisses A): b = 10
Wahrscheinlichkeit Θ: 0,95

*zu i) Vervollständigung mit genau dem zwölften Artikel*

$$f_{NB}(12|\ 10; 0{,}95) = \binom{11}{9} \cdot 0{,}95^{10} \cdot 0{,}05^{2}$$

$$= 55 \cdot 0{,}5987 \cdot 0{,}0025$$

$$= 0{,}0823 \quad \text{bzw.} \quad 8{,}23\ \%$$

Die Wahrscheinlichkeit, daß die Verpackungseinheit genau mit dem zwölften Artikel vervollständigt wird, beträgt 8,23 %.

*zu ii) Erwartungswert*

$$E(X) = \frac{10}{0{,}95} = 10{,}53$$

Es sind durchschnittlich 10,53 Artikel herzustellen, um eine Verpackungseinheit mit 10 fehlerfreien Artikeln zu füllen.

### 7.1.4.2 Geometrische Verteilung

Die geometrische Verteilung gibt als Spezialfall der negativen Binomialverteilung die Wahrscheinlichkeit dafür an, daß das interessierende Ereignis A mit der x-ten Durchführung eines Zufallsvorgangs zum *ersten* Mal (b = 1) eintritt.

Wird in der Wahrscheinlichkeitsfunktion der negativen Binomialverteilung der Wert für b gleich 1 gesetzt, so ergibt sich die Wahrscheinlichkeitsfunktion der geometrischen Verteilung.

$$f_G(x|\Theta) = f_{NB}(x|1;\Theta)$$

$$= \binom{x-1}{1-1} \cdot \Theta^1 \cdot (1-\Theta)^{x-1}$$

$$f_G(x|\Theta) = \Theta \cdot (1-\Theta)^{x-1} \qquad \text{für } x = 1, 2, 3, \ldots$$

Der Erwartungswert und die Varianz betragen

$$E(X) = \frac{1}{\Theta} \qquad \text{bzw.} \qquad Var(X) = \frac{1-\Theta}{\Theta^2}$$

Beispiel: Ausschuß
Die Wahrscheinlichkeit, daß ein Artikel Fehler aufweist, beträgt erfahrungsgemäß 5 %.
i) Wie groß ist die Wahrscheinlichkeit, daß mit dem elften Artikel der erste Fehler auftritt?
ii) Wieviele Artikel werden durchschnittlich überprüft, bis der erste fehlerhafte Artikel auftritt?

Zufallsvariable X: Anzahl der geprüften Artikel
Anzahl der fehlerhaften Artikel: b = 1
Wahrscheinlichkeit Θ: 0,05

*zu i) Erster Fehler tritt mit dem elften Artikel auf*

$$f_G(11|0{,}05) = 0{,}05 \cdot 0{,}95^{10}$$

$$= 0{,}0299 \quad \text{bzw.} \quad 2{,}99\,\%$$

Die Wahrscheinlichkeit, daß mit dem elften Artikel der erste Fehler auftritt, beträgt 2,99 %.

*zu ii) Erwartungswert*

$$E(X) = \frac{1}{0{,}05} = 20$$

Im Durchschnitt tritt mit dem 20. Artikel der erste fehlerhafte Artikel auf.

### 7.1.4.3 Multinomialverteilung

Auch: Polynomialverteilung

Die Multinomialverteilung ist eine Erweiterung der Binomialverteilung. Im Unterschied zur Binomialverteilung besitzt bei der Multinomialverteilung der Zufallsvorgang mehr als zwei Ereignisse bzw. Ausgänge (k > 2). Die Multinomialverteilung gibt die Wahrscheinlichkeit dafür an, daß bei n Zufallsvorgängen das

Ereignis $A_1$ genau $n_1$-mal,

Ereignis $A_2$ genau $n_2$-mal,

...

Ereignis $A_k$ genau $n_k$-mal

eintritt, wobei die Eintrittswahrscheinlichkeiten für die einzelnen Ereignisse bei einem jeden Zufallsvorgang $\Theta_1$, $\Theta_2$, ..., $\Theta_k$ betragen.

Mit dem Satz für Permutationen mit Wiederholung (Abschnitt 5.1.2, s.S. 74) und dem Multiplikationssatz für unabhängige Ereignisse (Abschnitt 4.3.4, s.S. 51) ergibt sich die Wahrscheinlichkeitsfunktion der Multinomialverteilung.

$$f_M(n_1; n_2; ...; n_k | n; \Theta_1; \Theta_2; ...;\Theta_k)$$

$$= \frac{n!}{n_1! \cdot n_2! \cdot ... \cdot n_k!} \cdot \Theta_1^{n_1} \cdot \Theta_2^{n_2} \cdot ... \cdot \Theta_k^{n_k}$$

Beispiel: Qualitätskontrolle

Bei der Herstellung eines Kolbenrings betragen die Wahrscheinlichkeiten

85 % dafür, daß der Kolbendurchmesser im Toleranzbereich liegt,

12 % dafür, daß eine Nachbearbeitung erforderlich ist,

3 % dafür, daß Ausschuß vorliegt.

Wie groß ist die Wahrscheinlichkeit, daß von 10 Kolbenringen 7 Ringe im Toleranzbereich liegen, 2 Ringe nachzubearbeiten sind und einer Ausschuß darstellt?

Zufallsvariable X: Anzahl der Kolbenringe im Toleranzbereich
Realisationen x: $0 \leq x \leq 10 - y - z$

Zufallsvariable Y: Anzahl der nachzubearbeitenden Kolbenringe
Realisationen y: $0 \leq y \leq 10 - x - z$

Zufallsvariable Z: Anzahl der fehlerhaften Kolbenringe (Ausschuß)
Realisationen z: $0 \leq z \leq 10 - x - y$

$$f_M(7;\ 2;\ 1|\ 10;\ 0{,}85;\ 0{,}12;\ 0{,}03)$$

$$= \frac{10!}{7! \cdot 2! \cdot 1!} \cdot 0{,}85^7 \cdot 0{,}12^2 \cdot 0{,}03^1 = 360 \cdot 0{,}0001385$$

$$= 0{,}0499 \quad \text{bzw.} \quad 4{,}99\ \%$$

Die Wahrscheinlichkeit, daß von 10 Kolbenringen 7 Ringe im Toleranzbereich liegen, 2 Ringe nachzubearbeiten sind und einer Ausschuß darstellt, beträgt 4,99 %.

## 7.1.5 Approximationen

Der Aufwand für die Berechnung von Wahrscheinlichkeiten ist je nach Verteilungsform unterschiedlich hoch. Die hypergeometrische Verteilung erfordert tendenziell mehr Berechnungs- und auch Tabellierungsaufwand als die Binomialverteilung und diese wiederum tendenziell mehr als die Poissonverteilung. In Abb. 7.1.5 ist dies skizzenhaft wiedergegeben.

| | | |
|---|---|---|
| Hypergeometrische Verteilung | ↑ | Zunehmender Berechnungs- |
| Binomialverteilung | | und Tabellierungsaufwand |
| Poissonverteilung | | |

Abb. 7.1.5.: Berechnungs- und Tabellierungsaufwand

Bei Vorliegen bestimmter Werte der Funktionalparameter können zwei Verteilungensformen sehr ähnlich werden. Unter der Zielsetzung, den Rechenaufwand zu reduzieren, ist es naheliegend, eine aufwendige Verteilung durch eine weniger aufwendige Verteilung zu ersetzen bzw. zu approximieren. Bei der Berechnung der Wahrscheinlichkeit über die Approximation einer Verteilung durch eine andere Verteilung ist in 5 Schritten vorzugehen.

Schritt 1: Erkennen der Verteilungsform

Schritt 2: Feststellung der Funktionalparameter

Schritt 3: Auffinden der zulässigen Approximationsverteilung

Schritt 4: Feststellung der Funktionalparameter

Schritt 5: Berechnung der Wahrscheinlichkeit

### a) Approximation der hypergeometrischen Verteilung durch die Binomialverteilung

Beispiel: Studienanfänger mit einer abgeschlossenen Lehre
Von 1.500 Studienanfänger einer Hochschule haben 240 (16 %) eine Lehre abgeschlossen. - Wie groß ist die Wahrscheinlichkeit, daß von 15 zufällig ausgewählten Studienanfängern höchstens 3 (20 %) eine Lehre abgeschlossen haben?

*Schritt 1: Erkennen der Verteilungsform*

Die Zufallsvariable X "Anzahl der Studienanfänger mit Lehre" ist hypergeometrisch verteilt, da

1. von den vorgegebenen 1.500 Studienanfängern 240 eine Lehre abgeschlossen haben und die restlichen 1.260 Studienanfänger nicht,
2. von den 1.500 Studienanfängern 15 ohne Zurücklegen ausgewählt werden.

*Schritt 2: Feststellung der Funktionalparameter*

N = 1.500; M = 240; n = 15.

Gesucht ist die Wahrscheinlichkeit

$$F_H(3|\ 1.500;\ 240;\ 15) = \sum_{a=0}^{3} \frac{\binom{240}{a} \cdot \binom{1.260}{15-a}}{\binom{1.500}{15}}$$

Diese Aufgabe ist nur mit erheblichem Berechnungsaufwand lösbar. Eine Approximationsmöglichkeit wäre daher in diesem Fall hilfreich.

*Schritt 3: Binomialverteilung als Approximationsverteilung*

Die Approximation der hypergeometrischen Verteilung durch die Binomialverteilung ist vertretbar, wenn der Anteil M/N weder sehr klein noch sehr groß ist und der Auswahlsatz (Entnahmesatz) sehr klein ist.

1. $0{,}10 < \frac{M}{N} < 0{,}90$
2. $\frac{n}{N} < 0{,}05.$

Die hypergeometrische Verteilung kommt bei dieser Datenkonstellation der Binomialverteilung sehr nahe, da nach der Entnahme eines Elementes ohne Zurücklegen nahezu dieselbe Ziehungssituation vorliegt wie nach der Entnahme eines Elementes mit Zurücklegen. Die Wahrscheinlichkeit, daß bei einer nächsten Entnahme Ereignis A eintritt, ist es daher in beiden Fällen nahezu gleich.

Im Beispiel werden beide Approximationsbedingungen erfüllt.

$$0{,}10 < \frac{M}{N} = \frac{240}{1.500} = 0{,}16 < 0{,}9$$

$$\frac{n}{N} = \frac{15}{1.500} = 0{,}01 < 0{,}05$$

Die Approximation ist zulässig.

*Schritt 4: Feststellung der Funktionalparameter*

$$\Theta = \frac{M}{N}; \qquad n = n$$

Im Beispiel:

$$\Theta = \frac{240}{1.500} = 0{,}16; \qquad n = 15$$

*Schritt 5: Berechnung der Wahrscheinlichkeit*

$$F_H(x|\, N; M; n) \approx F_B(x|\, n, \Theta)$$

$$F_H(3|\, 1.500; 240; 15) \approx F_B(3|\, 15; 0{,}16)$$

$$= \sum_{a=0}^{3} \binom{15}{a} \cdot 0{,}16^a \cdot 0{,}84^{15-a}$$

$$= 0{,}0732 + 0{,}2090 + 0{,}2787 + 0{,}2300 = 0{,}7909 \quad \text{bzw.} \quad 79{,}09\ \%.$$

Die Wahrscheinlichkeit, daß von 15 zufällig ausgewählten Studienanfängern höchstens 3 eine Lehre abgeschlossen haben, beträgt approximativ 79,09 %. - Die exakte, über die hypergeometrische Verteilung ermittelte Wahrscheinlichkeit beträgt 79,16 %.

Es hängt von der Bedeutung des Sachverhalts ab, ob man die unter Schritt 3 genannten Approximationsbedingungen als genügend streng ansehen kann, oder ob diese strenger oder weniger streng formuliert werden sollen.

Abb. 7.1.5.-1 zeigt, inwieweit die hypergeometrische Verteilung im vorliegenden Beispiel durch die Binomialverteilung approximiert wird.

| x | $f_B(x)$ | $f_H(x)$ |
|---|---|---|
| 0 | 0,0732 | 0,0722 |
| 1 | 0,2090 | 0,2085 |
| 2 | 0,2787 | 0,2798 |
| 3 | 0,2300 | 0,2312 |
| 4 | 0,1314 | 0,1316 |
| 5 | 0,0551 | 0,0547 |
| 6 | 0,0175 | 0,0171 |

Abb. 7.1.5.-1: Approximation der hypergeometrischen Verteilung durch die Binomialverteilung

## b) Approximation der Binomialverteilung durch die Poissonverteilung

Beispiel: Reiseveranstalter
Ein Reiseveranstalter weiß aus Erfahrung, daß Flugreisende nach Mallorca mit einer Wahrscheinlichkeit von 2 % ihre Reise kurz vor Reisebeginn stornieren. Der Veranstalter nimmt für einen Flug mit 360 Plätzen deswegen 365 Buchungen entgegen. - Wie groß ist die Wahrscheinlichkeit (Risiko), daß es zu einer Überbelegung kommt?

*Schritt 1: Erkennen der Verteilungsform*

Die Zufallsvariable X "Anzahl der Personen, die stornieren" ist binomialverteilt, da

1. der Buchungsvorgang 365-mal identisch durchgeführt wird,
2. die Buchung storniert oder nicht storniert wird (2 Ausgänge),
3. die Wahrscheinlichkeit einer Stornierung bei jeder Person stets auf 2 % eingeschätzt wird.

*Schritt 2: Feststellung der Funktionalparameter*

$n = 365;\ \Theta = 0{,}02.$

Zu einer Überbelegung kommt es, wenn höchstens (maximal) vier Personen stornieren. Es ist daher die Wahrscheinlichkeit zu berechnen, daß höchstens vier Personen stornieren.

$$F_B(4|\,365;\,0{,}02) = \sum_{a=0}^{4} \binom{365}{a} : 0{,}02^a \cdot 0{,}98^{365-a}$$

Diese Aufgabe ist nur mit erheblichem Berechnungsaufwand lösbar. Eine Approximationsmöglichkeit wäre in diesem Fall hilfreich.

*Schritt 3: Poissonverteilung als Approximationsverteilung*

Die Approximation der Binomialverteilung durch die Poissonverteilung ist vertretbar, wenn n groß ist und $\Theta$ entweder sehr klein oder sehr groß ist.

| | |
|---|---|
| 1. | $n \geq 30$ |
| 2. | $\Theta \leq 0{,}10$ oder $\Theta \geq 0{,}90$ |

Die Binomialverteilung kommt bei dieser Datenkonstellation der Poissonverteilung sehr nahe, da - wie unter Abschnitt 7.1.3 (s.S. 141) in kurzen Zügen aufgezeigt - die Poissonverteilung die Grenzverteilung (n gegen unendlich, $\Theta$ gegen Null) der Binomialverteilung ist.

Im Beispiel werden beide Approximationsbedingungen erfüllt.

$$n = 365 > 30$$

$$\Theta = 0{,}02 < 0{,}10$$

Die Approximation ist zulässig.

*Schritt 4: Feststellung des Funktionalparameters*

$$\mu = n \cdot \Theta$$

Im Beispiel:

$$\mu = 365 \cdot 0{,}02 = 7{,}3$$

d.h. bei 365 Buchungen ist zu erwarten, daß durchschnittlich 7,3 Buchungen kurzfristig storniert werden.

*Schritt 5: Berechnung der Wahrscheinlichkeit*

$$f_B(x|\,n;\,\Theta) \approx f_P(x|\,\mu) \quad \rightarrow \quad F_B(4|\,365;\;0{,}02) \approx F_P(4|\,7{,}3)$$

$$= \frac{7,3^0 \cdot e^{-7,3}}{0!} + \frac{7,3^1 \cdot e^{-7,3}}{1!} + \ldots + \frac{7,3^4 \cdot e^{-7,3}}{4!}$$

$$= 0,0007 + 0,0049 + 0,0180 + 0,0438 + 0,0799$$

$$= 0,1473 \quad \text{bzw.} \quad 14,73\ \%$$

Die Wahrscheinlichkeit, daß es zu einer Überbelegung kommt, beträgt 14,73 %, was ein nicht vertretbar hohes Risiko bedeutet. - Die exakte, über die Binomialverteilung ermittelte Wahrscheinlichkeit beträgt 14,48 %.

Abb. 7.1.5.-2 zeigt, inwieweit die Binomialverteilung im vorliegenden Beispiel durch die Poissonverteilung approximiert wird.

| x | $f_P(x)$ | $f_B(x)$ |
|---|---|---|
| 0 | 0,0007 | 0,0006 |
| 1 | 0,0049 | 0,0047 |
| 2 | 0,0180 | 0,0174 |
| 3 | 0,0438 | 0,0429 |
| 4 | 0,0799 | 0,0792 |
| 5 | 0,1167 | 0,1166 |
| 6 | 0,1420 | 0,1428 |
| 7 | 0,1481 | 0,1495 |
| 8 | 0,1351 | 0,1365 |
| 9 | 0,1096 | 0,1105 |

| x | $f_P(x)$ | $f_B(x)$ |
|---|---|---|
| 10 | 0,0800 | 0,0803 |
| 11 | 0,0531 | 0,0529 |
| 12 | 0,0323 | 0,0318 |
| 13 | 0,0181 | 0,0176 |
| 14 | 0,0095 | 0,0091 |
| 15 | 0,0046 | 0,0043 |
| 16 | 0,0021 | 0,0019 |
| 17 | 0,0009 | 0,0008 |
| 18 | 0,0004 | 0,0003 |
| 19 | 0,0001 | 0,0001 |
| 20 | 0,0000 | 0,0000 |

Abb. 7.1.5.-2: Approximation der Binomialverteilung durch die Poissonverteilung

### c) Approximation der hypergeometrischen Verteilung durch die Poissonverteilung

Beispiel: Lotterie

In einer Lotterie gewinnen 50 von 2000 Losen. - Wie groß ist die Wahrscheinlichkeit, daß man mit 40 Losen genau zweimal gewinnt?

*Schritt 1: Erkennen der Verteilungsform*

Die Zufallsvariable X "Anzahl der Gewinne" ist hypergeometrisch verteilt, da

1. von den vorgegebenen 2000 Losen 50 Lose einen Gewinn bringen und die restlichen 1.950 Lose nicht,
2. von den 2000 Losen 40 Lose "ohne Zurücklegen" gezogen werden.

*Schritt 2: Feststellung der Funktionalparameter*

N = 2.000; M = 50; n = 40.

Gesucht ist die Wahrscheinlichkeit

$$f_H(2|\,2.000;\,50;\,40) = \frac{\binom{50}{2}\cdot\binom{1950}{38}}{\binom{2000}{40}}$$

Diese Aufgabe ist nur mit erheblichem Berechnungsaufwand lösbar. Eine Approximationsmöglichkeit wäre in diesem Fall hilfreich.

*Schritt 3: Poissonverteilung als Approximationsverteilung*

Die Approximation der hypergeometrischen Verteilung durch die Poissonverteilung ist vertretbar, wenn n groß, der Anteil M/N sehr klein oder sehr groß und der Auswahlsatz sehr klein ist.

| | |
|---|---|
| 1. | $n \geq 30$ |
| 2. | $\frac{M}{N} \leq 0{,}10$ oder $\frac{M}{N} \geq 0{,}90$ |
| 3. | $\frac{n}{N} < 0{,}05$ |

Die hypergeometrische Verteilung kommt bei dieser Datenkonstellation der Poissonverteilung sehr nahe.

Im Beispiel werden die drei Approximationsbedingungen erfüllt.

$$n = 40 > 30$$

$$\frac{M}{N} = \frac{50}{2000} = 0{,}025 \leq 0{,}10$$

$$\frac{n}{N} = \frac{40}{2000} = 0{,}02 < 0{,}05$$

*Schritt 4: Feststellung des Funktionalparameters*

$$\mu = n \cdot \frac{M}{N}$$

Im Beispiel:

$$\mu = 40 \cdot \frac{50}{2000} = 1$$

d.h. bei 40 Losen ist zu erwarten, daß man durchschnittlich einmal gewinnt.

*Schritt 5: Berechnung der Wahrscheinlichkeit*

$$f_H(x|\, N; M; N) \approx f_P(x|\, \mu)$$

$$f_H(2|\, 2.000; 50; 40) \approx f_P(2|\, 1)$$

$$= \frac{1^2 \cdot e^{-1}}{2!} = 0{,}1839 \quad \text{bzw.} \quad 18{,}39\ \%$$

d.h. die Wahrscheinlichkeit, daß man mit 40 Losen genau zweimal gewinnt, beträgt 18,39 %. - Die exakte, über die hypergeometrische Verteilung ermittelte Wahrscheinlichkeit beträgt 18,81 %.

Abb. 7.1.5.-3 zeigt, inwieweit die hypergeometrische Verteilung im vorliegenden Beispiel durch die Poissonverteilung approximiert wird.

| x | $f_P(x)$ | $f_H(x)$ |
|---|---|---|
| 0 | 0,3679 | 0,3569 |
| 1 | 0,3679 | 0,3763 |
| 2 | 0,1839 | 0,1881 |
| 3 | 0,0613 | 0,0598 |
| 4 | 0,0153 | 0,0136 |
| 5 | 0,0031 | 0,0023 |
| 6 | 0,0005 | 0,0003 |
| 7 | 0,0001 | 0,0000 |

Abb. 7.1.5.-3: Approximation der hypergeometrischen Verteilung durch die Poissonverteilung

## 7.2 Stetige Verteilungen

Einer stetigen Verteilung liegt eine Zufallsvariable zugrunde, die in einem festgelegten Intervall jeden beliebigen Wert annehmen kann. In den folgenden Abschnitten werden die Gleichverteilung, die Exponentialverteilung und die Normalverteilung bzw. Standardnormalverteilung ausführlich dargestellt. Stetige Verteilungen, die ausschließlich für die schließende Statistik von Bedeutung sind, werden im Abschnitt 8.4 (s.S. 212 ff.) behandelt.

### 7.2.1 Gleichverteilung

Auch: Rechteckverteilung

Die stetige Gleichverteilung ist die am einfachsten strukturierte stetige Verteilung. Sie wurde deshalb, ohne sie namentlich zu nennen, in den Abschnitten 6.3.1 (s.S. 107 f.) und 6.3.2 (s.S. 112) für die Einführung in die Wahrscheinlichkeitsdichte bzw. Verteilungsfunktion verwendet.

**a) Einführung**

Es wird an das Beispiel "Bushaltestelle" (s.S. 107 ff.) angeknüpft. Eine Person trifft zu einem zufälligen Zeitpunkt an einer Bushaltestelle ein. Der Bus verkehrt pünktlich im 10-Minuten-Takt.

Wegen des zufälligen Eintreffens der Person ist jede Wartezeit zwischen 0 und 10 Minuten gleich möglich bzw. gleich wahrscheinlich. Wie unter Abschnitt 6.3.1.a (s.S. 107 f.) ausführlich dargestellt, muß die Rechteckfläche über dem Kontinuum [0, 10] genau 1 bzw. 100 % betragen.

$$f(x) \cdot (10 - 0) = 1$$

$$f(x) = \frac{1}{10 - 0} = \frac{1}{10}$$

Die Wahrscheinlichkeitsdichte beträgt also

$$f(x) = \begin{cases} \frac{1}{10} & \text{für } 0 \leq x \leq 10 \\ 0 & \text{sonst} \end{cases}$$

**b) Eigenschaft**

Bei der Gleichverteilung ist jede Realisation in dem durch a und b (a < b) begrenzten Kontinuum (Intervall) gleich möglich bzw. gleich wahrscheinlich.

**c) Wahrscheinlichkeitsdichte und Verteilungsfunktion**

Die Wahrscheinlichkeitsdichte der Gleichverteilung ergibt sich unmittelbar aus den Ausführungen unter a) und 6.3.1.a) mit

$$f_{GL}(x|\, a;\, b) = \begin{cases} \frac{1}{b - a} & \text{für} \quad a \leq x \leq b \\ 0 & \text{sonst} \end{cases} \qquad \text{(Formel 7.2.1.-1)}$$

Die Wahrscheinlichkeitsdichte wird durch die zwei Funktionalparameter a und b geprägt. Es sei nochmals betont: Der Funktionswert der Wahrscheinlichkeitsdichte gibt nicht die Wahrscheinlichkeit an. Die Wahrscheinlichkeit entspricht vielmehr der Fläche zwischen Abszissenachse und Wahrscheinlichkeitsdichte.

Die Verteilungsfunktion ergibt sich aus den Ausführungen unter Abschnitt 6.3.2 (S. 114) mit

$$F_{GL}(x|\, a;\, b) = \begin{cases} 0 & \text{für} \quad x \leq a \\ \frac{x - a}{b - a} & \text{für} \quad a < x < b \\ 1 & \text{für} \quad x \geq b \end{cases} \qquad \text{(Formel 7.2.1.-2)}$$

Die Wahrscheinlichkeit, daß eine Person höchstens drei Minuten an der Bushaltestelle warten muß, wenn sie zu einem zufälligen Zeitpunkt eintrifft, beträgt

$$F_{GL}(3|\, 0;\; 10) = \frac{3 - 0}{10 - 0} = 0{,}3 \quad \text{bzw. } 30\,\%.$$

**d) Tabellierung**

Eine Tabellierung ist wegen der unendlich vielen Werte für a und b nicht möglich. Wegen der einfachen Berechnung wäre sie auch nicht erforderlich.

**e) Erwartungswert und Varianz**

Der Erwartungswert der Gleichverteilung errechnet sich mit der Formel

$$E(X) = \frac{b + a}{2} \qquad \text{(Formel 7.2.1.-3)}$$

Die Varianz errechnet sich mit der Formel

$$\mathrm{Var}(X) = \frac{(b - a)^2}{12} \qquad \text{(Formel 7.2.1.-4)}$$

Für das Beispiel "Bushaltestelle" ergibt sich mit Formel 7.2.1.-3 (s. auch S. 116)

$$E(X) = \frac{10 + 0}{2} = 5 \text{ Minuten}$$

D.h. eine Person, die zu zufälligen Zeitpunkten an der Bushaltestelle eintrifft, kann erwarten, daß sie durchschnittlich 5 Minuten auf den Bus warten muß.

Mit Formel 7.2.1.-4 (s. auch S. 117) ergibt sich

$$\mathrm{Var}(X) = \frac{(10 - 0)^2}{12} = 8{,}33 \text{ Minuten}^2$$

$$\sigma_X = 2{,}89 \text{ Minuten}$$

## 7.2.2 Exponentialverteilung

Ein Ereignis A tritt während einer gegebenen Zeit- oder Streckeneinheit durchschnittlich $\mu$-mal ein. Die Exponentialverteilung gibt die Wahrscheinlichkeit dafür an, daß der Abstand (Entfernung) zwischen zwei unmittelbar aufeinanderfolgenden Ereignissen A höchstens das x-fache der gegebenen Zeit- oder Streckeneinheit beträgt. - Die Exponentialverteilung ist eng mit der Poissonverteilung verbunden.

### a) Einführung

Ein Einzelhandelsgeschäft (s. Abschn. 7.1.3, s.S. 141) wird werktäglich zwischen 10.00 und 11.00 Uhr von durchschnittlich $\mu = 3{,}5$ Kunden betreten. Den Geschäftsinhaber interessiert, wie groß die Wahrscheinlichkeit ist, daß der Abstand zwischen dem Eintreffen zweier Kunden höchstens 0,2 Stunden beträgt.

Ereignis: Eintreffen eines Kunden

Zufallsvariable X: zeitlicher Höchstabstand (in Stunden) zwischen dem Eintreffen zweier Kunden

Realisation: $x = 0{,}20$ Stunden (0,2-fache einer Stunde bzw. 12 Minuten)

Innerhalb von 0,2 Stunden betreten durchschnittlich (Eigenschaft 2, s.S. 142)

$$\mu \cdot x = 3{,}5 \cdot 0{,}2 = 0{,}7 \text{ Kunden}$$

das Geschäft. Die Wahrscheinlichkeit, daß innerhalb von 0,2 Stunden kein Kunde das Geschäft betritt, beträgt mit Formel 7.1.3.-1 (s.S. 142, Poissonverteilung)

$$f_P(0|\,0{,}7) = \frac{0{,}7^0 \cdot e^{-3{,}5 \cdot 0{,}2}}{0!} = e^{-0{,}7}$$

$$= 0{,}4966 \quad \text{bzw.} \quad 49{,}66\,\%$$

Das bedeutet zugleich: Die Wahrscheinlichkeit, daß der zeitliche Abstand zwischen dem Eintreffen zweier Kunden größer als 0,2 Stunden ist, beträgt 49,66 %.

$$W(X > 0{,}2) = e^{-3{,}5 \cdot 0{,}2} = e^{-0{,}7}$$

Die (Gegen-)Wahrscheinlichkeit, daß der zeitliche Abstand zwischen dem Eintreffen zweier Kunden höchstens 0,2 Stunden ist, beträgt dann

$$W(X \leq 0{,}2) = 1 - W(X > 0{,}2)$$

$$= 1 - e^{-0{,}7}$$

$$= 1 - 0{,}4966 = 0{,}5034 \quad \text{bzw.} \quad 50{,}34\,\%.$$

**b) Eigenschaften**

In einer vorgegebenen Einheit (Zeit, Strecke, Fläche, Raum) tritt das Ereignis A durchschnittlich $\mu$-mal ein. Wird die Einheit in Segmente unterteilt, dann

1. tritt das Ereignis A bei genügend feiner, gleichmäßiger Segmentierung in jedem der gleich großen Segmente höchstens einmal auf. (Ordinarität)
2. tritt in einem Segment, das den n-ten Teil der vorgegebenen Einheit umfaßt, das Ereignis A durchschnittlich $(\mu/n)$-mal ein. (Stationarität)
3. ist das Auftreten der Ereignisse A in zwei disjunkten Segmenten i und j voneinander unabhängig. D.h. der Eintritt des Ereignisses A im Segment i ist ohne Einfluß auf den Eintritt des Ereignisses A im Segment j. (Nachwirkungsfreiheit)

**c) Wahrscheinlichkeitsdichte und Verteilungsfunktion**

Die Verteilungsfunktion der Exponentialfunktion ergibt sich aus den Ausführungen unter a) mit

$$F_E(x|\mu) = \begin{cases} 0 & \text{für } x < 0 \\ 1 - e^{-\mu \cdot x} & \text{für } x \geq 0 \end{cases} \qquad \text{(Formel 7.2.2.-1)}$$

Die Verteilungsfunktion wird durch den Parameter $\mu$ geprägt. $\mu$ gibt - wie bei der Poissonverteilung - die durchschnittliche Anzahl der Ereignisse pro Einheit an. Bei der Wahrscheinlichkeitsberechnung ist darauf zu achten, daß die Zufallsvariable X und der Funktionalparameter $\mu$ dieselbe Dimension besitzen.

Die Wahrscheinlichkeit, daß zwischen dem Eintreffen zweier Personen höchstens sechs Minuten bzw. 0,1 Stunden vergehen, beträgt mit Formel 7.2.2.-1

$$F_E(0{,}1|\,3{,}5) = 1 - e^{-3{,}5 \cdot 0{,}1} = 1 - e^{-0{,}35}$$

$$= 1 - 0{,}7047 = 0{,}2953 \quad \text{bzw.} \quad 29{,}53\ \%.$$

Die Wahrscheinlichkeitsdichte ergibt sich durch die 1. Ableitung der Verteilungsfunktion nach x

$$f_E(x|\mu) = \begin{cases} \mu \cdot e^{-\mu \cdot x} & \text{für } x \geq 0 \\ 0 & \text{sonst} \end{cases} \qquad \text{(Formel 7.2.2.-2)}$$

In Abb. 7.2.2.-1 ist die Wahrscheinlichkeitsdichte der Exponentialverteilung für die Funktionalparameter $\mu$ gleich 3,5, 1 und 0,5 wiedergegeben.

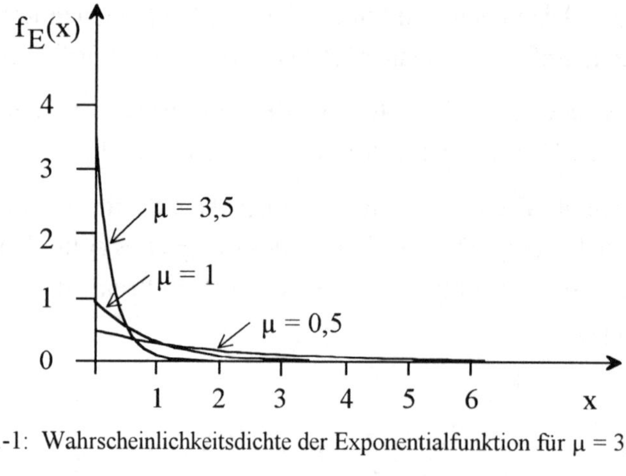


Abb. 7.2.2.-1: Wahrscheinlichkeitsdichte der Exponentialfunktion für $\mu$ = 3,5, 1 und 0,5

**d) Tabellierung**

Eine Tabellierung der Exponentialverteilung ist nicht erforderlich, da die Berechnung der Wahrscheinlichkeit nur wenig Aufwand bereitet.

**e) Erwartungswert und Varianz**

Der Erwartungswert errechnet sich mit der Formel

$$E(X) = \frac{1}{\mu} \qquad \text{(Formel 7.2.2.-3)}$$

Die Varianz errechnet sich mit der Formel

$$VAR(X) = \frac{1}{\mu^2} \qquad \text{(Formel 7.2.2.-4)}$$

Für das Beispiel "Einzelhandelsgeschäft" ergibt sich mit Formel 7.2.2.-3

$$E(X) = \frac{1}{3,5} = 0{,}2857 \text{ Stunden bzw. } 17{,}14 \text{ Minuten}$$

D.h. man kann erwarten, daß zwischen dem Eintreffen zweier Kunden durchschnittlich 17,14 Minuten vergehen.

Mit Formel 7.2.2.-4 ergibt sich

$$VAR(X) = \frac{1}{3,5^2} = 0{,}0816 \text{ Stunden}^2$$

$$\sigma_X = 0{,}2857 \text{ Stunden bzw. } 17{,}14 \text{ Minuten.}$$

## 7.2.3 Normalverteilung und Standardnormalverteilung

Auch: Gaußsche Glockenkurve, Gauß-Verteilung

Die Normalverteilung wurde 1733 von Abraham DeMoivre (1667 - 1754) entdeckt und rund 80 Jahre später von Carl Friedrich Gauß (1777 - 1855) und Pierre Simon Laplace (1749 - 1827) neu entdeckt und bekannt gemacht.

Der Normalverteilung kommt eine hervorragende Bedeutung zu. So sind viele Zufallsvariablen normalverteilt oder annähernd normalverteilt, andere Verteilungen können unter bestimmten Bedingungen durch die Normalverteilung approximiert werden, und schließlich ist die Normalverteilung für die schließende Statistik von fundamentaler Bedeutung.

### a) Einführung

Bei der Zeiterfassung von Produktionsprozessen z.B. trifft man sehr häufig auf eine Verteilungsform, wie sie in Abb. 7.2.3.-1 skizziert ist.

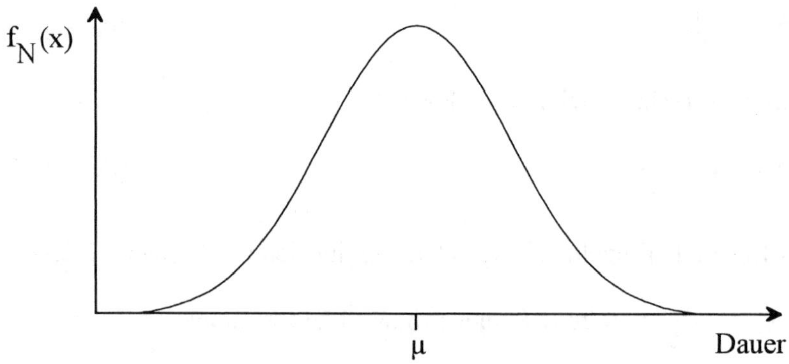


Abb. 7.2.3.-1: Verteilung der Produktionsprozeßdauer eines Erzeugnisses

Ursächlich für diese Form ist i.d.R. das Einwirken mehrerer, zumeist voneinander unabhängiger Faktoren (Materialbeschaffenheit, Leistungsgrad, Temperatur, ...). Jeder dieser Faktoren kann zufallsbedingt mehr oder weniger verzögernd oder auch mehr oder weniger beschleunigend auf die Dauer einwirken. Ein verzögerndes Wirken aller oder fast aller Faktoren oder ein beschleunigendes Wirken aller oder fast aller Faktoren ist viel weniger wahrscheinlich als ein gewisser Ausgleich zwischen verzögernd und beschleunigend wirkenden Faktoren. Auf diese Weise entsteht eine zunehmende Tendenz zu Realisationen im mittleren Bereich des Zeitintervalls. Die dadurch entstehende glockenformähnliche Verteilung wird als Normalverteilung bezeichnet.

### b) Eigenschaften

Die Normalverteilung ist durch folgende Eigenschaften gekennzeichnet:

1. Die Wahrscheinlichkeitsdichte der Normalverteilung besitzt ihr Maximum bei dem Wert $\mu$, dem Erwartungswert.
2. Die Wahrscheinlichkeitsdichte der Normalverteilung verläuft symmetrisch um den Wert $\mu$ und nähert sich asymptotisch der Abszissenachse.

3. Die beiden Wendepunkte der Normalverteilung sind $+\sigma$ und $-\sigma$ Einheiten von dem Wert $\mu$ entfernt.

**c) Wahrscheinlichkeitsdichte und Verteilungsfunktion**

Die Wahrscheinlichkeitsdichte der Normalverteilung lautet: (Formel 7.2.3.-1)

$$f_N(x|\mu, \sigma) = \frac{1}{\sigma \cdot \sqrt{2\pi}} \cdot e^{-\frac{1}{2}\cdot\left(\frac{x-\mu}{\sigma}\right)^2} \quad \text{für} \quad -\infty < x < \infty$$

Die Wahrscheinlichkeitsdichte ist durch die Funktionalparameter $\mu$ und $\sigma$ geprägt. $\mu$ beschreibt die Lage der Funktion auf der Abszissenachse; $\sigma$ gibt die Streuung wieder, d.h. ob - bildlich ausgedrückt - die "Glockenkurve" mehr oder weniger auseinandergezogen oder zusammengedrückt ist. In Abb. 7.2.3.-2 sind drei Normalverteilungen mit unterschiedlicher Streuung $\sigma$ um $\mu = 8$ dargestellt.

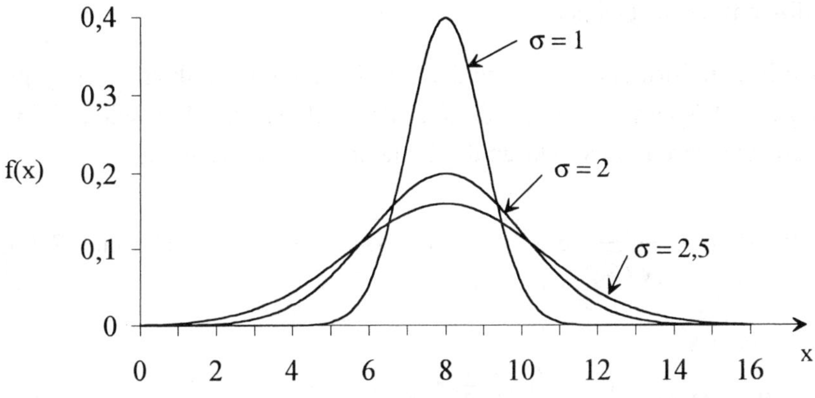


Abb. 7.2.3.-2: Normalverteilungen mit $\mu = 8$ und unterschiedlichem $\sigma$

Die Verteilungsfunktion der Normalverteilung lautet:

$$F_N(x^o|\mu; \sigma) = \frac{1}{\sigma \cdot \sqrt{2\pi}} \cdot \int_{-\infty}^{x^o} e^{-\frac{1}{2}\cdot\left(\frac{x-\mu}{\sigma}\right)^2} dx \qquad \text{(Formel 7.2.3.-2)}$$

Das Integral ist elementar nicht auswertbar; es kann nur über ein sehr rechenaufwendiges Verfahren bestimmt werden. Eine Tabellierung wäre daher sehr hilfreich, diese ist aber wegen der unendlich vielen Parameterkonstellationen von $\mu$ und $\sigma$ nicht möglich. - Die Bestimmung des Integrals wird auf einfache Weise möglich, wenn die Normalverteilung in die **Standardnormalverteilung** transformiert wird. Bei der Standardnormalverteilung sind die beiden Funktionalparameter - namensgebend - standardisiert bzw. festgelegt mit

$\mu = 0$ und $\sigma = 1.$

Die Transformation der Normalverteilung in die Standardnormalverteilung erfolgt, indem

1. die Normalverteilung derart nach links oder rechts verschoben wird, daß ihr Funktionalparameter $\mu$ gleich 0 beträgt,
2. die verschobene Normalverteilung derart "zusammengedrückt" (falls $\sigma > 1$) oder "auseinandergezogen" (falls $\sigma < 1$) wird, daß ihr Funktionalparameter $\sigma$ gleich 1 beträgt.

Durch diese Verschiebung und Verzerrung wird zugleich die Zufallsvariable X in die Zufallsvariable Z transformiert. Diese Transformation wird daher auch als **z-Transformation** bezeichnet.

Setzt man in den Formeln 7.2.3.-1 und 7.2.3.-2 die Funktionalparameter $\mu$ gleich 0 und $\sigma$ gleich 1, so erhält man für die Zufallsvariable Z die Wahrscheinlichkeitsdichte bzw. die Verteilungsfunktion der Standardnormalverteilung:

$$f_{SN}(z|\,0;1) = \frac{1}{\sqrt{2\pi}} \cdot e^{-\frac{1}{2}z^2} \quad \text{für} \quad -\infty < z < \infty \qquad \text{(Formel 7.2.3.-3)}$$

und

$$F_{SN}(z^o|\,0;1) = \frac{1}{\sqrt{2\pi}} \cdot \int_{-\infty}^{z^o} e^{-\frac{1}{2}z^2}\, dz \qquad \text{(Formel 7.2.3.-4)}$$

Wie bei der Normalverteilung so ist auch hier das Integral elementar nicht auswertbar, es kann nur über ein sehr rechenaufwendiges Verfahren bestimmt werden. Da es jedoch bei der Standardnormalverteilung nur eine einzige Parameterkonstellation gibt, ist die Tabellierung möglich. Die Tabellierung wird unter d) beschrieben.

Beispiel: Zuckerabfüllung
Auf einer Anlage wird Zucker in Tüten abgefüllt. Der Mindestinhalt einer Tüte soll 1000 g betragen. Da die Anlage mit einer Standardabweichung $\sigma = 1{,}5$ g arbeitet, ist das Abfüllgewicht auf $\mu = 1002$ g eingestellt worden.

Wie groß ist die Wahrscheinlichkeit, daß das Gewicht einer Tüte
- 1000 g unterschreitet,
- zwischen 1000 g und 1004 g liegt?

Zufallsvariable X: Abfüllgewicht einer Zuckertüte

Mit Formel 7.2.3.-2 ergibt sich für die Wahrscheinlichkeit der Unterschreitung

$$W(X < 1000\ g) = F_N(1000 | 1002; 1{,}5)$$

$$= \frac{1}{1{,}5 \cdot \sqrt{2\pi}} \cdot \int_0^{1000} e^{-\frac{1}{2} \cdot \left(\frac{x - 1002}{1{,}5}\right)^2} dx$$

Für die Ermittlung der Wahrscheinlichkeit wird die vorliegende Normalverteilung in die Standardnormalverteilung transformiert. Der Transformationsprozeß ist in Abb. 7.2.3.-3 schrittweise dargestellt.

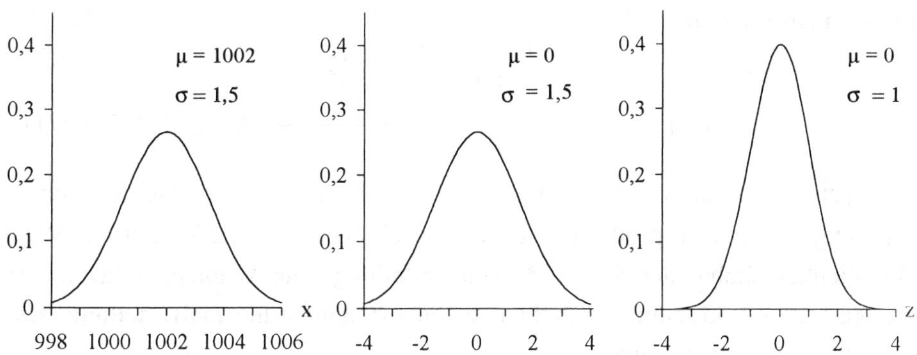


Abb. 7.2.3.-3: Schrittweise Transformation der Normalverteilung in die Standardnormalverteilung. Links: Ausgangsverteilung; Mitte: Verschiebung nach $\mu = 0$; rechts: "Zusammendrücken" auf $\sigma = 1$.

Für die Berechnung der Wahrscheinlichkeit reicht es aus, wenn allein die vorgegebene Realisation x der Normalverteilung in die entsprechende Realisation z der Standardnormalverteilung transformiert wird. Die Verschiebung $(x-\mu)$ und "Verzerrung" (Division mit $\sigma$) erfolgt mit Hilfe der sogenannten **z-Transformation**:

$$z = \frac{x - \mu}{\sigma} \qquad \text{(Formel 7.2.3.-5)}$$

In Abb. 7.2.3.-4 ist die Transformation für die relevanten Werte 1000 und 1004 aus der Aufgabe, zusätzlich für den Wert $\mu$ = 1002 und die beiden Wendepunkte 1000,5 und 1003,5 aufgezeigt.

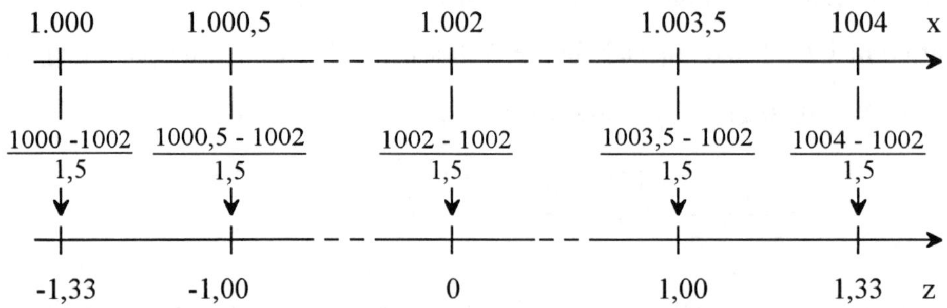


Abb. 7.2.3.-4: Transformation von x-Werten in z-Werte

Für die Wahrscheinlichkeit der Unterschreitung des Soll-Gewichts ergibt sich mit der z-Transformation

$$F_N(1000|\ 1002;\ 1{,}5) \xrightarrow{z = \frac{1000 - 1002}{1{,}5} = -1{,}33} F_{SN}(-1{,}33|\ 0;\ 1)$$

Die Fläche links von x = 1000 unter der Wahrscheinlichkeitsdichte der Normalverteilung ist genauso groß wie die Fläche links von z = -1,33 unter der Wahrscheinlichkeitsdichte der Standardnormalverteilung. Die Wahrscheinlichkeit für den Wert z = - 1,33 kann in Tabellenwerken zur Standardnormalverteilung (siehe dazu unter d) ) nachgeschlagen werden.

Für die Wahrscheinlichkeit, daß eine Tüte zwischen 1000 und 1004 g wiegt, ergibt sich mit den Berechnungen aus Abb. 7.2.3.-4 (s. auch Abb. 7.2.3.-7, S. 170)

$$\begin{aligned} W(1000 \le X \le 1004) &= W(X \le 1004) - W(X \le 1000) \\ &= F_N(1004|\ 1002;\ 1{,}5) - F_N(1000|\ 1002;\ 1{,}5) \\ &= F_{SN}(+1{,}33|\ 0;\ 1) - F_{SN}(-1{,}33|\ 0;\ 1) \end{aligned}$$

Die Wahrscheinlichkeiten für die Werte z = + 1,33 und z = - 1,33 können in Tabellenwerken zur Standardnormalverteilung (siehe dazu unter d) ) nachgeschlagen werden.

**d) Tabellierung**

Die Tabellierung der Standardnormalverteilung wird in der Regel dafür angegeben, daß die Realisation der Zufallsvariablen Z

- kleiner oder gleich einem bestimmten Wert z ist (Unterschreitungswahrscheinlichkeit)

$$W(Z \leq z) = F_{SN}(z|\, 0;\, 1)$$

- in einem um den Wert μ zentral (symmetrisch) gelegenen Intervall liegt (zentrales Schwankungsintervall)

$$W(-z \leq Z \leq +z) = F^*_{SN}(z|\, 0;\, 1)$$

Bei stetigen Zufallsvariablen ist es unerheblich, ob die Grenze eines Intervalls zum Intervall gehört oder nicht, da die Wahrscheinlichkeit für eine Realisation praktisch Null bzw. nicht feststellbar ist.

In Tabelle 3a (s.S. 368 f.) sind für z-Werte aus dem Bereich von -3,29 bis +3,29 die **Unterschreitungswahrscheinlichkeiten** angegeben. Für z-Werte, die außerhalb dieses Bereichs liegen, betragen die Wahrscheinlichkeiten nahezu 0 bzw. 1. In Abb. 7.2.3.-5 ist die Wahrscheinlichkeit für z = -1,33 als schraffierte Fläche graphisch veranschaulicht.

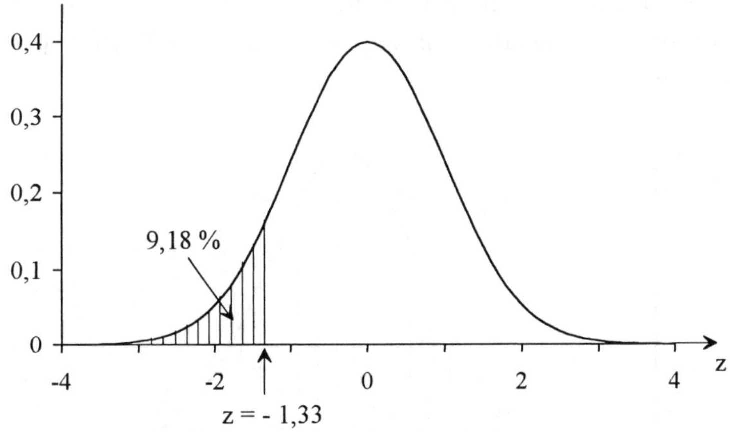


Abb. 7.2.3.-5: Unterschreitungswahrscheinlichkeit $F_{SN}(-1,33|\, 0;\, 1) = 9,18\ \%$

Der Gebrauch der Tabelle 3a (s.S. 368 f.) zum Ablesen der Wahrscheinlichkeit ist anhand des Beispielwertes z = -1,33 in Abb. 7.2.3.-6 dargestellt.

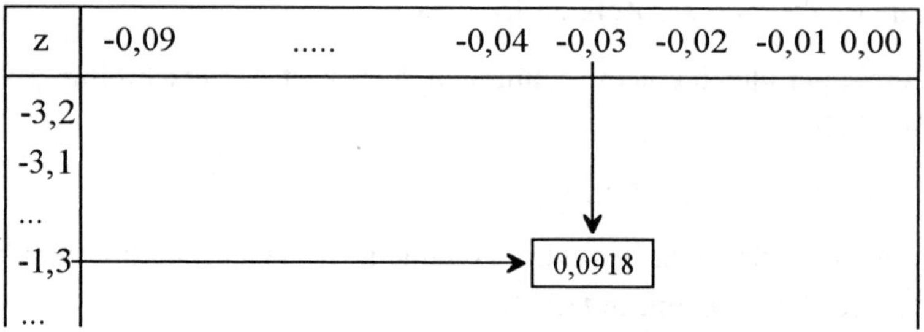


Abb. 7.2.3.-6: Ablesen der Wahrscheinlichkeit 0,0918 für z = -1,33

$$F_{SN}(-1,33 \mid 0; 1) = 0{,}0918 \quad \text{bzw.} \quad 9{,}18\ \%$$

Die Wahrscheinlichkeit, daß eine zufällig ausgewählte Tüte das Soll-Gewicht unterschreitet, beträgt 9,18 %.

In Tabelle 3b (s.S. 370) sind die Wahrscheinlichkeiten für um μ gleich 0 **zentrale Schwankungsintervalle** angegeben. Die Wahrscheinlichkeiten sind für z-Werte aus dem Bereich von 0 bis +3,39 angegeben. Damit z einen positiven Wert annimmt, ist bei der z-Transformation die obere Intervallgrenze zu verwenden. Für z-Werte, die über 3,39 liegen, beträgt die Wahrscheinlichkeit nahezu 1. In Abb. 7.2.3.-7 ist die Wahrscheinlichkeit für z = 1,33 als schraffierte Fläche graphisch veranschaulicht.

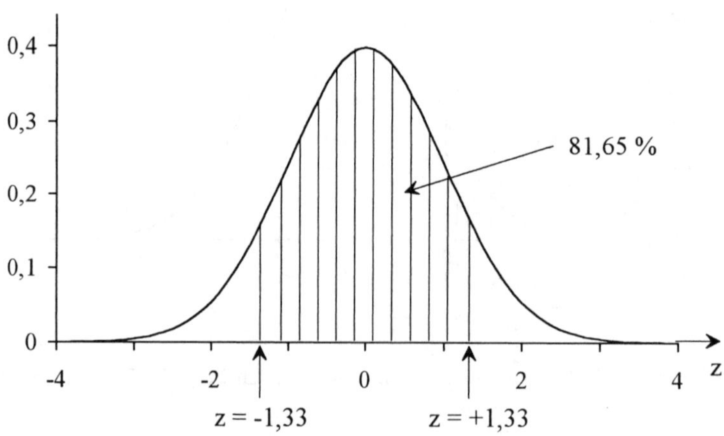


Abb. 7.2.3.-7: Wahrscheinlichkeit des zentralen Intervalls $F^*_{SN}(1{,}33 \mid 0; 1) = 81{,}65\ \%$

Der Gebrauch der Tabelle 3b (s.S. 370) zum Ablesen der Wahrscheinlichkeit ist anhand des Beispielwertes z = 1,33 in Abb. 7.2.3.-8 dargestellt.

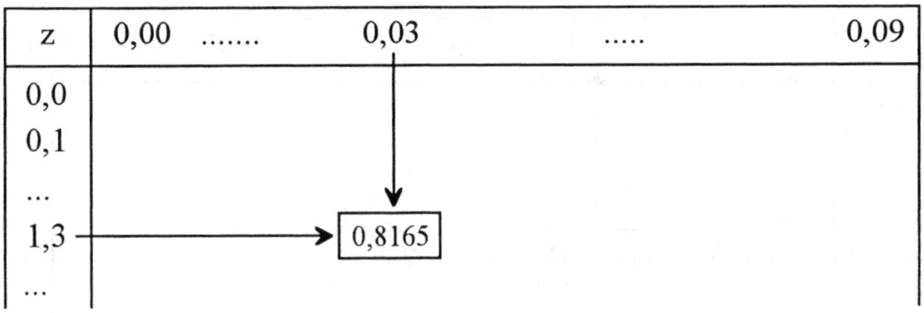


Abb. 7.2.3.-8: Ablesen der Wahrscheinlichkeit 0,8165 für z = 1,33

$$F^*_{SN}(1,33 \mid 0;\, 1) \;=\; 0,8165 \quad \text{bzw.} \quad 81,65\,\%$$

Die Wahrscheinlichkeit, daß eine zufällig ausgewählte Tüte Zucker zwischen 1.000 und 1.004 g wiegt, beträgt 81,65 %.

Fortsetzung des Beispiels: Dem Unternehmen ist die Wahrscheinlichkeit für eine Unterschreitung mit 9,18 % zu hoch. Auf welchen Wert sinkt die Wahrscheinlichkeit, wenn die Einstellung auf das Abfüllgewicht auf 1.002,4 g erhöht wird?

$$F_N(1000 \mid 1002,4;\, 1,5) \xrightarrow{\;z = \frac{1000\,-\,1002,4}{1,5} = -1,60\;} F_{SN}(-1,60 \mid 0;\, 1)$$

$$= 0,0548$$

Die Wahrscheinlichkeit, daß eine zufällig ausgewählte Tüte das Soll-Gewicht unterschreitet, beträgt 5,48 % (zuvor 9,18%).

Auf welches Abfüllgewicht muß die Anlage eingestellt werden, wenn mit einer Garantie von 97 % versichert werden soll, daß eine zufällig ausgewählte Tüte das Soll-Gewicht nicht unterschreitet?

In Umkehrung zu den obigen Aufgaben ist jetzt mit 97 % die Wahrscheinlichkeit vorgegeben und der Wert für die Zufallsvariable X bzw. Z gesucht.

$$W(X \geq 1000) \;=\; 1 \;-\; W(X < 1000) \;=\; 0,97$$

$$W(X < 1000) \;=\; 0,03$$

Für die Wahrscheinlichkeit 0,03 ist in der Tabelle 3a (s.S. 368) der entsprechende z-Wert zu suchen. Der Gebrauch der Tabelle ist in Abb. 7.2.3.-9 dargestellt.

| z | -0,09 | -0,08 | -0,07 | .... | -0,02 | -0,01 |
|---|---|---|---|---|---|---|
| -3,2 | | | | | | |
| -3,1 | | | | | | |
| ... | | | | | | |
| -1,8 | 0,0294 | 0,0301 | 0,0307 | | | |
| ... | | | | | | |

Abb. 7.2.3.-9: Ablesen des z-Wertes für die Wahrscheinlichkeit 0,03(01)

Als z-Wert kann näherungsweise der Wert -1,88, der der Wahrscheinlichkeit 0,0301 zugeordnet ist, verwendet werden (oder genauer mit Hilfe der linearen Interpolation: -1,8814). Der Wert z = -1,88 ist anschließend mit Hilfe der Formel 7.2.3.-5 für die z-Transformation in den Wert x zu transformieren.

$$F_{SN}(-1,88 \mid 0;\, 1) \xrightarrow{\;-1{,}88 = \frac{1000\,-\,\mu}{1{,}5} \;\rightarrow\; \mu = 1002{,}82\;} F_N(1000 \mid 1002{,}82;\, 1{,}5)$$

D.h. das mittlere Abfüllgewicht muß auf 1002,82 g eingestellt werden, wenn die Firma mit einer Garantie von 97 % (genauer: 96,99 %) versichern will, daß eine zufällig ausgewählte Tüte das Soll-Gewicht nicht unterschreitet.

**e) Erwartungswert und Varianz**

Erwartungswert und Varianz der Normal- bzw. Standardnormalverteilung entsprechen den Funktionalparametern, d.h.

$$E(X) = \mu$$

bzw.

$$VAR(X) = \sigma^2$$

**f) Reproduktivität**

Beispiel: Küchenhersteller
Bei der Herstellung von Küchenarbeitsplatten wird auf eine Spanplatte eine Kunststoffbeschichtung aufgebracht. Die Gesamtstärke der Platte soll zwischen 32 und 34 mm liegen. Die Stärke der Spanplatte ist normalverteilt mit $\mu = 31{,}7$ und $\sigma = 0{,}4$ mm, die Stärke der Kunststoffschicht ist normalverteilt mit $\mu = 1{,}5$ und $\sigma = 0{,}3$ mm. - Wie groß ist die Wahrscheinlichkeit, daß die Gesamtstärke der Arbeitsplatte innerhalb der Toleranz liegt?

Zufallsvariable $X_S$: Stärke der Spanplatte

Zufallsvariable $X_K$: Stärke der Kunststoffbeschichtung

Funktionalparameter:

$$\mu_S = 31{,}7 \text{ mm}; \quad \sigma_S = 0{,}4 \text{ mm};$$
$$\mu_K = 1{,}5 \text{ mm}; \quad \sigma_K = 0{,}3 \text{ mm}.$$

Gesucht: $W(32 \leq X_S + X_K \leq 34)$

Dazu sind die Wahrscheinlichkeiten für alle Kombinationen aus $X_S$ und $X_K$, die zu einer Gesamtstärke zwischen 32 und 34 mm führen, zu ermitteln und zu addieren. Diese Berechnung ist wegen der unendlich vielen Kombinationen der beiden stetigen Zufallsvariablen unmöglich. Die Reproduktivitätseigenschaft der Normalverteilung ermöglicht jedoch die Berechnung der Wahrscheinlichkeit auf einfache Weise.

**Reproduktivität der Normalverteilung**

Sind die Zufallsvariablen $X_1, X_2, ..., X_n$ unabhängig und normalverteilt mit $\mu_1, \mu_2, ..., \mu_n$ und $\sigma_1, \sigma_2, ..., \sigma_n$, dann ist die Zufallsvariable $X = X_1 + X_2 + ... + X_n$ ebenfalls normalverteilt mit

$$\mu = \sum_{i=1}^{n} \mu_i \qquad \text{und} \qquad \sigma^2 = \sum_{i=1}^{n} \sigma_i^2$$

Für das Beispiel Küchenhersteller ergibt sich damit:

Zufallsvariable X: Stärke der Arbeitsplatte

Funktionalparameter: $\mu = \mu_S + \mu_K = 31{,}7 + 1{,}5 = 33{,}2$ mm

$$\sigma^2 = \sigma_S^2 + \sigma_K^2 = 0{,}4^2 + 0{,}3^2 = 0{,}25 \text{ mm}^2 \qquad \text{bzw.} \qquad \sigma = 0{,}5 \text{ mm}$$

In Abb. 7.2.3.-10 ist die z-Transformation für die Werte 32, 33,2 und 34 aufgezeigt.

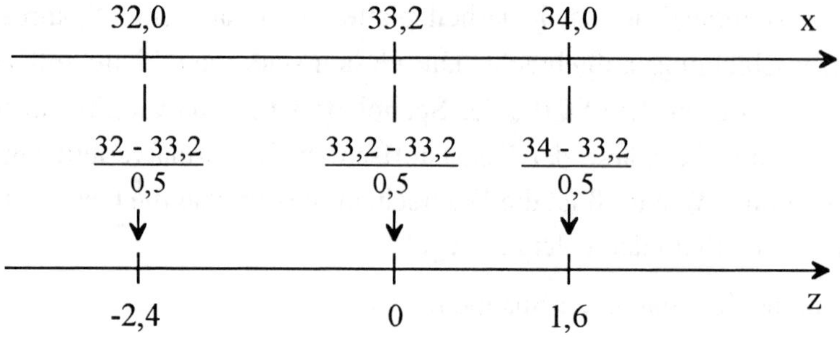


Abb. 7.2.3.-10: Transformation ausgewählter x-Werte in z-Werte

Aus der Abb. 7.2.3.-10 geht hervor:

$$W(32 \leq X \leq 34) = W(-2{,}4 \leq Z \leq 1{,}6)$$

$$= F_{SN}(1{,}6|\, 0;\, 1) - F_{SN}(-2{,}4|\, 0;\, 1)$$

Mit Hilfe der Tabelle 3a (S. 368) ergibt sich:

$$= 0{,}9452 - 0{,}0082$$

$$= 0{,}9370 \quad \text{bzw.} \quad 93{,}70\,\%$$

Die Wahrscheinlichkeit, daß die Stärke der Arbeitsplatte innerhalb der Toleranzgrenzen liegt, beträgt 93,70 %. - Die Einhaltung der Toleranzgrenzen kann verbessert werden, wenn die Gesamtstärke auf 33 mm, die Mitte aus 32 und 34 cm, eingerichtet wird, z.B. durch die Spanplattenstärke 31,5 mm und die Kunststoffbeschichtung 1,5 mm.

$$W(32 \leq X \leq 34) = W\left(\frac{32 - 33}{0{,}5} \leq Z \leq \frac{34 - 33}{0{,}5}\right)$$

$$= F^{*}_{SN}(2|\, 0;\, 1)$$

Mit Hilfe der Tabelle 3b (S. 370) ergibt sich:

$$0{,}9545 \quad \text{bzw.} \quad 95{,}45\,\%.$$

Die Wahrscheinlichkeit, daß die Stärke der Arbeitsplatte innerhalb der Toleranz liegt, steigt durch die veränderte Einstellung von 93,7 % auf 95,45 %.

## 7.2.4 Approximationen

In Abschnitt 7.1.5 (s.S. 150 ff.) wurde aufgezeigt, daß bei Vorliegen bestimmter Konstellationen der Funktionalparameter zwei Verteilungenformen sehr ähnlich sein können. Unter der Zielsetzung, den Rechenaufwand zu reduzieren, ist es naheliegend, eine aufwendige Verteilung durch eine weniger aufwendige Verteilung zu ersetzen bzw. zu approximieren.

Die Normalverteilung ist für die Binomialverteilung, die hypergeometrische Verteilung und die Poissonverteilung eine wichtige Approximationsverteilung. Sie kann zu einer erheblichen Verringerung des Rechenaufwands führen und in bestimmten Situationen die Berechnung der Wahrscheinlichkeit praktisch sogar erst möglich machen. Bei der Approximation ist in fünf Schritten vorzugehen.

Schritt 1: Erkennen der Verteilungsform

Schritt 2: Feststellung der Funktionalparameter

Schritt 3: Zulässigkeitsprüfung der Normalverteilung

Schritt 4: Feststellung der Funktionalparameter $\mu$ und $\sigma$

Schritt 5: Berechnung der Wahrscheinlichkeit

Bei der Approximation einer diskreten Verteilung durch eine stetige Verteilung ist die sogenannte **Stetigkeitskorrektur** durchzuführen. Diese Korrektur ist erforderlich, da stetige Zufallsvariable im Unterschied zu diskreten Zufallsvariablen jeden beliebigen Wert in einem Intervall annehmen können, so daß sich die Gesamtwahrscheinlichkeit auf ein Kontinuum und nicht nur auf diskrete Werte verteilt. Mit Hilfe der Abb. 7.2.4.-1 wird die Notwendigkeit der Stetigkeitskorrektur veranschaulicht.

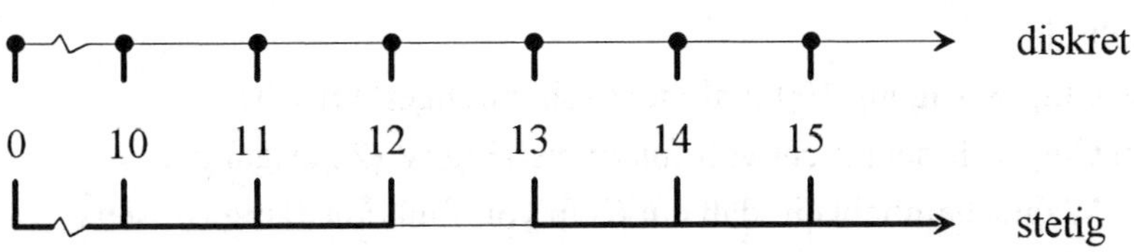


Abb. 7.2.4.-1: Erfaßte stetige Realisationen bei einer Approximation unter Vernachlässigung der Stetigkeitskorrektur für die Wahrscheinlichkeiten $W(X \leq 12)$ und $W(X \geq 13)$

Bei einer diskreten, ganzzahligen Zufallsvariablen gilt

$$W(X \leq 12) + W(X \geq 13) = 1$$

da sämtliche Realisationen erfaßt werden. Bei der Approximation durch die Normalverteilung mit den Intervallgrenzen 12 bzw. 13 gilt im Falle einer Vernachlässigung der Stetigkeitskorrektur

$$W(X \leq 12) + W(X \geq 13) < 1$$

da das Intervall bzw. die Fläche über den Realisationen zwischen 12 und 13 nicht erfaßt wird (s. Abb. 7.2.4.-1). Die Wahrscheinlichkeit würde daher zu klein ausfallen. Der Fehler ist umso größer, je größer die Wahrscheinlichkeit (Fläche) des nicht erfaßten Intervalls ist und umgekehrt. Zur Vermeidung dieses Fehlers wird jedem diskreten Wert x bei der Approximation durch eine stetige Verteilung ein Intervall zugeordnet, dessen obere und untere Grenze jeweils 0,5 Einheiten von x entfernt sind. Den Werten 12 und 13 im Beispiel sind die Intervalle [11,5; 12,5] bzw. [12,5; 13,5] zugeordnet. Damit ergibt sich richtigerweise

$$W(X \leq 12{,}5) + W(X \geq 12{,}5) = 1$$

### a) Approximation der Binomialverteilung durch die Normalverteilung

Beispiel: MB-Chips
Bei der Fertigung von MB-Chips beträgt die Wahrscheinlichkeit, daß ein Chip voll funktionsfähig ist, erfahrungsgemäß 60 %. - Wie groß ist die Wahrscheinlichkeit, daß bei einer Prüfung von 300 Chips höchstens 190 Chips voll funktionsfähig sind?

*Schritt 1: Erkennen der Verteilungsform*

Die Zufallsvariable X "Anzahl der Chips, die voll funktionsfähig sind" ist binomialverteilt, da

1. die Chip-Fertigung 300-mal identisch durchgeführt wird,
2. ein Chip voll oder nicht voll funktionsfähig ist (2 Ausgänge),
3. die Wahrscheinlichkeit, daß ein Chip voll funktionsfähig ist, stets bei 60 % liegt.

*Schritt 2: Feststellung der Funktionalparameter*

$n = 300; \;\; \Theta = 0{,}60$

Die Berechnung der Wahrscheinlichkeit (Formel 7.1.1.-2, s.S. 134)

$$F_B(190|\,300;\,0{,}6) = \sum_{a=0}^{190} \binom{300}{a} \cdot 0{,}6^a \cdot 0{,}4^{300-a}$$

ist offensichtlich sehr aufwendig.

*Schritt 3: Zulässigkeitsprüfung der Normalverteilung*

Die Approximation der Binomialverteilung durch die Normalverteilung ist vertretbar, wenn die Varianz größer gleich 9 und Θ weder sehr klein noch sehr groß ist.

| |
|---|
| 1. $n \cdot \Theta \cdot (1 - \Theta) \geq 9$ |
| 2. $0{,}10 < \Theta < 0{,}90$ |

Im Beispiel werden beide Approximationsbedingungen erfüllt:

$$300 \cdot 0{,}6 \cdot 0{,}4 = 72 \geq 9$$

$$0{,}10 < \Theta = 0{,}6 < 0{,}90$$

Die Approximation ist folglich zulässig.

*Schritt 4: Feststellung der Funktionalparameter*

$$\mu = n \cdot \Theta \quad \text{und} \quad \sigma = \sqrt{n \cdot \Theta \cdot (1 - \Theta)}$$

Im Beispiel:

$$\mu = 300 \cdot 0{,}6 = 180 \quad \text{und} \quad \sigma = \sqrt{300 \cdot 0{,}6 \cdot 0{,}4} = 8{,}485$$

Der Wert $\mu = 180$ bedeutet: Bei der Fertigung von 300 Chips ist zu erwarten, daß im Durchschnitt 180 Chips voll funktionsfähig sind.

*Schritt 5: Berechnung der Wahrscheinlichkeit*

$$F_B(190|\,300;\,0{,}6) \approx F_N(190{,}5|\,180;\,8{,}485)$$

$$= F_{SN}(\frac{190{,}5 - 180}{8{,}485} = 1{,}237|\,0;\,1)$$

Aus der Tabelle 3a (s.S. 369) ergibt sich für den gerundeten Wert z = 1,24

0,8925 bzw. 89,25 % (für z = 1,237: interpoliert → 0,8920)

Die Wahrscheinlichkeit, daß von 300 Chips höchstens 190 Chips voll funktionsfähig sind, beträgt approximativ 89,25 % (interpoliert: 89,20 %). - Die exakte, über die Binomialverteilung ermittelte Wahrscheinlichkeit beträgt 89,25 %.

Die Gegenüberstellung ausgewählter, kumulierter Wahrscheinlichkeiten unter Abb. 7.2.4.-2 zeigt, inwieweit die Binomialverteilung im Beispiel durch die Normalverteilung approximiert wird (Hinweis: Die Berechnungen wurden sehr genau, d.h. mit sehr vielen Dezimalstellen durchgeführt).

| x | $F_B(x)$ | $F_N(x)$ |
|---|---|---|
| 140 | 0,0000 | 0,0000 |
| 150 | 0,0003 | 0,0003 |
| 160 | 0,0112 | 0,0108 |
| 170 | 0,1316 | 0,1314 |
| 175 | 0,2970 | 0,2979 |

| x | $F_B(x)$ | $F_N(x)$ |
|---|---|---|
| 180 | 0,5219 | 0,5235 |
| 190 | 0,8925 | 0,8920 |
| 200 | 0,9927 | 0,9921 |
| 210 | 0,9999 | 0,9998 |
| 220 | 1,0000 | 1,0000 |

Abb. 7.2.4.-2: Gegenüberstellung der Binomial- und Normalverteilung

## b) Approximation der hypergeometrischen Verteilung durch die Normalverteilung

Beispiel: Beurteilung der Studienbedingungen
Von 1.300 Studenten der Betriebswirtschaftslehre an einer Hochschule sind 80 % mit den Studienbedingungen zufrieden. - Wie groß ist die Wahrscheinlichkeit, daß von 60 zufällig ausgewählten Studenten höchstens 70 % zufrieden sind?

*Schritt 1: Erkennen der Verteilungsform*

Die Zufallsvariable X "Anzahl der zufriedenen Studenten" ist hypergeometrisch verteilt, da

1. von den vorgegebenen 1.300 Studenten 1.040 (80 %) zufrieden und die restlichen 260 nicht zufrieden sind,
2. von den 1.300 Studenten 60 "ohne Zurücklegen" ausgewählt werden.

*Schritt 2: Feststellung der Funktionalparameter*

N = 1.300; M = 1.040; n = 60.

Gesucht ist die Wahrscheinlichkeit, daß von den 60 befragten Studenten höchstens 42 (70 %) zufrieden sind (s. Formel 7.1.2.-2, s.S. 139).

$$F_H(42|\ 1300; 1040; 60) = \sum_{a=0}^{42} \frac{\binom{1040}{a} \cdot \binom{260}{60-a}}{\binom{1300}{60}}$$

Diese Aufgabe ist nur mit erheblichem Berechnungsaufwand lösbar. Eine Approximationsmöglichkeit wäre in diesem Fall hilfreich.

*Schritt 3: Zulässigkeitsprüfung der Normalverteilung*

Die Approximation der hypergeometrischen Verteilung durch die Normalverteilung ist vertretbar, wenn n größer gleich 30, der Anteil M/N weder sehr groß noch sehr klein und die Varianz größer gleich 9 ist.

| |
|---|
| 1. $n \geq 30$ |
| 2. $0{,}10 < \frac{M}{N} < 0{,}90$ |
| 3. $n \cdot \frac{M}{N} \cdot (1 - \frac{M}{N}) \geq 9$ |

Im Beispiel werden die drei Approximationsbedingungen erfüllt.

$$60 = n \geq 30$$

$$0{,}10 < \frac{1040}{1300} = 0{,}8 < 0{,}90$$

$$60 \cdot \frac{1040}{1300} \cdot \frac{260}{1300} = 60 \cdot 0{,}8 \cdot 0{,}2 = 9{,}6 \geq 9$$

Die Approximation ist folglich zulässig.

*Schritt 4: Feststellung der Funktionalparameter*

$$\mu = n \cdot \frac{M}{N} \quad \text{und} \quad \sigma = \sqrt{n \cdot \frac{M}{N} \cdot (1 - \frac{M}{N}) \cdot \frac{N-n}{N-1}}$$

Im Beispiel:

$$\mu = 60 \cdot \frac{1040}{1300} = 48 \quad \text{und} \quad \sigma = \sqrt{60 \cdot \frac{1040}{1300} \cdot \frac{260}{1300} \cdot \frac{1240}{1299}} = 3{,}0272$$

Der Wert $\mu = 48$ besagt: Bei der Befragung von 60 Studenten ist zu erwarten, daß durchschnittlich 48 mit dem Studium zufrieden sind.

*Schritt 5: Berechnung der Wahrscheinlichkeit*

$$F_H(42|\,1300;\,1040;\,60) \approx F_N(42{,}5|\,48;\,3{,}0272)$$

$$= F_{SN}\left(\frac{42{,}5 - 48}{3{,}0272} = -1{,}8168|\,0;\,1\right)$$

Aus der Tabelle 3a (s.S. 368) ergibt sich für den gerundeten Wert z = -1,82

0,0344 bzw. 3,44 % (z = -1,8168: interpoliert → 0,0346)

Die Wahrscheinlichkeit, daß von 60 zufällig ausgewählten Studenten höchstens 70 % (= 42) zufrieden sind, obwohl von 1300 Studenten 80 % (= 1040) zufrieden sind, beträgt approximativ 3,44 %. - Die exakte, über die hypergeometrische Verteilung ermittelte Wahrscheinlichkeit beträgt 3,90 %.

Die Gegenüberstellung ausgewählter, kumulierter Wahrscheinlichkeiten unter Abb. 7.2.4.-3 zeigt, inwieweit die hypergeometrische Verteilung im Beispiel durch die Normalverteilung approximiert wird (Hinweis: Die Berechnungen wurden sehr genau, d.h. mit sehr vielen Dezimalstellen durchgeführt).

| x | $F_H(x)$ | $F_N(x)$ |
|---|---|---|
| 35 | 0,0001 | 0,0002 |
| 40 | 0,0091 | 0,0066 |
| 45 | 0,2016 | 0,2044 |
| 50 | 0,7929 | 0,7956 |
| 55 | 0,9967 | 0,9934 |
| 60 | 1,0000 | 0,9999 |

Abb. 7.2.4.-3: Gegenüberstellung der hypergeometrischen Verteilung und der Normalverteilung

### c) Approximation der Poissonverteilung durch die Normalverteilung

Beispiel: Spedition Properus

Die Spedition Properus verspricht, Frachtaufträge, die zwischen 7.30 und 8.30 Uhr eingehen, noch an demselben Tag zu erledigen. Während dieser Zeit trafen bisher durchschnittlich 12 Frachtaufträge ein. Properus kann täglich 16 derartige Aufträge selbst durchführen. Weitere Aufträge werden gegebenenfalls fremdvergeben. - Wie groß ist die Wahrscheinlichkeit, daß Properus an einem beliebigen Tag alle Aufträge selbst durchführen kann?

*Schritt 1: Erkennen der Verteilungsform*

Die Zufallsvariable X "Anzahl der eingehenden Aufträge" ist poissonverteilt, da die durchschnittliche Anzahl 12 auf eine feste Zeitspanne (7.30 - 8.30) bezogen ist und davon ausgegangen werden kann, daß die einzelnen Aufträge voneinander unabhängig sind. Zur Absicherung müßte geprüft werden, ob auch die Varianz zirka 12 beträgt (s. Abschn. 7.1.3.e).

*Schritt 2: Feststellen des Funktionalparameters*

Der Funktionalparameter ist gegeben mit

$$\mu = 12$$

Gesucht ist die Wahrscheinlichkeit, daß an einem Tag höchstens 16 Aufträge eintreffen (s. Formel 7.1.3.-2, S. 143).

$$F_P(16|\,12) = e^{-12} \cdot \sum_{a=0}^{16} \frac{12^a}{a!}$$

Die Berechnung der Wahrscheinlichkeit ist aufwendig. Eine Approximationsmöglichkeit wäre in diesem Fall hilfreich.

*Schritt 3: Zulässigkeitsprüfung der Normalverteilung*

Die Approximation der Poissonverteilung durch die Normalverteilung ist vertretbar, wenn der Parameter $\mu$ größer gleich 9 ist.

$$\boxed{\mu \geq 9}$$

Im Beispiel ist die Approximationsbedingung mit $\mu = 12$ erfüllt.

*Schritt 4: Feststellen der Funktionalparameter*

$$\mu = \mu \quad \text{und} \quad \sigma = \sqrt{\mu}$$

Im Beispiel:

$$\mu = 12 \quad \text{und} \quad \sigma = \sqrt{12} = 3{,}4641$$

*Schritt 5: Berechnung der Wahrscheinlichkeit*

$$F_P(16|\,12) \approx F_N(16{,}5|\,12;\, 3{,}4641)$$

$$= F_{SN}(\frac{16{,}5 - 12}{3{,}4641} = 1{,}299|\,0;\,1)$$

Aus der Tabelle 3a (S. 369) ergibt sich für den gerundeten Wert z = 1,30

0,9032 bzw. 90,32 % (z = 1,299: interpoliert → 0,9030)

Die Wahrscheinlichkeit, daß an einem Tag alle Aufträge selbst durchgeführt werden können, beträgt approximativ 90,32 %. - Die exakte, über die Poissonverteilung ermittelte Wahrscheinlichkeit beträgt 89,87 %.

Die Gegenüberstellung ausgewählter, kumulierter Wahrscheinlichkeiten unter Abb. 7.2.4.-4 zeigt, inwieweit die Poissonverteilung im Beispiel durch die Normalverteilung approximiert wird (Hinweis: Die Berechnungen wurden sehr genau, d.h. mit sehr vielen Dezimalstellen durchgeführt).

| x | $F_P(x)$ | $F_N(x)$ |
|---|---|---|
| 5 | 0,0203 | 0,0303 |
| 8 | 0,1550 | 0,1562 |
| 10 | 0,3472 | 0,3325 |
| 13 | 0,6815 | 0,6675 |
| 15 | 0,8444 | 0,8438 |
| 18 | 0,9626 | 0,9697 |
| 20 | 0,9884 | 0,9929 |
| 25 | 0,9997 | 1,0000 |

Abb. 7.2.4.-4: Gegenüberstellung der Poissonverteilung und der Normalverteilung

# 7.3 Übersicht zu den Approximationsmöglichkeiten

| Ausgangs-verteilung | Approximations-bedingungen | Approximati-onsverteilung | Parameter der Appro-ximationsverteilung |
|---|---|---|---|
| $f_H(x\| N; M; n)$ | $0,1 < \frac{M}{N} < 0,9$<br>$\frac{n}{N} < 0,05$ | $f_B(x\| n; \Theta)$ | $\Theta = \frac{M}{N}$ |
| | $n \geq 30$<br>$\frac{M}{N} \leq 0,1$ oder $\frac{M}{N} \geq 0,9$<br>$\frac{n}{N} < 0,05$ | $f_P(x\| \mu)$ | $\mu = n \cdot \frac{M}{N}$ |
| | $n \geq 30$<br>$0,1 < \frac{M}{N} < 0,9$<br>$n \cdot \frac{M}{N} \cdot (1 - \frac{M}{N}) \geq 9$ | $f_N(x\| \mu; \sigma)$ | $\mu = n \cdot \frac{M}{N}$<br>$\sigma = \sqrt{n \cdot \frac{M}{N} \cdot (1 - \frac{M}{N}) \cdot \frac{N-n}{N-1}}$ |
| $f_B(x\| n; \Theta)$ | $n \geq 30$<br>$\Theta \leq 0,1$ oder $\Theta \geq 0,9$ | $f_P(x\| \mu)$ | $\mu = n \cdot \Theta$ |
| | $n \cdot \Theta \cdot (1 - \Theta) \geq 9$<br>$0,1 < \Theta < 0,9$ | $f_N(x\| \mu; \sigma)$ | $\mu = n \cdot \Theta$<br>$\sigma = \sqrt{n \cdot \Theta \cdot (1 - \Theta)}$ |
| $f_P(x\| \mu)$ | $\mu \geq 9$ | $f_N(x\| \mu; \sigma)$ | $\mu = \mu$<br>$\sigma = \sqrt{\mu}$ |

Abb. 7.3.-1: Übersicht zu den Approximationsmöglichkeiten

## 7.4 Übungsaufgaben und Kontrollfragen

01) Erklären Sie den Unterschied zwischen empirischen und theoretischen Verteilungen!

02) Erklären Sie den Unterschied zwischen diskreten und stetigen Verteilungen!

03) Warum ist die Wahrscheinlichkeit für eine ganz bestimmte Realisation einer stetigen Zufallsvariablen gleich "Null" bzw. nicht feststellbar?

04) Erklären Sie den Unterschied zwischen der Binomialverteilung und der hypergeometrischen Verteilung!

05) Ermitteln Sie a) durch Berechnung und b) durch Nachschlagen in Tabellenwerken die Lösungen der nachstehenden Aufgaben!
$f_B(7; 9, 0{,}45)$; $F_B(3; 7, 0{,}30)$; $f_B(2; 5, 0{,}80)$; $f_P(10; 4{,}4)$; $F_P(4; 4{,}4)$.

06) Beschreiben Sie die Eigenschaften der Normalverteilung!

07) Worin liegt die Bedeutung der Standardnormalverteilung?

08) Worin liegt die Bedeutung von Approximationsverteilungen?

09) Wann und warum ist die Stetigkeitskorrektur vorzunehmen?

10) Die Wahrscheinlichkeit, daß ein U-Bahn-Fahrgast ein "Schwarzfahrer" ist, beträgt erfahrungsgemäß 2 %.

a) Wie groß ist die Wahrscheinlichkeit, daß sich unter neun Fahrgästen kein, höchstens einer, mindestens ein Schwarzfahrer befindet?

b) Ein Kontrolleur überprüft an einem Tag 200 Fahrgäste. Wie groß ist die Wahrscheinlichkeit, daß sich unter den 200 Fahrgästen genau 3, höchstens 5, mindestens 7 Schwarzfahrer befinden?

c) Wieviele Fahrgäste muß ein Kontrolleur durchschnittlich überprüfen, bis er den ersten Schwarzfahrer entdeckt?

d) Die Kosten eines Kontrolleurs belaufen sich täglich auf € 180. Wieviele Fahrgäste muß ein Kontrolleur an einem Tag durchschnittlich überprüfen, wenn die Bußgelder (60 € pro Schwarzfahrer) die Kosten eines Kontrolleurs decken sollen?

11) Eine Klausur besteht aus 50 Multiple-choice-Aufgaben. Für jede Aufgabe sind drei Antworten vorgegeben, von denen nur eine richtig ist. Die Klausur ist bestanden, wenn mindestens 20 Aufgaben richtig angekreuzt sind.

a) Bestimmen Sie die Zufallsvariable X! Geben Sie die Verteilungsform an! Begründen Sie Ihre Entscheidung!
b) Berechnen Sie die Wahrscheinlichkeit, daß die Klausur durch rein zufälliges Ankreuzen bestanden wird!
c) Mit wievielen richtigen Antworten ist zu rechnen, wenn die Antworten rein zufällig angekreuzt werden?
d) Nennen Sie zwei sinnvolle Maßnahmen, die zu einer Reduzierung der Wahrscheinlichkeit für ein Bestehen durch zufälliges Ankreuzen führt!

12) Prüfen Sie mit den Kenntnissen aus Kap. 7, ob es vorteilhaft ist, vier anstatt drei Blutspenden zu einem Pool zusammenzuführen! (Daten unter Aufgabe 21 in Abschnitt 4.4, S. 68).

13) Beim Spiel "6 aus 49" (Lotto) werden aus den Zahlen 1 bis 49 sechs Zahlen zufällig ausgewählt. Ziel eines Spielers ist es, möglichst viele der ausgewählten Zahlen richtig vorauszusagen.
a) Definieren Sie die Zufallsvariable, die den optimistisch eingestellten Spieler interessiert! Wie ist diese Zufallsvariable verteilt?
b) Bestimmen Sie die Wahrscheinlichkeit, daß mit einem Tipp genau zwei Richtige angekreuzt werden!

14) Aus der Konkursmasse einer Porzellanfabrik werden Ihnen 1.000 Vasen zu einem Sonderpreis angeboten. Von den 1.000 Vasen weisen angeblich zirka 30 % kleinere Fehler auf. Sie wollen sämtliche Vasen kaufen, wenn in einer Stichprobe von 40 Vasen höchstens 30 % kleinere Fehler aufweisen. Wie groß ist die Wahrscheinlichkeit, daß es zum Kauf kommt, wenn tatsächlich 40 % der 1.000 Vasen kleinere Fehler aufweisen?

15) In einer Lieferung von 2.000 Artikel sind 40 Artikel fehlerhaft.
a) Wie groß ist die Wahrscheinlichkeit, daß bei einer Stichprobe von 50 Artikeln mindestens ein Artikel fehlerhaft ist?
b) Wie groß ist die Wahrscheinlichkeit, daß bei einer Stichprobe von 100 Artikeln mindestens zwei Artikel fehlerhaft sind?

16) In einer sehr großen Müllentsorgungsfirma fehlen durchschnittlich acht Arbeitnehmer in der Frühschicht. Wie groß ist die Wahrscheinlichkeit, daß an einem Tag genau 7, höchstens 9, mehr als 9 Arbeitnehmer fehlen?

17) Die Transportfirmen "Schnell" (4 Mitarbeiter) und "Rasant" (2 Mitarbeiter) wollen kooperieren. Beide werben damit, angenommene Aufträge innerhalb

eines Tages zu erledigen. "Schnell" erhält durchschnittlich 5, "Rasant" durchschnittlich 2 Aufträge pro Tag. Ein Mitarbeiter kann 2 Aufträge pro Tag erledigen.

a) Bestimmen Sie die Wahrscheinlichkeit, daß während eines beliebigen Tages bei "Schnell" genau 6 Aufträge eintreffen!

b) Bestimmen Sie die Wahrscheinlichkeit, daß während eines beliebigen Tages bei "Schnell" Aufträge wegen Überlastung abgelehnt werden müssen!

c) Die Wahrscheinlichkeit, daß bei mindestens einer der beiden Firmen an einem Tag Aufträge wegen Überlastung abgelehnt werden mußten, betrug vor der Kooperation 11,72 % (0,0527 + 0,0681 - 0,0527 $\cdot$ 0,0681). - Im Rahmen der Kooperation wird ein Mitarbeiter entlassen. Wie wirken Kooperation und Personalentlassung auf die Ablehnungswahrscheinlichkeit?

18) Lösen Sie die Aufgaben 07, 08b) und 09 aus Abschnitt 5.4. mit den Kenntnissen, die Sie in Kapitel 7 erworben haben!

19) Eine Winzergenossenschaft füllt den "Wipfelder Zehntgraf" in Bocksbeutel ab. Umfangreiche Messungen haben ergeben, daß der Flascheninhalt normalverteilt ist mit $\mu$ = 752 ml und $\sigma$ = 0,8 ml. Der Mindestinhalt eines Bocksbeutels beträgt 750 ml.

a) Wie groß ist die Wahrscheinlichkeit, daß ein Bocksbeutel unterfüllt ist?

b) Wie groß ist die Wahrscheinlichkeit, daß in einem Bocksbeutel zwischen 750 und 754 ml enthalten sind?

c) Wie groß ist die Wahrscheinlichkeit, daß beim Kauf von sechs Bocksbeutel - insgesamt gesehen - eine Unterfüllung gegeben ist?

d) Die Abfüllanlage war bisher auf 752 ml eingestellt. Wie ist die Anlage einzustellen, wenn höchstens 2 % der Flaschen unterfüllt sein sollen?

20) Auf einer Maschine werden Dichtungsringe mit einem Durchmesser von 65 mm hergestellt. Der Durchmesser der hergestellten Dichtungsringe ist normalverteilt mit einer Streuung von $\sigma$ = 0,05 mm. Die Toleranz für den Durchmesser beträgt $\pm$ 0,12 mm.

a) Auf welchen Durchmesser ist die Maschine einzustellen, wenn möglichst viele hergestellte Dichtungsringe in den Toleranzgrenzen liegen sollen? Wie groß ist die Wahrscheinlichkeit, daß ein Dichtungsring dann innerhalb der Toleranzgrenzen liegt?

b) Durch einen Bedienungsfehler ist die Anlage auf einen Durchmesser von 65,05 mm eingestellt. Wie groß ist die Wahrscheinlichkeit, daß der Durchmesser des Dichtungsrings innerhalb der Toleranzgrenzen liegt?

# 8 Grundlagen der schließenden Statistik

Informationen über die Grundgesamtheit können grundsätzlich auf zwei Arten eingeholt werden. Zum einen kann sich die Erhebung auf sämtliche Elemente der Grundgesamtheit erstrecken, zum anderen kann sich die Erhebung auf eine **Stichprobe**, also auf einen Teil der Elemente aus der Grundgesamtheit beschränken, um dann von den Eigenschaften der Stichprobe auf die Eigenschaften der Grundgesamtheit zurückzu*schließen*.

Die erste Art der Informationseinholung wird als **Voll- oder Totalerhebung** bezeichnet. Sie ist typisch für die beschreibende Statistik, deren Aussagen stets auf der Erhebung sämtlicher Elemente einer Gesamtheit basieren. Die zweite Art der Informationseinholung wird als **Teil- oder Stichprobenerhebung** bezeichnet. Sie ist typisch für die schließende Statistik (auch: induktive, beurteilende, analytische, inferentielle Statistik), deren Aussagen stets auf der Erhebung eines Teils der Grundgesamtheit basieren. In der schließenden Statistik werden also Aussagen über die Grundgesamtheit getroffen, ohne daß alle Elemente dieser Gesamtheit untersucht bzw. erhoben werden.

Aus der Grundgesamtheit, die aus den N Elementen $E_j$ (j = 1, ..., N) besteht, werden mit Hilfe eines Auswahlverfahrens n Elemente $E_i$ (i = 1, ..., n) bestimmt. Diese n Elemente bilden die Stichprobe bzw. das n-Tupel

$$(E_1, E_2, ..., E_n)$$

Zwei Stichproben, die aus denselben, aber unterschiedlich angeordneten Elementen bestehen, werden aus wahrscheinlichkeitstheoretischen Erfordernissen als unterschiedlich angesehen. Eine Stichprobe kann damit unter Zuhilfenahme der Kombinatorik wie folgt definiert werden.

**Definition: Stichprobe**

Eine Stichprobe ist eine Variation n-ter Ordnung aus N Elementen.

Für jedes Element der Stichprobe wird der Wert bzw. die Ausprägung $x_i$ des interessierenden Merkmals X festgestellt. Jeder Stichprobe kann damit ein n-Tupel

$$(x_1, x_2, ..., x_n)$$

zugeordnet werden, das als konkrete Stichprobe bezeichnet wird.

Diese konkrete Stichprobe (auch: Stichprobenergebnis) bildet die Basis für den Rückschluß auf das Ergebnis der Grundgesamtheit.

In Abb. 8.-1 ist der prinzipielle Ablauf der schließenden Statistik schematisch dargestellt.

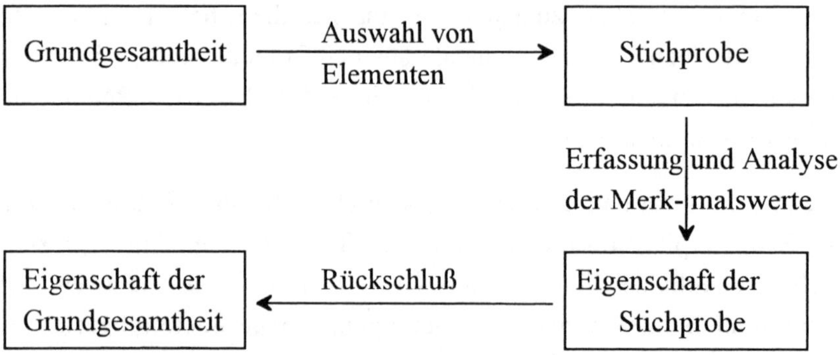


Abb. 8.-1: Prinzipieller Ablauf der schließenden Statistik

Die schließende Statistik findet in der betrieblichen Praxis häufig Anwendung. Aus dem breit gefächerten Anwendungsbereich seien stellvertretend genannt:

| | |
|---|---|
| - Materialwirtschaft: | Statistische Qualitätskontrolle |
| - Fertigungswirtschaft: | Statistische Fertigungsprozeßkontrolle |
| - Rechnungswesen: | Stichprobeninventur |
| - Marketing: | Marktforschung |
| - Arbeitswissenschaft: | Multimomentaufnahme |

Die schließende Statistik kann in Schätzverfahren und Testverfahren untergliedert werden. Aufgabe von Schätzverfahren ist es, anhand der Daten aus der Stichprobe u.a. Aussagen über unbekannte Parameter der Grundgesamtheit oder über die unbekannte Verteilung der Grundgesamtheit zu machen. Aufgabe der Testverfahren ist es, anhand der Daten aus der Stichprobe Vermutungen oder Hypothesen u.a. über Parameter oder über die Verteilung der Grundgesamtheit zu überprüfen. Mit den Schätz- und Testverfahren befassen sich Kapitel 9 bzw. Kapitel 10.

In diesem Kapitel werden unter Abschnitt 8.1 Chancen und Risiken aufgezeigt, die mit dem Rückschluß von der Stichprobe auf die Grundgesamtheit verbunden sind. Im Abschnitt 8.2 wird an einem Beispiel detailliert aufgezeigt, wie ein qualifiziertes Rückschließen unter Angabe des Fehlerrisikos möglich ist. Mit der

Auswahl der Stichprobenelemente befaßt sich Abschnitt 8.3. Gegenstand von Abschnitt 8.4 sind für den Rückschluß wichtige Stichprobenverteilungen. Im Abschnitt 8.5 wird dargestellt, wie mit Hilfe von Stichprobenfunktionen die Verbindung zwischen Stichprobe und Grundgesamtheit hergestellt werden kann.

# 8.1 Chancen und Risiken von Teilerhebungen

Die Teilerhebung oder Stichprobe eröffnet gegenüber der Vollerhebung eine Reihe von Chancen, denen ein Risiko, nämlich das Fehlerrisiko gegenübersteht.

### a) Kostenvorteil

Die Erhebung eines Teils der Grundgesamtheit ist offensichtlich mit geringeren Kosten verbunden als die Erhebung sämtlicher Elemente. So werden z.B. die bei der Qualitätskontrolle anfallenden Kosten erheblich reduziert, wenn aus einer Lieferung von 5.000 Einheiten nur 300 Einheiten einer Kontrolle unterzogen werden.

### b) Zeitvorteil/Aktualitätsvorteil

Eng einher mit dem Kostenvorteil geht der Zeitvorteil. Die Erhebung eines Teils der Grundgesamtheit erfordert offensichtlich weniger Zeitaufwand als die Vollerhebung. Die Reduktion des Zeitaufwandes bringt es zugleich mit sich, daß die interessierenden Eigenschaften der Grundgesamtheit früher bekannt sind als bei der Vollerhebung. Die Ergebnisse sind also aktueller, was insbesondere für unter Zeitdruck zu treffende Entscheidungen von Bedeutung sein kann.

### c) Unmöglichkeit der Vollerhebung

In bestimmten Situationen sind Vollerhebungen praktisch nicht sinnvoll oder sogar unmöglich. Zum einen kann dies bei sehr umfangreichen Grundgesamtheiten der Fall sein. Dies gilt insbesondere, wenn die Elemente über ein zeitliches Kontinuum verteilt sind. Zum anderen verbietet sich eine Vollerhebung, wenn mit ihr der physische Untergang der Elemente verbunden ist. Bei diesen sogenannten zerstörenden Prüfungen würde eine wirtschaftliche Weiterverarbeitung oder Veräußerung der Elemente unmöglich gemacht. So muß sich zum Beispiel die

Funktionsprüfung von Airbagsystemen oder die Feststellung der Brenndauer von Glühbirnen auf einen Teil der Grundgesamtheit beschränken.

**d) Genauigkeitsgewinn**

Teilerhebungen sind gegenüber Vollerhebungen genauer, wenn die Erhebung relativ weniger Elemente vergleichsweise eingehender und umfassender erfolgt als die Erhebung von deutlich mehr Elementen, die eventuell den Einsatz von weniger qualifiziertem Erhebungspersonal erforderlich macht.

**e) Fehlerrisiko**

Das Risiko, das den aufgezeigten Vorteilen gegenübersteht, besteht darin, daß der Rückschluß von der Stichprobe auf die Grundgesamtheit fehlerhaft sein kann. Die Auswahl der Elemente aus der Grundgesamtheit kann zufällig so ausfallen, daß die in der Stichprobe festgestellte Eigenschaft in einem nicht mehr vertretbaren Ausmaß von der Eigenschaft der Grundgesamtheit abweicht, so daß der Rückschluß fehlerhaft ist.

Das notwendige Abwägen der aufgeführten Vorteile mit dem Fehlerrisiko ist nur möglich, wenn das Fehlerrisiko kalkulierbar ist. Unter bestimmten Voraussetzungen kann das Fehlerrisiko mit Hilfe der Wahrscheinlichkeitsrechnung quantifiziert werden.

## 8.2 Zur Konzeption des Rückschlusses

In diesem Abschnitt wird anhand des Beispieles "täglicher Kaffeekonsum" ausführlich aufgezeigt, warum der Rückschluß von der Stichprobe auf die Grundgesamtheit möglich ist und das dabei eingegangene Risiko bzw. die Zuverlässigkeit des Rückschlusses quantifiziert werden kann.

Die Konzeption des Rückschlusses von der bekannten Stichprobe auf die unbekannte Grundgesamtheit, der sogenannte **Repräsentationsschluß** wird leichter verständlich, wenn zuvor der sogenannte **Inklusionsschluß**, d.h. der Schluß von der bekannten Grundgesamtheit auf die zu ziehende Stichprobe aufgezeigt wird.

Beispiel: "Kaffeekonsum"

Der tägliche Kaffeekonsum - gemessen in Tassen - eines bestimmten Personenkreises ist in Abb. 8.2.-1 mit Hilfe einer Häufigkeitsverteilung wiedergegeben.

Merkmal X = Anzahl der Tassen

| Anzahl der Tassen $x_i$ | relative Häufigkeit $f_i$ (in %) |
|---|---|
| 1 | 20 |
| 2 | 30 |
| 3 | 40 |
| 4 | 10 |

Abb. 8.2.-1: Häufigkeitsverteilung des Kaffeekonsums

Der durchschnittliche Kaffeekonsum $\mu$ in der Grundgesamtheit beträgt

$$\mu = \sum_{i=1}^{4} x_i \cdot f_i = 1 \cdot 0,2 + 2 \cdot 0,3 + 3 \cdot 0,4 + 4 \cdot 0,1$$

$$= 2,4 \text{ Tassen}$$

Varianz und Standardabweichung in der Grundgesamtheit betragen

$$\sigma^2 = \sum_{i=1}^{4} (x_i - \mu)^2 \cdot f_i$$

$$\sigma^2 = (1-2,4)^2 \cdot 0,2 + (2\text{-}2,4)^2 \cdot 0,3 + (3\text{-}2,4)^2 \cdot 0,4 + (4\text{-}2,4)^2 \cdot 0,1$$

$$\sigma^2 = 0,84$$

$$\sigma = \sqrt{0,84} = 0,9165 \text{ Tassen}$$

Zur Unterscheidung, ob sich Parameter oder Größen auf die Grundgesamtheit oder die Stichprobe beziehen, wird folgende Symbolik verwendet:

| Parameter | Grundgesamtheit | Stichprobe |
|---|---|---|
| arithmetisches Mittel | $\mu$ | $\bar{x}$ |
| Varianz | $\sigma^2$ | $s^2$ |
| Standardabweichung | $\sigma$ | $s$ |
| Anzahl der Elemente | $N$ | $n$ |

### 8.2.1 Inklusionsschluß

Im Beispiel "Kaffeekonsum" werden aus dem Kreis der Kaffeetrinker n Personen nach dem Modell mit Zurücklegen ausgewählt und nach ihrem Kaffeekonsum befragt.

Das Ergebnis der i-ten Befragung ist eine Realisation der Zufallsvariablen $X_i$

$X_i$ = Anzahl der Tassen bei der i-ten Befragung (i = 1, 2, ..., n)

Die Zufallsvariable $X_i$ wird als **Stichprobenvariable** bezeichnet.

Die Zusammenstellung der n Stichprobenvariablen ergibt die n-dimensionale Zufallsvariable

$$(X_1, X_2, ..., X_n)$$

Diese Zusammenstellung wird als **Stichprobenvektor** bezeichnet.

Eine Realisation des Stichprobenvektors

$$(x_1, x_2, ..., x_n)$$

wird als **konkrete Stichprobe** (Stichprobenrealisation, Stichprobenergebnis) bezeichnet. Werden beispielsweise vier Personen nach ihrem täglichen Kaffeekonsum befragt, dann sind z.B. folgende konkrete Stichproben möglich

(1, 1, 4, 4), (3, 1, 2, 3) und (1, 3, 2, 3).

Jeder konkreten Stichprobe kann mit Hilfe einer Vorschrift eine Kennzahl zugeordnet werden wie z.B. das arithmetische Mittel. Für die konkrete Stichprobe (1, 1, 4, 4) beträgt das arithmetische Mittel 2,5 Tassen, d.h. im Durchschnitt trinken die vier ausgewählten Personen täglich 2,5 Tassen Kaffee.
Die Zuordnungsvorschrift wird als Stichprobenfunktion bezeichnet.

**Definition: Stichprobenfunktion**

Eine Vorschrift f, die einem Stichprobenvektor $(X_1, X_2, ..., X_n)$ eine reelle Zahl zuordnet, heißt Stichprobenfunktion $f(X_1, X_2, ..., X_n)$.

Im Beispiel lautet die Stichprobenfunktion

$$\overline{X} = \frac{1}{n} \sum_{i=1}^{n} X_i$$

Die Stichprobenfunktion setzt sich aus Stichprobenvariablen bzw. Zufallsvariablen zusammen und ist damit ebenfalls eine Zufallsvariable. Im Beispiel hängt der durchschnittliche Kaffeekonsum von den zufälligen Ergebnissen der n Befragungen ab. Die Verteilung der Stichprobenfunktion wird als **Stichprobenverteilung** bezeichnet.

Ist die Stichprobenverteilung bekannt oder annähernd bekannt, dann kann der Schluß von der Grundgesamtheit auf die Stichprobe, also der Inklusionsschluß unter Quantifizierung der Zuverlässigkeit bzw. des Fehlerrisikos gezogen werden. Im folgenden wird die Verteilung der Stichprobenfunktion $\overline{X}$ für die Stichprobenumfänge 2, 4 und 10 mit Hilfe der Wahrscheinlichkeitsrechnung am Beispiel "Kaffeekonsum" ermittelt.

*i) Stichprobenumfang n = 2*

Bei der Befragung von zwei Personen gibt es, da bei jeder Befragung vier Realisationen möglich sind und die Anordnung von Bedeutung ist, insgesamt

$$V_2^W(4) = 4^2 = 16$$

konkrete Stichproben. In Abb. 8.2.1.-1 sind diese konkreten Stichproben und die zugehörige Stichprobenverteilung für den Stichprobenmittelwert, kurz: Stichprobenmittel, angegeben. (Ausgangsdaten s.S. 191)

| konkrete Stichprobe | $\bar{x}$ | $f(\bar{x})$ |
|---|---|---|
| (1, 1) | 1,0 | 0,04 |
| (1, 2), (2, 1) | 1,5 | 0,12 |
| (1, 3), (2, 2), (3, 1) | 2,0 | 0,25 |
| (1, 4), (2, 3), (3, 2), (4,1) | 2,5 | 0,28 |
| (2, 4), (3, 3), (4, 2) | 3,0 | 0,22 |
| (3, 4), (4, 3) | 3,5 | 0,08 |
| (4, 4) | 4,0 | 0,01 |

Abb. 8.2.1.-1: Verteilung des Stichprobenmittels bei n = 2

Ablesebeispiel: Die Wahrscheinlichkeit, daß zwei zufällig ausgewählte Personen durchschnittlich drei Tassen Kaffee trinken, beträgt 22 %. Diese Wahrscheinlichkeit wird wie folgt ermittelt

$$f(\bar{x}=3) = W(2,\ 4) + W(3,\ 3) + W(4,\ 2)$$
$$= 0,3 \cdot 0,1 \ + \ 0,4 \cdot 0,4 \ + \ 0,1 \cdot 0,3 \ = \ 0{,}22 \quad \text{bzw.} \quad 22\ \%$$

*ii) Stichprobenumfang n = 4*

Bei der Befragung von vier Personen gibt es, da bei jeder Befragung vier Realisationen möglich sind und die Anordnung von Bedeutung ist, insgesamt

$$V_4^W(4) = 4^4 = 256$$

konkrete Stichproben. In Abb. 8.2.1.-2 ist die Stichprobenverteilung für den Stichprobenmittelwert unter Angabe einiger konkreter Stichproben angegeben.

| Stichprobe | $\bar{x}$ | $f(\bar{x})$ |
|---|---|---|
| (1, 1, 1, 1) | 1,00 | 0,0016 |
| (1, 1, 1, 2), ... | 1,25 | 0,0096 |
| (1, 1, 1, 3), ... | 1,50 | 0,0344 |
| (1, 1, 1, 4), ... | 1,75 | 0,0824 |
| (1, 1, 3, 3), ... | 2,00 | 0,1473 |
| (1, 1, 3, 4), ... | 2,25 | 0,1992 |
| (1, 1, 4, 4), ... | 2,50 | 0,2084 |

| Stichprobe | $\bar{x}$ | $f(\bar{x})$ |
|---|---|---|
| (1, 2, 4, 4), ... | 2,75 | 0,1656 |
| (1, 3, 4, 4), ... | 3,00 | 0,0982 |
| (1, 4, 4, 4), ... | 3,25 | 0,0408 |
| (2, 4, 4, 4), ... | 3,50 | 0,0108 |
| (3, 4, 4, 4), ... | 3,75 | 0,0016 |
| (4, 4, 4, 4) | 4,00 | 0,0001 |

Abb. 8.2.1.-2: Verteilung des Stichprobenmittels bei n = 4

Ablesebeispiel: Die Wahrscheinlichkeit, daß vier zufällig ausgewählte Personen durchschnittlich drei Tassen Kaffee trinken, beträgt 9,82 %.

*iii) Stichprobenumfang n = 10*

Bei der Befragung von zehn Personen gibt es, da bei jeder Befragung vier Realisationen möglich sind und die Anordnung von Bedeutung ist, insgesamt

$$V_{10}^W(4) = 4^{10} = 1.048.576$$

konkrete Stichproben.

In Abb. 8.2.1.-3 ist die Stichprobenverteilung für das Stichprobenmittel angegeben. - Ablesebeispiel: Die Wahrscheinlichkeit, daß zehn zufällig ausgewählte Personen durchschnittlich drei Tassen Kaffee trinken, beträgt 1,61 %.

| $\bar{x}$ | $f(\bar{x})$ | $\bar{x}$ | $f(\bar{x})$ | $\bar{x}$ | $f(\bar{x})$ | $\bar{x}$ | $f(\bar{x})$ |
|---|---|---|---|---|---|---|---|
| 1,0 | 0,0000 | 1,8 | 0,0167 | 2,6 | 0,1094 | 3,4 | 0,0002 |
| 1,1 | 0,0000 | 1,9 | 0,0318 | 2,7 | 0,0822 | 3,5 | 0,0000 |
| 1,2 | 0,0000 | 2,0 | 0,0537 | 2,8 | 0,0545 | 3,6 | 0,0000 |
| 1,3 | 0,0000 | 2,1 | 0,0804 | 2,9 | 0,0318 | 3,7 | 0,0000 |
| 1,4 | 0,0003 | 2,2 | 0,1073 | 3,0 | 0,0161 | 3,8 | 0,0000 |
| 1,5 | 0,0010 | 2,3 | 0,1278 | 3,1 | 0,0071 | 3,9 | 0,0000 |
| 1,6 | 0,0031 | 2,4 | 0,1361 | 3,2 | 0,0026 | 4,0 | 0,0000 |
| 1,7 | 0,0077 | 2,5 | 0,1292 | 3,3 | 0,0008 | | |

Abb. 8.2.1.-3: Verteilung des Stichprobenmittels bei n = 10

In Abb. 8.2.1.-4 sind für die drei Stichprobenverteilungen jeweils der Erwartungswert $E(\bar{X})$ und die Varianz $\sigma^2_{\bar{X}}$ angegeben sowie die Wahrscheinlichkeit, daß das Stichprobenmittel $\bar{X}$ maximal 0,2 Tassen vom Mittelwert der Grundgesamtheit $\mu = 2{,}4$ Tassen entfernt ist bzw. sich im zentralen Schwankungsintervall [2,2 ; 2,6] realisiert.

| n | $E(\bar{X})$ | $\sigma^2_{\bar{X}}$ | $W(2{,}2 \leq \bar{X} \leq 2{,}6)$ |
|---|---|---|---|
| 2 | 2,4 | 0,4200 | 0,2800 |
| 4 | 2,4 | 0,2100 | 0,4076 |
| 10 | 2,4 | 0,0840 | 0,6098 |

Abb. 8.2.1.-4: Analyseergebnisse für die drei Stichprobenverteilungen

*Erkenntnis 1*: Der Erwartungswert für das Stichprobenmittel $E(\bar{X})$ beträgt unabhängig vom Stichprobenumfang n stets 2,4 Tassen. Der Erwartungswert ist damit identisch mit dem arithmetischen Mittel $\mu$ der Grundgesamtheit.

$$E(\bar{X}) = \mu$$

*Erkenntnis 2*: Die Varianz des Stichprobenmittels $\sigma^2_{\bar{X}}$ ist der n-te Teil der Varianz der Grundgesamtheit $\sigma^2$ (= 0,84).

$$\sigma^2_{\bar{X}} = \frac{\sigma^2}{n} \quad \text{bzw.} \quad \sigma_{\bar{X}} = \frac{\sigma}{\sqrt{n}}$$

Mit zunehmendem Stichprobenumfang n wird die Varianz kleiner, d.h. die Stichprobenmittel $\bar{x}$ streuen immer enger um $E(\overline{X})$ bzw. μ. So beträgt im vorliegenden Beispiel die Wahrscheinlichkeit, daß das Stichprobenmittel maximal 0,2 Tassen von μ entfernt liegt bei n = 2: 28 %, bei n = 4: 40,76 % und bei n = 10: 60,98 %.

*Erkenntnis 3*: In Abb. 8.2.1.-5 ist die Stichprobenfunktion bzw. die Verteilung des Stichprobenmittels $\overline{X}$ für die Stichprobenumfänge 2, 4 und 10 mit Hilfe des Polygonzugs graphisch wiedergegeben.

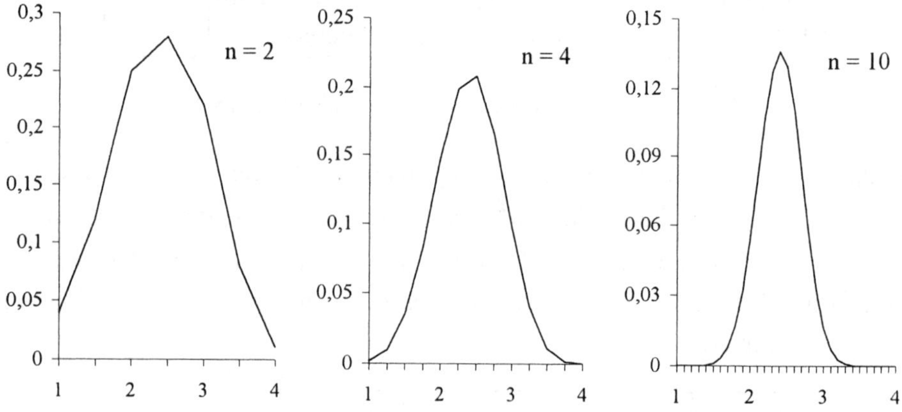


Abb. 8.2.1.-5: Graphische Darstellung (Polygonzug) der Stichprobenverteilungen

Es ist zu erkennen: Mit zunehmendem Stichprobenumfang n nähert sich die Verteilung des Stichprobenmittels der Normalverteilung an. Bei genügend großem n (Faustregel: n > 30) ist $\overline{X}$ annähernd normalverteilt mit den beiden Parametern

$$E(\overline{X}) = \mu = 2{,}4 \qquad \text{und} \qquad VAR(\overline{X}) = \sigma_{\overline{X}}^2 = \frac{\sigma^2}{n} = \frac{0{,}84}{n}.$$

Diese Erkenntnisse ermöglichen den Inklusionsschluß, d.h. die Berechnung der Wahrscheinlichkeit, daß sich das Stichprobenmittel in einem bestimmten Intervall realisiert.

Beispiel 1: Wie groß ist die Wahrscheinlichkeit, dass bei 100 zufällig ausgewählten Kaffeetrinkern das Stichprobenmittel maximal 0,2 Tassen vom arithmetischen Mittel μ = 2,4 Tassen entfernt ist bzw. zwischen 2,2 und 2,6 Tassen liegt?

Bei n = 100 ist $\overline{X}$ annähernd normalverteilt mit

$$E(\overline{X}) = \mu = 2{,}4 \text{ Tassen} \qquad \text{und} \qquad \sigma_{\overline{X}} = \sqrt{\frac{0{,}84}{100}} = 0{,}0917$$

$$W(2{,}4 - 0{,}2 \le \overline{X} \le 2{,}4 + 0{,}2)$$

$$= F_N^*(2{,}6 | 2{,}4;\ 0{,}0917)$$

$$\downarrow \quad z = \frac{\bar{x} - \mu}{\sigma_{\overline{X}}} = \frac{2{,}6 - 2{,}4}{0{,}0917} = 2{,}18$$

$$= F_{SN}^*(2{,}18 | 0;\ 1)$$

$$= 0{,}9707 \quad \text{bzw.} \quad 97{,}07\ \%$$

Der durchschnittliche Kaffeekonsum von 100 zufällig ausgewählten Personen liegt mit einer Wahrscheinlichkeit von 97,07 % maximal 0,2 Tassen vom arithmetischen Mittel $\mu$ der Grundgesamtheit entfernt.

Die maximale Entfernung des Stichprobenmittels $\overline{X}$ vom arithmetischen Mittel $\mu$

$$\bar{x} - \mu \quad (= 0{,}2)$$

ist im Zähler der Formel der z-Transformation enthalten

$$z = \frac{\bar{x} - \mu}{\sigma_{\overline{X}}}.$$

Durch einfache Umformung kann die maximale Entfernung durch

$$\bar{x} - \mu = z \cdot \sigma_{\overline{X}}$$

beschrieben bzw. ausgedrückt werden.

In Abb. 8.2.1.-6 ist der Ablauf des Inklusionsschlusses anhand des obigen Beispiels graphisch dargestellt.

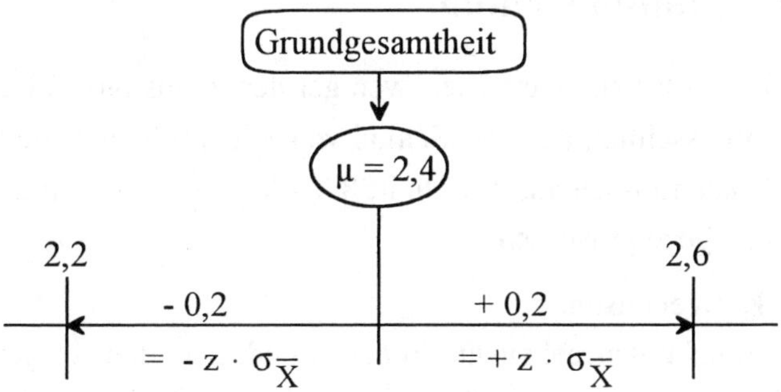


Abb. 8.2.1.-6: Ablauf des Inklusionsschlusses

Durch Verallgemeinerung der Beispielsberechnung

$$W(2{,}4 - 0{,}2 \leq \overline{X} \leq 2{,}4 + 0{,}2) = 97{,}07$$

ergibt sich die Formel für den Inklusionsschluß.

$$W(\mu - z \cdot \sigma_{\overline{X}} \leq \overline{X} \leq \mu + z \cdot \sigma_{\overline{X}}) = 1 - \alpha \qquad \text{(Formel 8.2.1.-1)}$$

$1 - \alpha$ gibt die Wahrscheinlichkeit an, daß sich die Zufallsvariable bzw. Stichprobenfunktion $\overline{X}$ innerhalb des zentralen Schwankungsintervalls realisiert. $\alpha$ gibt die Wahrscheinlichkeit an, daß sich die Zufallsvariable $\overline{X}$ außerhalb des zentralen Schwankungsintervalls realisiert.

Beispiel 2: 200 zufällig ausgewählte Personen (mit Zurücklegen) werden nach ihrem täglichen Kaffeekonsum befragt. In welchem zentralen Schwankungsintervall wird sich der Stichproben-Mittelwert $\overline{X}$ mit einer Wahrscheinlichkeit von 90 % realisieren? Mit Formel 8.2.1.-1 errechnet sich:

$$W(2{,}4 - z \cdot \sigma_{\overline{X}} \leq \overline{X} \leq 2{,}4 + z \cdot \sigma_{\overline{X}}) = 0{,}90$$

$$W(2{,}4 - 1{,}645 \cdot \sqrt{\frac{0{,}84}{200}} \leq \overline{X} \leq 2{,}4 + 1{,}645 \cdot \sqrt{\frac{0{,}84}{200}}) = 0{,}90$$

$$W(2{,}4 - 0{,}1066 \leq \overline{X} \leq 2{,}4 + 0{,}1066) = 0{,}90$$

$$W(2{,}2934 \leq \overline{X} \leq 2{,}5066) = 0{,}90$$

Der durchschnittliche Kaffeekonsum von 200 Personen liegt mit einer Wahrscheinlichkeit von 90 % im Intervall (2,2934; 2,5066) bzw. maximal 0,1066 Tassen vom arithmetischen Mittel 2,4 der Grundgesamtheit entfernt.

## 8.2.2 Repräsentationsschluß

In der betrieblichen Praxis interessiert weniger der Inklusionsschluß als vielmehr der Repräsentationsschluß, also der Schluß von Stichprobe auf die Grundgesamtheit. Mit den Erkenntnissen aus Abschnitt 8.2.1 kann das Prinzip des Repräsentationsschlusses aufgezeigt werden.

Am Beispiel "Kaffeekonsum":
Der durchschnittliche Kaffeekonsum in der Grundgesamtheit sei jetzt unbekannt. Bei einer Befragung von 200 zufällig ausgewählten Kaffeetrinkern möge sich ein durchschnittlicher Kaffeekonsum von $\bar{x} = 2{,}35$ Tassen ergeben haben.

Mit den Erkenntnissen aus Abschnitt 8.2.1 ergibt sich (s. dazu auch S. 238 f.):

Mit einer Wahrscheinlichkeit von 90 % (z = 1,645) gilt:

1. Das Stichprobenmittel $\bar{x}$ = 2,35 Tassen liegt im Intervall

$$[\mu - z \cdot \sigma_{\bar{X}} \; ; \; \mu + z \cdot \sigma_{\bar{X}}] =$$

$$[\mu - 1{,}645 \cdot \sqrt{\frac{0{,}84}{200}} \; ; \; \mu + 1{,}645 \cdot \sqrt{\frac{0{,}84}{200}}] = [\mu - 0{,}1066; \mu + 0{,}1066]$$

2. Das Stichprobenmittel $\bar{x}$ = 2,35 Tassen liegt maximal 0,1066 Tassen vom durchschnittlichen Kaffeekonsum $\mu$ der Grundgesamtheit entfernt.

3. Das zentral um $\bar{x}$ = 2,35 Tassen gelegene Intervall

$$[2{,}35 - 0{,}1066 \; ; \; 2{,}35 + 0{,}1066]$$

überdeckt den unbekannten durchschnittlichen Kaffeekonsum $\mu$ in der Grundgesamtheit, d.h.

$$W(2{,}35 - 0{,}1066 \le \mu \le 2{,}35 + 0{,}1066) = 0{,}90$$

In Abb. 8.2.2.-1 ist der Ablauf des Repräsentationsschlusses anhand des Beispiels graphisch dargestellt.

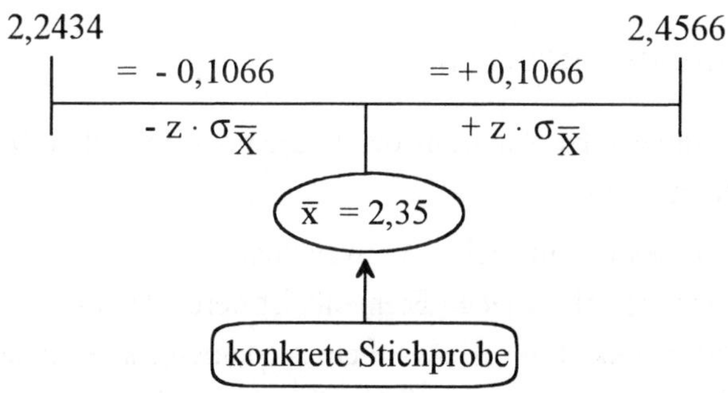


Abb. 8.2.2.-1: Ablauf des Repräsentationsschlusses

Durch Verallgemeinerung erhält man die Formel für den Repräsentationsschluß

$$W(\bar{X} - z \cdot \sigma_{\bar{X}} \le \mu \le \bar{X} + z \cdot \sigma_{\bar{X}}) = 1 - \alpha \qquad \text{(Formel 8.2.2.-1)}$$

Das in Formel 8.2.2.-1 angegebene Intervall wird als **Konfidenzintervall** (Vertrauensintervall, Vertrauensbereich) bezeichnet. Mit einer Wahrscheinlichkeit von 1 - $\alpha$ kann darauf vertraut werden, daß das um das Stichprobenmittel zentral gelegene Schwankungsintervall den Parameter $\mu$ der Grundgesamtheit überdeckt.

Die Größe $z \cdot \sigma_{\overline{X}}$ wird maximaler Zufallsfehler oder **maximaler Schätzfehler** genannt. Mit einer Wahrscheinlichkeit von $1 - \alpha$ ist das Stichprobenmittel $\overline{X}$ höchstens um diesen maximalen Schätzfehler vom Mittelwert der Grundgesamtheit $\mu$ entfernt.

# 8.3. Auswahlverfahren

Für den Rückschluß von der Stichprobe auf die Grundgesamtheit wäre es ideal, wenn die Stichprobe ein exaktes verkleinertes Abbild der Grundgesamtheit wäre. Dann könnten mit höchster Zuverlässigkeit die interessierenden Eigenschaften der Grundgesamtheit anhand der Stichprobe beschrieben werden. Die Konstruktion eines Verfahrens, das die Elemente aus der Grundgesamtheit so auswählt, daß diese ideale Stichprobe entsteht, ist jedoch nicht möglich.

Bei den Auswahlverfahren können zwei Arten unterschieden werden:

- Zufallsauswahlverfahren
- Nicht-Zufallsauswahlverfahren

## 8.3.1 Zufallsauswahlverfahren

Erfolgt die Entnahme oder Auswahl der n Elemente aus den N Elementen der Grundgesamtheit zufällig, d.h.

a) jedes Element besitzt eine echte Auswahlchance,
b) die Auswahlchance eines jeden Elements ist berechenbar,
c) die Wahrscheinlichkeit der Auswahl eines Elements steht in keinem Zusammenhang zu seiner interessierenden Eigenschaft,

dann wird das Auswahlverfahren als Zufallsauswahlverfahren bezeichnet. Eine Stichprobe, die mit Hilfe eines Zufallsauswahlverfahrens gezogen wird, wird als **Zufallsstichprobe** bezeichnet.

Erfolgt die Entnahme der Elemente zufällig, dann kann - wie unter Abschnitt 8.2 aufgezeigt - mit Hilfe der Wahrscheinlichkeitsrechnung die Zuverlässigkeit des Rückschlusses quantifiziert werden. Die mit Hilfe eines Zufallsauswahlverfahrens gewonnenen Stichproben werden insofern als repräsentativ bezeichnet, als die Zuverlässigkeit der mit ihr getroffenen Aussagen über die Grundgesamtheit quantifiziert werden kann.

Im folgenden werden wichtige Zufallsauswahlverfahren vorgestellt. Dabei werden die Verfahren ausführlicher vorgestellt, die für die in den Kapiteln 9 und 10 beschriebenen Verfahren der schließenden Statistik maßgebend sind.

### 8.3.1.1 Uneingeschränkte Zufallsauswahl

**a) Definition**

Bei der uneingeschränkten Zufallsauswahl (auch: reine Zufallsauswahl) erfolgt die Auswahl der Elemente derart, daß jede Zufallsstichprobe vom Umfang n die gleiche Chance besitzt, gezogen zu werden. Keine Stichprobe unterliegt also der Einschränkung, mit einer geringeren Wahrscheinlichkeit gezogen zu werden als eine andere Stichprobe mit demselben Umfang n.

Eine Zufallsauswahl erfolgt uneingeschränkt, wenn der Auswahl- oder Entnahmetechnik das Urnenmodell "Entnahme mit Zurücklegen" (s.S. 49, 133) oder das Urnenmodell "Entnahme ohne Zurücklegen" (s.S. 48, 137) zugrundeliegt.

**b) Eigenschaften**

Wird eine Stichprobenvektor $(X_1, X_2, ..., X_n)$ durch eine uneingeschränkte Zufallsauswahl gewonnen, dann besitzt jede Stichprobenvariable $X_i$ dieselbe Verteilung wie das korrespondierende Merkmal X in der Grundgesamtheit. Man sagt, die Stichprobenvariablen sind identisch verteilt.

Erfolgt die Entnahme der Elemente - wie meistens üblich - ohne Zurücklegen, dann sind die Stichprobenvariablen voneinander abhängig, da sich nach jeder Entnahme eines Elements die Zusammensetzung der verbleibenden Elemente verändert und damit auch die Entnahmewahrscheinlichkeiten. Die uneingeschränkte Zufallsstichprobe wird in diesem Fall als abhängig bezeichnet.

Erfolgt die Entnahme der Elemente mit Zurücklegen, dann sind die Stichprobenvariablen voneinander unabhängig, da nach jeder Entnahme eines Elements die ursprüngliche Zusammensetzung der Elemente wieder hergestellt wird und damit die Entnahmewahrscheinlichkeiten konstant bleiben. Die uneingeschränkte Zufallsstichprobe wird in diesem Fall als unabhängig bezeichnet.

Unabhängige, identisch verteilte Stichproben stellen einen Idealtyp von Stichprobe dar, da für diese Stichproben der Rückschluß - wahrscheinlichkeitstheoretisch gesehen - einfacher ist als für Stichproben, die diese beiden Eigenschaften nicht besitzen. Aus diesem Grund werden Stichproben, die durch uneingeschränkte Zufallsauswahl ohne Zurücklegen gewonnen werden und deswegen abhängig sind, wie unabhängige Stichproben behandelt, wenn der Auswahl- oder Entnahmesatz, d.h. die Relation aus der Anzahl der entnommenen Elemente n und der Anzahl der Elemente N der Grundgesamtheit kleiner als 0,05 bzw. 5 % ist. Bei derart kleinen Auswahlsätzen wird die Grundgesamtheit in ihrer Zusammensetzung durch die Entnahmen nur unbedeutend verändert.

**c) Entnahmetechnik**

c1) Voraussetzung

Voraussetzung für die uneingeschränkte Zufallsauswahl ist, daß die Elemente verschiedene Bezeichnungen besitzen.

c2) Auswahlvorgang

In einer Urne - so das Originalverfahren - ist jedes Element durch ein Los vertreten. Aus der Urne werden nacheinander mit oder ohne Zurücklegen so lange Lose zufällig entnommen und damit die Stichprobenelemente festgelegt, bis die Stichprobe den Umfang n erreicht hat. Dieses aufwendige Auswählen der Elemente kann durch die Verwendung gleich verteilter Zufallszahlen vermieden werden, wenn die Elemente lückenlos durchnumeriert sind. Gleich verteilte Zufallszahlen werden mit Hilfe von Zufallszahlengeneratoren gewonnen oder aus Tabellen entnommen. In Tabelle 4 (s.S. 371) sind 450 gleich verteilte Zufallszahlen aus dem Intervall [1; 100.000] aufgelistet, was eine zufällige Auswahl von bis zu 450 Elementen aus bis zu 100.000 Elementen ermöglicht. Dazu sind die Zufallszahlen mit dem Quotienten N/100.000 zu multiplizieren und auf die nächste ganze Zahl abzurunden. Betragen zum Beispiel N = 360 und die Zufallszahl 40.160, dann ist das Element mit der Nummer 144 ($40.160 \cdot 360/100.000 = 144{,}576$) auszuwählen.

**d) Kritik**

Das Auswahlverfahren erfüllt die unter 8.3.1 beschriebenen Eigenschaften eines Zufallsauswahlverfahrens. Zudem ist die Auswahl uneingeschränkt, da jede Stichprobe vom Umfang n die gleiche Auswahlwahrscheinlichkeit besitzt.

Das zufällige und demzufolge unsystematische Vorgehen bei der Auswahl der Elemente wird oft als zu umständlich und zu aufwendig angesehen und daher eine systematische Vorgehensweise gefordert. Im folgenden Abschnitt werden wichtige systematische Verfahren vorgestellt.

### 8.3.1.2 Systematische Zufallsauswahl

Bei der systematischen Zufallsauswahl werden - wie der Name schon sagt - die n Elemente auf systematische Weise, d.h. nach einer Regel oder Gesetzmäßigkeit aus der Grundgesamtheit ausgewählt. Die systematische Auswahl ist nur möglich, wenn die Elemente in einer bestimmten Anordnung vorliegen oder bestimmte Auswahlmerkmale besitzen. Bei richtiger Vorgehensweise stellt die systematische Zufallsauswahl ein der uneingeschränkten Zufallsauswahl gleichwertiges Auswahlverfahren dar.

#### a) Auswahl jedes k-ten Elements

*i) Voraussetzung*

Die Elemente der Grundgesamtheit müssen lückenlos von 1 bis N durchnumeriert sein oder in einer Folge angeordnet sein.

*ii) Auswahlvorgang*

In einem ersten Schritt wird der sogenannte Zählabstand k festgelegt. Er gibt den Abstand zwischen zwei ausgewählten, benachbarten Elementen an. Der Zählabstand k ergibt sich aus

$$\frac{N}{n} - 1 < k \leq \frac{N}{n} \qquad \text{k ganzzahlig}$$

In einem zweiten Schritt wird aus den ersten k Elementen zufällig ein Element ausgewählt. Im abschließenden dritten Schritt wird - ausgehend von dem ersten ausgewählten Element - jedes weitere k-te Element ausgewählt.

Beispiel: Auf vier Anlagen A, B, C und D werden an einem Tag 1.770 Einheiten eines Artikels hergestellt, von denen 110 auszuwählen sind.

Schritt 1: Festlegung des Zählabstandes k

$$\frac{1770}{110} - 1 = 15{,}09 < k \leq \frac{1770}{110} = 16{,}09 \quad \rightarrow \quad k = 16$$

Schritt 2: Auswahl des ersten Elements

Unter den ersten 16 Elementen wird z.B. zufällig die 13. Einheit ausgelost.

Schritt 3: Entnahme jeder weiteren 16. Einheit (= Zählabstand)

Ausgehend von der 13. Einheit werden noch 110 - 1 = 109 Elemente entnommen:

13, 29, 45, 61, ..., 1.757 ( = 13 + 109 · 16)

*iii) Kritik*

Die Auswahl erfolgt - streng gesehen - nicht rein zufällig, da die letzten $N - n \cdot k$ Einheiten (im Beispiel: 1770 - 110·16 = 10) keine Auswahlchance besitzen.

Die Auswahl erfolgt zudem nicht uneingeschränkt. Durch den festen Zählabstand wird die Auswahl von vorneherein auf genau k Stichproben eingeschränkt (im Beispiel: k = 16 Stichproben).

Das nicht rein zufällige Auswählen kann als unbedeutend angesehen werden, wenn die Elemente zufällig angeordnet sind, d.h. wenn kein Zusammenhang zwischen der Anordnung der Elemente und ihren interessierenden Eigenschaften besteht. Das Auswahlverfahren ist dann der uneingeschränkten Zufallsauswahl gleichwertig. - Die Entnahmetechnik könnte problematisch sein, wenn die 1.770 Einheiten in der sich wiederholenden Abfolge A-B-C-D angeordnet wären. Bei der Entnahme jeder 16. Einheit würden alle 110 Einheiten von derselben Anlage (im Beispiel bei der Startzahl 13: A) stammen, so daß ein Zusammenhang zwischen der Anordnung und der interessierenden Eigenschaft bestehen könnte.

**b) Schlußziffernverfahren** (Endziffernverfahren)

*i) Voraussetzung*

Die Elemente der Grundgesamtheit müssen lückenlos durchnumeriert sein.

*ii) Auswahlvorgang*

In Abhängigkeit von der Höhe des Auswahlsatzes werden einstellige und/oder mehrstellige Schlußziffern zufällig ausgewählt. Eine j-stellige Schlußziffer muß die gleiche Auswahlchance besitzen wie jede andere j-stellige Schlußziffer. Elemente, deren Schlußziffer(n) ausgewählt wurde(n), bilden die Stichprobe.

Über den Auswahlsatz n/N wird bestimmt, wieviele Schlußziffern auszuwählen sind. Dabei gibt der Wert der j-ten Dezimalstelle an, wieviele j-stellige Schlußziffern festzulegen sind.

Beispiel: Bei einem Auswahlsatz von 0,124 sind eine einstellige Schlußziffer (z.B. 3), zwei zweistellige Schlußziffern (z.B. 54, 86) und vier dreistellige Schlußziffern (z.B. 012, 347, 788, 802) zufällig auszuwählen. Bei dem Auswählen ist darauf zu achten, daß eine j-stellige Schlußziffer nicht die Schlußziffern einer zuvor gewählten Zahl besitzt, da sonst der Auswahlsatz nicht erreicht wird. So darf im Beispiel eine dreistellige Schlußziffer etwa nicht mit 54 oder 3 enden.

*iii) Kritik*

Die Auswahl erfolgt nicht uneingeschränkt, da über die Schlußziffern gleichsam Zählabstände festgelegt werden. Wird z.B. nur eine Schlußziffer bestimmt, dann ist die Auswahl von vorneherein auf 10 Stichproben unter den vielen denkbaren Stichproben eingeschränkt. Diese in der Systematik begründete Einschränkung ist unbedeutend, wenn kein Zusammenhang zwischen der Numerierung der Elemente und dem Untersuchungsmerkmal besteht. Das Auswahlverfahren ist dann der uneingeschränkten Zufallsauswahl gleichwertig. - Die Entnahmetechnik könnte problematisch sein, wenn die 1.770 Einheiten in der sich wiederholenden Abfolge A-B-C-D angeordnet wären. Bei einem Auswahlsatz von beispielsweise 0,01 würden wieder alle Einheiten von derselben Anlage (z.B. Schlußziffer 04: D) stammen, so daß ein Zusammenhang zwischen der Anordnung und der interessierenden Eigenschaft bestehen könnte.

### c) Buchstabenverfahren

*i) Voraussetzung*

Alle Elemente der Grundgesamtheit besitzen eine Buchstabenbezeichnung.

*ii) Auswahlvorgang*

In Abhängigkeit von der Höhe des Auswahlsatzes werden ein oder mehrere Buchstaben und oder Buchstabenfolgen - analog zum Schlußziffernverfahren - zufällig ausgewählt. Die Stichprobe setzt sich aus den Elementen zusammen, deren Anfangsbuchstabe(n) mit einem der ausgewählten Buchstaben oder einer der ausgewählten Buchstabenfolgen übereinstimmt (übereinstimmen).

*iii) Kritik*

Der vorgegebene Auswahlsatz ist i.d.R. nicht einhaltbar, da die Anfangsbuchstaben der Namen nicht gleichmäßig über die Buchstaben des Alphabets verteilt sind.

Die Auswahl erfolgt nicht uneingeschränkt. Soll z.B. genau ein Buchstabe bestimmt werden, dann ist die Auswahl von vorneherein auf die 26 Stichproben eingeschränkt, in denen jeweils alle Personen den gleichen Anfangsbuchstaben besitzen. Diese Einschränkung ist unbedeutend, wenn kein Zusammenhang zwischen den Anfangsbuchstaben und dem Untersuchungsmerkmal besteht. Das Auswahlverfahren ist dann der uneingeschränkten Zufallsauswahl gleichwertig. - Die Entnahmetechnik kann problematisch werden, wenn z.B. der Buchstabe Y als Anfangsbuchstabe ausgewählt wird. In der Stichprobe befinden sich dann überwiegend Personen türkischer Abstammung. Ein Zusammenhang zwischen den ausgewählten Personen und der interessierenden Eigenschaft könnte dann gegeben sein.

### d) Geburtstagsverfahren

*i) Voraussetzung*

Von allen Personen der Grundgesamtheit ist der Geburtstag bekannt.

*ii) Auswahlvorgang*

In Abhängigkeit von der Höhe des Auswahlsatzes werden ein oder mehrere Geburtstage zufällig ausgewählt. Die Stichprobe setzt sich aus den Personen zusammen, deren Geburtstag mit einem der ausgewählten Geburtstage übereinstimmt. Das Verfahren ist auch auf Elemente, die keine Personen sind, übertragbar, wenn allen diesen Elementen ein "Geburtstag" (z.B. Rechnungsdatum, Herstellungsdatum) zugeordnet ist.

*iii) Kritik*

Wie beim Buchstabenverfahren ist auch hier ein vorgegebener Auswahlsatz i.d.R. nicht einhaltbar, da nur Auswahlsätze, die zirka ein ganzzahlig Vielfaches von 1/365 betragen, möglich sind.

Die Auswahl der Elemente erfolgt wie bei den anderen systematischen Verfahren nicht uneingeschränkt. Sie ist vielmehr auf relativ wenige Stichproben eingeschränkt. Wird z.B. genau ein Geburtstag festgelegt, dann ist die Auswahl von vorneherein auf 365 Stichproben eingeschränkt. Auch hier ist die Einschränkung unbedeutend, wenn zwischen Geburtstag und Untersuchungsmerkmal kein Zusammenhang besteht.

### 8.3.1.3 Mehrstufige Zufallsauswahl

Bei den bisher vorgestellten Auswahlverfahren werden die Elemente in einem einstufigen Auswahlprozeß gewonnen; die Elemente werden direkt (einstufig) aus der Grundgesamtheit ausgewählt. Bei den mehrstufigen Auswahlverfahren werden die Elemente in einem mehrstufigen Auswahlprozeß gewonnen. Die Grundgesamtheit wird zuerst in Schichten (Teilgesamtheiten) zerlegt. In Stufe 1 werden aus diesen Schichten über eine uneingeschränkte Zufallsauswahl Schichten ausgewählt. In Stufe 2 werden aus den ausgewählten Schichten zufällig Elemente entnommen. Diese zweistufige Auswahl wird zu einer dreistufigen Auswahl, wenn die in der ersten Stufe ausgewählten Schichten wiederum in Schichten (neue Stufe 2) zerlegt werden. Aus den Schichten der Stufe 2 werden wiederum Schichten zufällig ausgewählt, aus denen schließlich die Elemente zufällig entnommen werden. Durch eine sukzessive Zerlegung der zuletzt ausgewählten Schichten kann die Stufenzahl weiter erhöht werden.

Im Rahmen des einführenden Charakter dieses Buches werden Rückschlüsse vorgestellt, denen eine einstufige Zufallsauswahl zugrunde liegt. Von den mehrstufigen Verfahren werden daher lediglich die geschichtete Stichprobe und die Klumpenstichprobe kurz vorgestellt.

#### a) Geschichtete Stichprobe

*i) Voraussetzung*

Über die Grundgesamtheit müssen bestimmte Informationen vorliegen. So muß von der Grundgesamtheit bekannt sein oder angenommen werden können, daß sie hinsichtlich des Untersuchungsmerkmals heterogen zusammengesetzt ist bzw. ihre Merkmalswerte relativ breit streuen. Zudem muß für die Schichtenbildung die Verteilung eines Merkmals, das mit dem Untersuchungsmerkmal eng korreliert, zumindest in groben Zügen bekannt sein.

*ii) Auswahlvorgang*

Die geschichtete Stichprobe ist ein zweistufiges Auswahlverfahren. Die Grundgesamtheit wird zunächst in mehrere Schichten zerlegt. Auf der ersten Auswahlstufe - und das ist typisch für die geschichtete Stichprobe - werden sämtliche Schichten "ausgewählt". Auf der zweiten Auswahlstufe werden aus den ausgewählten, also aus sämtlichen Schichten über eine uneingeschränkte Zufallsauswahl die Elemente für die Stichprobe entnommen.

Für die Schichtenbildung gilt der Grundsatz: Heterogenität zwischen den einzelnen Schichten, Homogenität innerhalb der Schichten. Die heterogene Grundgesamtheit ist also so in Schichten zu zerlegen, daß innerhalb einer jeden Schicht möglichst große Homogenität, d.h. geringe Streuung hinsichtlich des Untersuchungsmerkmals vorliegt. Dies wird mit Hilfe des Merkmals zu erreichen versucht, das mit dem interessierenden Untersuchungsmerkmal eng korreliert.

Beispiel: Es ist die wöchentliche durchschnittliche Taschengeldhöhe der Schüler eines Regensburger Gymnasiums zu ermitteln. Die Höhe des Taschengelds der Schüler wird stark streuen; es kann davon ausgegangen werden, daß Taschengeldhöhe und Alter der Schüler sehr eng korrelieren. Es bietet sich daher eine Schichtenbildung nach Klassenstufen an. Es ist anzunehmen, daß dann Heterogenität zwischen und Homogenität innerhalb der Klassenstufen herrschen. Aus allen Klassenstufen werden dann über eine uneingeschränkte Zufallsauswahl Schüler entnommen (ausgewählt) und nach der Taschengeldhöhe befragt.

*iii) Kritik*

Durch die zufällige Entnahme von Elementen aus sämtlichen Schichten ist es im Vergleich zur einstufigen Auswahl ausgeschlossen, eine verfälschende Stichprobe zu ziehen, d.h. z.B. fast ausschließlich Schüler auszuwählen, die jünger als vierzehn Jahre sind. Der Hauptvorteil der geschichteten Zufallsauswahl liegt im sogenannten Schichteneffekt: Im Vergleich zur einstufigen Auswahl können bei gleichem Stichprobenumfang genauere Aussagen getroffen werden (Genauigkeitsgewinn) oder gleich genaue Aussagen sind bei geringerem Stichprobenumfang möglich (Reduktion des Stichprobenumfangs).

### b) Klumpenauswahl

*i) Voraussetzung*

Die Grundgesamtheit muß durch natürliche oder geschaffene Gegebenheiten in sogenannte Klumpen zerlegt oder zerlegbar sein. Jedes Element aus der Grundgesamtheit kann nur einem Klumpen angehören. Die Elemente sind durch bestimmte Bande zu Klumpen verbunden. Die einzelnen Klumpen sollen dabei ein ungefähres, verkleinertes Abbild der Grundgesamtheit sein.

*ii) Auswahlvorgang*

Die Klumpenauswahl ist ein zweistufiges Auswahlverfahren. Die Grundgesamtheit wird zunächst in mehrere Schichten, die sogenannten Klumpen zerlegt. Auf der ersten Auswahlstufe werden über eine uneingeschränkte Zufallsauswahl Klumpen ausgewählt. Auf der zweiten Auswahlstufe werden - und das ist typisch für die Klumpenauswahl - sämtliche Elemente der ausgewählten Klumpen für die Stichprobe "ausgewählt", d.h. die ausgewählten Klumpen werden vollständig erhoben.

Für die Schichten- bzw. Klumpenbildung gilt der Grundsatz: Homogenität zwischen den einzelnen Schichten, Heterogenität innerhalb der einzelnen Schichten. Dies wird am besten erreicht, wenn jeder Klumpen möglichst repräsentativ für die Grundgesamtheit ist. Für die Zerlegung der Grundgesamtheit werden in aller Regel bereits segmentierende Gegebenheiten geographischer, soziographischer, organisatorischer, zeitlicher oder rechtlicher Art verwendet.

Beispiel: Es sind die Mietausgaben der BWL-Studenten der Fachhochschule Regensburg zu ermitteln. Die Studenten sind je nach Studienfortschritt in Semestergruppen (= Klumpen) eingeteilt. Es wird davon ausgegangen, daß Mietausgaben und Semestergruppenzugehörigkeit voneinander unabhängig sind. Die Semestergruppen sind damit hinsichtlich des Untersuchungsmerkmals Mietausgabe unter sich homogen und in sich jeweils heterogen. - Zunächst werden über eine uneingeschränkte Zufallsauswahl Semestergruppen ausgewählt und anschließend sämtliche Studenten dieser Semestergruppen nach ihren Mietausgaben befragt.

*iii) Kritik*

Der große Vorteil der Klumpenauswahl besteht in ihrer Erhebungstechnik. Es ist i.d.R. organisatorisch einfacher und kostengünstiger, alle Elemente einiger Klumpen zu erfassen anstatt aus allen Klumpen jeweils nur einige Elemente. Dies gilt insbesondere, wenn sich die Elemente über eine größere räumliche Distanz verteilen. In praktischen Erhebungen ist gegenüber der uneingeschränkten Zufallsauswahl oder der geschichteten Stichprobe relativ oft ein Genauigkeitsverlust zu beobachten, der sogenannte negative Klumpeneffekt. Ursache dafür ist, daß die einzelnen Klumpen dann in sich nicht genügend heterogen sind bzw. kein verkleinertes Abbild der Grundgesamtheit bilden. In diesen Situationen sollte die Grundgesamtheit nach Möglichkeit verstärkt in kleinere Klumpen segmentiert werden und im Gegenzug mehr Klumpen ausgewählt werden.

## 8.3.2 Nicht-Zufallsauswahlverfahren

Bei den Nicht-Zufallsauswahlverfahren ist der Auswahlmechanismus derart gestaltet, daß auf ihn mindestens eine der drei folgenden Eigenschaften zutrifft.

a) Bestimmte Elemente besitzen keine Auswahlchance,
b) die Auswahlchance von Elementen ist nicht berechenbar,
c) die Auswahlchance eines Elements steht im Zusammenhang mit seinem interessierenden Merkmalswert.

Aufgrund der nicht-zufälligen Entnahme der Elemente ist eine *Berechnung* der Zuverlässigkeit des Rückschlusses *nicht möglich*. Um eine hohe, aber nicht quantifizierbare Zuverlässigkeit zu erreichen, werden die Elemente so für die Stichprobe auszuwählen versucht, daß sie ein möglichst getreues verkleinertes Abbild der Grundgesamtheit darstellen, den stark dominierenden Teil der Grundgesamtheit wiedergeben oder typische Vertreter der Grundgesamtheit sind.

Von den Nicht-Zufallsauswahlverfahren werden im folgenden das Quotenauswahlverfahren, die Auswahl nach dem Konzentrationsprinzip und die Auswahl typischer Fälle kurz vorgestellt.

### a) Quotenauswahlverfahren

*i) Voraussetzung*

Das Untersuchungsmerkmal korreliert sehr eng und positiv mit einem oder mehreren Merkmalen, den sogenannten Strukturmerkmalen. Die Verteilung der Strukturmerkmale muß mindestens annähernd bekannt sein.

*ii) Auswahlvorgang*

Die Auswahl der Elemente bzw. die Stichprobe ist so zu gestalten, daß die Strukturmerkmale in ihr möglichst so verteilt sind wie in der Grundgesamtheit. Durch diese strukturtreue Abbildung soll eine hohe Repräsentativität der Stichprobe bezüglich des Untersuchungsmerkmals erreicht werden.

Zum Erreichen dieser Strukturtreue wird die Zusammensetzung der Strukturmerkmale in der Grundgesamtheit anteils- bzw. quotenmäßig festgestellt. Die Auswahl der Elemente ist so vorzunehmen, daß diese Quoten in der Stichprobe wiederzufinden sind. Bei mehreren Strukturmerkmalen können die Quoten einzeln für sich oder in verknüpfter Form angegeben werden.

Beispiel: Das durchschnittliche Einkommen von kaufmännischen Angestellten ist zu ermitteln. Es wird angenommen, daß das Einkommen sehr eng mit den Strukturmerkmalen Geschlecht, Alter und Schulabschluß korrelliert. Die strukturellen Zusammensetzungen in der Grundgesamtheit lauten: 70 % Männer, 30 % Frauen; 40 % jünger als 40 Jahre, 60 % mindestens 40 Jahre; 20 % mit, 80 % ohne Hochschulabschluß. Diese Quoten müssen sich in der Stichprobe wiederfinden. Die Quoten können - wie oben bereits erwähnt - einzeln vorgegeben werden oder in verknüpfter Form. Bei der verknüpften Form müssen z.B.

$$(0,7 \cdot 0,6 \cdot 0,2) \cdot 100 = 8,4\ \%$$

der für die Stichprobe ausgewählten Personen männlich, mindestens 40 Jahre sein und einen Hochschulabschluß besitzen.

*iii) Kritik*

Bei der Auswahl der Elemente innerhalb der Quoten ist ein subjektives Vorgehen erlaubt, wodurch die Zufälligkeit der Auswahl verlorengeht. - Bei der Vorgabe vieler Quoten kann es insbesondere gegen Ende der Erhebung schwierig sein, Elemente mit den noch offenen Quotenverknüpfungen zu finden. - Zudem besteht die Gefahr, daß die unterstellte enge und positive Korrelation zwischen Untersuchungsmerkmal und Strukturmerkmal nicht oder nur ungenügend besteht.

### b) Auswahl nach dem Konzentrationsprinzip

*i) Voraussetzung*

Das Untersuchungsmerkmal muß ein Merkmal (z.B. Einkommen, Umsatz) sein, bei dem die Summe der Merkmalswerte eine sinnvolle Größe darstellt. Die Merkmalswertsumme konzentriert sich stark auf relativ wenige Elemente der Grundgesamtheit; diese Elemente müssen bekannt sein.

*ii) Auswahlvorgang*

In die Stichprobe werden gezielt diejenigen Elemente aufgenommen, von denen die nicht ausgewählten Elemente sehr stark dominiert werden. Es sind also die Elemente auszuwählen, auf die sich die Merkmalswertsumme stark konzentriert. Die Stichprobe ist damit insofern repräsentativ, als sie diejenigen Elemente umfaßt, von denen die Grundgesamtheit maßgebend geprägt wird.

Beispiel: Für eine Branche ist die relative Umsatzentwicklung im letzten Monat zu ermitteln. Konzentrieren sich z.B. 95 % des in der Branche erzielten Umsatzes auf nur 15 von 200 Betrieben, dann kann die relative Umsatzentwicklung annähernd genau mit Hilfe der Stichprobe beschrieben werden, die genau diese 15 Betriebe umfaßt.

*iii) Kritik*

Die Auswahl nach dem Konzentrationsprinzip ist in der Anwendung einfach, da sie sich auf die Erfassung relativ weniger Elemente beschränkt. Das Auswahlwahlverfahren ist sinnvoll, wenn die Entwicklung einer Merkmalswertsumme zu beschreiben ist. Für die Ermittlung von Mittelwerten ist das Verfahren weniger geeignet. Die "Repräsentativität" und die Akzeptanz des Verfahrens leiden, wenn die Konzentration nicht genügend hoch ist oder die relativ vielen, unbedeutenden Elemente eine gegenläufige Entwicklung aufweisen im Vergleich zu den relativ wenigen, bedeutenden Elementen.

### c) Auswahl typischer Elemente

*i) Voraussetzung*

Die Grundgesamtheit muß insoweit bekannt sein, daß eine Vorstellung über das Typische gebildet werden kann.

*ii) Auswahlvorgang*

In die Stichprobe werden diejenigen Elemente aufgenommen, die als typische Vertreter der Grundgesamtheit angesehen werden können. Durch das Erfassen des für die Grundgesamtheit Typischen soll die Grundgesamtheit in der Stichprobe repräsentiert werden.

*iii) Kritik*

Die Schwierigkeit bei diesem Verfahren besteht darin, das Typische einer Grundgesamtheit zu definieren. Subjektive oder falsche Vorstellungen bedeuten sowohl für die Bestimmung des Typischen als auch für die Auswahl der typischen Elemente ein nicht unerhebliches Risiko für die Zuverlässigkeit des Rückschlusses.

## 8.4 Stichprobenverteilungen

Für einen qualifizierten Rückschluß von der Stichprobe auf die Grundgesamtheit muß die Stichprobenverteilung zumindest annähernd bekannt sein.

Bedeutende Stichprobenverteilungen sind neben der Normal- bzw. Standardnormalverteilung (Abschnitt 7.2.3) die Chi-Quadrat-Verteilung, die t-Verteilung und die F-Verteilung. Die folgende Darstellung der drei Verteilungen orientiert sich an den Erfordernissen des praktischen Einsatzes. Im Vordergrund steht dabei die Beschreibung der Tabellenarbeit, d.h. das Nachschlagen von Wahrscheinlichkeiten bei gegebenen Quantilswerten und umgekehrt. Auf die Angabe der Dichtefunktionen wird verzichtet.

## 8.4.1 Chi-Quadrat-Verteilung

### a) Definition und Bedeutung

Die Chi-Quadrat-Verteilung wurde 1876 von F. Helmert (1843 - 1917) entdeckt.

Ausgangspunkt sind k Zufallsvariable $X_i$ (i = 1, ..., k), die standardnormalverteilt und voneinander unabhängig sind. Die Verteilung der Zufallsvariablen Y

$$Y = X^2 = X_1^2 + X_2^2 + ... + X_k^2$$

heißt Chi-Quadrat-Verteilung oder $\chi^2$-Verteilung. Die Bezeichnung Chi-Quadrat hat K. Pearson (1857 - 1936) wegen der quadrierten Zufallsvariablen X (griechischer Buchstabe $\chi$ ; Sprechweise: Chi) gewählt.

Die Chi-Quadrat-Verteilung ist eine stetige Verteilung mit dem Parameter k, der die Anzahl der Freiheitsgrade wiedergibt, d.h. die Anzahl der k unabhängigen, frei variierbaren Zufallsvariablen $X_i$. In Abb. 8.4.1.-1 (s.S. 214) ist die Dichtefunktion der Chi-Quadrat-Verteilung für die Parameter k gleich 4, 8 und 10 graphisch wiedergegeben.

Die Chi-Quadrat-Verteilung ist insbesondere von Bedeutung im Rahmen der Schätzung von Varianzen und beim Testen von Hypothesen über die Verteilungsform eines Merkmals oder über die Unabhängigkeit von Merkmalen.

### b) Erwartungswert und Varianz

Erwartungswert und Varianz der Chi-Quadrat-Verteilung lauten

$$E(Y) = k$$

$$VAR(Y) = 2k$$

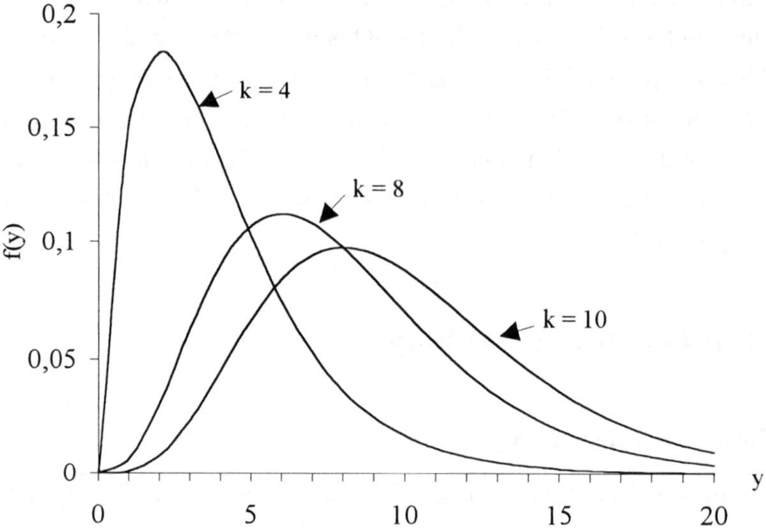


Abb. 8.4.1.-1: Chi-Quadrat-Verteilung bei unterschiedlichen Freiheitsgraden k

**c) Tabellierung**

In Tabelle 5 (s.S. 372) sind für ausgewählte Wahrscheinlichkeiten und Freiheitsgrade die zugehörigen Quantile angegeben. Der Gebrauch der Tabelle wird anhand des Beispiels mit der Wahrscheinlichkeit 1 - α = 0,950 und Anzahl der Freiheitsgrade k = 15 in der Abb. 8.4.1.-2 erklärt.

| k \ 1 - α | 0,010 | .... | 0,950 | .... | 0,999 |
|---|---|---|---|---|---|
| 1 | | | ↓ | | |
| 2 | | | ↓ | | |
| ... | | | ↓ | | |
| 15 → | | | 24,9958 | | |
| ... | | | | | |

Abb. 8.4.1.-2: Ablesen des Quantilswertes 24,9958 für 1 - α = 0,950 und k = 15

Mit einer Wahrscheinlichkeit von 95 % nimmt die Zufallsvariable Y einen Wert kleiner gleich 24,9958 an.

$$W(Y \leq 24{,}9985) = 0{,}95$$

**d) Approximationen**

Für k ≥ 30 ist die Zufallsvariable Y approximativ standardnormalverteilt:

$$f_{Chi}(y|\,k) \approx f_{SN}(z = \sqrt{2y} - \sqrt{2k-1}\,|\,0;\,1)$$

Für k ≥ 100 ist die Zufallsvariable Y approximativ normalverteilt:

$$f_{Chi}(y|\,k) \approx f_N(y|\,k;\,\sqrt{2k})$$

In Abb. 8.4.1.-1 ist erkennbar, daß die Chi-Quadrat-Verteilung mit zunehmendem Freiheitsgrad k von einer zunächst sehr schiefen Verteilung gegen eine *Normalverteilung* konvergiert.

## 8.4.2 t-Verteilung

**a) Definition und Bedeutung**

Die t-Verteilung oder Student-Verteilung wurde 1908 von W. Gosset (1876 - 1937) unter dem Pseudonym Student veröffentlicht.

Ausgangspunkt sind zwei voneinander unabhängige Zufallsvariablen X und Y, die standardnormalverteilt bzw. mit k Freiheitsgraden chi-Quadrat-verteilt sind. Die Verteilung der Zufallsvariablen T

$$T = \frac{X}{\sqrt{\frac{Y}{k}}}$$

heißt t-Verteilung oder Student-Verteilung. Das für die Zufallsvariable verwendete Symbol T bzw. das Pseudonym Student waren namensgebend.

Die t-Verteilung ist eine stetige, symmetrische Verteilung mit dem Parameter k, der die Anzahl der Freiheitsgrade angibt. In Abb. 8.4.2.-1 (s.S. 216) ist die Dichtefunktion der t-Verteilung für den Parameter k gleich 9 graphisch wiedergegeben. Es ist zu erkennen, daß diese ähnlich verläuft wie die Standardnormalverteilung, die in der Abbildung gestrichelt eingetragen ist. Die t-Verteilung verläuft bei kleinem k weniger stark gewölbt als die Standardnormalverteilung. Ab zirka 30 Freiheitsgraden ist sie nahezu identisch mit der Standardnormalverteilung.

Die t-Verteilung ist insbesondere von Bedeutung, wenn auf Basis kleiner Stichproben, d.h. es werden weniger als 30 Elemente entnommen, Aussagen über die übergeordnete Gesamtheit zu treffen sind. Das Ziehen kleiner Stichproben ist im Bereich der Betriebsstatistik aus praktischen Gründen relativ oft anzutreffen.

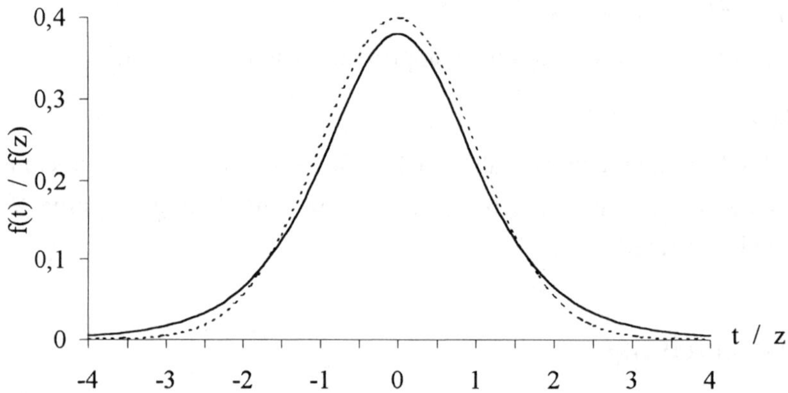


Abb. 8.4.2.-1: t-Verteilung mit k = 9 Freiheitsgraden (Standardnormalverteilung gestrichelt)

**b) Erwartungswert und Varianz**

Erwartungswert und Varianz der t-Verteilung lauten

$$E(T) = 0 \quad \text{für } k \geq 2$$

$$\text{Var}(T) = \frac{k}{k-2} \quad \text{für } k \geq 3$$

**c) Tabellierung**

Für ausgewählte Wahrscheinlichkeiten und Freiheitsgrade sind die zugehörigen Quantile in den Tabellen 6a und 6b (s.S. 373 f.) angegeben. Der Gebrauch der Tabellen wird anhand des Beispiels mit der Wahrscheinlichkeit $1 - \alpha = 0{,}95$ und Anzahl der Freiheitsgrade $k = 15$ in der Abb. 8.4.2.-2 (einseitiges Intervall) und der Abb. 8.4.2.-3 (zentrales Intervall) erklärt.

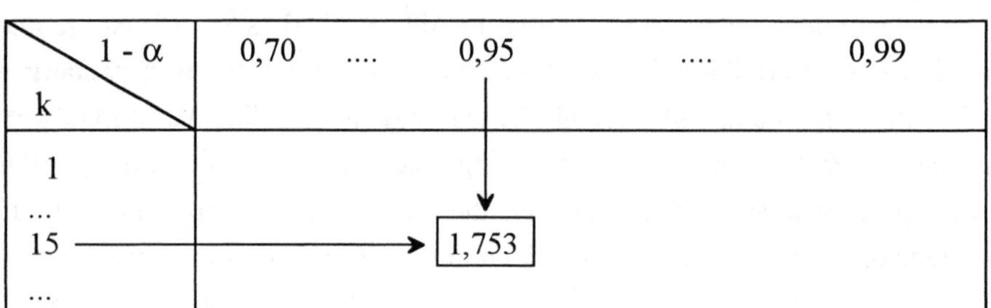


Abb. 8.4.2.-2: Ablesen des Quantilswertes 1,753 für $1 - \alpha = 0{,}95$ und $k = 15$

Einseitiges Intervall: Mit einer Wahrscheinlichkeit von 95 % realisiert sich die Zufallsvariable T mit einem Wert kleiner gleich 1,753.

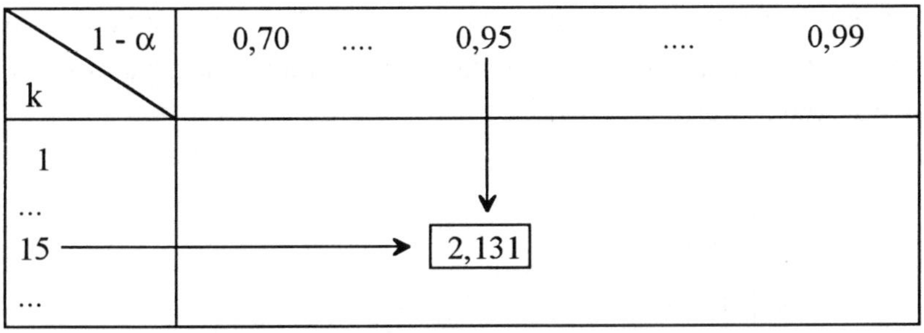


Abb. 8.4.2.-3: Ablesen des Quantilswertes 2,131 für $1 - \alpha = 0{,}95$ und $k = 15$

Zentrales Intervall: Mit einer Wahrscheinlichkeit von 95 % realisiert sich die Zufallsvariable T in dem Intervall (- 2,131; +2,131).

**d) Approximationen**

Für $k \geq 30$ ist die Zufallsvariable T approximativ *standardnormalverteilt*:

$$f_t(t|\, k) \approx f_{SN}(z|\, 0;\, 1) \qquad (\text{mit } z = t)$$

## 8.4.3 F-Verteilung

**a) Definition und Bedeutung**

Die F-Verteilung oder Fisher-Verteilung wurde 1924 von R.A. Fisher (1890 - 1962) entdeckt.

Ausgangspunkt sind die beiden unabhängigen Zufallsvariablen $Y_1$ und $Y_2$, die chi-Quadrat-verteilt sind mit $k_1$ bzw. $k_2$ Freiheitsgraden. Die Verteilung der Zufallsvariablen X

$$X = \frac{Y_1 / k_1}{Y_2 / k_2}$$

heißt - nach ihrem Entdecker - F-Verteilung oder Fisher-Verteilung.

Die F-Verteilung ist eine stetige Verteilung mit den zwei Parametern $k_1$ und $k_2$, der Anzahl der Freiheitsgrade der beiden Zufallsvariablen $Y_1$ und $Y_2$. In der

Abb. 8.4.3.-1 ist die Dichtefunktion der F-Verteilung für die Parameter $k_1 = 8$ und $k_2 = 5$ graphisch wiedergegeben.

Die F-Verteilung ist von Bedeutung, wenn die Gleichheit von Varianzen zu testen ist, bei Testverfahren für die Regressions- und Varianzanalyse sowie bei der Schätzung des Anteilswerts.

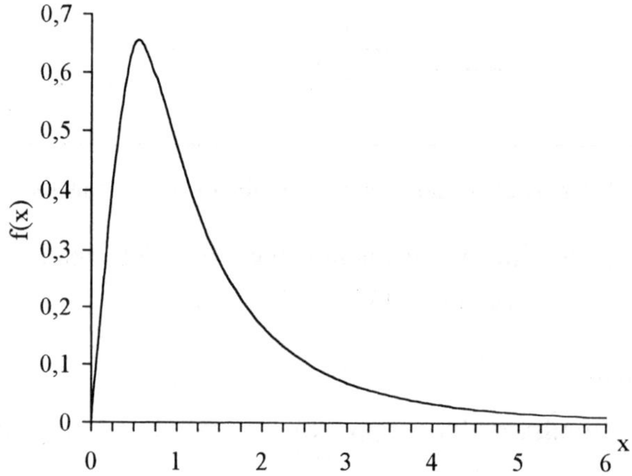


Abb. 8.4.3.-1: F-Verteilung mit den Freiheitsgraden $k_1 = 8$ und $k_2 = 5$

**b) Erwartungswert und Varianz**

Erwartungswert und Varianz der F-Verteilung lauten

$$E(X) = \frac{k_2}{k_2 - 2} \qquad \text{für } k_2 > 2$$

$$VAR(X) = \frac{2 \cdot k_2^2 \cdot (k_1 + k_2 - 2)}{k_1 \cdot (k_2 - 2)^2 \cdot (k_2 - 4)} \qquad \text{für } k_2 > 4$$

**c) Tabellierung**

Für die in der Praxis verwendeten Wahrscheinlichkeiten 0,95 und 0,99 und ausgewählte Freiheitsgrade $k_1$ und $k_2$ sind die zugehörigen Quantile in den Tabellen 7a und 7b (s.S. 375 bzw. 376) angegeben. Der Gebrauch der Tabellen wird anhand des Beispiels mit der Anzahl der Freiheitsgrade $k_1 = 9$ bzw. $k_2 = 15$ bei einer Wahrscheinlichkeit von 0,95 in Abb. 8.4.3.-2 erklärt.

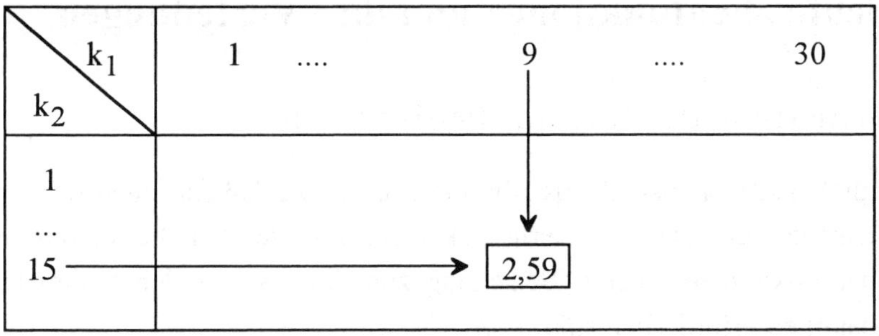


Abb. 8.4.3.-2: Ablesen des Quantilswertes 2,59 bei $k_1 = 9$ und $k_2 = 15$ $(1 - \alpha = 0{,}95)$

Mit einer Wahrscheinlichkeit von 95 % realisiert sich die Zufallsvariable X mit einem Wert kleiner 2,59. - Soll der zentrale 90 %-Quantilsabstand ermittelt werden, dann ist neben dem 95 %-Quantil noch der Quantilswert zu bestimmen, der mit einer Wahrscheinlichkeit von 5 % unterschritten wird, der 5 %-Quantilswert.

Der 5 %-Quantilswert ist identisch mit dem Kehrwert des 95 %-Quantils bei vertauschten Freiheitsgraden:

$$f_F(x|\,15;9) = 0{,}95 \quad \rightarrow \quad x = 3{,}01 \rightarrow \quad x_u = \frac{1}{3{,}01} = 0{,}33$$

Mit einer Wahrscheinlichkeit von 5 % realisiert sich die Zufallsvariable X mit einem Wert kleiner 0,33. - Mit einer Wahrscheinlichkeit von 90 % realisiert sich die Zufallsvariable X damit im Intervall (0,33; 2,59).

**d) Approximationen**

Es gelten folgende Approximationsregeln:

$$f_F(x|\,1; k_2 \geq 30) \quad \approx \quad f_{SN}(z = x|\,0;1)$$

$$f_F(x|\,k_1; k_2 \geq 200) \quad \approx \quad f_{Chi}(y = x|\,k = k_1)$$

$$f_F(x|\,1; k_2) \quad \approx \quad f_t(t = x|\,k_2)$$

# 8.5 Stichprobenfunktionen und ihre Verteilungen

## 8.5.1 Bedeutung der Stichprobenfunktion

Das Beispiel "Kaffeekonsum" aus Abschnitt 8.2 zeigt, daß für einen Rückschluß unter Quantifizierung seiner Zuverlässigkeit Kenntnisse über die Verteilung der Stichprobenfunktion und deren Beziehung zum interessierenden Parameter der Grundgesamtheit erforderlich sind.

Aus der Grundgesamtheit werden n Elemente mit Hilfe eines Zufallsauswahlverfahrens ausgewählt und entnommen, anschließend werden diese Elemente auf das interessierende bzw. zu schätzende Merkmal hin untersucht. Bei jeder Entnahme hängt es folglich vom Zufall ab, welcher der möglichen Merkmalswerte festgestellt wird. Dies bedeutet, daß das Ergebnis der i-ten Entnahme als eine Realisation der Zufallsvariablen $X_i$, der sogenannten Stichprobenvariablen aufgefaßt werden kann.

$X_i$ = Stichprobenvariable $(i = 1, ..., n)$

$x_i$ = Stichprobenwert (-realisation) $(i = 1, ..., n)$

Die n Zufalls- bzw. Stichprobenvariablen bilden eine n-dimensionale Zufallsvariable, die den n-dimensionalen Zufalls- oder Stichprobenvektor

$$(X_1, ..., X_n)$$

ergibt.

Die Realisation des Stichprobenvektors

$$(x_1, ..., x_n)$$

wird als Stichprobenergebnis, konkrete Stichprobe oder - kurz - Stichprobe bezeichnet (s.S. 192).

Die Eigenschaften jeder Stichprobe können durch aussagefähige Größen oder Kennzahlen beschrieben werden wie z.B. durch das arithmetische Mittel, den Anteilswert oder die Varianz. Die Vorschrift, die einem Stichprobenvektor eine derartige Größe oder Kennzahl zuordnet, wird als **Stichprobenfunktion**

$$f(X_1, ..., X_n)$$

bezeichnet. Die Stichprobenfunktion ist eine Zufallsvariable, da sie selbst eine Funktion von Zufallsvariablen, den Stichprobenvariablen ist. So ist im Beispiel

"Kaffeekonsum" im Abschnitt 8.2 (s.S. 192) die Stichprobenfunktion $\overline{X}$ "durchschnittlicher Kaffeekonsum" eine Funktion der n Zufallsvariablen $X_i$ (Anzahl der Tassen bei der i-ten Befragung).

Die Stichprobenfunktion bzw. der Stichprobenfunktionswert ist die Basis für den Rückschluß. Sind die Verteilung der Stichprobenfunktion und deren Beziehung zu der zu schätzenden Größe in der Grundgesamtheit zumindest annähernd bekannt, dann kann der Rückschluß unter Quantifizierung seiner Zuverlässigkeit gezogen werden. Die erforderlichen Kenntnisse können auf relativ einfache Weise gewonnen werden, wenn die Entnahme der Elemente mit Hilfe der uneingeschränkten Zufallsauswahl und zudem unabhängig erfolgt, da dann

- alle Stichprobenvariablen dieselbe Verteilung wie die korrespondierende Größe in der Grundgesamtheit besitzen und
- die Voraussetzungen für die Anwendung zentraler Sätze der Wahrscheinlichkeitsrechnung (Abschn. 8.5.2 und 8.5.3) erfüllt sind.

Im folgenden werden die Verteilungen der Stichprobenfunktionen zur Ermittlung des arithmetischen Mittels, des Anteilswerts und der Varianz dargestellt. In allen Fällen wird eine uneingeschränkte Zufallsauswahl unterstellt.

## 8.5.2 Verteilung des Stichprobenmittelwertes

Sehr häufig ist in einer Grundgesamtheit die durchschnittliche Ausprägung eines Merkmals von Interesse. Zum Beispiel kann ein Interesse am durchschnittlichen Einkommen von Industriearbeitern, am durchschnittlichen Abfüllgewicht von Zuckertüten, an der durchschnittlichen Studiendauer von BWL-Studenten etc. bestehen.

Ist das arithmetische Mittel über einen Rückschluß zu schätzen, wird dazu die Stichprobenfunktion

$$\overline{X} = \frac{1}{n} \cdot \sum_{i=1}^{n} X_i$$

verwendet, d.h. der Stichprobenmittelwert oder kurz das Stichprobenmittel ist zu berechnen.

Die Verteilung des Stichprobenmittels $\overline{X}$ hängt davon ab,

1) ob die Entnahme mit oder ohne Zurücklegen erfolgt,
2) ob die Verteilungsform des Merkmals X in der Grundgesamtheit bekannt ist,
3) ob die Varianz des Merkmals in der Grundgesamtheit bekannt ist,
4) wie groß der Stichprobenumfang n ist.

## a) Entnahme mit Zurücklegen

Erfolgt die Entnahme der Elemente uneingeschränkt und mit Zurücklegen, dann sind die Stichprobenvariablen $X_i$

- unabhängig und
- identisch verteilt (wie das entsprechende Merkmal in der Grundgesamtheit).

### a1) Merkmal X ist in der Grundgesamtheit normalverteilt

Unter den gegebenen Voraussetzungen ist jede Stichprobenvariable $X_i$ wie das entsprechende Merkmal X in der Grundgesamtheit normalverteilt mit

$$\mu_i = \mu \qquad \text{und} \qquad \sigma_i = \sigma \qquad\qquad i = 1, \ldots, n$$

Wegen der Reproduktivitätseigenschaft der Normalverteilung (s.S. 173) ist die Summe der Stichprobenvariablen ebenfalls normalverteilt mit den Parametern

$$E\left(\sum_{i=1}^{n} X_i\right) = \sum_{i=1}^{n} \mu_i = n \cdot \mu_i = n \cdot \mu$$

$$VAR\left(\sum_{i=1}^{n} X_i\right) = \sum_{i=1}^{n} \sigma_i^2 = n \cdot \sigma_i^2 = n \cdot \sigma^2$$

Dann ist die Stichprobenfunktion $\overline{X}$ ebenfalls normalverteilt mit den Parametern

$$\mu_{\overline{X}} = E(\overline{X}) = \frac{n \cdot \mu}{n} = \mu$$

$$\sigma_{\overline{X}}^2 = VAR(\overline{X}) = \frac{n \cdot \sigma^2}{n^2} = \frac{\sigma^2}{n}$$

### a2) Merkmal X ist in der Grundgesamtheit beliebig verteilt

Ist das Merkmal X in der Grundgesamtheit beliebig verteilt, d.h. unbekannt oder aber bekannt und dabei nicht normalverteilt, dann kann die Verteilung der Stichprobenfunktion $\overline{X}$ mit Hilfe des zentralen Grenzwertsatzes ermittelt werden.

**Zentraler Grenzwertsatz**

Sind die Zufallsvariablen $X_1, \ldots, X_n$ unabhängig und identisch verteilt mit $E(X_i) = \mu$ und $VAR(X_i) = \sigma^2$, dann strebt die Zufallsvariable

$$\overline{X} = \frac{1}{n} \sum_{i=1}^{n} X_i$$

mit wachsendem Stichprobenumfang n gegen eine Normalverteilung mit den Parametern

$$\mu_{\overline{X}} = E(\overline{X}) = \mu \qquad \text{und} \qquad \sigma_{\overline{X}}^2 = VAR(\overline{X}) = \frac{\sigma^2}{n} .$$

Schon bei einem Stichprobenumfang ab zirka 30 ist die Stichprobenfunktion $\overline{X}$ nahezu *normalverteilt.* Dies gilt auch dann, wenn die Verteilung des Merkmals X in der Grundgesamtheit sehr schief ist. Das Beispiel "Kaffeekonsum" veranschaulicht dies (Abb. 8.2.1.-5; s.S. 196).

Wird $\overline{X}$ mit Hilfe der z-Transformation standardisiert, dann strebt die daraus hervorgehende Zufallsvariable Z

$$Z = \frac{\overline{X} - \mu}{\frac{\sigma}{\sqrt{n}}}$$

mit wachsendem Stichprobenumfang n gegen die Standardnormalverteilung.

Erwartungswert und Varianz der Stichprobenfunktion lassen erkennen, daß die realisierten Stichprobenmittel $\bar{x}$ mit wachsendem Stichprobenumfang n immer enger um das arithmetische Mittel $\mu$ streuen. Die Schätzung des arithmetischen Mittels der Grundgesamtheit bzw. der Rückschluß werden mit wachsendem Stichprobenumfang daher immer genauer.

## b) Entnahme ohne Zurücklegen

Erfolgt die Entnahme der Elemente uneingeschränkt und ohne Zurücklegen, dann sind die Stichprobenvariablen $X_i$

- abhängig und
- identisch verteilt (wie das entsprechende Merkmal in der Grundgesamtheit).

Erwartungswert und Varianz der Stichprobenfunktion $\overline{X}$ lauten

$$\mu_{\overline{X}} = E(\overline{X}) = \mu \qquad \text{und} \qquad \sigma_{\overline{X}}^2 = VAR(\overline{X}) = \frac{\sigma^2}{n} \cdot \frac{N-n}{N-1}$$

Auf die Beweisführung wird hier verzichtet. Stattdessen findet sich mit Übungsaufgabe 17 unter Abschnitt 8.6 (s.S. 230) ein erklärendes Zahlenbeispiel.

Die von der hypergeometrischen Verteilung (Abschnitt 7.1.2, s.S. 140) her bekannte Endlichkeitskorrektur bei der Varianz kann vernachlässigt werden, wenn der Auswahlsatz - wie bereits erklärt - kleiner als 0,05 bzw. 5 % ist.

Bei der Entnahme ohne Zurücklegen ist die Unabhängigkeit der Stichprobenvariablen nicht mehr gegeben. Da die Stichprobenvariablen identisch verteilt sind und damit keine Variable existiert, die die anderen stark dominiert, greift der zentrale Grenzwertsatz, wenn - so eine Faustregel - N mindestens doppelt so groß wie n ist.

### c) Varianz des Merkmals X in der Grundgesamtheit ist unbekannt

Bei der Bestimmung der Varianz der Stichprobenfunktion $\sigma_{\overline{X}}^2$ unter a) und b) wurde die Varianz des Merkmals in der Grundgesamtheit $\sigma^2$ verwendet und damit als bekannt vorausgesetzt. Ist die Varianz $\sigma^2$ unbekannt, dann ist die Varianz der Stichprobenfunktion zu schätzen.

$\hat{\sigma}_{\overline{X}}^2$ = Schätzwert für die Varianz der Stichprobenfunktion $\overline{X}$

Für die Schätzung wird die in der Stichprobe vorgefundene Varianz

$$s^2 = \frac{1}{n-1} \cdot \sum_{i=1}^{n} (x_i - \overline{x})^2 \qquad \text{(Formel 8.5.2.-1)}$$

verwendet. Bei der Varianzberechnung führt die Verwendung des Faktors 1/(n-1) anstelle des in der beschreibenden Statistik verwendeten Faktors 1/n zu einer besseren, nämlich erwartungstreuen Schätzung.

Der Schätzwert für die Stichprobenvarianz des Mittelwerts beträgt

- bei der Entnahme mit Zurücklegen

$$\hat{\sigma}_{\overline{X}}^2 = \frac{s^2}{n-1}$$

- bei der Entnahme ohne Zurücklegen

$$\hat{\sigma}_{\overline{X}}^2 = \frac{s^2}{n-1} \cdot \frac{N-n}{N}$$

Bei einem Auswahlsatz von kleiner als 0,05 bzw. 5 % kann der dann nicht ins Gewicht fallende Korrekturfaktor (N - n)/N vernachlässigt werden.

Die Stichprobenfunktion $\overline{X}$ ist, wenn ihre Varianz geschätzt worden ist,

- t-verteilt (student-verteilt) mit k = n -1 Freiheitsgraden, wenn das Merkmal X in der Grundgesamtheit normalverteilt ist.
- approximativ normalverteilt, wenn der Stichprobenumfang n größer 30 ist.

Eine Übersicht über die Verteilungsformen und die Varianz von $\overline{X}$ findet sich in Abb. 9.3.2.1.-1 (s.S. 243) bzw. in Abb. 9.3.2.1.-2 (s.S. 244).

## 8.5.3 Verteilung des Stichprobenanteilswertes

Neben der durchschnittlichen Ausprägung eines Merkmals in der Grundgesamtheit interessiert auch oft der Anteil der Elemente, die eine bestimmte Eigenschaft besitzen. So können z.B. der Anteil der Ausschußstücke in einer Lieferung, der Bekanntheitsgrad eines Produktes, der Stimmenanteil einer Partei, der Anteil von Frauen in Führungspositionen interessieren.

Für die Schätzung des Anteilswertes Θ wird die Stichprobenfunktion

$$P = \frac{X_1 + \ldots + X_n}{n} = \frac{X}{n}$$

verwendet. X ist dabei die Anzahl der Elemente, die unter den n ausgewählten Elementen die interessierende Eigenschaft besitzen. Die Stichprobenvariable $X_i$ (i = 1, ..., n) ist als Indikatorvariable definiert:

$$X_i = \begin{cases} 1 & \text{falls Element i die Eigenschaft besitzt} \\ 0 & \text{falls Element i die Eigenschaft nicht besitzt} \end{cases}$$

Die Verteilung der Stichprobenfunktion P hängt davon ab, ob die Entnahme mit oder ohne Zurücklegen erfolgt.

### a) Entnahme mit Zurücklegen

Erfolgt die Entnahme der n Elemente für die Stichprobe nach dem Modell mit Zurücklegen, dann ist die Stichprobenfunktion bzw. der Stichprobenanteilswert P binomialverteilt, da die drei Eigenschaften, durch die die Binomialverteilung gekennzeichnet ist (s.S. 132), gegeben sind.

Erwartungswert und Varianz der Binomialverteilung (s.S. 135) lauten:

$$E(X) = n \cdot \Theta \qquad \text{bzw.} \qquad Var(X) = n \cdot \Theta \cdot (1 - \Theta)$$

Erwartungswert und Varianz des Stichprobenanteilswertes P lauten dann:

$$E(P) = E(\frac{X}{n}) = \frac{1}{n} \cdot E(X) = \frac{1}{n} \cdot n \cdot \Theta$$
$$= \Theta$$

$$VAR(P) = VAR(\frac{X}{n}) = \frac{1}{n^2} \cdot VAR(X) = \frac{n \cdot \Theta \cdot (1 - \Theta)}{n^2}$$
$$= \frac{\Theta \cdot (1 - \Theta)}{n}$$

Die Binomialverteilung kann durch die Normalverteilung mit den Parametern $\mu = E(P)$ und $\sigma^2 = VAR(P)$ approximiert werden, wenn die Approximationsbedingung

$$n \cdot \Theta \cdot (1 - \Theta) > 9$$

erfüllt ist.

### b) Entnahme ohne Zurücklegen

Erfolgt die Entnahme der n Elemente für die Stichprobe nach dem Modell ohne Zurücklegen, dann ist die Stichprobenfunktion bzw. der Stichprobenanteilswert P hypergeometrisch verteilt, da die zwei Eigenschaften, durch die die hypergeometrische Verteilung gekennzeichnet ist (s.S. 137), gegeben sind.

Erwartungswert und Varianz der hypergeometrischen Verteilung (s.S. 140) lauten mit $M/N = \Theta$:

$$E(X) = n \cdot \Theta \qquad \text{bzw.} \qquad Var(X) = n \cdot \Theta \cdot (1 - \Theta) \cdot \frac{N - n}{N - 1}$$

Erwartungswert und Varianz des Stichprobenanteilswertes P lauten dann:

$$E(P) = \Theta \qquad \text{bzw.} \qquad VAR(P) = \frac{\Theta \cdot (1 - \Theta)}{n} \cdot \frac{N - n}{N - 1}$$

Ein Zahlenbeispiel dazu findet sich in Übungsaufgabe 17d) unter Abschnitt 8.6.

Die hypergeometrische Verteilung kann durch die Normalverteilung mit den Parametern $\mu = E(P)$ und $\sigma^2 = VAR(P)$ approximiert werden, wenn die Approximationsbedingung

$$n \cdot \Theta \cdot (1 - \Theta) > 9$$

erfüllt ist.

### c) Varianz des Anteilswertes Θ in der Grundgesamtheit ist unbekannt

Die Varianz des Anteilswertes in der Grundgesamtheit ist in der Regel unbekannt. Anderenfalls könnten aus der Formel für die Varianz (Formel 7.1.1.-4, s.S. 135), in die nur Θ und n eingehen, zwei Werte für Θ bestimmt werden, von denen einer der tatsächliche Anteilswert ist.

Es ist daher von einer unbekannten Varianz auszugehen, d.h. die Varianz der Stichprobenfunktion bzw. des Stichprobenanteilswertes P ist zu schätzen.

$\hat{\sigma}_P^2$ = Schätzwert für die Varianz der Stichprobenfunktion P

Als Schätzwert wird dabei die Varianz der gezogenen Stichprobe verwendet. Dieser lautet

- bei Entnahme mit Zurücklegen

$$\hat{\sigma}_P^2 = \frac{p \cdot (1 - p)}{n}$$

- bei Entnahme ohne Zurücklegen

$$\hat{\sigma}_P^2 = \frac{p \cdot (1 - p)}{n} \cdot \frac{N - n}{N}$$

Bei einem Auswahlsatz kleiner als 0,05 bzw. 5 % kann der dann nicht ins Gewicht fallende Korrekturfaktor (N - n)/N vernachlässigt werden.

Die Stichprobenfunktion bzw. der Stichprobenanteilswert kann durch die Normalverteilung mit den Parametern $\mu = E(P)$ und $\sigma^2 = VAR(P)$ approximiert werden, wenn die Approximationsbedingung

$$n \cdot \Theta \cdot (1 - \Theta) > 9$$

erfüllt ist.

Eine umfassende Übersicht über die Varianz der Schätzfunktion P findet sich in Abb. 9.3.3.1.-1 (s.S. 267).

### 8.5.4 Verteilung der Stichprobenvarianz

Neben dem Mittelwert und dem Anteilswert kann ein Interesse an der unbekannten Varianz eines Merkmals in der Grundgesamtheit bestehen. So kommt es z.B. bei der Qualitätslenkung in einem Produktionsprozeß nicht allein auf das durchschnittliche Einhalten einer Soll-Größe (Länge, Gewicht etc.) an, sondern auch auf eine Begrenzung der Streuung um die Soll-Größe. Das Ausmaß der Streuung wird meistens mit Hilfe der Varianz gemessen.

Ist das arithmetische Mittel $\mu$ unbekannt und erfolgt die Entnahme nach dem Modell mit Zurücklegen und ist das interessierende Merkmal in der Grundgesamtheit (annähernd) normalverteilt, dann wird für die Schätzung der Varianz in der Grundgesamtheit die Stichprobenfunktion bzw. Stichprobenvarianz

$$S^2 = \frac{1}{n-1} \cdot \sum_{i=1}^{n} (X_i - \overline{X})^2 \qquad \text{(Formel 8.5.4.-1)}$$

verwendet. - Die Verteilung der Stichprobenvarianz $S^2$ kann nicht direkt angegeben werden. Zu ihrer Bestimmung werden die unabhängigen, normalverteilten Stichprobenvariablen $X_i$ mit Hilfe der z-Transformation standardisiert

$$Z_i = \frac{X_i - \overline{X}}{\sigma} \qquad (i = 1, ..., n)$$

Die Zufallsvariable Y

$$Y = \sum_{i=1}^{n} Z_i^2 = \sum_{i=1}^{n} \frac{(X_i - \overline{X})^2}{\sigma^2} = \frac{\sum_{i=1}^{n} (X_i - \overline{X})^2}{\sigma^2}$$

ist chi-Quadrat-verteilt mit k = n - 1 Freiheitsgraden. Ersetzt man den Zähler (Summe) im rechten Ausdruck der Zufallsvariablen Y durch den linken Ausdruck der nachstehend umgestellten Formel 8.5.4.-1

$$(n-1) \cdot S^2 = \sum_{i=1}^{n} (X_i - \overline{X})^2$$

dann ergibt sich

$$Y = \frac{(n-1) \cdot S^2}{\sigma^2}$$

Die Zufallsvariable Y, in der die zu schätzende Varianz der Grundgesamtheit einfließt, ist chi-Quadrat-verteilt mit k = n - 1 Freiheitsgraden.

Für den Fall, daß $\mu$ bekannt ist, ist die Zufallsvariable

$$Y = \sum_{i=1}^{n} Z_i^2 = \sum_{i=1}^{n} \frac{(X_i - \mu)^2}{\sigma^2}$$

chi-Quadrat-verteilt mit k = n Freiheitsgraden.

## 8.6 Übungsaufgaben und Kontrollfragen

01) Auf welche beiden Arten können Informationen über die Grundgesamtheit grundsätzlich eingeholt werden?

02) Welche Chancen und Risiken sind mit einer Teilerhebung verbunden?

03) Erklären Sie den Unterschied zwischen dem Inklusions- und dem Repräsentationsschluß!

04) Erklären Sie die Begriffe Stichprobenvariable, Stichprobenvektor und Stichprobenfunktion! Stellen Sie dabei den Zusammenhang zwischen diesen Begriffen her!

05) Berechnen Sie für das Beispiel aus Abschnitt 8.2 (s.S. 191) die Wahrscheinlichkeit, daß der Stichprobenmittelwert $\overline{X}$
   a) bei einem Stichprobenumfang n = 100 im Intervall (2,3 ; 2,5) liegt,
   b) bei einem Stichprobenumfang n = 200 im Intervall (2,3 ; 2,5) liegt,
   c) bei einem Stichprobenumfang n = 200 im Intervall (2,2 ; 2,6) liegt!
   d) Welche Erkenntnisse gewinnt man aus den Ergebnissen unter a) bis c)?

06) Bestimmen Sie für das Beispiel aus Abschnitt 8.2 (S.s. 191) die um $\mu$ = 2,4 symmetrisch liegenden Intervallgrenzen, in denen das Stichprobenmittel bei einem Stichprobenumfang von n = 200 mit einer Wahrscheinlichkeit von
   a) 90 %, b) 95 %, c) 99 % liegt!

07) Bei einer Stichprobe vom Umfang 200 ergab sich für das Beispiel unter Abschnitt 8.2 (s.S. 191) ein Mittelwert von $\bar{x}$ = 2,35 Tassen. Bestimmen Sie das Konfidenzintervall, das den durchschnittlichen Kaffeekonsum in der Grundgesamtheit mit einer Wahrscheinlichkeit von
   a) 90 %, b) 95 %, c) 99 % überdeckt!

08) Welche Eigenschaften besitzt ein Zufallsauswahlverfahren?

09) Wann wird eine Zufallsauswahl als uneingeschränkt bezeichnet?

10) Wodurch zeichnen sich systematische Zufallsauswahlverfahren aus?

11) Aus 7.000 Elementen sind 105 Elemente auszuwählen. Beschreiben Sie die Vorgehensweise für die in Abschnitt 8.3.1.2 vorgestellten Auswahlverfahren "Auswahl jedes k-ten Elements", das Schlußziffernverfahren und das Buchstabenverfahren! Welche Probleme können bei den einzelnen Verfahren auftreten?

12) Wodurch unterscheiden sich einstufige und mehrstufige Auswahlverfahren?

13) Auf welche Weise versuchen Nicht-Zufallsauswahlverfahren eine hohe Repräsentativität zu erreichen?

14) Wodurch unterscheiden sich das Quotenauswahlverfahren und die Auswahl nach dem Konzentrationsprinzip?

15) Welche Aufgabe hat die Stichprobenfunktion zu erfüllen?

16) Was besagt der zentrale Grenzwertsatz?

17) In der nachstehenden Tabelle ist die tägliche Studierdauer (in Stunden) der vier Studenten A, B, C und D aufgezeigt:

| Student | A | B | C | D |
|---|---|---|---|---|
| Studierdauer | 10 | 9 | 11 | 10 |

Von den vier Studenten werden zwei zufällig und ohne Zurücklegen ausgewählt und nach ihrer täglichen Studierdauer befragt.

a) Berechnen Sie das arithmetische Mittel und die Varianz für die Grundgesamtheit!

b) Berechnen Sie für alle möglichen Stichproben das arithmetische Mittel und die Varianz! - Bestimmen Sie davon ausgehend den Erwartungswert und die Varianz für das Stichprobenmittel! Stellen Sie den Ergebnissen die Ergebnisse unter a) gegenüber!

c) Berechnen Sie mit Hilfe der Angaben aus Abschnitt 8.5.2.b) den Erwartungswert und die Varianz für das Stichprobenmittel!

d) Es interessiert der Anteil der Studenten, die mindestens 11 Stunden pro Tag studieren. - Führen Sie die Berechnungen für den Anteilswert analog zu den Aufgaben a), b) und c) durch!

# 9 Schätzverfahren

Schätzverfahren haben die Aufgabe, den oder die unbekannten Parameter der Verteilung eines Merkmals in der Grundgesamtheit anhand der Daten einer Stichprobe zu schätzen. Von großer Bedeutung sind dabei Schätzfunktionen; diese bilden den Gegenstand von Abschnitt 9.1. Die Schätzung kann durch die Angabe eines einzigen Wertes, einer sogenannten Punktschätzung, oder durch die Angabe eines Intervalls, einer sogenannten Intervallschätzung, erfolgen. Mit diesen beiden Formen der Schätzung befassen sich die Abschnitte 9.2 bzw. 9.3.

## 9.1 Schätzfunktionen

Schätzfunktionen sind das mathematische Instrument zur Abschätzung der unbekannten Parameter in der Grundgesamtheit. Die Schätzfunktion ordnet einer konkreten Stichprobe einen Wert zu, der als Schätzwert verwendet wird. Zum Einsatz kommen dabei Stichprobenfunktionen, die im Rahmen der Schätztheorie als Schätzfunktionen bezeichnet werden. Einige Stichproben- bzw. Schätzfunktionen wurden bereits im Abschnitt 8.5 (s.S. 220 ff.) beschrieben.

Schätzfunktionen stellen ein Bindeglied zwischen der Grundgesamtheit und der Stichprobe dar. So ist die Beziehung zwischen den Parametern der Schätzfunktion und den entsprechenden Parametern in der Grundgesamtheit bekannt, darüberhinaus ist die Verteilung der Schätzfunktion zumindest approximativ bekannt. Dadurch wird der Rückschluß von der Stichprobe auf die Grundgesamtheit unter Angabe des Fehlerrisikos möglich.

Aus der Vielzahl der denkbaren Schätzfunktionen sind die auszuwählen, die gewissen Gütekriterien genügen.

### 9.1.1 Gütekriterien für Schätzfunktionen

Die Schätzfunktion ordnet den Stichproben jeweils einen Wert zu, der als Schätzwert oder Basiswert für die Schätzung des unbekannten Parameters verwendet wird. Eine geeignete Größe für die Beurteilung der Güte einer Schätzfunktion sind die Abweichungen der Schätzwerte oder Basiswerte vom Parameter der

Grundgesamtheit. Da die Abweichungen zum einen teils positiv und teils negativ und zum anderen unterschiedlich wahrscheinlich sind, wird als Gütekriterium für eine Schätzfunktion der Erwartungswert der quadrierten Abweichungen von Schätzfunktion $\hat{T}$ und Parameter T der Grundgesamtheit verwendet.

$$E[(\hat{T} - T)^2] \qquad \text{(Ausdruck 9.1.1.-1)}$$

Durch geeignete Umformungen wird Ausdruck 9.1.1.-1 zu

$$VAR(\hat{T}) + [E(\hat{T}) - T]^2 \qquad \text{(Ausdruck 9.1.1.-2)}$$

Der erste Summand gibt die Varianz der Schätzfunktion wieder. Der zweite Summand gibt die quadrierte Abweichung aus dem Erwartungswert der Schätzfunktion und dem Parameter der Grundgesamtheit wieder. Die Abweichung $E(\hat{T}) - T$ wird als **Verzerrung** (englisch: bias) bezeichnet. - Aus dem Bestreben, den Ausdruck 9.1.1.-2 zu minimieren, lassen sich folgende Gütekriterien aufstellen.

### a) Erwartungstreue (Unverzerrtheit)

Die Verzerrung in Ausdruck 9.1.1.-2 wird minimal, wenn der Erwartungswert der Schätzfunktion mit dem Parameter der Grundgesamtheit übereinstimmt, d.h.

$$E(\hat{T}) = T \quad \Rightarrow \quad E(\hat{T}) - T = 0$$

Eine Schätzfunktion, deren Erwartungswert mit dem Parameter der Grundgesamtheit bei jedem Stichprobenumfang n übereinstimmt, wird als erwartungstreu oder unverzerrt bezeichnet. In Abb. 9.1.1.-1 ist eine erwartungstreue Schätzfunktion einer nicht erwartungstreuen Schätzfunktion gegenübergestellt.

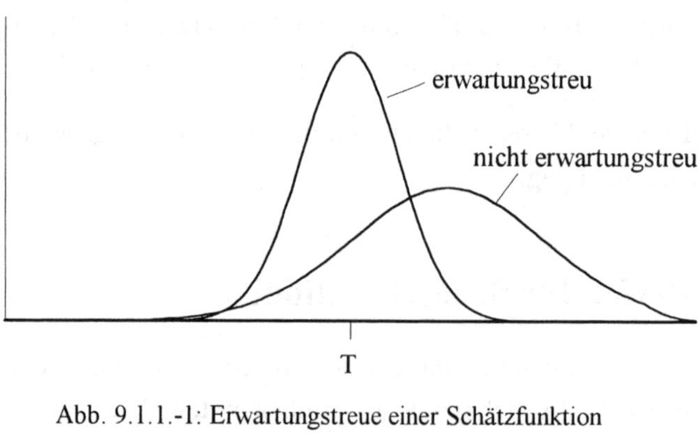


Abb. 9.1.1.-1: Erwartungstreue einer Schätzfunktion

Eine erwartungstreue Schätzfunktion besitzt die wünschenswerte Eigenschaft, daß die mit ihr erzeugten Schätzwerte im Durchschnitt dem Parameter der Grundgesamtheit entsprechen. - Im Beispiel "Kaffeekonsum" (Abschnitt 8.2, s.S. 195) ist die eingesetzte Stichproben- bzw. Schätzfunktion $\overline{X}$ erwartungstreu. Der Erwartungswert von 2,4 Tassen ist bei allen ausgewählten Stichprobenumfängen mit dem durchschnittlichen Kaffeekonsum in der Grundgesamtheit identisch.

### b) Konsistenz

Mit zunehmendem Stichprobenumfang nimmt der Informationsgrad über die Grundgesamtheit tendenziell zu. Eine Schätzfunktion sollte daher mit zunehmendem Stichprobenumfang tendenziell bessere Schätzwerte liefern. Varianz und Verzerrung des Ausdrucks 9.1.1.-2 werden dann mit zunehmendem Stichprobenumfang tendenziell immer kleiner.

Eine Schätzfunktion ist konsistent, wenn der Schätzwert $\hat{T}_n$ bei zunehmendem Stichprobenumfang n immer stärker gegen den zu schätzenden Parameter strebt:

$$\lim_{n \to \infty} W[|\hat{T}_n - T| < \varepsilon)] = 1$$

In Abb. 9.1.1.-2 ist eine konsistente Schätzfunktion graphisch veranschaulicht. Es ist zu erkennen, daß Varianz und Verzerrung der Schätzfunktion bei einem großen Stichprobenumfang kleiner sind als bei einem kleinen Stichprobenumfang.

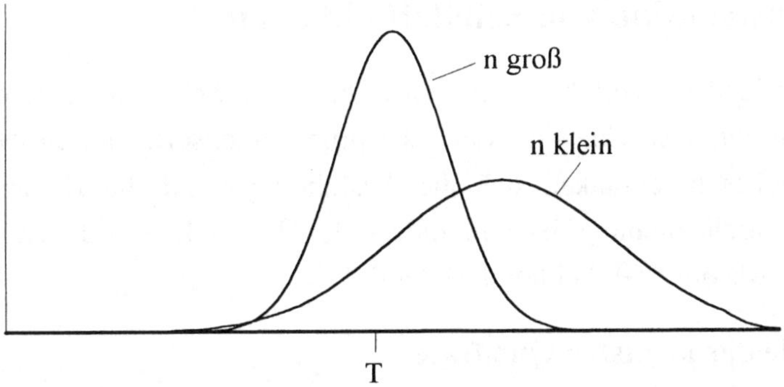


Abb. 9.1.1-2: Verteilung einer konsistenten Schätzfunktion bei großem und kleinem n

### c) Effizienz (Wirksamkeit)

Geht man von zwei Schätzfunktionen $\hat{T}_1$ und $\hat{T}_2$ aus, die beide die wünschenswerte Eigenschaft "Erwartungstreue" besitzen, dann ist diejenige Schätzfunktion zu bevorzugen, die bei gleichem Stichprobenumfang die kleinere Varianz aufweist. Ausdruck 9.1.1.-2 ist dann kleiner.

Eine erwartungstreue Schätzfunktion $\hat{T}_1$ heißt effizient, wenn es keine andere erwartungstreue Schätzfunktion $\hat{T}_a$ gibt, die bei gleichem Stichprobenumfang eine geringere Varianz besitzt, d.h.

$$VAR(\hat{T}_1) \leq VAR(\hat{T}_a)$$

In Abb. 9.1.1.-3 ist dies graphisch veranschaulicht.

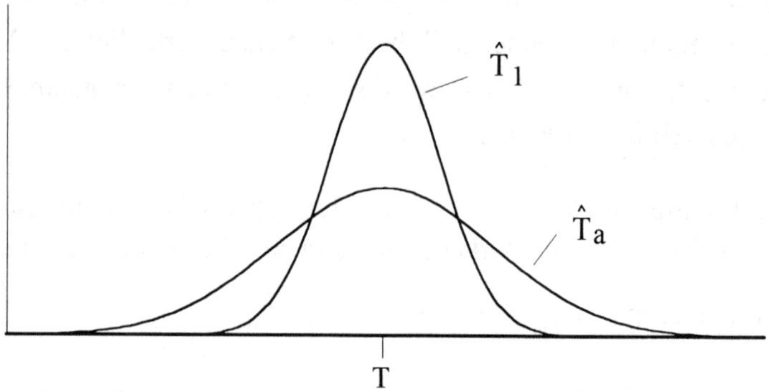


Abb. 9.1.1.-3: Erwartungstreue, effiziente Schätzfunktion $\hat{T}_1$

## 9.1.2 Konstruktion von Schätzfunktionen

Es gibt verschiedene Verfahren zur Konstruktion von Schätzfunktionen. Im Rahmen des einführenden Charakters und der primär praxisorientierten Ausrichtung des Lehrbuches beschränken sich die Ausführungen auf die Darstellung und knappe Veranschaulichung der Grundideen der "Methode der kleinsten Quadrate" und der "Maximum-Likelihood-Methode".

### a) Methode der kleinsten Quadrate

Bei der aus der beschreibenden Statistik bekannten Methode der kleinsten Quadrate erfolgt die Konstruktion der Schätzfunktion derart, daß die Summe der quadrierten Abweichungen aus allen Stichprobenwerten und dem Schätzwert minimal ist. - Diese Konstruktionsmethode führt zu Schätzfunktionen, die konsistent, zumindest asymptotisch erwartungstreu, aber nicht immer effizient (wirksam) sind.

Ist z.B. das arithmetische Mittel $\mu$ zu schätzen, dann ist die Summe der quadrierten Abweichungen der Stichprobenwerte $x_i$ vom Schätzwert $\hat{\mu}$ zu minimieren:

$$\text{Minimiere!} \rightarrow \sum_{i=1}^{n} (x_i - \hat{\mu})^2$$

Durch Differenzieren nach $\hat{\mu}$ und Nullsetzen ergibt sich die Schätzfunktion

$$\hat{\mu} = \frac{1}{n} \cdot \sum_{i=1}^{n} x_i = \bar{x}$$

**b) Maximum-Likelihood-Methode**

Die Konstruktion der Schätzfunktion erfolgt derart, daß für den unbekannten Parameter der Grundgesamtheit unter allen denkbaren Schätzwerten genau derjenige ausgewählt wird, bei dem die gezogene Stichprobe die maximale Eintrittswahrscheinlichkeit besitzt. - Die Konstruktion führt zu Schätzfunktionen, die im allgemeinen nicht erwartungstreu, jedoch konsistent und effizient (wirksam) sind. Nachteil dieser Methode ist, daß die Verteilungsform des Merkmals in der Grundgesamtheit bekannt sein muß und die Entnahmen für die Stichprobe unabhängig erfolgen müssen.

Die Grundidee wird am folgenden Beispiel veranschaulicht: Einen Geschäftsinhaber interessiert die Zufriedenheit seiner 120 Kunden. Von den 120 Kunden wurden fünf Kunden zufällig ausgewählt (Modell mit Zurücklegen) und befragt. Zwei Kunden waren zufrieden, drei Kunden unzufrieden. - Gibt man für den unbekannten Anteilswert der zufriedenen Kunden in der Grundgesamtheit einen Schätzwert P an, dann kann mit Hilfe der Binomialverteilung die Wahrscheinlichkeit berechnet werden, daß von den fünf ausgewählten Kunden genau zwei zufrieden sind. In der nachstehenden Tabelle sind für ausgewählte Werte des Schätzwertes P die jeweiligen Wahrscheinlichkeiten angegeben.

| p | $f_B(2 \mid p)$ |
|---|---|
| 0,35 | 0,3364 |
| 0,39 | 0,3452 |
| 0,40 | 0,3456 |
| 0,41 | 0,3452 |
| 0,45 | 0,3369 |

Der Schätzwert 2/5 = 0,40 mit der zugrundeliegenden Schätzfunktion P = X/n weist mit der Wahrscheinlichkeit 0,3456 unter allen Schätzwerten die maximale Wahrscheinlichkeit auf und wird deshalb als Schätzwert für den Anteil der zufriedenen Kunden in der Grundgesamtheit ausgewählt.

## 9.2 Punktschätzung

Bei der Punktschätzung wird der gezogenen Stichprobe mit Hilfe einer Schätzfunktion ein Wert zugeordnet, der als Schätzwert verwendet wird. Da nur ein einziger Wert (Punkt) als Schätzwert angegeben wird, spricht man von Punktschätzung. Der Schätzwert selbst wird auch als Punktschätzwert bezeichnet.

Beispiel: Es wurden zehn Kaffeetrinker nach dem Modell mit Zurücklegen zufällig ausgewählt und nach ihrem Kaffeekonsum (gemessen in Tassen) befragt. Ihre Antworten sind in dem nachstehenden Stichprobenvektor festgehalten.

(3, 3, 2, 1, 2, 3, 4, 2, 4, 2)

Mit Hilfe der Schätzfunktion für das arithmetische Mittel $\mu$ der Grundgesamtheit

$$\hat{\mu} = \overline{X} = \frac{1}{n} \cdot \sum_{i=1}^{n} x_i$$

wird dem Stichprobenvektor bzw. der Stichprobe der Schätzwert

$$\hat{\mu} = \frac{1}{10} \cdot 26 = 2{,}6 \text{ Tassen}$$

zugeordnet.

Der Schätzwert 2,6 Tassen liegt zufallsbedingt um 0,2 Tassen über dem durchschnittlichen Kaffeekonsum von 2,4 Tassen (Abschnitt 8.2, s.S. 191) in der Grundgesamtheit.

Der Zufall will es, daß Schätzwerte nur sehr selten mit dem zu schätzenden Parameter übereinstimmen. Der erhebliche Nachteil der Punktschätzung liegt darin, daß keine Aussage über die Qualität der Schätzung getroffen werden kann. Es kann nicht berechnet werden, wie sehr man sich auf den Schätzwert verlassen kann. Selbst bei einer erwartungstreuen und konsistenten Schätzfunktion kann zur Qualität der Schätzwerte nur gesagt werden, daß sie im Durchschnitt mit dem unbekannten Parameter übereinstimmen und bei zunehmendem Stichprobenumfang tendenziell immer weniger vom unbekannten Parameter abweichen. - Beispiel: Für den Einzug einer Partei in ein Parlament sind mindestens 5 % der Stimmen erforderlich. Wird der Stimmenanteil einer Partei A aufgrund einer Stichprobenerhebung auf 5,07 % geschätzt, dann ist der Partei A damit relativ wenig gedient, wenn nicht bekannt ist, wie zuverlässig diese Schätzung ist bzw. wie stark auf diese Schätzung vertraut werden kann.

Dennoch sind Punktschätzungen von erheblicher Bedeutung. Die Intervallschätzung ist ohne vorausgehende Punktschätzung nicht möglich. Die Punktschätzung liefert mit dem Punktschätzwert den Ausgangspunkt bzw. Basiswert für die Intervallschätzung. Die Darstellung der Intervallschätzung in Abschnitt 9.3 umfaßt damit gleichsam auch die Punktschätzung, so daß in diesem Abschnitt auf eine weitere Darstellung verzichtet werden kann.

## 9.3 Intervallschätzung

Bei der Intervallschätzung wird ausgehend von der gezogenen Stichprobe ein Intervall konstruiert, das den zu schätzenden Parameter mit einer bestimmten Wahrscheinlichkeit überdeckt. Der Intervallschätzung kann also im Unterschied zur Punktschätzung eine zahlenmäßig bestimmbare Konfidenz (Vertrauen) entgegengebracht werden. Das Intervall wird daher als Konfidenzintervall (auch: Vertrauensintervall, Vertrauensbereich, Mutungsintervall) bezeichnet.

Abschnitt 9.3.1 befaßt sich allgemein mit der Erstellung eines Konfidenzintervalls. Die Abschnitte 9.3.2 bis 9.3.4 beschäftigen sich mit der Erstellung von Konfidenzintervallen für das arithmetische Mittel, den Anteilswert und die Varianz.

### 9.3.1 Zur Erstellung eines Konfidenzintervalls

In diesem Abschnitt wird zunächst die Grundkonzeption zur Erstellung eines Konfidenzintervalls allgemein vorgestellt, daran anschließend werden Aufbau und Arten von Konfidenzintervallen besprochen und abschließend die Zusammenhänge zwischen Genauigkeit, Konfidenz und Stichprobenumfang aufgezeigt.

### 9.3.1.1 Grundkonzeption

Die Grundkonzeption zur Erstellung eines Konfidenzintervalls wurde unter Abschnitt 8.2 (s.S. 190 ff.) am Beispiel "Kaffeekonsum" ausführlich vorgestellt. Anhand des Beispiels wurde ausgehend vom Inklusionsschluß der Weg bzw. Übergang zum Repräsentationsschluß ausführlich beschrieben, so daß abschließend als Beispiel ein Konfidenzintervall ermittelt werden konnte, das mit einer Wahrscheinlichkeit von 90 % den zu schätzenden durchschnittlichen Kaffeekonsum in der Grundgesamtheit überdeckt.

Mit der Beschreibung der Stichprobenverteilungen (Abschnitt 8.5, s.S. 220 ff.) wurden die theoretischen Grundlagen für die Erstellung eines Konfidenzintervalls vermittelt. Aus den beispielsbezogenen und theoretischen Ausführungen geht hervor, daß die Erstellung eines Konfidenzintervalls, das den unbekannten Parameter mit einer bestimmten Wahrscheinlichkeit überdeckt, möglich ist, wenn

a) der Zusammenhang zwischen der Stichprobenfunktion und dem zu schätzenden Parameter der Grundgesamtheit bekannt ist,
b) die Verteilung der Stichprobenfunktion zumindest approximativ bekannt ist.

Verfügt man über diese Kenntnisse und liegt eine erwartungstreue Schätzfunktion vor, dann

a) kann die Wahrscheinlichkeit dafür berechnet werden, daß ein Stichprobenwert eine vorgegebene Entfernung vom zu schätzenden Parameter der Grundgesamtheit nicht übersteigt,
b) kann bei gegebener Wahrscheinlichkeit berechnet werden, wie weit ein Stichprobenwert maximal vom zu schätzenden Parameter entfernt ist.

Nachstehend ist die Grundkonzeption zusammenfassend dargestellt:

Beim z.B. zentralen 95%-Schwankungsintervall für das Stichprobenmittel $\overline{X}$ sind die untere und obere Grenze jeweils $1{,}96 \cdot \sigma_{\overline{X}}$ Einheiten vom arithmetischen Mittel der Grundgesamtheit $\mu$ entfernt (Inklusionsschluß, Abb. 9.3.1.1.-1). Damit ergibt sich:

1. Werden 100 Stichproben gezogen, dann liegen tendenziell 95 der Stichprobenmittel innerhalb dieses zentralen Intervalls, 5 Stichprobenmittel liegen außerhalb.

2. Von den 100 Stichprobenmittel liegen damit tendenziell 95 Stichprobenmittel maximal $1{,}96 \cdot \sigma_{\overline{X}}$ Einheiten von $\mu$ entfernt, 5 sind weiter entfernt.

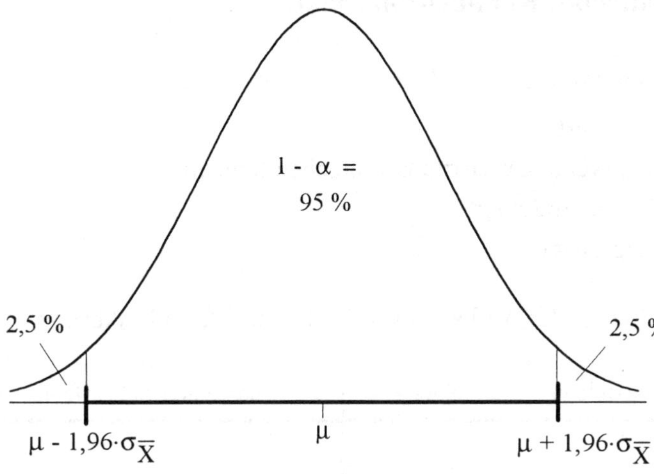


Abb. 9.3.1.1.-1: Zentrales 95%-Schwankungsintervall für das Stichprobenmittel $\overline{X}$

3. Konstruiert man um die 100 Stichprobenmittel (Punktschätzwert) $\overline{X}$ jeweils ein zentrales Intervall, d.h. dessen untere und obere Grenze jeweils $1{,}96 \cdot \sigma_{\overline{X}}$ Einheiten vom Stichprobenmittel $\overline{X}$ entfernt sind, dann überdecken von diesen 100 Intervallen tendenziell 95 Intervalle das zu schätzende arithmetische Mittel $\mu$, 5 Intervalle dagegen nicht. In Abb. 9.3.1.1.-2 sind fünf Konfidenzintervalle skizziert; die oberen vier überdecken den Mittelwert $\mu$, das unterste Intervall überdeckt den Mittelwert $\mu$ nicht.

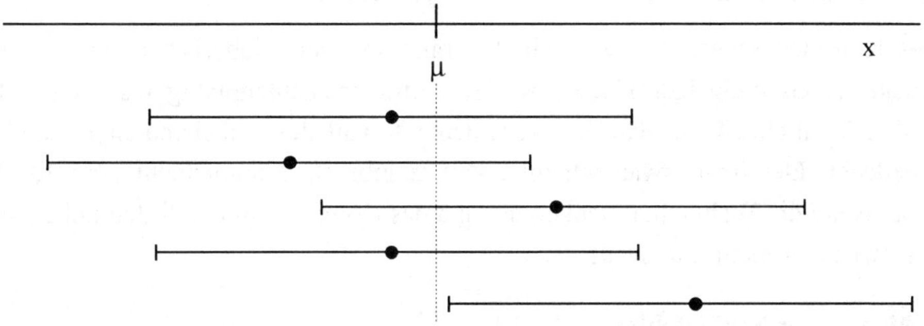


Abb. 9.3.1.1.-2: Lage verschiedener Konfidenzintervalle für μ

Damit gilt: Mit einer Wahrscheinlichkeit (Konfidenz) von 95 % überdeckt ein derartiges (Konfidenz-)Intervall das zu schätzende arithmetische Mittel $\mu$, mit einer Wahrscheinlichkeit von 5 % überdeckt es dies nicht (s. dazu auch S. 199).

### 9.3.1.2 Aufbau eines Konfidenzintervalls

Ein Konfidenzintervall ist aus folgenden Elementen aufgebaut:

- Punktschätzwert
- Konfidenzniveau bzw. Irrtumswahrscheinlichkeit
- maximaler Schätzfehler
- Konfidenzgrenzen

In Abb. 9.3.1.2.-1 ist der Aufbau eines Konfidenzintervalls skizziert.

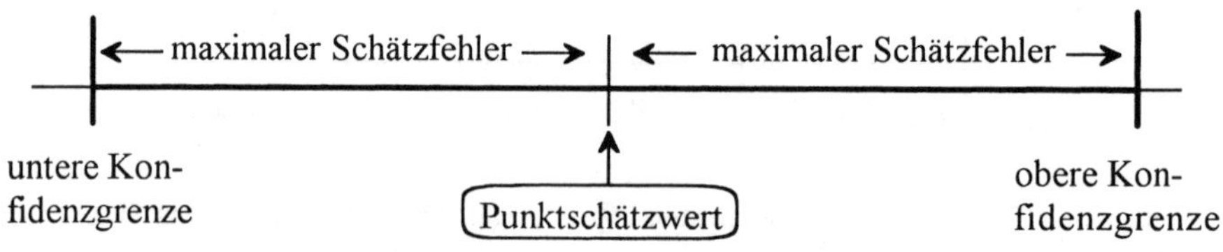


Abb. 9.3.1.2.-1: Aufbau eines Konfidenzintervalls

**a) Punktschätzwert**

Der Punktschätzwert wird mit Hilfe der Schätzfunktion aus der Stichprobe ermittelt, z.B. das Stichprobenmittel oder der Stichprobenanteilswert. Er bildet den Ausgangspunkt für die Erstellung des Konfidenzintervalls.

**b) Konfidenzniveau und Irrtumswahrscheinlichkeit**

Das Konfidenzniveau $1 - \alpha$ (auch: Vertrauensniveau, Sicherheitsniveau, -grad) drückt den Grad der Konfidenz bzw. des Vertrauens zahlenmäßig aus. Es gibt die Wahrscheinlichkeit an, daß das Konfidenzintervall den unbekannten Parameter überdeckt. Die Irrtumswahrscheinlichkeit $\alpha$ gibt als Komplement zum Konfidenzniveau die Wahrscheinlichkeit an, daß das Konfidenzintervall den unbekannten Parameter nicht überdeckt.

**c) Maximaler Schätzfehler**

Der Punktschätzwert weicht in der Regel vom unbekannten Parameter ab, d.h. die Punktschätzung ist "fehlerhaft". Es liegt ein Schätzfehler vor. Bei der Konfidenzschätzung wird mit einer Wahrscheinlichkeit von $1 - \alpha$ garantiert, daß dieser Schätzfehler, also die Abweichung von Punktschätzwert und Parameter, eine bestimmte Abweichung nicht überschreitet. Diese Abweichung wird als *maximaler Schätzfehler* oder *maximaler Zufallsfehler* bezeichnet.

**d) Konfidenzgrenzen**

Die Konfidenzgrenzen oder Vertrauensgrenzen begrenzen das Intervall nach unten und/oder nach oben.

### 9.3.1.3 Arten von Konfidenzintervallen

Konfidenzintervalle können beidseitig oder einseitig begrenzt sein.

**a) Beidseitig begrenztes Konfidenzintervall**

Ein beidseitig begrenztes Konfidenzintervall besitzt eine untere und eine obere Konfidenzgrenze. Bei einer symmetrischen Verteilung der Schätzfunktion sind die beiden Grenzen vom Punktschätzwert gleich weit - um den maximalen Schätzfehler - entfernt.

**b) Einseitig begrenztes Konfidenzintervall**

Ein einseitig begrenztes Konfidenzintervall besitzt entweder eine obere oder eine untere Konfidenzgrenze. Entsprechend wird das einseitige Konfidenzintervall entweder als nach oben oder als nach unten begrenztes Konfidenzintervall bezeichnet. Beide Arten sind in Abb. 9.3.1.3.-1 skizziert.

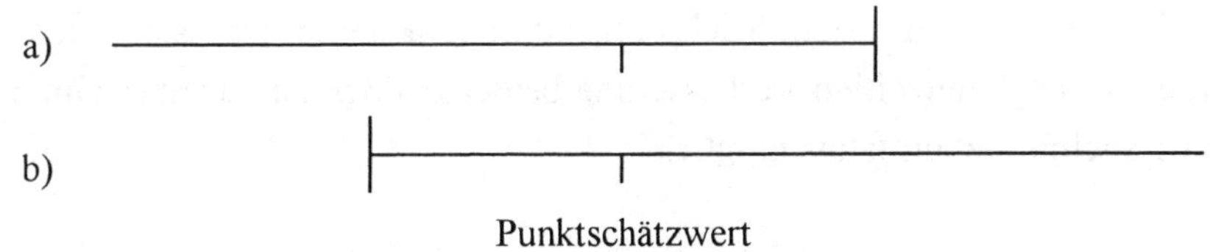


Abb. 9.3.1.3.-1: Nach oben (a), nach unten (b) begrenztes Konfidenzintervall

Einseitige Konfidenzintervalle werden erstellt, wenn ein Interesse daran besteht, daß der unbekannte Parameter entweder einen oberen Wert (Höchstwert) nicht überschreitet oder einen unteren Wert (Mindestwert) nicht unterschreitet.

### 9.3.1.4 Genauigkeit und Konfidenz

Bei der Erstellung eines Konfidenzintervalls sind die Genauigkeit und die Konfidenz Größen, die entsprechend den Anforderungen festzulegen sind. Dabei ist zu beachten, daß die beiden Größen voneinander abhängig sind. - Die Genauigkeit wird am Wert des maximalen Schätzfehlers gemessen.

Der Zusammenhang zwischen den beiden Größen ist an den Berechnungsformeln für den maximalen Schätzfehler erkennbar. Stellvertretend sei hier aufgeführt

$$\text{maximaler Schätzfehler (Genauigkeit)} = z \cdot \frac{\sigma}{\sqrt{n}}$$

Soll die Genauigkeit erhöht, d.h. die Länge des Konfidenzintervalls bzw. der maximale Schätzfehler verringert werden, dann ist

- der Stichprobenumfang n unter Beibehaltung des Konfidenzniveaus ("z") zu erhöhen oder
- das Konfidenzniveau bei festem Stichprobenumfang n abzusenken.

Soll die Konfidenz erhöht werden, dann ist

- der Stichprobenumfang n unter Beibehaltung der Konfidenzgrenzen zu erhöhen oder
- die Genauigkeit zu verringern, d.h. das Konfidenzintervall bzw. der maximale Schätzfehler sind zu vergrößern bei festem Stichprobenumfang n.

Genauigkeit und Konfidenz stehen also in Konkurrenz. Die Erhöhung einer der beiden Größen geht bei festem Stichprobenumfang n immer zu Lasten der anderen Größe. Eine gleichzeitige Verbesserung beider Größen ist nur über eine Erhöhung des Stichprobenumfangs möglich.

## 9.3.2 Konfidenzintervall für das arithmetische Mittel

Die Erstellung des Konfidenzintervalls für das arithmetische Mittel der Grundgesamtheit $\mu$ erfolgt mit Hilfe der erwartungstreuen Schätzfunktion

$$\hat{\mu}_{\overline{X}} = \overline{X} = \frac{1}{n} \cdot \sum_{i=1}^{n} X_i \qquad \text{(Formel 9.3.2.-1)}$$

Im Abschnitt 9.3.2.1 wird zunächst eine Übersicht über die möglichen Verteilungsformen und möglichen Varianzen dieser Schätzfunktion gegeben. Im Abschnitt 9.3.2.2 wird die Schrittfolge zur Erstellung eines Konfidenzintervalls allgemein aufgezeigt, um dann in den Abschnitten 9.3.2.3 und 9.3.2.4 die Erstellung von Konfidenzintervallen für unterschiedliche Stichprobensituationen darzustellen. Abschnitt 9.3.2.5 befaßt sich mit der Ermittlung des notwendigen Stichprobenumfangs.

### 9.3.2.1 Zur Schätzfunktion

Die Schätzfunktion $\overline{X}$ ist erwartungstreu, d.h. es gilt

$$\mu_{\overline{X}} = E(\overline{X}) = \mu .$$

Verteilungsform und Varianz der Schätzfunktion $\overline{X}$ sind - wie in Abschnitt 8.5.2 (s.S. 222) aufgezeigt - situationsabhängig.

In Abb. 9.3.2.1.-1 sind für die Schätzfunktion $\overline{X}$ die in Abschnitt 8.5.2 beschriebenen *Verteilungsformen* synoptisch wiedergegeben.

<table>
<tr><td>Varianz $\sigma^2$<br>Verteilung des Merkmals X</td><td>bekannt</td><td>unbekannt</td></tr>
<tr><td>bekannt und normalverteilt</td><td>$\overline{X}$ ist normalverteilt</td><td>$\overline{X}$ ist t-verteilt mit<br>k = n - 1 Freiheitsgraden<br><br>Wenn n > 30:<br>$\overline{X}$ ist approximativ normalverteilt</td></tr>
<tr><td>bekannt und nicht normalverteilt (n > 30)</td><td colspan="2" rowspan="2">$\overline{X}$ ist approximativ normalverteilt</td></tr>
<tr><td>unbekannt (n > 30)</td></tr>
</table>

Abb. 9.3.2.1.-1: Verteilungsformen für das Stichprobenmittel $\overline{X}$

In Abb. 9.3.2.1.-2 sind für die Schätzfunktion $\overline{X}$ die in Abschnitt 8.5.2 beschriebenen *Varianzen* synoptisch wiedergegeben.

| Stichprobe \ Varianz $\sigma^2$ | | bekannt | unbekannt |
|---|---|---|---|
| mit Zurücklegen | | $\sigma^2_{\overline{X}} = \frac{\sigma^2}{n}$ | $\hat{\sigma}^2_{\overline{X}} = \frac{s^2}{n}$ |
| ohne Zurücklegen | $\frac{n}{N} < 0{,}05$ | $\sigma^2_{\overline{X}} \approx \frac{\sigma^2}{n}$ | $\hat{\sigma}^2_{\overline{X}} \approx \frac{s^2}{n}$ |
| ohne Zurücklegen | $\frac{n}{N} \geq 0{,}05$ | $\sigma^2_{\overline{X}} = \frac{\sigma^2}{n} \cdot \frac{N-n}{N-1}$ | $\hat{\sigma}^2_{\overline{X}} = \frac{s^2}{n} \cdot \frac{N-n}{N}$ |

Abb. 9.3.2.1.-2: Varianzen für die Schätzfunktion $\overline{X}$

Hinweis zu Abb. 9.3.2.1.-2: $s^2 = \frac{1}{n-1} \cdot \sum_{i=1}^{n} (x_i - \bar{x})^2$ (s.S. 224, Formel 8.5.2.-1)

Mit Hilfe dieser beiden Übersichten können bei der Erstellung des Konfidenzintervalls auf einfache Weise die Verteilungsform und die Varianz der Schätzfunktion festgestellt werden.

## 9.3.2.2 Schrittfolge zur Erstellung eines Konfidenzintervalls

Die Erstellung eines ein- oder zweiseitigen Konfidenzintervalls, das mit einer Wahrscheinlichkeit $1 - \alpha$ den unbekannten Parameter überdeckt, kann in fünf Schritte untergliedert werden. Dabei wird davon ausgegangen, daß die Stichprobe bereits gezogen und der Stichprobenmittelwert berechnet worden ist.

Schritt 1: Feststellung der Verteilungsform von $\overline{X}$

Die Verteilungsform kann systematisch mit Hilfe der Abb. 9.3.2.1.-1 festgestellt werden.

Schritt 2: Feststellung der Varianz von $\overline{X}$

Die Varianz kann systematisch mit Hilfe der Abb. 9.3.2.1.-2 festgestellt werden. Falls die Varianz der Grundgesamtheit unbekannt ist, ist die Varianz von $\overline{X}$ mit Hilfe von $s^2$ zu schätzen.

Schritt 3: Ermittlung des Quantilswertes z oder t

Für die vorgegebene Wahrscheinlichkeit ist der Quantilswert z (Tab. 3a oder 3b) oder der Quantilswert t (Tab. 4a oder 4b) zu ermitteln.

Schritt 4: Berechnung des maximalen Schätzfehlers

Der maximale Schätzfehler ist das Produkt aus Quantilswert und Standardabweichung von $\overline{X}$.

Schritt 5: Ermittlung der Konfidenzgrenzen

Die untere und die obere Konfidenzgrenze ergeben sich durch Subtraktion bzw. Addition des maximalen Schätzfehlers vom bzw. zum Stichprobenmittel $\overline{X}$.

Bei der Erstellung eines Konfidenzintervalles sind verschiedene Fälle zu berücksichtigen. In einer ersten Gliederungsstufe ist festzustellen, ob das interessierende Merkmal X in der Grundgesamtheit normalverteilt ist oder ob die Verteilung unbekannt ist. In einer zweiten Gliederungsstufe ist zu unterscheiden, ob die Varianz der Grundgesamtheit bekannt oder unbekannt ist, in einer dritten Gliederungsstufe ist zu unterscheiden, ob die Entnahme mit oder ohne Zurücklegen erfolgt. Es sind also $2 \cdot 2 \cdot 2 = 8$ verschiedene Fälle zu unterscheiden. Für diese acht Fälle wird in den beiden folgenden Abschnitten - zum Teil nur ansatzweise - aufgezeigt, wie Konfidenzintervalle erstellt werden.

### 9.3.2.3 Normalverteilte Grundgesamtheit

Das Merkmal X in der Grundgesamtheit ist normalverteilt. Dieser Fall ist, wie in Abschnitt 7.2.3 (s.S. 163 f.) erklärt, relativ oft vorzufinden. Dabei ist zu unterscheiden, ob die Varianz von Merkmal X bekannt oder unbekannt ist.

#### a) Bekannte Varianz $\sigma^2$

Für diesen Fall ist das Konfidenzintervall mit folgender Formel zu erstellen

$$W(\overline{X} - z \cdot \sigma_{\overline{X}} \leq \mu \leq \overline{X} + z \cdot \sigma_{\overline{X}}) = 1 - \alpha \qquad \text{(Formel 9.3.2.3.-1)}$$

Im anschließenden Beispiel zu diesem Fall werden sämtliche Arten von Fragestellungen untersucht, die im Zusammenhang mit der Erstellung von Konfidenzintervallen auftreten können. Der Leser wird damit in die Lage versetzt, hier nicht behandelte Fragestellungen zu den anderen sieben Fällen eigenständig zu formulieren und zu lösen.

Beispiel: Zuckerabfüllung

Auf einer Anlage wird Zucker in Tüten abgefüllt. Das Soll-Füllgewicht beträgt 1.000 g. Aufgrund mehrjähriger Untersuchungen weiß man, daß das Füllgewicht normalverteilt ist mit einer Streuung von $\sigma = 1{,}2$ g. Von 1.000 Packungen wurden 25 zufällig nach dem Modell mit Zurücklegen entnommen. Das durchschnittliche Füllgewicht in dieser Stichprobe betrug 1.000,3 g. - Aufgaben:

1) Erstellung des zentralen 95%-Konfidenzintervalls für $\mu$.
2) Erstellung des zentralen 99%-Konfidenzintervalls für $\mu$.
3) Erstellung des zentralen 95%-Konfidenzintervalls für $\mu$ für den Fall, daß der Stichprobenumfang n = 36 beträgt.
4) Erkenntnisse aus den Ergebnissen unter 1) bis 3).
5) Erstellung der einseitigen 95%-Konfidenzintervalle für $\mu$.
6) Ermittlung der Konfidenz für das mit 1.000 g nach unten begrenzte Intervall für $\mu$ (Mindestgewicht).
7) Ermittlung der Konfidenz für das mit 1.000 g nach oben begrenzte Intervall für $\mu$ (Höchstgewicht).
8) Ermittlung der Konfidenz für das mit 1.000 g nach unten begrenzte Intervall für $\mu$ (Mindestgewicht). Das durchschnittliche Füllgewicht in der Stichprobe möge nur 999,8 g betragen haben.
9) Veränderung der Lösungsansätze im Falle der Entnahme ohne Zurücklegen.

*zu 1) Zentrales 95%-Konfidenzintervall*

Schritt 1: Feststellung der Verteilungsform von $\overline{X}$ (s.S. 243, Abb. 9.3.2.1.-1)

$$\left.\begin{array}{l}\text{X ist normalverteilt}\\ \text{Varianz } \sigma^2 \text{ bekannt}\end{array}\right\} \Rightarrow \overline{X} \text{ ist normalverteilt}$$

Schritt 2: Feststellung der Standardabweichung von $\overline{X}$ (s.S. 244, Abb. 9.3.2.1.-2)

$$\left.\begin{array}{l}\text{Varianz } \sigma^2 \text{ ist bekannt}\\ \text{Stichprobe mit Zurücklegen}\end{array}\right\} \Rightarrow \sigma_{\overline{X}} = \frac{\sigma}{\sqrt{n}}$$

$$\sigma_{\overline{X}} = \frac{1,2}{\sqrt{25}} = 0,24$$

Schritt 3: Ermittlung von z

Für $1 - \alpha = 0,95$ ist $z = 1,96$ (s. Tabelle 3b, S. 370)

Schritt 4: Berechnung des maximalen Schätzfehlers

$$z \cdot \sigma_{\overline{X}} = 1,96 \cdot 0,24 = 0,47$$

Schritt 5: Berechnung der Konfidenzgrenzen

$$W(1.000,3 - 0,47 \leq \mu \leq 1.000,3 + 0,47) = 0,95$$

$$W(999,83 \leq \mu \leq 1.000,77) = 0,95$$

Das durchschnittliche Füllgewicht der 1.000 Zuckerpackungen wird mit einer Wahrscheinlichkeit von 95 % vom Intervall [999,83 g; 1.000,77 g] überdeckt.

*zu 2) Zentrales 99%-Konfidenzintervall*

Schritte 1 und 2 wie unter 1).

Schritt 3: Ermittlung von z

Für $1 - \alpha = 0,99$ ist $z = 2,58$ (s. Tabelle 3b, S. 370)

Schritt 4: Berechnung des maximalen Schätzfehlers

$$z \cdot \sigma_{\overline{X}} = 2,58 \cdot 0,24 = 0,62$$

Schritt 5: Berechnung der Konfidenzgrenzen

$$W(1.000,3 - 0,62 \leq \mu \leq 1.000,3 + 0,62) = 0,99$$

$$W(999,68 \leq \mu \leq 1.000,92) = 0,99$$

Das durchschnittliche Füllgewicht der 1.000 Zuckerpackungen wird mit einer Wahrscheinlichkeit von 99 % vom Intervall [999,68 g; 1.000,92] überdeckt.

*zu 3) Zentrales 95%-Konfidenzintervall bei n = 36*

Schritte 1 bis 3 wie die Schritte 1 bis 3 unter 1). In Schritt 2 ist lediglich $n = 25$ gegen $n = 36$ auszutauschen:

$$\sigma_{\overline{X}} = \frac{\sigma}{\sqrt{n}} = \frac{1,2}{\sqrt{36}} = 0,2$$

Schritt 4: Berechnung des maximalen Schätzfehlers

$$z \cdot \sigma_{\overline{X}} = 1{,}96 \cdot 0{,}2 = 0{,}39$$

Schritt 5: Berechnung der Konfidenzgrenzen

$$W(1.000{,}3 - 0{,}39 \leq \mu \leq 1.000{,}3 + 0{,}39) = 0{,}95$$

$$W(999{,}91 \leq \mu \leq 1.000{,}69) = 0{,}95$$

Das durchschnittliche Füllgewicht der 1.000 Zuckerpackungen wird mit einer Wahrscheinlichkeit von 95 % vom Intervall [999,91 g; 1.000,69 g] überdeckt.

*zu 4) Erkenntnisse*

Die Berechnungen unter 1), 2) und 3) haben zu folgenden Ergebnissen geführt:

| n | Konfidenz | max. Schätzfehler |
|---|---|---|
| 25 | 0,95 | 0,47 g |
| 25 | 0,99 | 0,62 g |
| 36 | 0,95 | 0,39 g |

Es ist zu erkennen, daß der maximale Schätzfehler bzw. die Länge des Konfidenzintervalles (Genauigkeit) vom Stichprobenumfang n und der Höhe der Konfidenz $1 - \alpha$ abhängig ist. Es gilt:

- Je größer die Konfidenz bei festem Stichprobenumfang n, desto größer ist der maximale Schätzfehler bzw. das Konfidenzintervall.
- Je größer der Stichprobenumfang n bei fester Konfidenz, desto kleiner ist der maximale Schätzfehler bzw. das Konfidenzintervall.

*zu 5) Einseitige 95%-Konfidenzintervalle*

Schritte 1 und 2 wie unter 1).

Schritt 3: Ermittlung von z

Für $1 - \alpha = 0{,}95$ ist $z = 1{,}65$ (s. Tabelle 3a, S. 369; interpoliert $\rightarrow$ 1,645)

Schritt 4: Berechnung des maximalen Schätzfehlers

$$z \cdot \sigma_{\overline{X}} = 1{,}65 \cdot 0{,}24 = 0{,}40$$

Schritt 5: Berechnung der Konfidenzgrenzen

a) nach oben begrenztes Konfidenzintervall (Höchstgewicht)

$$W(\mu \leq 1.000{,}3 + 0{,}4) = 0{,}95$$

$$W(\mu \leq 1.000{,}7) = 0{,}95$$

Das durchschnittliche Füllgewicht der 1.000 Zuckerpackungen wird mit einer Wahrscheinlichkeit von 95 % vom Intervall [0 g; 1.000,7 g] überdeckt.

b) nach unten begrenztes Konfidenzintervall (Mindestgewicht)

$$W(1.000{,}3 - 0{,}40 \leq \mu) = 0{,}95$$

$$W(999{,}9 \leq \mu) = 0{,}95$$

Das durchschnittliche Füllgewicht der 1.000 Zuckerpackungen wird mit einer Wahrscheinlichkeit von 95 % vom Intervall [999,9 g; ∞ g] überdeckt.

*zu 6) Konfidenz für das mit 1.000 g nach unten begrenzte Intervall*

Im Unterschied zu Aufgabe 5b) ist das Intervall vorgegeben und die Konfidenz gesucht. Die obigen Schritte 3 bis 5 sind deshalb in umgekehrter Reihenfolge durchzuführen.

Schritt 3: Berechnung der Konfidenzgrenze

Die untere Konfidenzgrenze ist mit 1.000 g bereits vorgegeben.

$$W(1.000{,}3 - z \cdot \sigma_{\overline{X}} = 1.000 \leq \mu) = 1 - \alpha$$

Schritt 4: Berechnung des maximalen Schätzfehlers

$$1.000{,}3 - z \cdot \sigma_{\overline{X}} = 1.000$$

$$z \cdot \sigma_{\overline{X}} = +\,0{,}3 \text{ g}$$

Schritt 5: Ermittlung der Konfidenz $1 - \alpha$

$$z \cdot \frac{1{,}2}{\sqrt{25}} = 0{,}3$$

$$z = 1{,}25 \quad \rightarrow \quad 1 - \alpha = 0{,}8944 \quad \text{(s. Tabelle 3a, S. 369)}$$

Das durchschnittliche Füllgewicht der 1.000 Zuckerpackungen wird mit einer Wahrscheinlichkeit von 89,44 % vom Intervall [1.000 g; ∞ g] überdeckt.

*zu 7) Konfidenz für das mit 1.000 g nach oben begrenzte Intervall*

Das Ergebnis ist das Komplement zum Ergebnis aus Aufgabe 6) und beträgt daher 1 - 0,8944 = 0,1056. Da dieser Aufgabentyp den Studierenden häufig Anfangsschwierigkeiten bereitet, werden die Schritte 3 bis 5 ausführlich dargestellt.

Schritt 3: Berechnung der Konfidenzgrenze

Die obere Konfidenzgrenze ist mit 1.000 g vorgegeben.

$$W(\mu \leq 1.000 = 1.000{,}3 + z \cdot \sigma_{\overline{X}}) = 1 - \alpha$$

Schritt 4: Berechnung des maximalen Schätzfehlers

$$1.000 = 1.000{,}3 + z \cdot \sigma_{\overline{X}}$$

$$z \cdot \sigma_{\overline{X}} = -0{,}3 \text{ g}$$

Schritt 5: Ermittlung der Konfidenz 1 - α

$$z \cdot \frac{1{,}2}{\sqrt{25}} = -0{,}3$$

$$z = -1{,}25 \quad \rightarrow \quad 1 - \alpha = 0{,}1056 \quad \text{(s. Tabelle 3a, S. 368)}$$

Das durchschnittliche Füllgewicht der 1.000 Zuckerpackungen wird mit einer Wahrscheinlichkeit von 10,56 % vom Intervall [0 g; 1.000 g] überdeckt.

*zu 8) Konfidenz für das mit 1.000 g nach unten begrenzte Intervall;* $\bar{x} = 999{,}8$ *g*

Schritt 3: Berechnung der Konfidenzgrenze

Die untere Konfidenzgrenze ist mit 1.000 g vorgegeben.

$$W(999{,}8 - z \cdot \sigma_{\overline{X}} = 1.000 \leq \mu) = 1 - \alpha$$

Schritt 4: Berechnung des maximalen Schätzfehlers

$$999{,}8 - z \cdot \sigma_{\overline{X}} = 1.000$$

$$z \cdot \sigma_{\overline{X}} = -0{,}2 \text{ g}$$

Schritt 5: Ermittlung der Konfidenz 1 - α

$$z \cdot \frac{1{,}2}{\sqrt{25}} = -0{,}2$$

$$z = -0{,}833 \rightarrow 1 - \alpha = 0{,}2033 \quad \text{(s. Tabelle 3a, S. 368; interpoliert} \rightarrow 0{,}2024)$$

Das durchschnittliche Füllgewicht der 1.000 Zuckerpackungen wird mit einer Wahrscheinlichkeit von 20,33 % vom Intervall [1000 g; ∞ g] überdeckt.

*zu 9) Entnahme ohne Zurücklegen*

Erfolgt die Entnahme ohne Zurücklegen, dann ist bei der Varianz des Stichprobenmittels $\overline{X}$ die Endlichkeitskorrektur (s.S. 244, Abb. 9.3.2.1.-2) zu berücksichtigen. Diese beträgt in der vorliegenden Situation

$$\frac{N - n}{N - 1}$$

Die Varianz des Stichprobenmittels beträgt damit

$$\sigma_{\overline{X}} = \frac{\sigma}{\sqrt{n}} \cdot \sqrt{\frac{N - n}{N - 1}}$$

Da der Korrekturfaktor stets kleiner als 1 ist, führt er zu einer Verringerung des maximalen Schätzfehlers und damit zu einer Verkürzung des Konfidenzintervalls. Im vorliegenden Beispiel wird der maximale Schätzfehler auf das

$$\sqrt{\frac{1.000 - 25}{1.000 - 1}} = 0{,}9879\text{-fache}$$

reduziert bzw. um 1,21 % verringert. - Gegenüber der Entnahme mit Zurücklegen (s. S. 247: Aufgabe 1, Schritt 4: 0,47 g) beträgt der maximale Schätzfehler

$$z \cdot \sigma_{\overline{X}} \cdot \sqrt{\frac{N - n}{N - 1}} = 1{,}96 \cdot 0{,}24 \cdot 0{,}9879 = 0{,}46 \text{ g}$$

Das Konfidenzintervall ist um 2·(0,47 - 0,46) = 0,02 g kürzer bzw. genauer; es beträgt [999,84; 1.000,76].

Bei einem Auswahlsatz von weniger als 5 % wird auf die Endlichkeitskorrektur i.d.R. verzichtet, da ihre Wirkung als relativ unbedeutend eingestuft wird.

**b) Unbekannte Varianz $\sigma^2$**

Ist die Varianz des normalverteilten Merkmals X unbekannt, dann erfolgt die Erstellung des Konfidenzintervalls mit der Formel

$$W(\overline{X} - t \cdot \hat{\sigma}_{\overline{X}} \leq \mu \leq \overline{X} + t \cdot \hat{\sigma}_{\overline{X}}) = 1 - \alpha \qquad \text{(Formel 9.3.2.3.-2)}$$

Ist der Stichprobenumfang größer als 30, dann kann die t-Verteilung (Student-Verteilung) durch die Standardnormalverteilung approximiert werden.

Beispiel: Wurstfabrik

In einer Wurstfabrik werden u.a. Leberwürste hergestellt. Aus langjährigen Meßreihen ist bekannt, daß das Füllgewicht der Leberwürste normalverteilt ist. Das Soll-Mindestgewicht der Würste beträgt 125 g. - Aus der Tagesproduktion von 600 Würsten wurden 26 Würste zufällig ohne Zurücklegen entnommen und gewogen. Die Meßergebnisse für das Füllgewicht (in g) betrugen dabei

| | | | | | | |
|---|---|---|---|---|---|---|
| 128,4 | 123,8 | 123,5 | 126,9 | 125,5 | 123,1 | 124,9 |
| 123,1 | 126,6 | 121,9 | 125,3 | 123,4 | 122,1 | 124,0 |
| 123,3 | 123,2 | 123,2 | 124,0 | 122,8 | 127,1 | 125,7 |
| 127,1 | 125,8 | 123,7 | 125,9 | 124,9 | | |

Aufgaben:

1) Erstellung des zentralen 95%-Konfidenzintervalls für $\mu$.
2) Erstellung des nach oben begrenzten 90%-Konfidenzintervalls für $\mu$.
3) Ermittlung der Konfidenz für das mit 125 g nach unten begrenzte Intervall für $\mu$.
4) Die Stichprobenparameter $\bar{x}$ und s mögen auch für eine Stichprobe vom Umfang n = 36 gelten. Wie verändert sich das Konfidenzintervall gegenüber 1)?

Berechnung der Stichprobenparameter:

Das durchschnittliche Füllgewicht in der Stichprobe beträgt 124,58 g und die Standardabweichung s 1,72 g (mit Formel 8.5.2.-1, S. 224).

*zu 1) Zentrales 95%-Konfidenzintervall*

Schritt 1: Feststellung der Verteilungsform von $\overline{X}$ (s.S. 243, Abb. 9.3.2.1.-1)

$$\left.\begin{array}{l}\text{X ist normalverteilt}\\ \text{Varianz } \sigma^2 \text{ unbekannt}\end{array}\right\} \Rightarrow \overline{X} \text{ ist t-verteilt mit n-1 Freiheitsgraden}$$

Schritt 2: Feststellung der Standardabweichung von $\overline{X}$ (s.S. 244, Abb. 9.3.2.1.-2)

$$\left.\begin{array}{c}\text{Varianz } \sigma^2 \text{ unbekannt}\\ \text{Stichprobe ohne Zurücklegen}\\ \text{mit Auswahlsatz } < 5\%\end{array}\right\} \Rightarrow \hat{\sigma}_{\overline{X}} = \frac{s}{\sqrt{n}}$$

$$\hat{\sigma}_{\overline{X}} = \frac{1,72}{\sqrt{26}} = 0,34 \text{ g}$$

Schritt 3: Ermittlung von t

Für $1 - \alpha = 0{,}95$ und $k = n - 1 = 25 \rightarrow t = 2{,}060$ (s. Tabelle 6b, S. 374)

Schritt 4: Berechnung des maximalen Schätzfehlers

$$t \cdot \hat{\sigma}_{\overline{X}} = 2{,}060 \cdot 0{,}34 = 0{,}70 \text{ g}$$

Schritt 5: Berechnung der Konfidenzgrenzen

$$W(124{,}58 - 0{,}70 \leq \mu \leq 124{,}58 + 0{,}70) = 0{,}95$$

$$W(123{,}88 \leq \mu \leq 125{,}28) = 0{,}95$$

Das durchschnittliche Füllgewicht der 600 Leberwürste wird mit einer Wahrscheinlichkeit von 95 % vom Intervall [123,88 g; 125,28 g] überdeckt.

*zu 2) Nach oben begrenztes 90 %-Konfidenzintervall*

Schritte 1 und 2 wie unter 1).

Schritt 3: Ermittlung von t

Für $1 - \alpha = 0{,}90$ und $k = n - 1 = 25 \rightarrow t = 1{,}316$ (s. Tabelle 6a, S. 373)

Schritt 4: Berechnung des maximalen Schätzfehlers

$$t \cdot \hat{\sigma}_{\overline{X}} = 1{,}316 \cdot 0{,}34 = 0{,}45 \text{ g}$$

Schritt 5: Berechnung der Konfidenzgrenze

$$W(\mu \leq 124{,}58 + 0{,}45) = 0{,}90$$

$$W(\mu \leq 125{,}03) = 0{,}90$$

Das durchschnittliche Füllgewicht der 600 Leberwürste wird mit einer Wahrscheinlichkeit von 90 % vom Intervall [0 g; 125,03 g] überdeckt.

*zu 3) Konfidenz für das mit 125 g nach unten begrenzte Intervall*

Schritte 1 und 2 wie unter 1).

Schritt 3: Berechnung der Konfidenzgrenze

$$W(124{,}58 - t \cdot \hat{\sigma}_{\overline{X}} = 125 \leq \mu) = 1 - \alpha$$

Schritt 4: Berechnung des maximalen Schätzfehlers

$$124,58 - t \cdot \hat{\sigma}_{\overline{X}} = 125$$

$$t \cdot \hat{\sigma}_{\overline{X}} = -0,42 \text{ g}$$

Schritt 5: Ermittlung der Konfidenz 1 - α

$$t \cdot \frac{1,72}{\sqrt{26}} = -0,42 \text{ g}$$

$t = -1,2451$ bei 25 Freiheitsgraden.

Negative Werte für t sind i.d.R. nicht tabelliert. Wegen der Symmetrie der t-Verteilung gilt F(-t) = 1 - F(t).

Es gilt: $t = 1,058 \rightarrow 1 - \alpha = 0,850$ (s. Tabelle 6a, S. 373)

$t = 1,316 \rightarrow 1 - \alpha = 0,900.$

Für t = 1,2451 kann 1 - α mit zirka 89 % grob abgeschätzt werden;
für t = - 1,2451 ergibt sich damit zirka 11 %.

Das durchschnittliche Füllgewicht der 600 Leberwürste wird mit einer Wahrscheinlichkeit von nur 11 % vom Intervall [125 g; ∞ g] überdeckt. Die Wurstfabrik setzt sich damit erheblich dem Verdacht aus, daß das durchschnittliche Füllgewicht der Leberwürste das Sollgewicht unterschreitet.

*zu 4) Zentrales Konfidenzintervall für μ bei n = 36*

Schritt 1: Feststellung der Verteilungsform von $\overline{X}$ (s.S. 243, Abb. 9.3.2.1.-1)

X ist normalverteilt, Varianz $\sigma^2$ unbekannt $\Rightarrow$ wegen n > 30 ist $\overline{X}$ appr. normalverteilt

Schritt 2: Feststellung der Standardabweichung von $\overline{X}$ (s.S. 244, Abb. 9.3.2.1.-2)

Varianz $\sigma^2$ unbekannt, Stichprobe ohne Zurücklegen mit Auswahlsatz ≥ 0,05 $\Rightarrow \hat{\sigma}_{\overline{X}} = \frac{s}{\sqrt{n}} \cdot \sqrt{\frac{N-n}{N}}$

$$\hat{\sigma}_{\overline{X}} = \frac{1,72}{\sqrt{36}} \cdot \sqrt{\frac{600-36}{600}} = 0,29 \cdot 0,97 = 0,28 \text{ g}$$

Schritt 3: Ermittlung von z

Für $1 - \alpha = 0{,}95 \quad \rightarrow \quad z = 1{,}96$ (s. Tabelle 3b, S. 370)

Schritt 4: Berechnung des maximalen Schätzfehlers

$$z \cdot \hat{\sigma}_{\overline{X}} = 1{,}96 \cdot 0{,}28 = 0{,}55 \text{ g}$$

Schritt 5: Berechnung der Konfidenzgrenzen

$$W(124{,}58 - 0{,}55 \leq \mu \leq 124{,}58 + 0{,}55) = 0{,}95$$

$$W(124{,}03 \leq \mu \leq 125{,}13) = 0{,}95$$

Das durchschnittliche Füllgewicht der 600 Leberwürste wird mit einer Wahrscheinlichkeit von 95 % vom Intervall [124,03 g; 125,13 g] überdeckt. - Die Erhöhung des Stichprobenumfangs und die Berücksichtigung der Endlichkeitskorrektur haben bei gleicher Konfidenz zu einer Verkürzung des Intervalls um 0,32 g geführt.

### 9.3.2.4 Beliebig verteilte Grundgesamtheit

Die Verteilung des Merkmals X wird hier als beliebig bezeichnet, wenn die Verteilungsform des Merkmals X a) bekannt und nicht normalverteilt ist oder b) unbekannt ist. Damit sind die beiden Fälle in der Vorspalte von Abb. 9.3.2.1.-1 (s.S. 243) angesprochen.

Es ist wieder zu unterscheiden, ob die Varianz des Merkmals X bekannt oder unbekannt ist.

#### a) Bekannte Varianz $\sigma^2$

Für diesen Fall ist das Konfidenzintervall mit der Formel 9.3.2.3.-1 (s.S. 245) zu erstellen, wobei der Stichprobenumfang n größer als 30 sein muß.

$$W(\overline{X} - z \cdot \sigma_{\overline{X}} \leq \mu \leq \overline{X} + z \cdot \sigma_{\overline{X}}) = 1 - \alpha$$

Beispiel: Sägewerk

In einem Sägewerk wurden 640 Dachbalken auf eine Soll-Länge von 750 cm zugeschnitten. Von der zum Schneiden der Balken eingesetzten Maschine ist bekannt, daß sie mit einer unvermeidbaren Ungenauigkeit arbeitet, die sich durch die Standardabweichung $\sigma = 0{,}6$ cm beschreiben läßt.

Von den 640 Dachbalken wurden 40 Dachbalken zufällig und ohne Zurücklegen entnommen und gemessen. Die durchschnittliche Länge dieser 40 Dachbalken betrug 751 cm.

Aufgaben:

1) Erstellung des zentralen 95%-Konfidenzintervalls für $\mu$.
2) Erstellung des nach oben begrenzten 97,5%-Konfidenzintervalls für $\mu$.
3) Veränderung des Intervalls unter 1) bei einer Entnahme mit Zurücklegen.

*zu 1) Zentrales 95%-Konfidenzintervall*

Schritt 1: Feststellung der Verteilungsform von $\overline{X}$ (s.S. 243, Abb. 9.3.2.1.-1)

$$\left.\begin{array}{l}\text{X ist unbekannt verteilt}\\ \text{Varianz } \sigma^2 \text{ ist bekannt}\end{array}\right\} \Rightarrow \begin{array}{l}\text{wegen } n > 30 \text{ ist } \overline{X}\\ \text{appr. normalverteilt}\end{array}$$

Schritt 2: Feststellung der Standardabweichung von $\overline{X}$ (s.S. 244, Abb. 9.3.2.1.-2)

$$\left.\begin{array}{c}\text{Varianz } \sigma^2 \text{ ist bekannt}\\ \text{Stichprobe ohne Zurücklegen}\\ \text{mit Auswahlsatz} \geq 5\,\%\end{array}\right\} \Rightarrow \sigma_{\overline{X}} = \frac{\sigma}{\sqrt{n}} \cdot \sqrt{\frac{N-n}{N-1}}$$

$$\sigma_{\overline{X}} = \frac{0,6}{\sqrt{40}} \cdot \sqrt{\frac{640-40}{640-1}} = 0,09 \cdot 0,97 = 0,09 \text{ cm}$$

Schritt 3: Ermittlung von z

Für $1 - \alpha = 0,95$ ist $z = 1,96$ (s. Tabelle 3b, S. 370)

Schritt 4: Berechnung des maximalen Schätzfehlers

$$z \cdot \sigma_{\overline{X}} = 1,96 \cdot 0,09 = 0,18 \text{ cm}$$

Schritt 5: Berechnung der Konfidenzgrenzen

$$W(751 - 0,18 \leq \mu \leq 751 + 0,18) = 0,95$$

$$W(750,82 \leq \mu \leq 751,18) = 0,95$$

Die durchschnittliche Länge der 640 Dachbalken wird mit einer Wahrscheinlichkeit von 95 % vom Intervall [750,82 cm; 751,18 cm] überdeckt.

*zu 2) Nach oben begrenztes 97,5%-Konfidenzintervall*

Schritte 1 und 2: Wie unter Aufgabe 1)

Schritt 3: Ermittlung von z

Für $1 - \alpha = 0{,}975$ ist $z = 1{,}96$ (s. Tabelle 3a, S. 369)

Schritt 4: Berechnung des maximalen Schätzfehlers

$$z \cdot \sigma_{\overline{X}} = 1{,}96 \cdot 0{,}92 = 0{,}18 \text{ cm}$$

Schritt 5: Berechnung der Konfidenzgrenze

$$W(\mu \leq 751 + 0{,}18) = 0{,}975$$

$$W(\mu \leq 751{,}18) = 0{,}975$$

Die durchschnittliche Länge der 640 Dachbalken wird mit einer Wahrscheinlichkeit von 97,5 % vom Intervall [0 cm; 751,18 cm] überdeckt.

Anhand der Aufgaben 1) und 2) kann der Zusammenhang zwischen dem zweiseitigen und einseitigen Konfidenzintervall veranschaulicht werden. Aus einem zweiseitigen Intervall erhält man ein einseitiges Intervall, indem *eine* Begrenzung aufgegeben und die Irrtumswahrscheinlichkeit $\alpha$ halbiert wird. In Abb. 9.3.2.4.-1 ist dies graphisch für den Wegfall der oberen Grenze veranschaulicht.

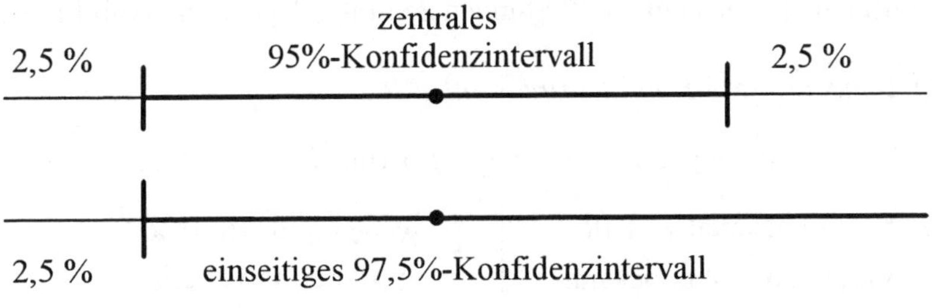


Abb. 9.3.2.4.-1: Zusammenhang zwischen zwei- und einseitigen Konfidenzintervallen

*zu 3) Zentrales 95%-Konfidenzintervall bei Entnahme mit Zurücklegen*

Die Erstellung des Konfidenzintervalls erfolgt wie unter Aufgabe 1); es ist lediglich die Endlichkeitskorrektur wegzulassen. Der maximale Schätzfehler beträgt anstatt 0,18 cm jetzt

$$z \cdot \sigma_{\overline{X}} = 1{,}96 \cdot \frac{0{,}6}{\sqrt{40}} = 1{,}96 \cdot 0{,}949 = 0{,}19 \text{ cm}$$

Das Konfidenzintervall beträgt damit

$$W(750{,}81 \leq \mu \leq 751{,}19) = 0{,}95$$

Die durchschnittliche Länge der 640 Dachbalken wird mit einer Wahrscheinlichkeit von 95 % vom Intervall [750,81 cm; 751,19 cm] überdeckt.

**b) Unbekannte Varianz $\sigma^2$**

Für diesen Fall ist das Konfidenzintervall mit der Formel

$$W(\overline{X} - z \cdot \hat{\sigma}_{\overline{X}} \leq \mu \leq \overline{X} + z \cdot \hat{\sigma}_{\overline{X}}) = 1 - \alpha \qquad \text{(Formel 9.3.2.4.-1)}$$

zu erstellen, wobei der Stichprobenumfang n größer als 30 sein muß.

Beispiel: Wöchentliche Studierdauer

Am Fachbereich Betriebswirtschaftslehre einer Hochschule sind 1.400 Studenten eingeschrieben. Von diesen wurden 100 zufällig ausgewählt und nach ihrer wöchentlichen Studierdauer (in Stunden) befragt. Die befragten Studenten studierten wöchentlich im Durchschnitt 44,40 Stunden bei einer Standardabweichung von 5,40 Stunden. - Aufgaben:

1) Erstellung des zentralen 95%-Konfidenzintervalls für $\mu$.
2) Erstellung des nach unten begrenzten 99%-Konfidenzintervalls für $\mu$.
3) Konfidenz für das um 44,40 Stunden zentral gelegene Intervall [42,00; 46,80].

*zu 1) Zentrales 95%-Konfidenzintervall*

Schritt 1: Feststellung der Verteilungsform von $\overline{X}$ (s.S. 243, Abb. 9.3.2.1.-1)

$$\left.\begin{array}{l}\text{X ist unbekannt verteilt}\\ \text{Varianz } \sigma^2 \text{ ist unbekannt}\end{array}\right\} \Rightarrow \begin{array}{l}\text{wegen } n > 30 \text{ ist } \overline{X}\\ \text{appr. normalverteilt}\end{array}$$

Schritt 2: Feststellung der Standardabweichung von $\overline{X}$ (s.S. 244, Abb. 9.3.2.1.-2)

$$\left.\begin{array}{c}\text{Varianz } \sigma^2 \text{ ist unbekannt}\\ \text{Stichprobe ohne Zurücklegen}\\ \text{mit Auswahlsatz} \geq 5\ \%\end{array}\right\} \Rightarrow \hat{\sigma}_{\overline{X}} = \frac{s}{\sqrt{n}} \cdot \sqrt{\frac{N-n}{N}}$$

$$\hat{\sigma}_{\overline{X}} = \frac{5{,}40}{\sqrt{100}} \cdot \sqrt{\frac{1.400 - 100}{1.400}} = 0{,}54 \cdot 0{,}96 = 0{,}52 \text{ h}$$

Schritt 3: Ermittlung von z

Für $1 - \alpha = 0{,}95$ ist $z = 1{,}96$ (s. Tabelle 3b, S. 370)

Schritt 4: Berechnung des maximalen Schätzfehlers

$$z \cdot \hat{\sigma}_{\overline{X}} = 1{,}96 \cdot 0{,}52 = 1{,}02 \text{ Stunden}$$

Schritt 5: Berechnung der Konfidenzgrenzen

$$W(44{,}40 - 1{,}02 \leq \mu \leq 44{,}40 + 1{,}02) = 0{,}95$$

$$W(43{,}38 \leq \mu \leq 45{,}42) = 0{,}95$$

Die durchschnittliche Studierdauer der 1.400 Studenten wird mit einer Wahrscheinlichkeit von 95 % vom Intervall [43,38 h; 45,42 h] überdeckt.

*zu 2) Nach unten begrenztes 99%-Konfidenzintervall*

Schritte 1 und 2 wie unter 1).

Schritt 3: Ermittlung von z

Für $1 - \alpha = 0{,}99$ ist $z = 2{,}33$ (s. Tabelle 3a, S. 369)

Schritt 4: Berechnung des maximalen Schätzfehlers

$$z \cdot \hat{\sigma}_{\overline{X}} = 2{,}33 \cdot 0{,}52 = 1{,}21 \text{ Stunden}$$

Schritt 5: Berechnung der Konfidenzgrenze

$$W( 44{,}40 - 1{,}21 \leq \mu) = 0{,}99$$

$$W( 43{,}19 \leq \mu) = 0{,}99$$

Die durchschnittliche Studierdauer der 1.400 Studenten wird mit einer Wahrscheinlichkeit von 99 % vom Intervall [43,19 h; ∞ h] überdeckt.

*zu 3) Konfidenz für das um 44,40 Stunden zentrale Intervall [42,00; 46,80].*

Schritte 1 und 2 wie unter 1).

Schritt 3: Berechnung der Konfidenzgrenzen

Die untere und obere Konfidenzgrenze sind vorgegeben.

$$W(44{,}40 - z \cdot \hat{\sigma}_{\overline{X}} = 42{,}00 \leq \mu \leq 46{,}80 = 44{,}40 + z \cdot \hat{\sigma}_{\overline{X}}) = 1 - \alpha$$

Schritt 4: Berechnung des maximalen Schätzfehlers

Berechnung anhand der oberen Konfidenzgrenze

$$46{,}80 = 44{,}40 + z \cdot \hat{\sigma}_{\overline{X}}$$

$$z \cdot \hat{\sigma}_{\overline{X}} = 2{,}40 \text{ Stunden}$$

Schritt 5: Ermittlung der Konfidenz 1 - α

$$z \cdot \frac{5{,}40}{\sqrt{100}} \cdot \sqrt{\frac{1.400 - 100}{1.400}} = 2{,}40$$

$$z = \frac{2{,}40}{0{,}54 \cdot 0{,}96} = 4{,}63$$

Für das zweiseitige Intervall gilt für z = 4,63 die Konfidenz 1 - α = 1,00. Die durchschnittliche Studierdauer der 1.400 Studenten wird mit an Sicherheit grenzender Wahrscheinlichkeit vom Intervall [42,00 h; 46,80 h] überdeckt.

### 9.3.2.5 Notwendiger Stichprobenumfang

Die bisherigen Ausführungen zur Erstellung eines Konfidenzintervalls beschränkten sich auf die beiden Fälle

- gegeben: Konfidenz 1 - α, Stichprobenumfang n
  gesucht: Konfidenzgrenze(n) bzw. Konfidenzintervall
- gegeben: Konfidenzgrenze(n), Stichprobenumfang n
  gesucht: Konfidenz 1 - α.

Der dritte mögliche Fall lautet

- gegeben: Konfidenz 1 - α, Länge des Konfidenzintervalls (Genauigkeit)
  gesucht: Stichprobenumfang n

In diesem dritten Fall wird von der Schätzung gefordert, daß sie ein *vorgegebenes Mindestmaß an Genauigkeit e* besitzt. Zusätzlich wird gefordert, daß diese gewünschte Mindestgenauigkeit mit einer *vorgegebenen Konfidenz bzw. Sicherheit* erzielt wird. Es ist also ein Intervall vorgegebener Länge zu erstellen, welches das arithmetische Mittel μ mit einer vorgegebenen Wahrscheinlichkeit überdeckt. Die vorgegebene Genauigkeit e determiniert den maximalen Schätzfehler bzw.

die maximal erlaubte Entfernung des Punktschätzwertes vom arithmetischen Mittel $\mu$. In Abb. 9.3.2.5.-1 ist dieser Sachverhalt graphisch skizziert.

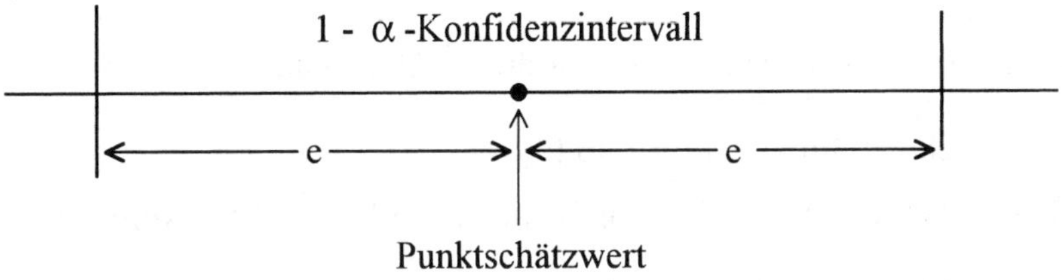


Abb. 9.3.2.5.-1: Genauigkeit e eines Konfidenzintervalls

Um die gewünschte Genauigkeit bei vorgegebener Konfidenz erzielen zu können, ist ein bestimmter Stichprobenumfang notwendig.

Der notwendige Stichprobenumfang n wird ermittelt, indem der mit der Genauigkeit und der vorgegebenen Konfidenz determinierte maximale Schätzfehler nach n aufgelöst wird. Dabei ist es sinnvoll, zu unterscheiden, ob die Varianz der Grundgesamtheit bekannt oder unbekannt ist.

**a) Bekannte Varianz $\sigma^2$**

In der praktischen Anwendung, so z.B. bei der Qualitätssicherung, ist die Varianz relativ häufig z.T. aus zurückliegenden Untersuchungen zumindest annähernd bekannt. - In einer zweiten Gliederungsstufe wird unterschieden, ob eine Entnahme mit oder ohne Zurücklegen vorliegt.

**a1) Entnahme mit Zurücklegen**

Im Fall einer normalverteilten Grundgesamtheit oder im Fall einer beliebig verteilten Grundgesamtheit bei einer Entnahme von mehr als 30 Elementen gilt für den maximalen Schätzfehler (Abb. 9.3.2.1.-1 und 9.3.2.1.-2, s.S. 243 f.)

$$z \cdot \frac{\sigma}{\sqrt{n}}.$$

Der maximale Schätzfehler soll kleiner gleich der gewünschten Genauigkeit e sein. Damit gilt die Beziehung

$$z \cdot \frac{\sigma}{\sqrt{n}} \leq e.$$

Durch Auflösung dieser Ungleichung nach n ergibt sich

$$n \geq \frac{z^2 \cdot \sigma^2}{e^2}. \qquad \text{(Formel 9.3.2.5.-1)}$$

Dabei ist n die kleinste ganze Zahl, für die die Ungleichung erfüllt ist.

Beispiel: Zuckerabfüllung (s.S. 246 ff.)

Die Genauigkeit e = 0,47 g des Konfidenzintervalls (s.S. 247, Aufgabe 1)

$$W(999{,}83 \leq \mu \leq 1.000{,}77) = 0{,}95$$

wird als nicht ausreichend angesehen. Es ist bei gleicher Konfidenz eine Genauigkeit von e = 0,2 g erwünscht. Der dafür notwendige Stichprobenumfang ist mit Formel 9.3.2.5.-1

$$n \geq \frac{z^2 \cdot \sigma^2}{e^2} = \frac{1{,}96^2 \cdot 1{,}2^2}{0{,}2^2} = 138{,}3.$$

Es müssen 139 Packungen entnommen werden, um die gewünschte Genauigkeit zu erzielen (wegen n > 30 ist im Falle einer beliebig verteilten Grundgesamtheit die Approximation durch die Normalverteilung zulässig).

"Probe": Maximaler Schätzfehler $= z \cdot \frac{\sigma}{\sqrt{n}} = 1{,}96 \cdot \frac{1{,}2}{\sqrt{139}} = 0{,}20$ g

**a2) Entnahme ohne Zurücklegen**

Im Fall einer normalverteilten Grundgesamtheit oder im Fall einer beliebig verteilten Grundgesamtheit bei einer Entnahme von mehr als 30 Elementen gilt für den maximalen Schätzfehler (Abb. 9.3.2.1.-1 und 9.3.2.1.-2; s.S. 243 f.)

$$z \cdot \frac{\sigma}{\sqrt{n}} \cdot \sqrt{\frac{N-n}{N-1}}.$$

Der maximale Schätzfehler soll kleiner gleich der gewünschten Genauigkeit e sein. Damit gilt die Beziehung

$$z \cdot \frac{\sigma}{\sqrt{n}} \cdot \sqrt{\frac{N-n}{N-1}} \leq e.$$

Durch Auflösung dieser Ungleichung nach n ergibt sich

$$n \geq \frac{z^2 \cdot N \cdot \sigma^2}{e^2 \cdot (N-1) + z^2 \cdot \sigma^2}. \qquad \text{(Formel 9.3.2.5.-2)}$$

Dabei ist n die kleinste ganze Zahl, für die die Ungleichung erfüllt ist. Für den Fall, daß bei der Entnahme ohne Zurücklegen der Umfang der Grundgesamtheit N nicht bekannt ist, ist Formel 9.3.2.5.-1 anzuwenden. Wegen der damit verbundenen Vernachlässigung der Endlichkeitskorrektur fällt der Stichprobenumfang größer als notwendig aus.

Beispiel: Zuckerfabrik (s.S. 246 ff.)

Die Genauigkeit e = 0,46 g des Konfidenzintervalls (s.S. 251, Aufgabe 9)

$$W(999{,}84 \leq \mu \leq 1.000{,}76) = 0{,}95$$

wird als nicht ausreichend angesehen. Es ist bei gleicher Konfidenz eine Genauigkeit von e = 0,2 g erwünscht. Der dafür notwendige Stichprobenumfang ist mit Formel 9.3.2.5.-2

$$n \geq \frac{z^2 \cdot N \cdot \sigma^2}{e^2 \cdot (N-1) + z^2 \cdot \sigma^2} = \frac{1{,}96^2 \cdot 1.000 \cdot 1{,}2^2}{0{,}2^2 \cdot 999 + 1{,}96^2 \cdot 1{,}2^2} = 121{,}6.$$

Es müssen 122 Packungen entnommen werden, um die gewünschte Genauigkeit zu erzielen (wegen n > 30 ist im Falle einer beliebig verteilten Grundgesamtheit die Approximation durch die Normalverteilung zulässig).

"Probe": $z \cdot \frac{\sigma}{\sqrt{n}} \cdot \sqrt{\frac{N-n}{N-1}} = 1{,}96 \cdot \frac{1{,}2}{\sqrt{122}} \cdot \sqrt{\frac{1.000-122}{1.000-1}} = 0{,}20 \text{ g}$

Bei der Stichprobe ohne Zurücklegen ist der Stichprobenumfang mit 122 Packungen um 17 Packungen kleiner als bei der Stichprobe mit Zurücklegen.

**b) Unbekannte Varianz $\sigma^2$**

Zur Ermittlung des notwendigen Stichprobenumfangs ist auch in diesem Fall der vorgegebene maximale Schätzfehler nach dem Stichprobenumfang n aufzulösen. Dabei stellt sich das Problem, daß die im maximalen Schätzfehler enthaltene Standardabweichung s der Stichprobe unbekannt ist, da noch keine Stichprobe gezogen worden ist. Das Problem wird folgendermaßen näherungsweise gelöst:

Schritt 1: Es wird vorab eine kleine Stichprobe, die sogenannte Vorstichprobe gezogen. Für diese Vorstichprobe wird die Standardabweichung s mit Hilfe der Formel 8.5.2.-1 berechnet.

$$s = \sqrt{\frac{1}{n-1} \cdot \sum_{i=1}^{n} (x_i - \bar{x})^2}$$

Schritt 2: Die Standardabweichung s aus der Vorstichprobe wird als Näherungswert für die Standardabweichung der dann zu ziehenden Stichprobe verwendet als auch für die Berechnung der Varianz des Stichprobenmittels $\hat{\sigma}_{\overline{X}}$ .

Die Berechnungsformeln für den notwendigen Stichprobenumfang werden analog zu den Berechnungsformeln 9.3.2.5.-1 und 9.3.2.5.-2 unter Abschnitt a) hergeleitet, wobei σ durch s zu ersetzen ist.

In einer zweiten Gliederungsstufe wird wieder unterschieden, ob eine Entnahme mit oder ohne Zurücklegen vorliegt.

**b1) Entnahme mit Zurücklegen**

Für diesen Fall ist Formel 9.3.2.5.-1 (s.S. 262) in der abgewandelten Form

$$n \geq \frac{z^2 \cdot s^2}{e^2} \qquad \text{(Formel 9.3.2.5.-3)}$$

zu verwenden, wobei im nachhinein zu prüfen ist, ob n größer als 30 ist.

Beispiel: Wurstfabrik (s.S. 252 ff)

Im Rahmen der Qualitätskontrolle soll mit einer Konfidenz von 95 % und einer Genauigkeit von 0,2 g das durchschnittliche Füllgewicht der Würste geschätzt werden. - Da die Varianz bzw. Standardabweichung des Füllgewichts in der Grundgesamtheit unbekannt ist, ist eine Vorstichprobe zu ziehen. Als Vorstichprobe wird die auf S. 252 beschriebene Stichprobe verwendet; s beträgt 1,72 g.

Mit Formel 9.3.2.5.-3 errechnet sich

$$n \geq \frac{1,96^2 \cdot 1,72^2}{0,2^2} = \frac{11,36}{0,04} = 284 \qquad (n > 30)$$

Es müssen 284 Würste mit Zurücklegen entnommen und gewogen werden, um die geforderte Genauigkeit mit der gewünschten Konfidenz zu erzielen.

"Probe": $z \cdot \hat{\sigma}_{\overline{X}} = 1{,}96 \cdot \frac{1{,}72}{\sqrt{284}} = 0{,}20$ g

Die Probe läßt erkennen, daß die geforderte Mindestgenauigkeit dann nicht erzielt wird, wenn die Standardabweichung in der Stichprobe vom Umfang 284 größer ist als die Standardabweichung 1,72 g aus der Vorstichprobe.

**b2) Entnahme ohne Zurücklegen**

Für diesen Fall ist Formel 9.3.2.5.-2 (s.S. 263) in der abgewandelten Form

$$n \geq \frac{z^2 \cdot N \cdot s^2}{e^2 \cdot (N-1) + z^2 \cdot s^2} \qquad \text{(Formel 9.3.2.5.-4)}$$

zu verwenden, wobei im nachhinein zu prüfen ist, ob n größer als 30 ist.

Beispiel: Wurstfabrik

Im Unterschied zum gleichnamigen Beispiel unter b1) werden die Würste jetzt ohne Zurücklegen aus den 600 Würsten entnommen.

Mit Formel 9.3.2.5.-4 errechnet sich

$$n \geq \frac{1{,}96^2 \cdot 600 \cdot 1{,}72^2}{0{,}2^2 \cdot 599 + 1{,}96^2 \cdot 1{,}72^2} = \frac{6.818{,}99}{35{,}33} = 193{,}01. \qquad (n > 30)$$

Es müssen 194 Würste ohne Zurücklegen entnommen und gewogen werden, um die geforderte Genauigkeit mit der gewünschten Konfidenz zu erzielen.

Probe: $z \cdot \hat{\sigma}_{\overline{X}} = z \cdot \frac{s}{\sqrt{n}} \cdot \sqrt{\frac{N - n}{N}} = 1{,}96 \cdot \frac{1{,}72}{\sqrt{194}} \cdot \sqrt{\frac{600 - 194}{600}} = 0{,}20$ g

Die Probe läßt erkennen, daß die geforderte Mindestgenauigkeit dann nicht erzielt wird, wenn die Standardabweichung in der Stichprobe vom Umfang 194 größer ist als die Standardabweichung 1,72 g aus der Vorstichprobe.

Bei der Entnahme ohne Zurücklegen werden mit 194 Würsten deutlich weniger entnommen als bei der Entnahme mit Zurücklegen (n = 284).

Beispiel: Wöchentliche Studierdauer (s.S. 258 ff)

Die Genauigkeit e = 1,02 (S. 259)

$$W(43{,}38 \le \mu \le 45{,}42) = 0{,}95$$

wird als nicht ausreichend angesehen. Die Genauigkeit e = 1,02 Stunde soll auf 0,40 Stunden erhöht werden. Dabei soll die Konfidenz weiterhin 95 % (z = 1,96) betragen. - Da die Varianz und Standardabweichung der wöchentlichen Studierdauer in der Grundgesamtheit unbekannt sind, ist eine Vorstichprobe zu ziehen. Als Vorstichprobe wird die auf S. 258 genannte Stichprobe mit 100 Studenten verwendet; die Standardabweichung s beträgt 5,40 Stunden.

Mit Formel 9.3.2.5.-4 errechnet sich

$$n \ge \frac{1{,}96^2 \cdot 1.400 \cdot 5{,}40^2}{0{,}40^2 \cdot 1.399 + 1{,}96^2 \cdot 5{,}40^2} = \frac{156.829{,}48}{335{,}86} = 466{,}95 \qquad (n > 30)$$

Soll die Genauigkeit von e = 0,40 Stunden mit einer Konfidenz von 95 % erreicht werden, dann müssen 467 anstatt 100 Studenten befragt werden.

"Probe": $z \cdot \hat{\sigma}_{\overline{X}} = 1{,}96 \cdot \frac{5{,}40}{\sqrt{467}} \cdot \sqrt{\frac{1.400 - 467}{1.400}} = 0{,}40$ Stunden

## 9.3.3 Konfidenzintervall für den Anteilswert

Für die Erstellung des Konfidenzintervalls für den Anteilswert Θ in der Grundgesamtheit wird die in Abschnitt 8.5.3 (S. 225) beschriebene Stichprobenfunktion

$$P = \frac{X_1 + X_2 + \ldots + X_n}{n} = \frac{X}{n}$$

als Schätzfunktion verwendet. X ist dabei die Anzahl der Elemente, die unter den für die Stichprobe ausgewählten n Elementen die interessierende Eigenschaft besitzen.

Die Eigenschaften dieser Schätzfunktion werden in Abschnitt 9.3.3.1 beschrieben. In Abschnitt 9.3.3.2 wird die Schrittfolge zur Erstellung eines Konfidenzintervalls aufgezeigt, um anschließend im Abschnitt 9.3.3.3 die Umsetzung für unterschiedliche Situationen darzustellen. Abschnitt 9.3.3.4 befaßt sich abschließend mit der Bestimmung des notwendigen Stichprobenumfangs.

### 9.3.3.1 Zur Schätzfunktion

Die Schätzfunktion P ist mit der in Abschnitt 8.5.3 (s.S. 225) dargestellten Stichprobenfunktion P identisch, so daß die dort beschriebenen Eigenschaften auch für die Schätzfunktion gelten.

**a) Erwartungswert**

Der Erwartungswert der Schätzfunktion ist

$$\mu_P = E(P) = \Theta.$$

Die Schätzfunktion P ist also eine erwartungstreue Schätzfunktion. Der Erwartungswert der Schätzfunktion stimmt mit dem Anteilswert Θ überein.

**b) Varianz**

In Abb. 9.3.3.1.-1 sind die in Abschnitt 8.5.3 (s.S. 225 ff.) für die Schätzfunktion P beschriebenen *Varianzen* synoptisch wiedergegeben.

| Stichprobe \ Varianz $\sigma^2$ | | bekannt | unbekannt |
|---|---|---|---|
| mit Zurücklegen | | $\sigma_P^2 = \frac{\Theta \cdot (1-\Theta)}{n}$ | $\hat{\sigma}_P^2 = \frac{P \cdot (1-P)}{n}$ |
| ohne Zurücklegen | $\frac{n}{N} < 0{,}05$ | $\sigma_P^2 \approx \frac{\Theta \cdot (1-\Theta)}{n}$ | $\hat{\sigma}_P^2 \approx \frac{P \cdot (1-P)}{n}$ |
| | $\frac{n}{N} \geq 0{,}05$ | $\sigma_P^2 = \frac{\Theta \cdot (1-\Theta)}{n} \cdot \frac{N-n}{N-1}$ | $\hat{\sigma}_P^2 = \frac{P \cdot (1-P)}{n} \cdot \frac{N-n}{N}$ |

Abb. 9.3.3.1.-1: Varianzen für die Schätzfunktion P

Die Übersicht läßt erkennen, daß der Fall "$\sigma^2$ bekannt" für die Schätztheorie ohne Bedeutung ist, da bei Kenntnis der Varianz $\sigma^2$ auch der zu schätzende Anteilswert Θ bekannt wäre.

**c) Verteilungsform**

Die Schätzfunktion ist - wie in Abschnitt 8.5.3 beschrieben - approximativ normalverteilt bzw. in ihrer standardisierten Form standardnormalverteilt, wenn

$$n \cdot P \cdot (1 - P) > 9$$

Ist die Ungleichung nicht erfüllt, dann kann das Konfidenzintervall mit Hilfe der F-Verteilung erstellt werden.

### 9.3.3.2 Schrittfolge zur Erstellung eines Konfidenzintervalls

Die Erstellung eines ein- oder zweiseitigen Konfidenzintervalls, das mit einer Wahrscheinlichkeit $1 - \alpha$ den unbekannten Parameter überdeckt, kann in fünf Schritte untergliedert werden. Dabei wird davon ausgegangen, daß die Stichprobe bereits gezogen und der Stichprobenanteilswert berechnet worden ist.

Schritt 1: Feststellung der Verteilungsform von P

Die Schätzfunktion P ist approximativ normalverteilt, wenn

$$n \cdot P \cdot (1 - P) > 9$$

Schritt 2: Feststellung der Standardabweichung von P

Die Standardabweichung von P ist mit Hilfe von $\hat{\sigma}_P$ zu schätzen. Dieser Schätzwert kann systematisch mit Hilfe der Abb. 9.3.3.1.-1 (S. 267) festgestellt werden.

Schritt 3: Ermittlung des Quantilswertes z

Für die vorgegebene Wahrscheinlichkeit ist der Quantilswert z zu ermitteln.

Schritt 4: Berechnung des maximalen Schätzfehlers

Der maximale Schätzfehler ist das Produkt aus Quantilswert und Standardabweichung von P.

Schritt 5: Ermittlung der Konfidenzgrenzen

Die untere und die obere Konfidenzgrenze ergeben sich durch Subtraktion bzw. Addition des maximalen Schätzfehlers vom bzw. zum Stichprobenanteilswert P.

### 9.3.3.3 Erstellung von Konfidenzintervallen

Bei der Erstellung von Konfidenzintervallen ist zu unterscheiden, ob die Entnahme der Elemente mit oder ohne Zurücklegen erfolgt.

**a) Entnahme mit Zurücklegen**

Bei der Entnahme mit Zurücklegen ist das Konfidenzintervall mit folgender Formel zu erstellen

$$W(P - z \cdot \sqrt{\frac{P \cdot (1 - P)}{n}} \leq \Theta \leq P + z \cdot \sqrt{\frac{P \cdot (1 - P)}{n}}) = 1 - \alpha \qquad \text{(Formel 9.3.3.3.-1)}$$

Hinweis: Bei Formel 9.3.3.3.-1 ist die Stetigkeitskorrektur vernachlässigt. Bei einer Berücksichtigung ist der maximale Schätzfehler um den Wert 1/(2n) zu erhöhen.

Beispiel: Bekanntheitsgrad

Ein Chemieunternehmen möchte den Bekanntheitsgrad eines von ihm hergestellten Waschmittels in Erfahrung bringen. Dazu werden 400 Personen zufällig ausgewählt und befragt. Das Waschmittel war 30 % der Befragten zumindest namentlich bekannt.

Aufgaben:

1) Erstellung des zentralen 95%-Konfidenzintervalls für $\Theta$.
2) Erstellung des zentralen 90%-Konfidenzintervalls für $\Theta$.
3) Erstellung des nach unten begrenzten 90%-Konfidenzintervalls für $\Theta$.

*zu 1) Zentrales 95%-Konfidenzintervall*

Schritt 1: Feststellung der Verteilungsform für P

Wegen $n \cdot P \cdot (1 - P) = 400 \cdot 0{,}3 \cdot 0{,}7 = 84 > 9$

ist P approximativ normalverteilt.

Schritt 2: Feststellung der Standardabweichung von P (Abb. 9.3.3.1.-1, s.S. 267)

Da eine Stichprobe mit Zurücklegen vorliegt und die Varianz $\sigma^2$ unbekannt ist, gilt

$$\hat{\sigma}_P = \sqrt{\frac{P \cdot (1 - P)}{n}} = \sqrt{\frac{0{,}3 \cdot 0{,}7}{400}} = 0{,}02$$

Schritt 3: Ermittlung von z

Für $1 - \alpha = 0{,}95$ ist $z = 1{,}96$ (s. Tabelle 3b, S. 370)

Schritt 4: Berechnung des maximalen Schätzfehlers

$$z \cdot \hat{\sigma}_P = 1{,}96 \cdot 0{,}02 = 0{,}04 \quad \text{bzw.} \quad 4\ \%\text{-Punkte}$$

Schritt 5: Berechnung der Konfidenzgrenzen

$$W(0{,}30 - 0{,}04 \leq \Theta \leq 0{,}30 + 0{,}04) = 0{,}95$$

$$W(0{,}26 \leq \Theta \leq 0{,}34) = 0{,}95$$

Der Bekanntheitsgrad in der Grundgesamtheit wird mit einer Wahrscheinlichkeit von 95 % vom Intervall [26%; 34%] überdeckt.

*zu 2) Zentrales 90%-Konfidenzintervall*

Schritte 1 und 2 wie unter 1).

Schritt 3: Ermittlung von z

Für $1 - \alpha = 0{,}90$ ist $z = 1{,}65$ (s. Tabelle 3b, S. 370; interpoliert $\rightarrow$ 1,645)

Schritt 4: Berechnung des maximalen Schätzfehlers

$$z \cdot \hat{\sigma}_P = 1{,}65 \cdot 0{,}02 = 0{,}03 \quad \text{bzw.} \quad 3\ \%\text{-Punkte}$$

Schritt 5: Berechnung der Konfidenzgrenzen

$$W(0{,}30 - 0{,}03 \leq \Theta \leq 0{,}30 + 0{,}03) = 0{,}90$$

$$W(0{,}27 \leq \Theta \leq 0{,}33) = 0{,}90$$

Der Bekanntheitsgrad in der Grundgesamtheit wird mit einer Wahrscheinlichkeit von 90 % vom Intervall [27%; 33%] überdeckt.

*zu 3) Nach unten begrenztes 90%-Konfidenzintervall*

Schritte 1 und 2 wie unter 1).

Schritt 3: Ermittlung von z

Für $1 - \alpha = 0{,}90$ ist $z = 1{,}28$ (s. Tabelle 3a, S. 369; interpoliert $\rightarrow$ 1,282)

Schritt 4: Berechnung des maximalen Schätzfehlers

$$z \cdot \hat{\sigma}_P = 1{,}28 \cdot 0{,}02 = 0{,}03 \quad \text{bzw.} \quad 3\ \%\text{-Punkte}$$

Schritt 5: Berechnung der Konfidenzgrenze

$$W(0{,}30 - 0{,}03 \leq \Theta) = 0{,}90$$

$$W(0{,}27 \leq \Theta) = 0{,}90$$

Der Bekanntheitsgrad in der Grundgesamtheit wird mit einer Wahrscheinlichkeit von 90 % vom Intervall [27%; 100%] überdeckt.

**b) Entnahme ohne Zurücklegen**

Bei der Entnahme ohne Zurücklegen ist das Konfidenzintervall mit folgender Formel zu erstellen

(Formel 9.3.3.3.-2)

$$W(P - z \cdot \sqrt{\frac{P \cdot (P-1)}{n}} \cdot \sqrt{\frac{N-n}{N}} \leq \Theta \leq P + z \cdot \sqrt{\frac{P \cdot (P-1)}{n}} \cdot \sqrt{\frac{N-n}{N}}) = 1 - \alpha$$

Hinweis: Bei Formel 9.3.3.3.-2 ist die Stetigkeitskorrektur vernachlässigt. Bei einer Berücksichtigung ist der maximale Schätzfehler um den Wert 1/(2n) zu erhöhen.

Beispiel: Stimmenanteil

Ziel der Partei A ist es, bei der in vierzehn Tagen stattfindenden Kommunalwahl "25 + x %" der Stimmen zu gewinnen. - Von den 3.000 Wahlberechtigten wurden 300 zufällig ausgewählt und befragt. 69 Wahlberechtigte bzw. 23 % äußerten die Absicht, die Partei A zu wählen.

Aufgaben:

1) Erstellung des zentralen 95%-Konfidenzintervalls für Θ.

2) Konfidenz für das mit 25% nach unten begrenzte Konfidenzintervalls für Θ.

*zu 1) Zentrales 95%-Konfidenzintervall*

Schritt 1: Feststellung der Verteilungsform für P

Wegen $n \cdot P \cdot (1 - P) = 300 \cdot 0{,}23 \cdot 0{,}77 = 53{,}13 > 9$

ist P approximativ normalverteilt.

Schritt 2: Feststellung der Standardabweichung von P (Abb. 9.3.3.1.-1, s.S. 267)

Da eine Stichprobe ohne Zurücklegen und mit großem Auswahlsatz (10 %) vorliegt und die Varianz $\sigma_P$ unbekannt ist, gilt

$$\hat{\sigma}_P = \sqrt{\frac{P \cdot (1-P)}{n}} \cdot \sqrt{\frac{N-n}{N}} = \sqrt{\frac{0,23 \cdot 0,77}{300}} \cdot \sqrt{\frac{3000-300}{3000}} = 0{,}02$$

Schritt 3: Ermittlung von z

Für $1 - \alpha = 0{,}95$ ist $z = 1{,}96$ (Tabelle, S. 370)

Schritt 4: Berechnung des maximalen Schätzfehlers

$z \cdot \hat{\sigma}_P = 1{,}96 \cdot 0{,}02 = 0{,}04$ bzw. 4 %-Punkte

Schritt 5: Berechnung der Konfidenzgrenzen

$W(0{,}23 - 0{,}04 \leq \Theta \leq 0{,}23 + 0{,}04) = 0{,}95$

$W(0{,}19 \leq \Theta \leq 0{,}27) = 0{,}95$

Der Stimmenanteil in der Grundgesamtheit wird mit einer Wahrscheinlichkeit von 95 % vom Intervall [19%; 27%] überdeckt.

*zu 2) Konfidenz für das mit 25 % nach unten begrenzte Intervall*

Schritte 1 und 2 wie unter 1).

Schritt 3: Berechnung der Konfidenzgrenze

Die untere Konfidenzgrenze ist mit 25 % bzw. 0,25 vorgegeben.

$W(0{,}23 - z \cdot \hat{\sigma}_P = 0{,}25 \leq \Theta) = 1 - \alpha$

Schritt 4: Berechnung des maximalen Schätzfehlers

$0{,}23 - z \cdot \hat{\sigma}_P = 0{,}25$

$z \cdot \hat{\sigma}_P = -0{,}02$

Schritt 5: Ermittlung der Konfidenz 1 - α

$z \cdot 0{,}02 = -0{,}02$

$z = -1{,}00 \rightarrow 1 - \alpha = 0{,}1587$ (s. Tabelle 3a, S. 368)

Der Stimmenanteil in der Grundgesamtheit wird mit einer Wahrscheinlichkeit von 15,87 % vom Intervall [25,0%; 100,0%] überdeckt.

**Exkurs: Verwendung der F-Verteilung**

Die Konstruktion des Konfidenzintervalls für den Anteilswert kann auch mit Hilfe der F-Verteilung durchgeführt werden, wenn die Entnahme mit Zurücklegen erfolgt oder wenn die Entnahme ohne Zurücklegen bei kleinem Auswahlsatz erfolgt.

Berechnungsformeln für die Konfidenzgrenzen des zweiseitigen Intervalls:

$$\Theta_u = \frac{n}{n + (N - n + 1) \cdot x_1}; \qquad \Theta_o = \frac{(n+1) \cdot x_2}{N - n + (n+1) \cdot x_2}$$

wobei $x_1$ und $x_2$ Quantilswerte der F-Verteilung sind, nämlich

$$x_1 \rightarrow f_F(x_1;\, k_1 = 2 \cdot (N - n + 1);\, k_2 = 2 \cdot n) = 1 - \alpha/2$$

$$x_2 \rightarrow f_F(x_2;\, k_1 = 2 \cdot (n + 1);\, k_2 = 2 \cdot (N - n) = 1 - \alpha/2$$

Beispiel: Bekanntheitsgrad (S. 269)

Zur Abschätzung des Bekanntheitsgrades des Waschmittels werden 23 zufällig ausgewählte Personen mit Zurücklegen befragt. Von den N = 23 Personen war n = 9 Personen das Waschmittel bekannt.

Aufgabe: Erstellung des 90%-Konfidenzintervalls für die Varianz.

$$x_1 \rightarrow k_1 = 2 \cdot (23 - 9 + 1) = 30;\; k_2 = 2 \cdot 9 = 18;\; 1 - \alpha/2 = 0{,}95$$

$$f_F(x_1 \mid 30;\, 18) = 0{,}95 \quad \rightarrow \quad x_1 = 2{,}11 \text{ (Tab. 7a, S. 375)}$$

$$x_2 \rightarrow k_1 = 2 \cdot (9 + 1) = 20;\; k_2 = 2 \cdot (23 - 9) = 28;\; 1 - \alpha/2 = 0{,}95$$

$$f_F(x_2 \mid 20;\, 28) = 0{,}95 \quad \rightarrow \quad x_2 = 1{,}96 \text{ (Tab. 7a, S. 375)}$$

$$\Theta_u = \frac{9}{9 + 15 \cdot 2{,}11} = 0{,}221; \quad \Theta_o = \frac{10 \cdot 1{,}96}{14 + 10 \cdot 1{,}96} = 0{,}583$$

Der Stimmenanteil in der Grundgesamtheit wird mit einer Wahrscheinlichkeit von 90 % vom Intervall [22,1%; 58,3%] überdeckt. - Die große Länge des Intervalls ist durch den geringen Stichprobenumfang bedingt. Für eine genauere Aussage müßte der Stichprobenumfang deutlich erhöht werden.

### 9.3.3.4 Notwendiger Stichprobenumfang

Die bisherigen Ausführungen zur Erstellung eines Konfidenzintervalls beschränkten sich auf die beiden Fälle

- gegeben: Konfidenz 1 - α, Stichprobenumfang n
  gesucht: Konfidenzgrenze(n) bzw. Konfidenzintervall
- gegeben: Konfidenzgrenze(n), Stichprobenumfang n
  gesucht: Konfidenz 1 - α.

Der dritte mögliche Fall lautet

- gegeben: Konfidenz 1 - α, Länge des Konfidenzintervalls
  gesucht: Stichprobenumfang n

Im dritten Fall wird von der Schätzung gefordert, daß sie ein *vorgegebenes Mindestmaß an Genauigkeit e* besitzt. Zusätzlich wird gefordert, daß diese gewünschte Genauigkeit mit einer *vorgegebenen Konfidenz* erzielt wird. Es ist also ein Intervall vorgegebener Länge zu erstellen, welches den Anteilswert Θ mit einer vorgegebenen Wahrscheinlichkeit überdeckt. Die vorgegebene Genauigkeit e determiniert den maximalen Schätzfehler bzw. die maximal erlaubte Entfernung des Punktschätzwertes vom Anteilswert Θ der Grundgesamtheit.

Zur Ermittlung des notwendigen Stichprobenumfangs ist wieder der maximale Schätzfehler nach dem Stichprobenumfang n aufzulösen. Dabei stellt sich das Problem, daß der im maximalen Schätzfehler enthaltene Anteilswert P der Stichprobe unbekannt ist, da noch keine Stichprobe gezogen worden ist. Dieses Problem wird gelöst, indem eine Vorstichprobe gezogen wird und der Anteilswert dieser Vorstichprobe als Schätzwert für den Anteilswert P der Stichprobe verwendet wird.

#### a) Entnahme mit Zurücklegen

Der maximale Schätzfehler für diese Situation beträgt

$$z \cdot \hat{\sigma}_P = z \cdot \sqrt{\frac{P \cdot (1 - P)}{n}}$$

Der maximale Schätzfehler muß kleiner gleich der gewünschten Genauigkeit e sein.

$$z \cdot \sqrt{\frac{P \cdot (1-P)}{n}} \leq e.$$

Durch Auflösung dieser Ungleichung nach n ergibt sich

$$n \geq \frac{z^2 \cdot P \cdot (1-P)}{e^2}. \qquad \text{(Formel 9.3.3.4.-1)}$$

Dabei ist n die kleinste ganze Zahl, für die die Ungleichung erfüllt ist.

Beispiel: Bekanntheitsgrad (s.S. 269 ff.)

Die Genauigkeit e = 4 %-Punkte des Konfidenzintervalls (s.S. 270)

$$W(0{,}26 \leq \Theta \leq 0{,}34) = 0{,}95$$

ist dem Chemieunternehmen nicht ausreichend. Es möchte bei gleicher Konfidenz eine Genauigkeit von 2%-Punkten. - Als Vorstichprobe wird die Stichprobe vom Umfang 400 mit dem Bekanntheitsgrad von 30 % verwendet (s.S. 269).

Mit Formel 9.3.3.4.-1 errechnet sich

$$n \geq \frac{1{,}96^2 \cdot 0{,}3 \cdot 0{,}7}{0{,}02^2} = \frac{0{,}8067}{0{,}0004} = 2.016{,}75\ .$$

Es müssen 2.017 Personen befragt werden, um die gewünschte Genauigkeit von 2%-Punkten bei einer Konfidenz von 95 % zu erreichen.

"Probe": $z \cdot \sqrt{\frac{P \cdot (1-P)}{n}} = 1{,}96 \cdot \sqrt{\frac{0{,}3 \cdot 0{,}7}{2.017}} = 0{,}02$ bzw. 2 %-Punkte

Die Probe läßt erkennen, daß die geforderte Mindestgenauigkeit dann nicht erzielt wird, wenn das Produkt $P \cdot (1-P)$ in der Stichprobe vom Umfang 2.017 größer ist als das für die Schätzung herangezogene Produkt $0{,}3 \cdot 0{,}7$ aus der Vorstichprobe.

**b) Entnahme ohne Zurücklegen**

Der maximale Schätzfehler für diese Situation beträgt

$$z \cdot \sqrt{\frac{P \cdot (1-P)}{n}} \cdot \sqrt{\frac{N-n}{N}}$$

Der maximale Schätzfehler muß kleiner gleich der gewünschten Genauigkeit e sein. Damit gilt die Beziehung

$$z \cdot \sqrt{\frac{P \cdot (1-P)}{n}} \cdot \sqrt{\frac{N-n}{N}} \leq e.$$

Durch Auflösung dieser Ungleichung nach n ergibt sich

$$n \geq \frac{z^2 \cdot N \cdot P \cdot (1-P)}{e^2 \cdot (N-1) + z^2 \cdot P \cdot (1-P)}. \qquad \text{(Formel 9.3.3.4.-2)}$$

Dabei ist n die kleinste ganze Zahl, für die die Ungleichung erfüllt ist.

Beispiel: Stimmenanteil (s.S. 271 ff.)

Der Partei A ist das zentrale 95%-Konfidenzintervall mit dem maximalen Schätzfehler 4 %-Punkte

$$W(0{,}19 \leq \Theta \leq 0{,}27) = 0{,}95$$

zu ungenau. Sie möchte bei gleicher Konfidenz eine Genauigkeit von 2%-Punkten. - Als Vorstichprobe wird die Befragung der 300 Wahlberechtigten herangezogen, in der sich 23 % für die Partei ausgesprochen hatten (s.S. 271).

Mit Formel 9.3.3.4.-2 errechnet sich

$$n \geq \frac{1{,}96^2 \cdot 3000 \cdot 0{,}23 \cdot 0{,}77}{0{,}02^2 \cdot 2999 + 1{,}96^2 \cdot 0{,}23 \cdot 0{,}77} = \frac{2.041{,}04}{1{,}88} = 1.085{,}66$$

Es müssen 1.086 Personen befragt werden, um die gewünschte Genauigkeit von 2%-Punkten bei einer Konfidenz von 95 % zu erreichen.

"Probe":

$$z \cdot \hat{\sigma}_P = z \cdot \frac{P \cdot (1-P)}{n} \cdot \sqrt{\frac{N-n}{N}} = 1{,}96 \cdot \sqrt{\frac{0{,}23 \cdot 0{,}77}{1.086}} \cdot \sqrt{\frac{3.000 - 1.086}{3.000}} = 0{,}02$$

Die Probe läßt erkennen, daß die geforderte Mindestgenauigkeit dann nicht erzielt wird, wenn das Produkt $P \cdot (1-P)$ in der Stichprobe vom Umfang 1.086 größer ist als das für die Schätzung herangezogene Produkt $0{,}23 \cdot 0{,}77$ aus der Vorstichprobe.

## 9.3.4 Konfidenzintervall für die Varianz

Neben dem Mittelwert und dem Anteilswert kann auch die Streuung des interessierenden Merkmals von Bedeutung sein. So kommt es z.B. bei Produktionsprozessen i.d.R. nicht allein auf das durchschnittliche Einhalten einer technischen Größe an, sondern auch auf eine gewisse Gleichmäßigkeit bzw. auf eine Begrenzung der Streuung an. Die Streuung wird meistens mit der Varianz $\sigma^2$ gemessen.

**a) Zur Schätzfunktion**

Als Schätzfunktion für die Varianz $\sigma^2$ wird die in Abschnitt 8.5.4 (S. 228) vorgestellte Stichprobenfunktion

$$S^2 = \frac{1}{n-1} \cdot \Sigma(X_i - \overline{X})^2$$

verwendet.

Ist das Merkmal X in der Grundgesamtheit normalverteilt und erfolgt die Entnahme mit Zurücklegen, dann ist die Schätzfunktion $S^2$ erwartungstreu. Wie in Abschnitt 8.5.4 (s.S. 228) dargelegt, ist die Zufallsvariable Y

$$Y = \frac{(n-1) \cdot S^2}{\sigma^2},$$

in der die Schätzfunktion $S^2$ enthalten ist, chi-Quadrat-verteilt mit k = n -1 Freiheitsgraden.

**b) Erstellung des Konfidenzintervalls**

Mit den Kenntnissen aus a) läßt sich das asymmetrische Konfidenzintervall

$$W(y_{\frac{\alpha}{2}, k=n-1} \leq \frac{(n-1) \cdot S^2}{\sigma^2} \leq y_{1-\frac{\alpha}{2}, k=n-1}) = 1 - \alpha$$

erstellen, wobei

$$y_{\frac{\alpha}{2}, k=n-1} \text{ und } y_{1-\frac{\alpha}{2}, k=n-1}$$

die Symbole für den $\alpha/2$-Quantilswert bzw. $(1 - \alpha/2)$-Quantilswert der Chi-Quadrat-Verteilung bei n - 1 Freiheitsgraden sind.

Durch Umformung erhält man die Formel für die Erstellung des Konfidenzintervalls

$$W\left(\frac{(n-1)\cdot S^2}{y_{1-\frac{\alpha}{2},\, k=n-1}} \le \sigma^2 \le \frac{(n-1)\cdot S^2}{y_{\frac{\alpha}{2},\, k=n-1}}\right) = 1 - \alpha \qquad \text{(Formel 9.3.4.-1)}$$

**c) Beispiel**

Beispiel: Wurstfabrik

In einer Wurstfabrik werden u.a. Leberwürste hergestellt, deren Mindest-Füllgewicht 125 g beträgt. Aus langjährigen Meßreihen ist bekannt, daß das Füllgewicht der Leberwürste normalverteilt ist. Die Firmenleitung legt großen Wert darauf, daß das Füllgewicht nur wenig schwankt. - Aus der Tagesproduktion wurden 26 Würste zufällig mit Zurücklegen entnommen und gewogen. Die Meßergebnisse für das Füllgewicht (in g) betrugen dabei

| | | | | | | |
|---|---|---|---|---|---|---|
| 128,4 | 123,8 | 123,5 | 126,9 | 125,5 | 123,1 | 124,9 |
| 123,1 | 126,6 | 121,9 | 125,3 | 123,4 | 122,1 | 124,0 |
| 123,3 | 123,2 | 123,2 | 124,0 | 122,8 | 127,1 | 125,7 |
| 127,1 | 125,8 | 123,7 | 125,9 | 124,9 | | |

1) Erstellung des 95%-Konfidenzintervalls für $\sigma^2$.
2) Erstellung des nach oben begrenzten 95%-Konfidenzintervalls.

*zu 1) zweiseitiges 95%-Konfidenzintervall*

Berechnung des arithmetischen Mittels und der Varianz der Stichprobe:

$$\bar{x} = \frac{1}{26} \cdot \sum_{i=1}^{26} x_i = 124{,}58 \text{ g}$$

$$s^2 = \frac{1}{26-1} \cdot \sum_{i=1}^{26} (x_i - 124{,}58)^2 = 1{,}72^2 = 2{,}95$$

Mit Formel 9.3.4.-1 ergibt sich

$$W\left(\frac{(26-1)\cdot 2{,}95}{y_{0{,}975,\, 25}} \le \sigma^2 \le \frac{(26-1)\cdot 2{,}95}{y_{0{,}025,\, 25}}\right) = 0{,}95 \quad \text{(s. Tab. 5, S. 372)}$$

$$W\left(\frac{25\cdot 2{,}95}{40{,}6465} \le \sigma^2 \le \frac{25\cdot 2{,}95}{13{,}1197}\right) = 0{,}95$$

$$W(1,81 \leq \sigma^2 \leq 5{,}62) = 0{,}95$$

Die Varianz der Grundgesamtheit wird mit einer Wahrscheinlichkeit von 95 % vom Intervall [1,81; 5,62] $g^2$ überdeckt.

*zu 2) nach oben begrenztes 95%-Konfidenzintervall*

Durch entsprechende Umwandlung von Formel 9.3.4.-1 für das einseitige Intervall ergibt sich

$$W\left(\sigma^2 \leq \frac{(n-1) \cdot S^2}{y_{\alpha,\, k=n-1}}\right) = 1 - \alpha$$

$$W\left(\sigma^2 \leq \frac{(26-1) \cdot 2{,}95}{y_{0{,}05,\, 25}}\right) = W\left(\sigma^2 \leq \frac{25 \cdot 2{,}95}{14{,}6114}\right) = 0{,}95 \text{ (s.Tab. 5, S. 372)}$$

$$W(\sigma^2 \leq 5{,}05) = 0{,}95$$

Die Varianz der Grundgesamtheit wird mit einer Wahrscheinlichkeit von 95 % vom Intervall [0; 5,05] g überdeckt.

## 9.4 Übungsaufgaben und Kontrollfragen

01) Welche Aufgaben haben Schätzfunktionen zu erfüllen?

02) Beschreiben Sie die Gütekriterien für Schätzfunktionen!

03) Beschreiben Sie die Grundidee der "Methode der kleinsten Quadrate" zur Konstruktion von Schätzfunktionen!

04) Beschreiben Sie die Grundidee der "Maximum-Likelihood-Methode" zur Konstruktion von Schätzfunktionen!

05) Erklären Sie den Unterschied zwischen Punkt- und Intervallschätzung!

06) Schildern Sie den Aufbau eines zweiseitigen Konfidenzintervalls!

07) Erklären Sie die Begriffe "Konfidenzniveau" und "Irrtumswahrscheinlichkeit"!

08) Erklären Sie den Begriff "maximaler Schätzfehler"!

09) Erklären Sie die Zusammenhänge zwischen Genauigkeit, Konfidenzniveau und Stichprobenumfang!

10) Ein Kaffeeröster füllt Kaffee in Packungen mit einem Soll-Füllgewicht von je 500 g. Die eingesetzte Maschine arbeitet mit einer Streuung $\sigma^2 = 1{,}44\ g^2$. Aus der Tagesproduktion werden 40 Packungen zufällig und ohne Zurücklegen entnommen und gewogen. Das durchschnittliche Füllgewicht betrug in der Stichprobe 500,3 g.

a) Bestimmen Sie das zentrale 95%-Konfidenzintervall für das durchschnittliche Füllgewicht in der Grundgesamtheit!

b) Bestimmen Sie das zentrale 99%-Konfidenzintervall für das durchschnittliche Füllgewicht in der Grundgesamtheit! - Überlegen Sie vorab, ob durch die höhere Konfidenz das Intervall größer oder kleiner wird!

c) Berechnen Sie die Konfidenz für das mit 500 g nach oben begrenzte Intervall!

d) Bestimmen Sie den notwendigen Stichprobenumfang, wenn eine Genauigkeit von 0,2 g mit einer Konfidenz von 95 % verlangt wird!

e) Der Kaffeeröster liefert an ein Feinkostgeschäft 300 Packungen Kaffee, von denen 40 zufällig und ohne Zurücklegen entnommen werden. Das durchschnittliche Füllgewicht betrug wiederum 500,3 g. - Bestimmen Sie das zentrale 95%-Konfidenzintervall für das durchschnittliche Füllgewicht in der Lieferung! ($\sigma$ sei 1,2 g)

f) Wieviele Packungen müßten aus der Lieferung unter Aufgabe e) entnommen werden, wenn eine Genauigkeit von 0,2 g mit einer Konfidenz von 95 % verlangt wird?

11) Zur Beschreibung der wirtschaftlichen Verhältnisse der 1.400 Studenten einer Hochschule wurden 105 Studenten zufällig und "ohne Zurücklegen" ausgewählt und befragt. Die befragten Studenten gaben im Juni 2008 durchschnittlich 480 € aus; die Standardabweichung betrug 50 €.

a) Bestimmen Sie das zentrale 97%-Konfidenzintervall für die durchschnittlichen Ausgaben aller Studenten!

b) Bestimmen Sie den notwendigen Stichprobenumfang, wenn bei gleicher Konfidenz die Genauigkeit mindestens 5 € betragen soll!

c) Berechnen Sie die Konfidenz für das mit 490 € nach oben begrenzte Intervall für die durchschnittlichen Ausgaben aller Studenten!

12) Die Molkerei Alpmilch hat einer Lebensmittelkette 40.000 Flaschen Milch zu je 1.000 ml (Soll-Füllinhalt) geliefert. Der Füllinhalt ist - dies zeigen langjährige Messungen - normalverteilt. - Der Lieferung wurden 20 Flaschen zufällig und ohne Zurücklegen entnommen. In dieser Stichprobe betrug der durchschnittliche Füllinhalt 1.000,88 ml und die Standardabweichung 3,5 ml.
  a) Bestimmen Sie das zentrale 95%-Konfidenzintervall für den durchschnittlichen Füllinhalt der 40.000 Flaschen!
  b) Berechnen Sie die Konfidenz für das mit 1.000 ml nach unten begrenzte Intervall!

13) Von 940.000 gewerkschaftlich organisierten Arbeitnehmern wurden 1.200 zufällig und ohne Zurücklegen ausgewählt und nach ihrer Streikbereitschaft befragt. 910 Arbeitnehmer sprachen sich für den Streik aus. - Für den Streikbeschluß sind mindestens 75 % aller Stimmen erforderlich.
  a) Bestimmen Sie das zentrale 99%-Konfidenzintervall für den Anteil der Arbeitnehmer in der Grundgesamtheit, die für einen Streik sind!
  b) Bestimmen Sie das zentrale 99%-Konfidenzintervall für die Anzahl der Arbeitnehmer in der Grundgesamtheit, die für einen Streik sind!
  c) Bestimmen Sie die Konfidenz für das mit 75 % nach unten begrenzte Intervall für den Anteil der streikbereiten Arbeitnehmer!
  d) Wieviele Arbeitnehmer müssen befragt werden, wenn mit einer Genauigkeit von 1%-Punkt und einer Konfidenz von 99 % der Anteil der streikbereiten Arbeitnehmer zu bestimmen ist?
  e) Der Stimmbezirk A umfaßt 10.000 gewerkschaftlich organisierte Arbeitnehmer. Wie lautet das 99%-Konfidenzintervall für den Stimmbezirk A für den Fall, daß alle oben befragten 1.200 Arbeitnehmer aus dem Stimmbezirk A stammen?
  f) Wieviele Arbeitnehmer müssen im Stimmbezirk A befragt werden, wenn mit einer Genauigkeit von 1%-Punkt und einer Konfidenz von 99 % der Anteil der streikbereiten Arbeitnehmer zu bestimmen ist?

14) Ein Maschinenhersteller versichert, daß eine Maschine für das Abfüllen von Puderzucker mit einer Streuung von $\sigma^2 = 1{,}44\ g^2$ arbeitet. Das Gewicht der Zuckertüten ist dabei normalverteilt. - Aus der Tagesproduktion wurden 25 Zuckertüten zufällig und mit Zurücklegen entnommen und gewogen. Die Ergebnisse sind nachstehend aufgelistet:

| | | | | | | | | |
|---|---|---|---|---|---|---|---|---|
| 101,67 | 101,76 | 98,68 | 98,72 | 101,38 | 98,91 | 99,44 | 99,14 | 99,34 |
| 98,59 | 101,00 | 101,33 | 101,66 | 101,33 | 98,60 | 98,60 | 99,38 | 99,65 |
| 101,65 | 100,97 | 101,58 | 101,48 | 101,81 | 101,77 | 98,71 | | |

a) Ermitteln Sie das zweiseitige 90%-Konfidenzintervall für die Varianz!

b) Ermitteln Sie das nach unten begrenzte 90%-Konfidenzintervall für die Varianz!

# 10 Testverfahren

Testverfahren haben die Aufgabe, auf der Basis von Stichprobeninformationen zu testen oder zu prüfen, ob eine Hypothese (Behauptung, Vermutung) über interessierende Eigenschaften der übergeordneten Grundgesamtheit beibehalten werden kann oder abzulehnen ist. Im Unterschied zur Situation bei Schätzverfahren, bei der "weitgehende Unkenntnis" hinsichtlich der interessierenden Eigenschaften vorliegt, liegt bei Testverfahren eine Ausgangssituation vor, bei der man bereits bestimmte Vorstellungen oder Vermutungen über die interessierenden Eigenschaften besitzt und diese als Hypothese formulieren kann.

Die Hypothesen können auf die Parameter einer Verteilung, auf die Form der Verteilung oder auf die Unabhängigkeit von Merkmalen bezogen sein. Entsprechend wird in Parametertests, Verteilungstests bzw. Unabhängigkeitstests unterschieden.

In Abschnitt 10.1 wird an einem Beispiel zum Parametertest die grundsätzliche Vorgehensweise bei Testverfahren vorgestellt. In Abschnitt 10.2 werden die wesentlichen Elemente von Testverfahren vorgestellt. Nach Ausführungen zur Güte von Testverfahren unter Abschnitt 10.3 werden in den Abschnitten 10.4 bis 10.7 Testverfahren zum arithmetischen Mittel, zum Anteilswert, zur Verteilungsform bzw. zur Unabhängigkeit dargestellt.

## 10.1 Einführungsbeispiel

Ein Fertigungsleiter behauptet, höchstens 2 % der elektronischen Bauteile seien fehlerhaft. Die Qualitätsabteilung bezweifelt dies und stellt der Hypothese des Fertigungsleiters $H_0$: "$\Theta \leq 2$ %" die Alternativhypothese $H_1$: "$\Theta > 2$ %" gegenüber. Aus der laufenden Fertigung werden daraufhin 40 Bauteile zufällig entnommen, dabei stellten sich 5 % bzw. 2 Bauteile als fehlerhaft heraus. Kann bei diesem Ergebnis die Behauptung des Fertigungsleiters aufrecht erhalten bleiben oder nicht? Als Entscheidungsbasis soll die Wahrscheinlichkeit dienen, mit der mindestens 2 fehlerhafte Bauteile unter 40 Bauteilen zu finden sind, wenn die Fehlerquote den für $H_0$ gerade noch zulässigen Grenzwert 2 % besitzt.

In Abb. 10.1.-1 sind die Wahrscheinlichkeiten dafür angegeben, daß bei der an der Obergrenze liegenden Fehlerquote 2 % von den 40 entnommenen Bauteilen mindestens 0, 1, 2, ... 5 Bauteile fehlerhaft sind.

| $x_i$ | 0 | 1 | 2 | 3 | 4 | 5 |
|---|---|---|---|---|---|---|
| $F_B(X \geq x_i)$ | 1,0000 | 0,5543 | **0,1905** | **0,0457** | 0,0082 | 0,0012 |

Abb. 10.1.-1: Verteilungsfunktion $F_B(X \geq x_i \mid 40; 0{,}02)$

Die Wahrscheinlichkeit $F_B(X \geq 2) = 0{,}1905$ wird als zu hoch angesehen, um die Behauptung des Fertigungsleiters ablehnen zu können. Bei drei vorgefundenen fehlerhaften Bauteilen wäre die zugehörige Wahrscheinlichkeit 0,0457 als zu niedrig angesehen worden, um der Behauptung des Fertigungsleiters vertrauen zu können; in diesem Fall wäre es vertretbar, die Hypothese des Fertigungsleiters abzulehnen bzw. die Hypothese der Qualitätsabteilung anzunehmen, da letztere als "bewiesen" angesehen werden kann.

Für die Entscheidung, $H_0$ beizubehalten oder abzulehnen, wird der Wertebereich für die Anzahl der fehlerhaften Bauteile [0, 40] in einen Beibehaltungsbereich und einen Ablehnungsbereich hinsichtlich $H_0$ zerlegt. Legt man die Trennlinie zwischen zwei und drei fehlerhafte Bauteile, dann ergeben sich:

Beibehaltungsbereich: [0, 2]

Ablehnungsbereich: [3, 40]

Die Entscheidung über die Beibehaltung oder Ablehnung der Hypothese $H_0$ hängt dann davon ab, in welchen der beiden Bereiche die Anzahl der vorgefundenen fehlerhaften Bauteile fällt.

Fällt die Anzahl der fehlerhaften Bauteile in den Beibehaltungsbereich [0, 2], dann wird die Hypothese $H_0$: "$\Theta \leq 2$ %" beibehalten. Diese Entscheidung wäre fehlerhaft, wenn die Fehlerquote größer als 2 % ist und höchstens zwei fehlerhafte Bauteile gefunden werden. Bei einer Fehlerquote von z.B. 3 % beträgt die Wahrscheinlichkeit für eine derartige Fehlentscheidung 88,22 %. In Abb. 10.1.-2 sind die Wahrscheinlichkeiten für derartige Fehlentscheidungen in Abhängigkeit von der tatsächlichen Fehlerquote $\Theta$ angegeben.

Fällt die Anzahl der fehlerhaften Bauteile in den Ablehnungsbereich [3, 40], dann wird die Hypothese $H_0$: "$\Theta \leq 2$ %" abgelehnt bzw. die Alternativhypothese $H_1$ angenommen. Diese Entscheidung wäre fehlerhaft, wenn die Fehlerquote kleiner gleich 2 % ist und mindestens drei fehlerhafte Bauteile gefunden werden. Bei einer Fehlerquote von z.B. 2 % beträgt die Wahrscheinlichkeit für eine derartige Fehlentscheidung 4,57 %. (s. Abb. 10.1.-2, Zeile 3).

| $\Theta$ | 0,01 | 0,02 | 0,03 | 0,04 | 0,05 | 0,06 |
|---|---|---|---|---|---|---|
| $F(X \leq 2)$ | | | **0,8822** | 0,7855 | 0,6767 | 0,5665 |
| $F(X \geq 3)$ | 0,0075 | **0,0457** | | | | |

Abb. 10.1.-2: Wahrscheinlichkeiten für Fehlentscheidungen in Abhängigkeit von $\Theta$

Die Testverfahren werden stets unter der Annahme durchgeführt, daß die Hypothese $H_0$ wahr ist. Die Testverfahren sind daher derart konstruiert, daß der Beibehaltungsbereich per Inklusionsschluß so festgelegt wird, daß die Wahrscheinlichkeit für eine irrtümliche Ablehnung von $H_0$ maximal $\alpha$ % beträgt (im Beispiel: 4,57 %). Für $\alpha$ werden in der Praxis meistens die Werte 1, 5 oder 10 % verwendet. D.h. es gilt:

$$W(\text{Annahme von } H_1 \mid H_0 \text{ wahr}) \leq \alpha$$

Die maximale Wahrscheinlichkeit, $H_1$ irrtümlich nicht anzunehmen, ist eine nicht kontrollierte, abhängige Größe (im Beispiel: 88,22 %).

## 10.2 Elemente der Testverfahren

In diesem Abschnitt werden die Elemente oder Bausteine beschrieben, aus denen sich die Testverfahren zusammensetzen.

### 10.2.1 Hypothese und Alternativhypothese

Bei den Testverfahren wird der Hypothese $H_0$ die Alternativhypothese $H_1$ entgegengestellt. Die Entscheidung, ob eine Behauptung zur Hypothese $H_0$ oder zur Alternativhypothese $H_1$ gemacht wird, ist situationsabhängig. Die Konstruktion von Testverfahren ist so ausgelegt, daß $H_0$ *beibehalten oder abgelehnt* wird, während $H_1$ *angenommen oder nicht angenommen* wird. Eine Annahme kann also nur die Hypothese $H_1$ erfahren. Aus diesem Grund wird in der Regel diejenige Behauptung zur Alternativhypothese gemacht, die nachgewiesen oder statistisch untermauert werden soll. Die Entscheidung kann aber auch getroffen werden, indem die Behauptung zu $H_0$ gemacht wird, die von besonderem Interesse ist und deren irrtümliche Ablehnung mit hohen Kosten oder anderen nachteiligen Konsequenzen verbunden wäre. - Zweifelt im Einführungsbeispiel der Leiter der Qualitätssicherung die Fehlerquote von höchstens 2 % an, dann muß er seine schwerwiegende Behauptung zur Alternativhypothese $H_1$ machen, um deren "Richtigkeit nachzuweisen". Er muß als "Kläger" seine Behauptung nachweisen, dazu ist die *Annahme* seiner Hypothese im statistischen Test erforderlich.

### 10.2.2 Testfunktion

Testfunktionen sind das mathematische Instrument für die Entscheidungsfindung. Als Testfunktionen werden unter anderem - wie bei den Schätzverfahren - die in Abschnitt 8.5 (s.S. 220 ff.) vorgestellten Stichprobenfunktionen verwendet.

So wurde im Einführungsbeispiel die Stichprobenfunktion P (s.S. 225) für die Entscheidung verwendet, ob der Anteilswert $\Theta$ kleiner gleich oder größer 2 % ist.

### 10.2.3 Beibehaltungs- und Ablehnungsbereich

Der Bereich, in dem sich der Testfunktionswert theoretisch realisieren kann, ist in einen Beibehaltungsbereich und in einen Ablehnungsbereich zerlegt. Der Wert, der den Beibehaltungsbereich vom Ablehnungsbereich trennt, wird als *kritischer Wert* bezeichnet.

Dabei ist zwischen einseitigen Tests (Bereichshypothese) und zweiseitigen Tests (Punkthypothese) zu unterscheiden.

**a) zweiseitiger Test (Punkthypothese)**

Ein zweiseitiger Test wird durchgeführt, wenn behauptet wird, der Parameter $\mu$ besäße einen ganz bestimmten Wert $\mu_0$, d.h. es wird

$H_0$: $\mu = \mu_0$ gegen $H_1$: $\mu \neq \mu_0$ getestet.

Der Beibehaltungsbereich besteht in diesem Fall aus einem *zweiseitig* begrenzten Intervall, in dem sich der Testfunktionswert mit einer festzulegenden Wahrscheinlichkeit (Sicherheitswahrscheinlichkeit) von mindestens 1 - $\alpha$ realisieren wird, wenn die Hypothese $H_0$ wahr ist.

Die Ermittlung der beiden Intervallgrenzen erfolgt nach dem aus der Erstellung des zweiseitigen Konfidenzintervalls bekannten Schema (s.S. 199), nur daß jetzt der Inklusionsschluß anstelle des Repräsentationsschluß gezogen wird. Die beiden Intervallgrenzen werden ermittelt, indem der aus den Schätzverfahren als maximaler Schätzfehler bekannte Wert $z \cdot \sigma_{\overline{X}}$ zum einen vom zu prüfenden Parameter $\mu_0$ abgezogen und zum anderen zu diesem addiert wird (Abb. 10.2.3.-1).

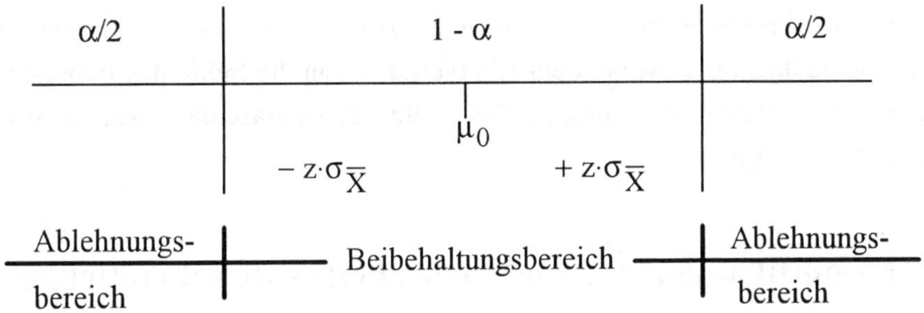


Abb. 10.2.3.-1: Konstruktion des Beibehaltungsbereichs für die Hypothese $H_0: \mu = \mu_0$

**b) einseitiger Test (Bereichshypothese)**

Ein einseitiger Test wird durchgeführt, wenn behauptet wird, der Parameter $\mu$ sei kleiner gleich oder größer gleich einem bestimmten Wert $\mu_0$, d.h. es wird

$H_0: \mu \leq \mu_0$ gegen $H_1: \mu > \mu_0$ oder

$H_0: \mu \geq \mu_0$ gegen $H_1: \mu < \mu_0$ getestet.

Der Beibehaltungsbereich besteht in diesem Fall aus einem *einseitig* begrenzten Intervall, in dem sich der Testfunktionswert mit einer festzulegenden Sicherheitswahrscheinlichkeit von mindestens 1 - $\alpha$ realisieren wird, wenn $H_0$ wahr ist.

Ist $H_0$ nach oben begrenzt (Höchstwert), dann wird die obere Grenze des Beibehaltungsbereichs ermittelt, indem zum Parameterwert $\mu_0$ der Wert $z \cdot \sigma_{\overline{X}}$ addiert wird (Abb. 10.2.3.-2). Ist $H_0$ nach unten begrenzt (Mindestwert), dann wird die untere Grenze des Beibehaltungsbereichs ermittelt, indem vom Parameterwert $\mu_0$ der Wert $z \cdot \sigma_{\overline{X}}$ subtrahiert wird.

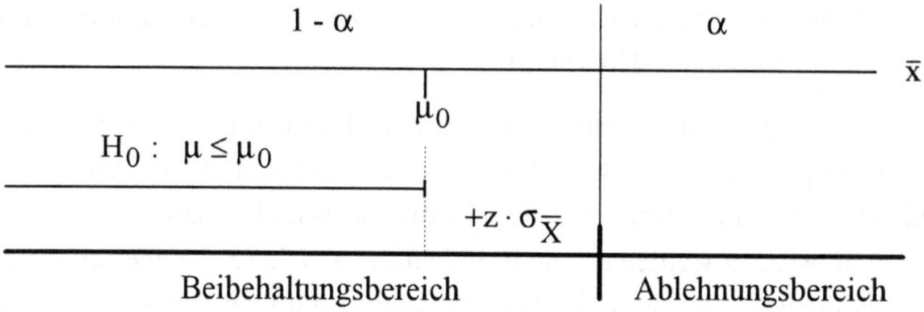


Abb. 10.2.3.-2: Konstruktion des Beibehaltungsbereichs für die Hypothese $H_0: \ \mu \leq \mu_0$

Die Konstruktion des Beibehaltungsbereichs ist also analog der Konstruktion eines Konfidenzintervalls, wobei beim Testverfahren an die Stelle des Punktschätzwerts der zu prüfende Wert und an die Stelle des Repräsentationsschlusses der Inklusionsschluß tritt.

## 10.2.4 Signifikanzniveau und Sicherheitswahrscheinlichkeit

Der Entscheidungsträger kann das Risiko, die wahre Hypothese $H_0$ irrtümlich abzulehnen, über die Wahrscheinlichkeit $\alpha$ nach oben begrenzen. Diese Wahrscheinlichkeit wird als *Signifikanzniveau* bezeichnet.

$$W(\text{Annahme von } H_1 \mid H_0 \text{ wahr}) = \alpha$$

Gebräuchliche Werte für das Signifikanzniveau sind 1, 5 und 10 %. Welcher Wert auszuwählen ist, hängt von der Bedeutung des Einzelfalls ab. Fällt ein Testfunktionswert in den Ablehnungsbereich, dann wird die Abweichung vom zu prüfenden Wert als *signifikant* (bedeutsam) angesehen, d.h. die Abweichung erscheint zu groß, um noch als zufallsbedingtes Abweichen erklärt werden zu können.

Die Sicherheitswahrscheinlichkeit $1 - \alpha$ ist das Komplement zum Signifikanzniveau. Sie gibt die (Mindest-)Wahrscheinlichkeit an, daß sich der Testfunktionswert im Beibehaltungsbereich realisiert, wenn $H_0$ wahr ist.

$$W(\text{Annahme von } H_0 \mid H_0 \text{ wahr}) = 1 - \alpha$$

## 10.2.5 Entscheidung und Interpretation

Die Entscheidung über Beibehaltung oder Ablehnung von $H_0$ wird gefällt, indem der Testfunktionswert für die Stichprobe berechnet wird und festgestellt wird, ob dieser Wert im Beibehaltungsbereich oder im Ablehnungsbereich liegt.

Liegt der Wert im Beibehaltungsbereich, dann wird $H_0$ beibehalten (nicht abgelehnt) bzw. $H_1$ wird nicht angenommen. Aus der Entscheidung kann nicht abgeleitet werden, daß $H_0$ tatsächlich wahr ist. So beträgt im Einführungsbeispiel bei einer Fehlerquote von 3 % die Wahrscheinlichkeit für höchstens zwei fehlerhafte Bauteile und damit die irrtümliche Beibehaltung von $H_0$ 88,22 % (s.S. 285).

Liegt der Wert im Ablehnungsbereich, dann wird $H_0$ abgelehnt bzw. $H_1$ angenommen. Die Abweichung des Testfunktionswerts vom zu prüfenden Wert ist signifikant, d.h. zu groß, um noch als zufallsbedingtes Abweichen erklärt werden zu können. Aus der Entscheidung kann nicht abgeleitet werden, daß $H_1$ tatsächlich wahr ist. So beträgt im Einführungsbeispiel bei einer Fehlerquote von 2 % die Wahrscheinlichkeit für mindestens drei fehlerhafte Bauteile und damit die irrtümliche Annahme von $H_1$ 4,57 % (s.S. 285).

Die getroffene Entscheidung kann also durchaus fehlerhaft sein. Die irrtümliche Ablehnung von $H_0$ wird als **$\alpha$-Fehler** oder **Fehler 1. Art** bezeichnet; die irrtümliche Beibehaltung von $H_0$ wird als **$\beta$-Fehler** oder **Fehler 2. Art** bezeichnet. In Abb. 10.2.5.-1 sind die möglichen Kombinationen aus "wahrer Zustand" und "Entscheidung" aufgezeigt.

| wahrer Zustand / Entscheidung | $H_0$ | $H_1$ |
|---|---|---|
| Beibehaltung von $H_0$ | richtige Entscheidung | $\beta$-Fehler (Fehler 2. Art) |
| Ablehnung von $H_0$ | $\alpha$-Fehler (Fehler 1. Art) | richtige Entscheidung |

Abb. 10.2.5.-1: Wahrer Zustand, Entscheidung und Folgen

Der $\alpha$-Fehler wird vom Entscheidungsträger kontrolliert, da das Fehlerrisiko in Form des Signifikanzniveaus vorgegeben wird. Der $\beta$-Fehler ist aus Unkenntnis über den wahren Zustand des zu prüfenden Parameters unkontrolliert, das maximal mögliche Fehlerrisiko beträgt dabei $1 - \alpha$. Die Entscheidungen Beibehaltung oder Ablehnung besitzen damit eine unterschiedliche Qualität; die obigen Zahlenbeispiele für das Fehlerrisiko veranschaulichen dies.

## 10.3 Trennschärfe

Die Trennschärfe ist Ausdruck dafür, wie gut mit einem Testverfahren wahre von unwahren Hypothesen unterschieden oder getrennt werden können. Mit zunehmender Trennschärfe werden $\alpha$- und $\beta$-Fehler immer weniger wahrscheinlich, d.h. das Treffen von Fehlentscheidungen wird immer unwahrscheinlicher.

Die Trennschärfe eines Testverfahrens wird mit Hilfe der Operationscharakteristik (auch: OC-Kurve, Annahmekennlinie) und der Gütefunktion (auch: Macht, power) beschrieben.

Die **Operationscharakteristik** ist eine Funktion, welche die Beibehaltungswahrscheinlichkeit von $H_0$ in Abhängigkeit vom tatsächlichen Parameterwert angibt. Sie gibt damit u.a. den $\beta$-Fehler an. Die **Gütefunktion** ist eine Funktion, welche die Ablehnungswahrscheinlichkeit von $H_0$ in Abhängigkeit vom tatsächlichen Parameterwert angibt. Sie gibt damit u.a. den $\alpha$-Fehler an.

Die Operationscharakteristik und die Gütefunktion verlaufen mit zunehmendem Stichprobenumfang zunehmend steiler, d.h. mit zunehmendem Stichprobenumfang kann immer treffsicherer erkannt werden, ob eine Hypothese wahr oder unwahr ist. Das Risiko einer Fehlentscheidung wird mit zunehmendem Stichprobenumfang folglich immer kleiner.

In Abb. 10.3.-1 sind die Operationscharakteristik und die Gütefunktion für das Einführungsbeispiel (s.S. 284 ff.) bei Stichprobenumfängen von 40 und 400 mit den ausgewählten kritischen oberen Grenzen 2 bzw. 13 angegeben. Es ist deutlich zu erkennen, daß durch die Erhöhung des Stichprobenumfangs der $\alpha$-Fehler und insbesondere der $\beta$-Fehler erheblich gesenkt werden.

| Θ (in %) | n = 40 Operations-charakteristik F(x ≤ 2) | n = 40 Gütefunktion F(x > 2) | n = 400 Operations-charakteristik F(x ≤ 13) | n = 400 Gütefunktion F(x > 13) |
|---|---|---|---|---|
| 0 | 1,0000 | 0,0000 | 1,0000 | 0,0000 |
| 1 | 0,9925 | α 0,0075 | 0,9999 | α 0,0001 |
| 2 | 0,9543 | 0,0457 | 0,9673 | 0,0327 |
| 3 | 0,8822 | 0,1178 | 0,6832 | 0,3168 |
| 4 | 0,7855 | 0,2145 | 0,2695 | 0,7305 |
| 5 | 0,6767 | 0,3233 | 0,0614 | 0,9386 |
| 6 | β 0,5665 | 0,4335 | β 0,0090 | 0,9910 |
| 10 | 0,2228 | 0,7772 | 0,0000 | 1,0000 |
| 20 | 0,0079 | 0,9921 | 0,0000 | 1,0000 |

Abb. 10.3.1.: Operationscharakteristik und Gütefunktion, α- und β-Fehler

# 10.4 Testverfahren für das arithmetische Mittel

Der Test für das arithmetische Mittel der Grundgesamtheit μ wird mit der Test- bzw. Stichprobenfunktion $\overline{X}$ durchgeführt. Für die Verteilungsform und die Varianz dieser Testfunktion gelten damit die Ausführungen zur Verteilungsform und Varianz der Schätzfunktion $\overline{X}$ unter Abschnitt 9.3.2.1 (s.S. 243 f.), der dieselbe Stichprobenfunktion zugrundeliegt.

In Abschnitt 10.4.1 wird die Schrittfolge des Testverfahrens aufgezeigt, um dann in Abschnitt 10.4.2 anhand zweier Beispiele die Durchführung des Tests zu veranschaulichen.

## 10.4.1 Schrittfolge des Testverfahrens

Die Durchführung des ein- oder zweiseitigen Testverfahrens für das arithmetische Mittel kann in fünf Schritte untergliedert werden.

Schritt 1: Erstellen der Hypothesen

Es sind die Hypothese $H_0$ und die Alternativhypothese $H_1$ zu erstellen.

Schritt 2: Verteilungsform und Standardabweichung von $\overline{X}$

Mit Abb. 9.3.2.1.-1 und 9.3.2.1.-2 (S. 243 f.) sind die Verteilungsform bzw. die Standardabweichung der Testfunktion $\overline{X}$ festzustellen.

Schritt 3: Festlegung des Signifikanzniveaus $\alpha$

Schritt 4: Ermittlung des Beibehaltungsbereichs

Nach der in Abschnitt 10.2.3 beschriebenen Vorgehensweise ist der Beibehaltungsbereich zu ermitteln.

Schritt 5: Berechnung des Stichprobenmittels und Entscheidung

## 10.4.2 Durchführung des Tests

Wie bei der Erstellung des Konfidenzintervalls unter Abschnitt 9.3.2 sind je nach Verteilungsform, Kenntnis über die Varianz etc. eine Reihe unterschiedlicher Testsituationen möglich. Im Rahmen der Intervallschätzung (s.S. 245 ff.) wurden alle diese Situationen beschrieben; wegen des sehr ähnlichen Verfahrensablaufs reicht hier eine Beschränkung auf zwei der möglichen Situationen aus.

Beispiel 1: Wurstfabrik

In einer Wurstfabrik werden u.a. Leberwürste mit einem Mindest-Füllgewicht von 125 g hergestellt. Aus früheren Meßreihen ist bekannt, daß das Gewicht normalverteilt ist. - Dem Wurstfabrikanten wird unterstellt, die Leberwürste würden zu wenig wiegen. Aus der Tagesproduktion von 600 Leberwürsten wurden daraufhin 36 Würste zufällig entnommen und gewogen; das durchschnittliche Füllgewicht betrug 124,58 g bei einer Standardabweichung von 1,72 g.

1) Prüfung der Unterstellung bei den Signifikanzniveaus von 10, 5 und 1 %.
2) Wahrscheinlichkeit der Fehlentscheidung bei den unter 1) bestimmten Bereichen für den Fall, daß das durchschnittliche Füllgewicht $\mu$ 124,58 g beträgt.
3) Erkenntnisse aus den Ergebnissen der Aufgaben unter 1) und 2).

*zu 1) Prüfung der Unterstellung*

Schritt 1: Erstellen der Hypothesen

Die schwerwiegende Unterstellung, das Mindest-Füllgewicht würde unterschritten, ist nachzuweisen und daher zur Alternativhypothese zu machen.

$H_0: \ \mu \geq \mu_0 = 125{,}0 \text{ g}$

$H_1: \ \mu < \mu_0 = 125{,}0 \text{ g}$

Schritt 2: Verteilungsform und Standardabweichung von $\overline{X}$

Anhand von Abb. 9.3.2.1.-1 (s.S. 243) ergibt sich

$$\left.\begin{array}{l}\text{X ist normalverteilt}\\ \text{Varianz } \sigma^2 \text{ unbekannt}\end{array}\right\} \Rightarrow \begin{array}{l}\text{wegen n} > 30 \text{ ist } \overline{X}\\ \text{appr. normalverteilt}\end{array}$$

Anhand von Abb. 9.3.2.1.-2 (s.S. 244) ergibt sich

$$\left.\begin{array}{l}\text{Varianz } \sigma^2 \text{ ist unbekannt}\\ \text{Stichprobe ohne Zurücklegen}\\ \text{mit Auswahlsatz} \geq 0{,}05\end{array}\right\} \Rightarrow \hat{\sigma}_{\overline{X}} = \frac{s}{\sqrt{n}} \cdot \sqrt{\frac{N-n}{N}}$$

$$\hat{\sigma}_{\overline{X}} = \frac{1{,}72}{\sqrt{36}} \cdot \sqrt{\frac{600-36}{600}} = 0{,}28 \text{ g}$$

Schritt 3: Feststellung des Signifikanzniveaus

Die Signifikanzniveaus sind mit 0,10, 0,05 und 0,01 vorgegeben. Anmerkung: Bei bei der Schwere der Unterstellung erscheint die Inkaufnahme einer fehlerhaften Ablehnung von $H_0$ mit einer Wahrscheinlichkeit von 10 % zu hoch.

Schritt 4: Ermittlung des Beibehaltungsbereichs

Beibehaltungsbereich: $[125 - z \cdot \hat{\sigma}_{\overline{X}}; \text{"}\infty\text{"}]$

| Signifikanzniveau $\alpha$ | 0,10 | 0,05 | 0,01 |
|---|---|---|---|
| z bei 1 - $\alpha$ (Tab. 3a) | 1,28 | 1,645 | 2,33 |
| $z \cdot \hat{\sigma}_{\overline{X}}$ | $1{,}28 \cdot 0{,}28 =$ 0,36 | $1{,}645 \cdot 0{,}28 =$ 0,46 | $2{,}33 \cdot 0{,}28 =$ 0,65 |
| Beibehaltungsbereich | [124,64; ∞] | [124,54; ∞] | [124,35; ∞] |
| Stichprobenmittel (Testfunktionswert) | 124,58 | 124,58 | 124,58 |

Schritt 5: Entscheidung

Bei dem Signifikanzniveau (Irrtumswahrscheinlichkeit) $\alpha = 0,10$ bzw. 10 % liegt das Stichprobenmittel 124,58 g im Ablehnungsbereich, d.h. die durchschnittliche Unterschreitung des Mindest-Füllgewichts 125,00 g um 0,42 g wird als nicht mehr durch Zufall erklärbar angesehen. Die Alternativhypothese $H_1$ wird angenommen. - Bei den Signifikanzniveaus von 0,05 und 0,01 dagegen liegt das Stichprobenmittel im Beibehaltungsbereich, d.h. die Hypothese $H_0$ "Die Leberwürste wiegen durchschnittlich mindestens 125 g" wird beibehalten (nicht abgelehnt).

*zu 2) Fehlentscheidung: β-Fehler bei μ = 124,58 g*

Für die 3 Fälle ist die Wahrscheinlichkeit zu berechnen, daß das Stichprobenmittel in den Beibehaltungsbereich fällt, obwohl die Hypothese $H_0$ unwahr ist.

$$F_N(\overline{X} \geq \text{kritischer unterer Wert} | \ 124,58; 0,28) =$$

$$1 - F_N(\overline{X} < \text{kritischer unterer Wert} | \ 124,58; 0,28) = ?$$

| Signifikanzniveau | 0,10 | 0,05 | 0,01 |
|---|---|---|---|
| $z = \dfrac{\bar{x} - \mu}{\hat{\sigma}_{\overline{X}}}$ | $\dfrac{124{,}64-124{,}58}{0{,}28} =$ 0,21 | $\dfrac{124{,}54-124{,}58}{0{,}28} =$ -0,14 | $\dfrac{124{,}35-124{,}58}{0{,}28} =$ -0,82 |
| W(Ablehn. $H_0$) | 0,5832 | 0,4443 | 0,2061 |
| W(Beibehalt. $H_0$) | 0,4168 | 0,5557 | 0,7939 |

Die Wahrscheinlichkeit, daß $H_0$ ($\mu \geq 125$) beibehalten wird, obwohl die Würste durchschnittlich nur 124,58 g wiegen, beträgt bei einem Signifikanzniveau von 0,10: 41,68 % (0,05: 55,57 %; 0,01: 79,39 %).

*zu 3) Erkenntnisse*

Die Ergebnisse unter 1) und 2) zeigen, daß mit abnehmendem Signifikanzniveau $\alpha$ der Beibehaltungsbereich größer wird. Das bedeutet zugleich, daß mit abnehmendem Signifikanzniveau $\alpha$ die Wahrscheinlichkeit für eine - auch irrtümliche - Beibehaltung von $H_0$ größer wird.

Negativ gesehen bedeutet dies: Ist man an einer Ablehnung der Hypothese $H_0$ nicht interessiert, dann kann durch eine Verringerung des Signifikanzniveaus $\alpha$ die Wahrscheinlichkeit für eine Ablehnung von $H_0$ gezielt reduziert werden. Zugleich wird dadurch die Wahrscheinlichkeit erhöht, die Alternativhypothese nicht anzunehmen, auch wenn diese wahr ist. So steigt im Beispiel der $\beta$-Fehler von 41,68 % über 55,57 % auf 79,39 %. Umgekehrt kann durch eine Erhöhung des Signifikanzniveaus $\alpha$ ein eventuell erwünschtes Ablehnen der Hypothese $H_0$ gezielt wahrscheinlicher gemacht werden.

Beispiel 2: Sägewerk

Einem Sägewerksinhaber wird unterstellt, die von ihm zugeschnittenen Dachbalken würden der Soll-Länge von 750 cm nicht entsprechen. Die Unterstellung ist bei einem Signifikanzniveau von 0,05 zu überprüfen. - Von der zum Zuschneiden eingesetzten Maschine ist bekannt, daß sie mit einer Ungenauigkeit arbeitet, die sich durch die Standardabweichung $\sigma = 0{,}6$ cm beschreiben läßt. Von den 640 zugeschnittenen Dachbalken wurden 40 Balken zufällig entnommen und gemessen. Die durchschnittliche Länge der Balken betrug dabei 751 cm.

Schritt 1: Erstellen der Hypothesen

$$H_0: \quad \mu = \mu_0 = 750 \text{ cm}$$

$$H_1: \quad \mu \neq \mu_0 = 750 \text{ cm}$$

Schritt 2: Verteilungsform und Standardabweichung von $\overline{X}$

Anhand von Abb. 9.3.2.1.-1 (s.S. 243) ergibt sich

$$\left.\begin{array}{l}\text{X ist unbekannt verteilt}\\ \text{Varianz } \sigma^2 \text{ ist bekannt}\end{array}\right\} \Rightarrow \begin{array}{l}\text{wegen n} > 30 \text{ ist } \overline{X}\\ \text{appr. normalverteilt}\end{array}$$

Anhand von Abb. 9.3.2.1.-2 (s.S. 244) ergibt sich

$$\left.\begin{array}{c}\text{Varianz } \sigma^2 \text{ ist bekannt}\\ \text{Stichprobe ohne Zurücklegen}\\ \text{mit Auswahlsatz} \geq 5\,\%\end{array}\right\} \Rightarrow \sigma_{\overline{X}} = \frac{\sigma}{\sqrt{n}} \cdot \sqrt{\frac{N-n}{N-1}}$$

$$\sigma_{\overline{X}} = \frac{0{,}6}{\sqrt{40}} \cdot \sqrt{\frac{640-40}{640-1}} = 0{,}09 \text{ cm}$$

Schritt 3: Festlegung des Signifikanzniveaus

Das Signifikanzniveau ist mit $\alpha = 0{,}05$ vorgegeben.

Schritt 4: Ermittlung des Beibehaltungsbereichs

Beibehaltungsbereich: $[750 - z \cdot \sigma_{\overline{X}};\ 750 + z \cdot \sigma_{\overline{X}}]$

Für $1 - \alpha = 0{,}95 \quad \rightarrow \quad z = 1{,}96$ (Tabelle 3b, S. 370)

$z \cdot \sigma_{\overline{X}} = 1{,}96 \cdot 0{,}09 = 0{,}18$ cm

Beibehaltungsbereich: [749,82 cm; 750,18 cm]

Schritt 5: Entscheidung

Das Stichprobenmittel liegt mit 751 cm nicht im Beibehaltungsbereich. Bei einer Irrtumswahrscheinlichkeit bzw. einem Signifikanzniveau von 5 % beträgt die durchschnittliche Balkenlänge nicht 750 cm beträgt. - Als mögliche Konsequenzen sind z.B. die Maschineneinstellungen zu überprüfen und in kürzeren Zeitabständen erneut Stichproben zu ziehen.

## 10.5 Testverfahren für den Anteilswert

Der Test für den Anteilswert (Binomialtest) in der Grundgesamtheit $\Theta$ wird mit der Test- bzw. Stichprobenfunktion P durchgeführt. Für die Verteilungsform und die Varianz dieser Testfunktion gelten damit die Ausführungen unter den Abschnitten 8.5.3 und 9.3.3 (s.S. 225 ff. bzw. S. 266 ff.).

In Abschnitt 10.5.1 wird die Schrittfolge des Testverfahrens aufgezeigt, um dann in Abschnitt 10.5.2 an zwei Beispielen die Durchführung des Tests zu veranschaulichen.

### 10.5.1 Schrittfolge des Testverfahrens

Die Durchführung des ein- oder zweiseitigen Testverfahrens für den Anteilswert kann in fünf Schritte untergliedert werden.

Schritt 1: Erstellen der Hypothesen

Es sind die Hypothese $H_0$ und die Alternativhypothese $H_1$ zu erstellen.

Schritt 2: Verteilungsform und Varianz von P

Die Testfunktion P ist approximativ normalverteilt bzw. in ihrer standardisierten Form standardnormalverteilt, wenn $n \cdot \Theta_0 \cdot (1 - \Theta_0) > 9$.
Mit Hilfe der Abb. 9.3.3.-1 (s.S. 267) ist die Varianz der Testfunktion festzustellen; dabei ist die Varianz $\sigma^2$ als bekannt anzusehen, da $\Theta_0$ aus der Hypothese $H_0$ "bekannt" ist.

Schritt 3: Festlegung des Signifikanzniveaus $\alpha$

Schritt 4: Ermittlung des Beibehaltungsbereichs

Nach der in Abschnitt 10.2.3 (s.S. 286 ff.) beschriebenen Vorgehensweise ist der Beibehaltungsbereich zu ermitteln.

Schritt 5: Berechnung des Stichprobenanteilswerts und Entscheidung

## 10.5.2 Durchführung des Tests

Die Durchführung des Tests für den Anteilswert in der Grundgesamtheit $\Theta$ wird an zwei Beispielen veranschaulicht.

Beispiel 1: Ausschußquote

Ein Lieferant elektronischer Bauteile versichert seinem Abnehmer, daß höchstens 3 % der gelieferten Bauteile Fehler aufweisen. Der skeptische Abnehmer vermutet jedoch eine höhere Ausschußquote, da in einer Stichprobe vom Umfang 400 insgesamt 4 % bzw. 16 fehlerhafte Bauteile entdeckt wurden.
1) Prüfung der Vermutung des Abnehmers bei einem Signifikanzniveau von 0,05.
2) Wahrscheinlichkeit der Fehlentscheidung bei einer Ausschußquote von 4 %.

*zu 1) Prüfung der Vermutung*

Schritt 1: Erstellen der Hypothesen

$H_0: \quad \Theta \leq \Theta_0 = 0{,}03$

$H_1: \quad \Theta > \Theta_0 = 0{,}03$

Schritt 2: Verteilungsform und Standardabweichung von P

Wegen

$$n \cdot \Theta_0 \cdot (1 - \Theta_0) = 400 \cdot \frac{12}{400} \cdot \frac{388}{400} = 11{,}64 > 9$$

ist P approximativ normalverteilt.

Anhand von 9.3.3.1.-1 (s.S. 267) ergibt sich

$$\left.\begin{array}{c}\text{Varianz } \sigma^2 \text{ "bekannt"}\\ \text{Stichprobe ohne Zurücklegen}\\ \text{mit Auswahlsatz } < 5\,\%\end{array}\right\} \Rightarrow \sigma_P = \sqrt{\frac{\Theta_0 \cdot (1-\Theta_0)}{n}}$$

$$\sigma_P = \sqrt{\frac{0,03 \cdot 0,97}{400}} = 0{,}009$$

Schritt 3: Festlegung des Signifikanzniveaus

Das Signifikanzniveau ist mit 0,05 vorgegeben.

Schritt 4: Ermittlung des Beibehaltungsbereichs

Beibehaltungsbereich: $[0;\ 0{,}03 + z \cdot \sigma_P]$

Mit $1 - \alpha = 0{,}95 \;\rightarrow\; z = 1{,}645$ (s. Tabelle 3a, S. 369)

$z \cdot \sigma_P = 1{,}645 \cdot 0{,}009 = 0{,}015$ bzw. 1,5 %-Punkte

Beibehaltungsbereich: [0; 0,045] bzw. [0; 4,5 %]

Schritt 5: Entscheidung

Die Ausschußquote in der Stichprobe liegt mit 4 % im Beibehaltungsbereich. Bei einem Signifikanzniveau von 5 % beträgt die Ausschußquote in der Grundgesamtheit höchstens 3 %. - Für ein Ablehnen von $H_0$ hätten mehr als 18 fehlerhafte Bauteile (4,5 % von 400 Bauteilen) entdeckt werden müssen.

*zu 2) Fehlentscheidung bei tatsächlich 4 % Ausschuß*

Es ist die Wahrscheinlichkeit ($\beta$-Fehler) zu berechnen, daß $H_0$ angenommen wird, obwohl die tatsächliche Ausschußquote mit 4 % über den "erlaubten" 3 % liegt. Es gilt der oben berechnete Beibehaltungsbereich [0, 0,045].

$$W(P \leq 0{,}045 \mid \Theta = 0{,}04) \quad \text{ist mit} \quad z = \frac{p - \Theta}{\sqrt{\frac{\Theta \cdot (1-\Theta)}{n}}} = \frac{0,045 - 0,04}{\sqrt{\frac{0{,}04 \cdot 0{,}96}{400}}}$$

$$F_{SN}\left(\frac{0{,}005}{0{,}01} = 0{,}5 \mid 0;\ 1\right) = 0{,}6915$$

Mit einer Wahrscheinlichkeit von 69,15 % wird $H_0$ irrtümlich beibehalten. Dem Abnehmer wird dieses Risiko verständlicherweise zu hoch sein; er wird nach einem trennschärferen Test verlangen. Um dies zu erreichen, muß der Stichprobenumfang erhöht werden, da diese Erhöhung zu einer Reduzierung der Varianz von P führt.

Beispiel 2: Streikbereitschaft

In einem Stimmbezirk, der 10.000 Arbeitnehmer umfaßt, soll über einen Streik abgestimmt werden. Für die Durchsetzung des Streiks sind mindestens 75 % der Stimmen erforderlich. Die Arbeitnehmervertreter vermuten, daß sich die Arbeitnehmer für den Streik aussprechen werden. In einer Stichprobe sprachen sich von 1.200 Arbeitnehmern 930 für den Streik aus.

1) Prüfung der Vermutung bei einem Signifikanzniveau von 0,05.
2) Wahrscheinlichkeit der Fehlentscheidung bei einem tatsächlichen Stimmenanteil von 74 %.

*zu 1) Prüfung der Vermutung*

Schritt 1: Erstellen der Hypothesen

$$H_0: \quad \Theta < \Theta_0 = 0{,}75$$

$$H_1: \quad \Theta \geq \Theta_0 = 0{,}75$$

Die Arbeitnehmervertreter machen ihre Hypothese zur Alternativhypothese, da sie diese bestätigt bzw. statistisch untermauert wissen wollen. Eine Beibehaltung oder Nichtablehnung als $H_0$-Hypothese wäre für sie nicht hinreichend.

Schritt 2: Verteilung und Standardabweichung von P

Wegen

$$n \cdot \Theta_0 \cdot (1 - \Theta_0) = 1200 \cdot \frac{900}{1200} \cdot \frac{300}{1200} = 225 > 9$$

ist P approximativ normalverteilt.

Anhand von 9.3.3.1.-1 (s.S. 267) ergibt sich

$$\left.\begin{array}{c}\text{Varianz } \sigma^2 \text{ ist "bekannt"}\\ \text{Stichprobe ohne Zurücklegen}\\ \text{mit Auswahlsatz } \geq 5\,\%\end{array}\right\} \Rightarrow \sigma_P = \sqrt{\frac{\Theta_0 \cdot (1 - \Theta_0)}{n}} \cdot \sqrt{\frac{N - n}{N - 1}}$$

$$\sigma_P = \sqrt{\frac{0,75 \cdot 0,25}{1.200}} \cdot \sqrt{\frac{10.000 - 1.200}{10.000 - 1}} = 0{,}012 \quad \text{bzw.} \quad 1{,}2\ \%\text{-Punkte}$$

Schritt 3: Festlegung des Signifikanzniveaus

Das Signifikanzniveau ist mit 0,05 vorgegeben.

Schritt 4: Ermittlung des Beibehaltungsbereichs

Beibehaltungsbereich: $[0;\ 0{,}75 + z \cdot \sigma_P]$

Mit $1 - \alpha = 0{,}95 \rightarrow z = 1{,}645$ (s. Tabelle 3a, S. 369)

$z \cdot \sigma_P = 1{,}645 \cdot 0{,}012 = 0{,}020$ bzw. 2,0 %-Punkte

Beibehaltungsbereich: [0; 0,77]

Schritt 5: Entscheidung

Der Stichprobenanteilswert liegt mit 930 : 1.200 = 0,775 bzw. 77,5 % im Ablehnungsbereich. Die Hypothese $\Theta < 0{,}75$ wird bei einer Irrtumswahrscheinlichkeit bzw. einem Signifikanzniveau von 5 % abgelehnt. Die Hypothese $\Theta \geq 0{,}75$ wird bei einer Sicherheitswahrscheinlichkeit von 95 % angenommen).

*zu 2) Fehlentscheidung bei einem tatsächlichen Stimmenanteil von 74 %*

Die Entscheidung ist fehlerhaft, wenn die wahre Hypothese $H_0$ abgelehnt wird. Es gilt der oben berechnete Beibehaltungsbereich.

$$W(P > 0{,}77 \mid \Theta = 0{,}74) = 1 - W(P \leq 0{,}77 \mid \Theta = 0{,}74)$$

$$z = \frac{P - \Theta}{\sigma_P} = \frac{0{,}77 - 0{,}74}{\sqrt{\frac{0{,}74 \cdot 0{,}26}{1.200}} \cdot \sqrt{\frac{10.000 - 1.200}{10.000 - 1}}} = \frac{0{,}03}{0{,}012} = 2{,}50 \rightarrow 0{,}9938$$

Mit einer Wahrscheinlichkeit von nur 1 - 0,9938 = 0,0062 bzw. 0,62 % wird die wahre Hypothese $H_0$ irrtümlich abgelehnt.

## 10.6 Chi-Quadrat-Verteilungstest

Mit Hilfe der bisher vorgestellten Testverfahren wurde geprüft, ob eine Behauptung über einen Parameter der Grundgesamtheit beibehalten werden kann oder zugunsten einer alternativen Behauptung abzulehnen ist. Mit Hilfe des Verteilungstests (auch: Anpassungstest) wird anhand einer Stichprobe getestet, ob eine

Behauptung über die Verteilungsform eines Merkmals in der übergeordneten Grundgesamtheit beibehalten werden kann oder zugunsten einer alternativen Behauptung abzulehnen ist.

Das bekannteste der Verfahren, der Chi-Quadrat-Verteilungstest, wird im folgenden vorgestellt.

Zur Prüfung, ob das Merkmal in der Grundgesamtheit die unterstellte oder behauptete Verteilungsform besitzt, werden die in der Stichprobe vorgefundene (empirische) Häufigkeitsverteilung und die (theoretische) Häufigkeitsverteilung, die bei der behaupteten Verteilungsform zu erwarten wäre, gegenübergestellt und verglichen. Je geringer die Abweichungen zwischen den korrespondierenden Häufigkeiten der beiden Verteilungen sind, desto glaubhafter ist die unterstellte Verteilungsform und umgekehrt.

Die Abweichung zweier korrespondierender Häufigkeiten wird gemessen mit

$$\frac{\left(h_i^e - h_i^t\right)^2}{h_i^t} \qquad (i = 1, ..., v)$$

wobei

$h_i^e$ = empirische Häufigkeit des Merkmalswerts $x_i$ in der Stichprobe

$h_i^t$ = theoretische Häufigkeit des Merkmalswerts $x_i$, die bei der unterstellten Verteilungsform zu erwarten wäre

Die Differenz im Zähler wird quadriert, damit sich negative und positive Differenzen bei der späteren Addition nicht gegenseitig aufheben; die Division durch die theoretische Häufigkeit erfolgt, um die Abweichung am Häufigkeitsniveau zu relativieren, d.h. eine Abweichung von 5 ist bei einer Häufigkeit von 10 schwerwiegender als bei einer Häufigkeit von 100.

Die Addition sämtlicher derart bestimmter Abweichungen ergibt

$$y = \sum_{i=1}^{v} \frac{\left(h_i^e - h_i^t\right)^2}{h_i^t} \qquad \text{(Formel 10.6.-1)}$$

Dabei gibt v die Anzahl der verschiedenen Merkmalswerte an.

Die "Abweichungssumme" y wird als Stichprobenfunktion verwendet. y ist näherungsweise chi-Quadrat-verteilt mit k = v - 1 Freiheitsgraden.

Ist

$$y \leq y_{1-\alpha,\ k=v-1}$$

dann wird die unterstellte Verteilung beibehalten, anderenfalls abgelehnt.

Beispiel: Simulation/Zufallszahlen

Im Rahmen einer Simulation zur Entwicklung einer Lagerhaltungsstrategie wird unterstellt, daß die werktägliche Nachfrage nach einem Erzeugnis 100, 110, 120, 130 oder 140 betragen kann, wobei jeder Nachfragewert gleich wahrscheinlich ist. Mit Hilfe eines Zufallszahlengenerators soll für insgesamt 100.000 Werktage die Nachfrage generiert werden. - In Abb. 10.6.-1 sind die Häufigkeitsverteilung für die Nachfrage in den ersten 100 Tagen (Stichprobe) und die zu erwartende Häufigkeitsverteilung wiedergegeben.

| Nachfrage | 100 | 110 | 120 | 130 | 140 |
|---|---|---|---|---|---|
| $h_i^e$ | 16 | 19 | 20 | 24 | 21 |
| $h_i^t$ | 20 | 20 | 20 | 20 | 20 |

Abb. 10.6.-1: Empirische und theoretische Häufigkeitsverteilung

Es ist bei einem Signifikanzniveau von 0,05 zu prüfen, ob die vom Zufallszahlengenerator erzeugte Nachfrageverteilung in der Grundgesamtheit gleich verteilt ist.

Schritt 1: Erstellen der Hypothesen

$H_0$ : Die Nachfrage in der Grundgesamtheit ist gleich verteilt.

$H_1$ : Die Nachfrage in der Grundgesamtheit ist nicht gleich verteilt.

Schritt 2: Festlegung des Signifikanzniveaus

Das Signifikanzniveau ist mit 0,05 bereits vorgegeben.

Schritt 3: Ermittlung des Beibehaltungsbereichs

Beibehaltungsbereich: $[0;\ y_{1-\alpha=0{,}95,\ k=5-1=4}] = [0;\ 9{,}4877]$ (s. Tab. 5)

Schritt 4: Berechnung des Testwerts und Entscheidung

Mit Formel 10.6.-1 ergibt sich

$$y = \frac{(16-20)^2}{20} + \frac{(19-20)^2}{20} + \frac{(20-20)^2}{20} + \frac{(24-20)^2}{20} + \frac{(21-20)^2}{20}$$

$$= \frac{34}{20} = 1{,}7$$

Der Stichprobenfunktionswert liegt mit 1,7 im Beibehaltungsbereich. Bei einem Signifikanzniveau von 0,05 kann davon ausgegangen werden, daß die Nachfrage in der Grundgesamtheit gleich verteilt ist.

Voraussetzung für die Durchführung des Tests ist, daß die theoretischen Häufigkeiten größer gleich 5 sind. Anderenfalls sind benachbarte Häufigkeiten so zusammenzufassen, daß die Voraussetzung erfüllt ist. Durch die Zusammenfassung verringert sich die Anzahl der Häufigkeiten und damit auch der Freiheitsgrade.

Sind für die Ermittlung der theoretischen Häufigkeiten Parameter der behaupteten Verteilung zu schätzen, dann verringert sich die Zahl der Freiheitsgrade um die Anzahl der zu schätzenden Parameter. Wird z.B. eine Normalverteilung unterstellt und müssen die beiden Funktionalparameter geschätzt werden, dann verringert sich die Zahl der Freiheitsgrade um zwei.

## 10.7 Chi-Quadrat-Unabhängigkeitstest

Mit Hilfe des Unabhängigkeitstest wird anhand einer Stichprobe geprüft, ob die Behauptung, zwei Merkmale X und Y in der Grundgesamtheit seien voneinander unabhängig, beibehalten werden kann oder abzulehnen ist.

Das bekannteste der Verfahren, der Chi-Quadrat-Unabhängigkeitstest, wird im folgenden vorgestellt. Die prinzipielle Vorgehensweise besitzt eine sehr enge Verwandtschaft mit der Vorgehensweise beim Chi-Quadrat-Verteilungstest.

Zur Prüfung der Unabhängigkeit der beiden Merkmale X und Y werden die in der Stichprobe vorgefundene (empirische) zweidimensionale Häufigkeitsverteilung und die (theoretische) zweidimensionale Häufigkeitsverteilung, die bei vollständiger Unabhängigkeit der beiden Merkmale zu erwarten wäre, gegenübergestellt und verglichen. Je geringer die Abweichungen zwischen den korrespondierenden Häufigkeiten der beiden Häufigkeitsverteilungen sind, desto glaubhafter wird die unterstellte Unabhängigkeit und umgekehrt.

Die Abweichung zweier korrespondierender Häufigkeiten wird gemessen mit

$$\frac{\left(h_{ij}^{e} - h_{ij}^{t}\right)^2}{h_{ij}^{t}}$$

wobei

$h_{ij}^{e}$ = empirische Häufigkeit der Merkmalswertkombination $(x_i, y_j)$

$h_{ij}^{t}$ = theoretische Häufigkeit der Merkmalswertkombination $(x_i, y_j)$ bei vollständiger Unabhängigkeit. Die Berechnung erfolgt mit

$$h_{ij}^{t} = \frac{h_{i}^{e} \cdot h_{j}^{e}}{n} \qquad \text{(Formel 10.7.-1)}$$

Die Addition sämtlicher derart bestimmter Abweichungen ergibt

$$y = \sum_{i=1}^{v} \sum_{j=1}^{w} \frac{\left(h_{ij}^{e} - h_{ij}^{t}\right)^2}{h_{ij}^{t}} \qquad \text{(Formel 10.7.-2)}$$

Die "Abweichungssumme" y in Formel 10.7.-1 wird als Stichprobenfunktion verwendet. y ist näherungsweise chi-Quadrat-verteilt mit $k = (v - 1) \cdot (w - 1)$ Freiheitsgraden.

Ist

$$y \leq y_{1-\alpha,\, k=(v-1)\cdot(w-1)}$$

dann wird die Unabhängigkeitshypothese beibehalten, anderenfalls abgelehnt.

Beispiel: Pausenregelung

In einem Großunternehmen soll die Mittagspause von bisher 30 auf 45 Minuten verlängert werden. Von den 20.000 Beschäftigten wurden 400 Beschäftigte nach ihrer Einstellung zu der unbezahlten Verlängerung der Mittagspause befragt. Von den 400 Befragten waren 100 in der Verwaltung und 300 in der Produktion tätig. Als mögliche Antworten waren die Werte positiv, unentschieden und negativ vorgegeben. Das Ergebnis der Befragung ist in Abb. 10.7.-1 wiedergegeben.

| Y / X | positiv | unentschieden | negativ | Summe |
|---|---|---|---|---|
| Verwaltung | 40 | 28 | 32 | 100 |
| Produktion | 140 | 72 | 88 | 300 |
| Summe | 180 | 100 | 120 | 400 |

Abb. 10.7.-1: Empirische Häufigkeitsverteilung zur Befragung Pausenregelung

Die Geschäftsleitung interessiert, ob der Tätigkeitsbereich (Merkmal X) die Einstellung zur Pausenregelung (Merkmal Y) beeinflußt oder nicht. Es ist bei einem Signifikanzniveau von 0,05 zu prüfen, ob die beiden Merkmale voneinander unabhängig sind.

Im Fall der Unabhängigkeit, d.h. der Tätigkeitsbereich ist ohne Einfluß auf die Einstellung zur Pausenregelung, sind die in Abb. 10.7.-2 mit Formel 10.7.-1 berechneten Häufigkeiten zu erwarten.

| Y / X | positiv | unentschieden | negativ | Summe |
|---|---|---|---|---|
| Verwaltung | $\frac{100 \cdot 180}{400} = 45$ | $\frac{100 \cdot 100}{400} = 25$ | $\frac{100 \cdot 120}{400} = 30$ | 100 |
| Produktion | $\frac{300 \cdot 180}{400} = 135$ | $\frac{300 \cdot 100}{400} = 75$ | $\frac{300 \cdot 120}{400} = 90$ | 300 |
| Summe | 180 | 100 | 120 | 400 |

Abb. 10.7.-2: Theoretische Häufigkeitsverteilung zur Befragung Pausenregelung

Schritt 1: Erstellen der Hypothesen

$H_0$: Die beiden Merkmale sind voneinander unabhängig.

$H_1$: Die beiden Merkmale sind nicht voneinander unabhängig.

Schritt 2: Festlegung des Signifikanzniveaus

Das Signifikanzniveau ist mit 0,05 bereits vorgegeben.

Schritt 3: Ermittlung des Beibehaltungsbereichs

Beibehaltungsbereich: $[0;\ y_{0{,}95,\ k=(2-1)\cdot(3-1)=2}] = [0;\ 5{,}9915]$ (s. Tab. 5)

Schritt 4: Berechnung des Testwerts und Entscheidung

Mit Formel 10.7.-1 ergibt sich

$$y = \frac{(40-45)^2}{45} + \frac{(28-25)^2}{25} + \frac{(32-30)^2}{30} + \frac{(140-135)^2}{135} + \frac{(72-75)^2}{75} + \frac{(88-90)^2}{90}$$

$$= 1{,}3985$$

Der Stichprobenfunktionswert liegt mit 1,3985 im Beibehaltungsbereich. Bei einem Signifikanzniveau von 0,05 kann davon ausgegangen werden, daß vom Tätigkeitsbereich kein Einfluß auf die Einstellung zur Pausenregelung ausgeht. Die beiden Merkmale sind voneinander unabhängig.

Voraussetzung für die Durchführung des Tests ist, daß die zu theoretischen Häufigkeiten größer gleich 5 sind. Anderenfalls sind benachbarte Häufigkeiten so zusammenzufassen, daß die Voraussetzung erfüllt ist. Durch die Zusammenfassung verringert sich die Anzahl der Häufigkeiten und damit auch der Freiheitsgrade.

## 10.8 Übungsaufgaben und Kontrollfragen

01) Beschreiben Sie die Aufgaben der Testverfahren!

02) In welche Arten werden Testverfahren untergliedert? Was ist ihre jeweilige Aufgabe?

03) Erklären Sie den prinzipiellen Aufbau eines Testverfahrens! Verwenden Sie dabei die elementaren Begriffe!

04) Wie erfolgt die Konstruktion des Beibehaltungsbereichs bei der einfachen Hypothese, wie bei der zusammengesetzten Hypothese?

05) Welche Risiken geht man bei den Testverfahren ein?

06) Welche Information liefert das Signifikanzniveau, welche die Sicherheitswahrscheinlichkeit?

07) Wie wird die Entscheidung beim Testverfahren getroffen? Wie sind die möglichen Entscheidungen zu interpretieren?

08) Welche Information liefert die Trennschärfe? Verwenden Sie bei Ihrer Erklärung die Begriffe Operationscharakteristik und Gütefunktion!

09) Ein Autoreifenhersteller behauptet, daß die von ihm hergestellten Reifen bei normaler Beanspruchung eine durchschnittliche Laufleistung von mindestens 35.000 km besitzen. - Eine Testfirma will diese Behauptung untersuchen und überprüft zu diesem Zweck 100 Reifen. Es ergab sich eine durchschnittliche Laufleistung von 35.700 km bei einer Standardabweichung von 4.800 km.

a) Testen Sie die Behauptung bei einem Signifikanzniveau von 0,05!

b) Wie groß ist die Wahrscheinlichkeit einer Fehlbeurteilung, wenn die durchschnittliche Laufleistung tatsächlich 35.700 km beträgt?

c) Wie groß ist die Wahrscheinlichkeit einer Fehlbeurteilung, wenn die durchschnittliche Laufleistung tatsächlich nur 34.800 km beträgt?

10) Bearbeiten Sie das Beispiel "Wurstfabrik" (s.S. 292) mit dem abgeänderten Stichprobenumfang n = 100 bei einem Signifikanzniveau von 0,01. Welche Erkenntnisse können aus einem Ergebnisvergleich gewonnen werden?

11) Ein Kaffeeröster füllt Kaffee in Packungen mit einem Soll-Füllgewicht von je 500 g. Die eingesetzte Maschine arbeitet mit einer Streuung $\sigma = 1{,}2$ g. - Im Rahmen der Qualitätssicherung werden in viertelstündigem Abstand 40 Packungen entnommen und gewogen. Der Abfüllprozeß wird angehalten, wenn das durchschnittliche Füllgewicht die untere Eingriffsgrenze unterschreitet oder die obere Eingriffsgrenze überschreitet.

a) Wie sind die Eingriffsgrenzen festzulegen, wenn die irrtümliche Ablehnung bei einer exakten Abfüllung auf 1% begrenzt sein soll?

b) Wie groß ist die Wahrscheinlichkeit eines irrtümlichen Anhaltens der Abfüllung, wenn das tatsächliche durchschnittliche Füllgewicht 500,2 g beträgt und die Abweichung von 0,2 g toleriert werden soll?

12) Ein Elektronikversandhändler behauptet, daß höchstens 5 % aller Bestellungen später als vier Tage beim Kunden eintreffen. - Ein Konkurrent bezweifelt diese Angabe und will dies testen. Er gibt zunächst 7 Bestellungen mit unterschiedlichen Lieferadressen auf.

a) Erstellen Sie die Wahrscheinlichkeits- und Verteilungsfunktion für den Fall, daß die Behauptung des Händlers mit $\Theta = 0{,}05$ gerade noch stimmt!

b) Wie lautet der Beibehaltungsbereich, wenn der $\alpha$-Fehler höchstens 5 % betragen soll?
c) Wie groß ist der $\beta$-Fehler, wenn tatsächlich 10 % der Bestellungen später als vier Tage eintreffen?
d) Beurteilen Sie die Güte dieses Testverfahrens!
e) Wie verändert sich der $\beta$-Fehler, wenn der Konkurrent seinen Test mit 500 Bestellungen durchführt?

13) 34 % der Aufträge eines Unternehmens kamen bisher aus dem Ausland. Durch verstärkte Auslandsaktivitäten im vorletzten Monat sollte dieser Prozentsatz erhöht werden. - Von den 3.000 Aufträgen des letzten Monats wurden 200 zufällig ausgewählt. Dabei wurde festgestellt, daß 77 aus dem Ausland stammen. Kann bei einem Signifikanzniveau von 0,10 behauptet werden, daß die Marketinganstrengungen erfolgreich waren?

14) Für das Einführungsbeispiel "Pumpenstation" unter Abschnitt 7.1.1. möge sich nach 200 Tagen folgende Häufigkeitsverteilung für das Merkmal X "Anzahl der laufenden Motore" ergeben haben.

| $x_i$ | 0 | 1 | 2 | 3 | 4 | 5 | 6 | 7 |
|---|---|---|---|---|---|---|---|---|
| $h_i$ | 0 | 0 | 0 | 0 | 2 | 12 | 60 | 126 |

Prüfen Sie bei einem Signifikanzniveau von 0,10, ob das Merkmal X "Anzahl der laufenden Motore" binomialverteilt mit $\Theta = 0{,}95$ ist!

15) Die drei Firmen A, B und C konkurrieren auf dem Markt mit dem Gut G. 500 Käufer wurden nach ihrer Zufriedenheit mit dem Gut G befragt. Das Ergebnis der Befragung ist in der nachstehenden Tabelle angegeben.

| Urteil / Kunden | sehr zufrieden | zufrieden | unzufrieden | Summe |
|---|---|---|---|---|
| bei A | 80 | 100 | 20 | 200 |
| bei B | 40 | 66 | 14 | 120 |
| bei C | 60 | 94 | 26 | 180 |
| Summe | 180 | 260 | 60 | 500 |

Prüfen Sie bei einem Signifikanzniveau von 0,10, ob die beiden Merkmale Kundenurteil und herstellende Firma voneinander unabhängig sind!

# 11 Lösung ausgewählter Übungsaufgaben

In diesem Kapitel werden Übungsaufgaben aus den vorangegangenen Kapiteln gelöst. Dabei wurden diejenigen Aufgaben ausgewählt, die rechnerisch zu lösen sind.

Bei Kontrollfragen, die verbal zu beantworten sind, muß der Leser auf die entsprechenden Textstellen in dem jeweiligen Kapitel zurückgreifen.

## Lösungen zu Kapitel 3

### Aufgabe 7: Bushaltestelle

#### a) Ereignisraum

$$\Omega = \{\text{Wartezeit } x \mid 0 \leq x \leq 15\}$$

---

Ergänzend zu diesem Lehrbuch wurden vom Verfasser das Übungsbuch "**Statistik-Übungen**" (erschienen im Verlag Springer Gabler) verfaßt und die Lernsoftware "**PC-Statistiktrainer**" entwickelt. Gegenstand sind jeweils die beschreibende Statistik, die Wahrscheinlichkeitsrechnung und die schließende Statistik.

In den **Statistik-Übungen** werden klausurrelevante Aufgaben behandelt. Die Lösungen zu den Übungsaufgaben werden ausführlich Schritt um Schritt aufgezeigt; dabei wird der Leser auf mögliche Fehlerquellen hingewiesen. Persönliche Rechenergebnisse können so leicht auf ihre Richtigkeit hin überprüft und eventuell gemachte Fehler schnell und einfach identifiziert werden.

Mit Hilfe der intuitiv bedienbaren Lernsoftware **PC-Statistiktrainer**, die über den Online-Service zum Buch unter www.springer.com kostenfrei heruntergeladen werden kann, kann ein breites Spektrum statistischer Aufgaben gelöst werden. Der Benutzer ist nicht an fest vorgegebene Datensätze gebunden, er kann die Datensätze frei wählen. Für nahezu jede Aufgabe wird der Lösungsweg Schritt für Schritt aufgezeigt und die Lösung interpretiert. Das schrittweise Vorgehen unterstützt den Benutzer bei dem Erarbeiten der Lösungstechniken und ermöglicht ihm, seine persönlichen Rechenergebnisse detailliert auf ihre Richtigkeit hin zu überprüfen und eventuell gemachte Fehler schnell zu identifizieren.

**c) Wartezeit**

c3) Die Wahrscheinlichkeit kann geometrisch ermittelt werden, da wegen des zufälligen Eintreffens an der Haltestelle jede Wartezeit aus Ω gleich möglich ist.

$$W(\text{Wartezeit}) = \frac{\text{Länge der vorgegebenen Zeitstrecke}}{\text{Länge der gesamten Zeitstrecke}} = \frac{3}{15} = 0{,}20$$

Die Wahrscheinlichkeit, höchstens drei Minuten warten zu müssen, beträgt 20 %.

## Lösungen zu Kapitel 4

### Aufgabe 14: Hochschulabsolvent

$A = \{\text{Zusage von A}\}; \quad B = \{\text{Zusage von B}\}$

$W(A) = 0{,}35; \quad W(B) = 0{,}60; \quad W(A \cap B) = 0{,}35 \cdot 0{,}60 = 0{,}21\,.$

Anwendung des Additionssatzes (s.S. 37):

$$W(A \cup B) = 0{,}35 + 0{,}60 - 0{,}21 = 0{,}74$$

Die Wahrscheinlichkeit, wenigstens eine Zusage zu erhalten, beträgt 74 %.

### Aufgabe 15: Projektdauer

$A = \{\text{Dauer mindestens 5 Monate}\}; \quad B = \{\text{Dauer höchstens 9 Monate}\};$

$W(A) = 0{,}60; \quad W(B) = 0{,}80.$

Da die Ereignisse A und B alle Elementarereignisse (kürzeste bis längste Dauer) umfassen, gilt

$$W(A \cup B) = 1 \quad \text{bzw.} \quad 100\,\%.$$

Die gesuchte Wahrscheinlichkeit für den Durchschnitt aus A und B läßt sich daher mit den vorliegenden Wahrscheinlichkeiten indirekt über den Additionssatz (s.S. 37) ermitteln:

$$\begin{aligned} W(A \cup B) &= W(A) + W(B) - W(A \cap B) \\ 1 &= 0{,}60 + 0{,}80 - W(A \cap B) \\ W(A \cap B) &= 0{,}40 \end{aligned}$$

Die Antwort des Projektleiters muß 40 % lauten.

## Aufgabe 18: Motor

A = {Motor Nr. 1 in Ordnung}; B = {Motor Nr. 2 in Ordnung};

$W(A) = W(B) = 0{,}99; \quad W(A \cap B) = 0{,}99 \cdot 0{,}99 = 0{,}9801.$

Anwendung des Additionssatzes (S. 37):

$W(A \cup B) = 0{,}99 + 0{,}99 - 0{,}9801 = 0{,}9999$

Die Maschine kann mit einer Wahrscheinlichkeit von 99,99 % betrieben werden.

## Aufgabe 20: Drei Produkte

A = {Erfolg mit Produkt A}; B = {Erfolg mit Produkt B};

C = {Erfolg mit Produkt C}; $W(A) = 0{,}9; \quad W(B) = 0{,}8; \quad W(C) = 0{,}95.$

Zur Lösung der Aufgaben a) b) und e) wird der Multiplikationssatz, für c) und d) die Wahrscheinlichkeit des Komplementärereignisses herangezogen.

**a) totaler Mißerfolg**

$W(\overline{A} \cap \overline{B} \cap \overline{C}) = 0{,}1 \cdot 0{,}2 \cdot 0{,}05 = 0{,}001$ bzw. 0 ,1 %.

**b) totaler Erfolg**

$W(A \cap B \cap C) = 0{,}9 \cdot 0{,}8 \cdot 0{,}95 = 0{,}684$ bzw. 68,4 %.

**c) mindestens ein Mißerfolg**

W(mindestens ein Mißerfolg) = 1 - W(totaler Erfolg)

= 1 - 0,684 = 0,316 bzw. 31,6%.

**d) mindestens ein Erfolg**

W(mindestens ein Erfolg) = 1 - W(totaler Mißerfolg)

= 1 - 0,001 = 0,999 bzw. 99,9 %.

**e) genau zwei Erfolge**

$W(A \cap B \cap \overline{C}) + W(A \cap \overline{B} \cap C) + W(\overline{A} \cap B \cap C) =$

$0{,}9 \cdot 0{,}8 \cdot 0{,}05 + 0{,}9 \cdot 0{,}2 \cdot 0{,}95 + 0{,}1 \cdot 0{,}8 \cdot 0{,}95 =$

0,283 bzw. 28,3 %.

## Aufgabe 21: Blutspende

Durch die Zusammenlegung von drei Blutspenden zu einem Pool entfallen zwei von drei Untersuchungen. Es kommt also bei drei Blutspenden mit Sicherheit zu einer Kostenreduzierung von 2 · 20 = 40 €.

Dieser Kostenreduzierung sind die Schäden gegenüberzustellen, die durch die Vermengung von schlechten mit guten Blutspenden entstehen. Dazu sind für die entsprechenden Poolzusammensetzungen die Schäden mit ihren jeweiligen Eintrittswahrscheinlichkeiten auszurechnen.

$A_i = \{\text{Blutspende i ist verwendbar}\}; \quad W(A_i) = 0{,}95; \quad i = 1, 2, 3$

i) genau zwei gute Blutspenden und eine schlechte Blutspende

$$W(A_1 \cap A_2 \cap \overline{A}_3) + W(A_1 \cap \overline{A}_2 \cap A_3) + W(\overline{A}_1 \cap A_2 \cap A_3)$$
$$= 0{,}95 \cdot 0{,}95 \cdot 0{,}05 + 0{,}95 \cdot 0{,}05 \cdot 0{,}95 + 0{,}05 \cdot 0{,}95 \cdot 0{,}95$$
$$= 3 \cdot 0{,}045125 = 0{,}135375 \qquad \text{Schaden: } 200\ €$$

ii) genau eine gute Blutspende und zwei schlechte Blutspenden

$$W(A_1 \cap \overline{A}_2 \cap \overline{A}_3) + W(\overline{A}_1 \cap A_2 \cap \overline{A}_3) + W(\overline{A}_1 \cap \overline{A}_2 \cap A_3)$$
$$= 0{,}95 \cdot 0{,}05 \cdot 0{,}05 + 0{,}05 \cdot 0{,}95 \cdot 0{,}05 + 0{,}05 \cdot 0{,}05 \cdot 0{,}95$$
$$= 3 \cdot 0{,}002375 = 0{,}007125 \qquad \text{Schaden: } 100\ €$$

Die Schäden sind mit ihrer jeweiligen Eintrittswahrscheinlichkeit zu gewichten:

$$200 \cdot 0{,}135375 + 100 \cdot 0{,}007125 = 27{,}7875\ €.$$

Die Poolbildung ist wirtschaftlich sinnvoll, da einer Einsparung von € 40,00 ein Schaden von durchschnittlich € 27,79 gegenübersteht. Das heißt, bei jeder Poolbildung aus drei Blutspenden werden durchschnittlich € 12,21 eingespart.

## Aufgabe 22: Paketzustellung

Die Pakete werden zu demselben Zeitpunkt bei demselben Paketzusteller abgeliefert und zu demselben Kunden geliefert. Die Pakete sind daher als eine Einheit anzusehen. Die Wahrscheinlichkeit für eine Auslieferung bis zum Mittwochmorgen beträgt deshalb 80 %. Bei unterschiedlichem Zeitpunkt, Paketzusteller oder Kunden wäre der Multiplikationssatz ($0{,}8 \cdot 0{,}8 = 0{,}64$) anzuwenden gewesen.

## Aufgabe 23: Verbraucherverhalten

A = {Kauf bei Unternehmen A}; B = {Kauf bei Unternehmen B}

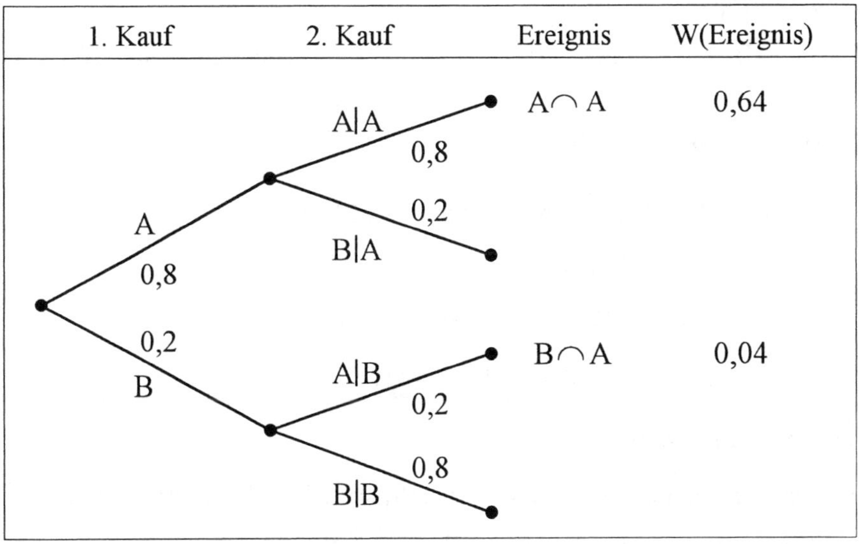


$$W(A) = W(A) \cdot W(A|A) + W(B) \cdot W(A|B)$$
$$= 0{,}8 \cdot 0{,}8 + 0{,}2 \cdot 0{,}2 = 0{,}64 + 0{,}04 = 0{,}68$$

Ein Kunde, der zuletzt bei Unternehmen A gekauft hat, wird mit einer Wahrscheinlichkeit von 68 % beim übernächsten Kauf wieder bei A kaufen.

## Aufgabe 25: Spiel 77

Die Eintrittswahrscheinlichkeiten waren für die möglichen Zahlen 0000000 bis 9999999 zunächst teilweise unterschiedlich (Multiplikationssatz für *abhängige* Ereignisse); bei der jetzigen Ausspielungsmethode sind die Wahrscheinlichkeiten für alle Zahlen identisch (Multiplikationssatz für *unabhängige* Ereignisse).

## Aufgabe 27: Sanierungsexperte

$W(A) = 0{,}70$; $W(B) = 0{,}60$.

**a) beide Konzepte**

$W(A \cap B) = 0{,}70 \cdot 0{,}60 = 0{,}42$ bzw. 42 %.

**b) mindestens ein Konzept**

$$W(A \cup B) = 0{,}7 + 0{,}6 - 0{,}42 = 0{,}88 \quad \text{bzw.} \quad 88\,\%$$

**c) kein Konzept**

$$W(\overline{A} \cap \overline{B}) = 0{,}3 \cdot 0{,}4 = 0{,}12 \quad \text{bzw.} \quad 12\,\% \qquad \text{(oder auch: } 1 - W(A \cup B)\text{ )}$$

## Aufgabe 28: Autofabrik

i = {Verdeck von Zulieferer i} für i = A, B, C;

F = {Verdeck mit Fehler};

W(A) = 0,20; W(B) = 0,30; W(C) = 0,50;

W(F|A) = 0,05; W(F|B) = 0,04; W(F|C) = 0,02.

**a) Verdeck mit Fehler**

Es ist der Satz von der totalen Wahrscheinlichkeit (s.S. 58) anzuwenden:

$$\begin{aligned} W(F) &= W(A) \cdot W(F|A) + W(B) \cdot W(F|B) + W(C) \cdot W(F|C) \\ &= 0{,}2 \cdot 0{,}05 + 0{,}3 \cdot 0{,}04 + 0{,}5 \cdot 0{,}02 = 0{,}032 \quad \text{bzw.} \quad 3{,}2\,\%. \end{aligned}$$

**b) Zulieferer A**

Es ist der Satz von Bayes (S. 62) anzuwenden:

$$W(A|F) = \frac{W(A) \cdot W(F|A)}{W(F)} = \frac{0{,}2 \cdot 0{,}05}{0{,}032} = 0{,}3125 \quad \text{bzw.} \quad 31{,}25\,\%.$$

## Aufgabe 29: Bauteile

i = {Bauteil von Maschine i} für i = A, B, C;

F = {defektes Bauteil}; G = {gutes, fehlerfreies Bauteil}

W(A) = 0,3; W(B) = 0,5; W(C) = 0,2;

W(F|A) = 0,04; W(F|B) = 0,03; W(F|C) = 0,01;

**a) Ausschußquote ohne Endkontrolle**

Der Satz von der totalen Wahrscheinlichkeit (s.S. 58) ist anzuwenden:

$$W(F) = W(A) \cdot W(F|A) + W(B) \cdot W(F|B) + W(C) \cdot W(F|C)$$

$$= 0{,}3 \cdot 0{,}04 + 0{,}5 \cdot 0{,}03 + 0{,}2 \cdot 0{,}01 = 0{,}029 \quad \text{bzw.} \quad 2{,}9\ \%.$$

Die Lieferung würde mit 2,9 % die maximal zulässige Ausschußquote von 2 % übersteigen.

**b) Ausschuß von Maschine B**

Es ist der Satz von Bayes (S. 62) anzuwenden:

$$W(B|F) = \frac{W(B) \cdot W(F|B)}{W(F)} = \frac{0{,}5 \cdot 0{,}03}{0{,}029} = 0{,}517 \quad \text{bzw.} \quad 51{,}7\ \%.$$

**c) - f) richtige und falsche Einstufungen**

Aus den Angaben bzw. aus der Lösung zu a) sind bekannt:

EF = {Einstufung: "defekt"}; EG = {Einstufung: "gut, fehlerfrei"};

$W(EF|F) = 0{,}98$; $W(EF|G) = 0{,}03$; $W(F) = 0{,}029$; $W(G) = 0{,}971$.

c) $$W(F|EF) = \frac{W(F) \cdot W(EF|F)}{W(F) \cdot W(EF|F) + W(G) \cdot W(EF|G)}$$

$$= \frac{0{,}029 \cdot 0{,}98}{0{,}029 \cdot 0{,}98 + 0{,}971 \cdot 0{,}03} = \frac{0{,}02842}{0{,}05755} = 0{,}4938 \quad \text{bzw.} \quad 49{,}38\ \%.$$

Ein als defekt eingestuftes Bauteil ist mit einer Wahrscheinlichkeit von 49,38 % tatsächlich defekt.

d) $W(G|EF) = 1 - W(F|EF) = 1 - 0{,}4938 = 0{,}5062$ bzw. 50,62 %.

Ein als defekt eingestuftes Bauteil ist mit einer Wahrscheinlichkeit von 50,62 % fehlerfrei.

e) $$W(G|EG) = \frac{W(G) \cdot W(EG|G)}{W(G) \cdot W(EG|G) + W(F) \cdot W(EG|F)}$$

$$= \frac{0{,}971 \cdot 0{,}97}{0{,}971 \cdot 0{,}97 + 0{,}029 \cdot 0{,}02} = \frac{0{,}94187}{0{,}94245} = 0{,}9994 \quad \text{bzw.} \quad 99{,}94\ \%.$$

Ein als fehlerfrei eingestuftes Bauteil ist mit einer Wahrscheinlichkeit von 99,94 % tatsächlich fehlerfrei.

f) $W(F|EG) = 1 - W(G|EG) = 1 - 0{,}9994 = 0{,}0006$ bzw. 0,06 %.

Ein als fehlerfrei eingestuftes Bauteil ist mit einer Wahrscheinlichkeit von 0,06 % defekt. Das Ergebnis zeigt, daß nach durchgeführter Endkontrolle nur 0,06 % der gelieferten Bauteile defekt sind. Die Anforderungen des Abnehmers werden bei weitem übertroffen. Der Zulieferer könnte sogar überlegen, ob er bei den auf Maschine C gefertigten Bauteilen auf die Endkontrolle verzichtet, da der Ausschußanteil hier nur 1 % beträgt. Auch bei den auf Maschine B gefertigten Bauteilen könnte auf die Endkontrolle verzichten werden (1,76 % Gesamtausschuß).

**g) zweite Kontrolle**

Aus den Lösungen zu c) und d) sind bekannt:

$$W(F|EF) = 0{,}4938; \quad W(G|EF) = 0{,}5062.$$

Von zwei als fehlerhaft eingestuften Teilen ist durchschnittlich zirka eines tatsächlich fehlerhaft und das andere fehlerfrei. Die Kontrollkosten für die beiden Teile betragen 2 · 10 = € 20. Diesen Kosten steht ein Erlös in Höhe von € 80 gegenüber, der für das fehlerfreie Bauteil erzielt wird. Die zweite Kontrolle ist daher durchzuführen, da mit der Prüfung von zwei als defekt eingestuften Bauteilen durchschnittlich zirka 60 € Gewinn erzielt werden können.

# Lösungen zu Kapitel 5

## Aufgabe 4: Regalsystem

**a) sieben Elemente**

$$V_k^W(n) = V_7^W(7) = 7^7 = 823.543$$

**b) fünf Elemente**

$$V_k^W(n) = V_5^W(7) = 7^5 = 16.807$$

**c) vier aus sieben**

$$V_k(n) = V_4(7) = \frac{7!}{(7-4)!} = \frac{5.040}{6} = 840$$

**d) alle aus vier einmal, eines zweimal**

$$P_{1,\,1,\,1,\,1,\,2}(6) = \frac{6!}{2!} = \frac{720}{2} = 360$$

## Aufgabe 5: Lotto (3 Richtige)

Gesucht ist die Wahrscheinlichkeit, im Lotto 3 Richtige und - genau bzw. vollständig formuliert - gleichzeitig 3 Falsche anzukreuzen.

$$K_k(n) = K_3(6) = \binom{6}{3} = \frac{6!}{3! \cdot 3!} = \frac{720}{6 \cdot 6} = 20$$

Es gibt 20 Möglichkeiten, von 6 Richtigen 3 Richtige anzukreuzen.

$$K_k(n) = K_3(43) = \binom{43}{3} = \frac{43!}{3! \cdot 40!} = \frac{43 \cdot 42 \cdot 41}{3!} = 12.341$$

Es gibt 12.341 Möglichkeiten, von 43 Falschen 3 Falsche anzukreuzen.

Jede der 20 Möglichkeiten kann mit jeder der 12.341 Möglichkeiten kombiniert werden, so daß es insgesamt

$$20 \cdot 12.341 = 246.820$$

Möglichkeiten gibt, 3 Richtige (und 3 Falsche) anzukreuzen. Da es 13.983.816 Möglichkeiten gibt, den Lottoschein auszufüllen, beträgt die Wahrscheinlichkeit für genau 3 Richtige

$$W(3\ \text{Richtige}) = \frac{246.820}{13.983.816} = 0{,}01765 \quad \text{bzw.} \quad 1{,}765\ \%.$$

## Aufgabe 6: Champions League

$D = \{2 \text{ deutsche Vereine}\}$; $\quad G = \{1 \text{ deutscher, } 1 \text{ ausländischer Verein}\}$;

$A = \{2 \text{ ausländische Vereine}\}$.

Zur Lösung der komplizierten Aufgabe ist es hilfreich, das Baumdiagramm anzufertigen (siehe nächste Seite). Die beiden Werte in den Kästchen neben den Verzweigungspunkten geben die Anzahl der deutschen und der ausländischen Mannschaften, die noch nicht ausgelost sind, an. Diese beiden Werte sind maßgebend für die Anzahl der möglichen Paarungen, die Anzahl der möglichen rein deutschen, gemischten und rein ausländischen Paarungen im nächsten Zug.

Für die erste Paarung (Auslosung) bzw. Verzweigung sind aus 8 Mannschaften 2 Mannschaften auszulosen; von den 8 Mannschaften sind 3 deutsche und 5 ausländische Mannschaften. Damit gilt:

- $K_2(8) = \binom{8}{2} = 28$ mögliche Paarungen;
- $K_2(3) = \binom{3}{2} = 3$ rein deutsche Paarungen;
- $K_2(5) = \binom{5}{2} = 10$ rein ausländische Paarungen;
- $28 - 3 - 10 \quad = 15$ gemischte Paarungen.

$W(D) = \frac{3}{28}; \quad W(A) = \frac{10}{28}; \quad W(G) = \frac{15}{28}.$

Für die zweite und dritte Verzweigung bzw. Auslosung ist analog vorzugehen.

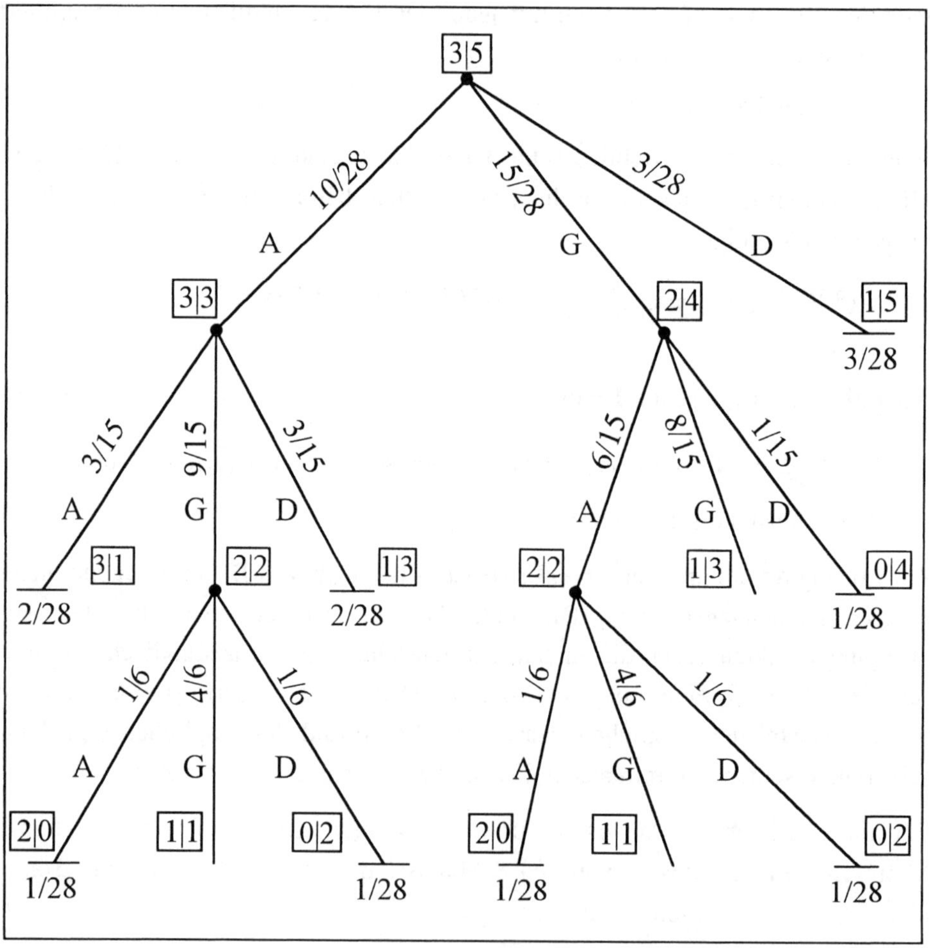

Verzweigungen, aus denen keine rein deutsche Paarungen resultieren können (z.B. 1|3, oder 0|4), brauchen ebensowenig vorgenommen werden wie Verzweigungen, bei denen es mit Sicherheit zu einer rein deutschen Paarung kommen wird (z.B. 3|1).

Zur Ermittlung der Wahrscheinlichkeit sind alle Wege bzw. Zweige zu verfolgen, die zu einer rein deutschen Paarung führen können. Die Wahrscheinlichkeiten, die auf einem jeden dieser Wege liegen, sind miteinander zu multiplizieren.

Zum Beispiel: $W(D|G \cap A) = \frac{1}{6} \cdot \frac{6}{15} \cdot \frac{15}{28} = \frac{1}{28}$

Die Summe dieser Produkte gibt die Wahrscheinlichkeit an, daß es zu einer rein deutschen Paarung kommt.

$$W(D) = \frac{3}{28} + \frac{2}{28} + \frac{2}{28} + \frac{1}{28} + \frac{1}{28} + \frac{1}{28} + \frac{1}{28} + \frac{1}{28} = \frac{12}{28} = 0{,}4286$$

Die Wahrscheinlichkeit, daß es zu einer rein deutschen Paarung kommt, ist mit 42,86 % (überraschend) hoch.

## Aufgabe 7: Fußballtoto

### a) 11 Richtige

Ein möglicher Lösungsweg besteht in der Bestimmung aller Möglichkeiten, den Tippzettel auszufüllen. Es gilt $n = 3$ (Tipp 0, 1 oder 2) und $k = 11$ (Spiele).

$$V_k^W(n) = V_{11}^W(3) = 3^{11} = 177.147$$

Da es nur eine richtige Tippreihe gibt, gilt:

$$W(11 \text{ Richtige}) = \frac{1}{177.147}$$

### b) 11 Falsche

Ein möglicher Lösungsweg besteht in der Bestimmung aller Möglichkeiten, den Tippzettel falsch auszufüllen. Für jedes der $k = 11$ Spiele gibt es $n = 2$ falsche Prognosen.

$$V_k^W(n) = V_2^W(11) = 2^{11} = 2.048$$

$$W(11 \text{ Falsche}) = \frac{2.048}{177.147} = 0{,}01156 \quad \text{bzw.} \quad 1{,}156\ \%.$$

## Aufgabe 8: Glühbirnen

### a) Anzahl möglicher Stichproben

$$K_k(n) = K_5(50) = \binom{50}{5} = \frac{50!}{5! \cdot 45!} = \frac{50 \cdot 49 \cdot 48 \cdot 47 \cdot 46}{120} = 2.118.760$$

### b) 2 defekte Glühbirnen

Es werden zwei Lösungswege aufgezeigt:

Lösungsweg 1: Anzahl der "günstigen" Stichproben

Es gibt

$$K_2(10) \cdot K_3(40) = \binom{10}{2} \cdot \binom{40}{3} = 45 \cdot 9.880 = 444.600$$

Möglichkeiten, aus 10 defekten Glühbirnen genau 2 und aus 40 guten Glühbirnen genau 3 zu entnehmen.

$$W(\text{2 defekte, 3 gute Glühbirnen}) = \frac{444.600}{2.118.760} = 0{,}2098 \quad \text{bzw.} \quad 20{,}98\ \%.$$

Lösungsweg 2: Verknüpfung Wahrscheinlichkeitsrechnung und Kombinatorik

Die Wahrscheinlichkeit, zunächst genau 2 defekte und anschließend genau 3 gute Glühbirnen zu entnehmen, beträgt mit dem allgemeinen Multiplikationssatz:

$$\frac{10}{50} \cdot \frac{9}{49} \cdot \frac{40}{48} \cdot \frac{39}{47} \cdot \frac{38}{46} = 0{,}02098$$

Es gibt insgesamt

$$K_2(5) = \binom{5}{2} = 10 \qquad \text{bzw.} \qquad P_{2,3}(5) = \frac{5!}{2! \cdot 3!} = \frac{120}{2 \cdot 6} = 10$$

Möglichkeiten, genau 2 defekte und genau 3 gute Glühbirnen zu entnehmen oder anzuordnen. Für jede dieser 10 Anordnungen gilt die oben berechnete Wahrscheinlichkeit; damit ergibt sich

$$W(\text{2 defekte, 3 gute Glühbirnen}) = 10 \cdot 0{,}02098 = 0{,}2098 \quad \text{bzw.} \quad 20{,}98\ \%.$$

## Aufgabe 9: Blutspende

Die Wahrscheinlichkeit, zunächst zwei schlechte und anschließend drei gute Blutspenden in den Pool einzubringen, beträgt mit dem Multiplikationssatz für unabhängige Ereignisse

$$0{,}05^2 \cdot 0{,}95^3 \;=\; 0{,}00214.$$

Es gibt insgesamt

$$K_2(5) = \binom{5}{2} = 10 \quad \text{bzw.} \quad P_{2,3}(5) = \frac{5!}{2! \cdot 3!} = 10$$

Möglichkeiten, 2 schlechte und 3 gute Blutspenden anzuordnen. Für jede dieser 10 Anordnungen gilt die oben berechnete Wahrscheinlichkeit; damit ergibt sich

$$W(\text{2 schlechte Blutspenden}) = 10 \cdot 0{,}00214 = 0{,}0214 \quad \text{bzw.} \quad 2{,}14\ \%.$$

## Aufgabe 10: Zigarettenautomat

$$V_k^W(n) = V_7^W(10) = \binom{10+7+1}{7} = \binom{16}{7} = 11.440$$

## Aufgabe 11: Aktenkoffer

### a) Aktenkoffer A

$$V_k^W(n) = V_6^W(10) = 10^6 = 1.000.000$$

Es gibt 1.000.000 Sicherungscodes, nämlich die Zahlen 000000 bis 999999.

### b) Aktenkoffer B

Für Schloß 1 und Schloß 2 gilt jeweils:

$$V_k^W(n) = V_3^W(10) = 10^3 = 1.000$$

Jeder der 1.000 Sicherheitcodes für Schloß 1 kann mit jedem der 1.000 Sicherheitcodes für Schloß 2 kombiniert werden, so daß es ebenfalls 1.000.000 Sicherungscodes gibt. Für das Öffnen der beiden Schlösser werden im Extremfall jeweils 1.000 Versuche benötigt. Es werden also maximal nur 2.000 Versuche benötigt, um unter den 1.000.000 Codes den richtigen zu finden und den Koffer zu öffnen. Aktenkoffer B bietet daher eine deutlich geringere Sicherheit.

## Aufgabe 12: Fruchtbonbons

$$K_k^W(n) = K_{12}^W(5) = \binom{5+12-1}{12} = \binom{16}{12} = 1.820$$

# Lösungen zu Kapitel 6

## Aufgabe 6: Dreimaliger Münzenwurf

### a) Wahrscheinlichkeitsfunktion und Verteilungsfunktion

In der nachstehenden Tabelle werden die acht Elementarereignisse mit ihrer jeweiligen Wahrscheinlichkeit, die Zuordnung des Ereignisses "Anzahl Wappen" mit der jeweiligen Wahrscheinlichkeit aufgezeigt.

| Elementar-ereignis | Wahrschein-lichkeit | Anzahl Wappen | |
|---|---|---|---|
| | | Ereignis | Wahrscheinlichkeit |
| ZZZ | 0,125 | 0 | 0,125 |
| ZZW<br>ZWZ<br>WZZ | 0,125<br>0,125<br>0,125 | 1 | 0,375 |
| ZWW<br>WZW<br>WWZ | 0,125<br>0,125<br>0,125 | 2 | 0,375 |
| WWW | 0,125 | 3 | 0,125 |

Von dieser Tabelle ausgehend können die Wahrscheinlichkeitsfunktion und die Verteilungsfunktion erstellt werden:

| Realisation $x_i$ | Wahrscheinlichkeits-funktion $f(x_i)$ | Verteilungs-funktion $F(x_i)$ |
|---|---|---|
| 0 | 0,125 | 0,125 |
| 1 | 0,375 | 0,500 |
| 2 | 0,375 | 0,875 |
| 3 | 0,125 | 1,000 |

### b) Erwartungswert

$$E(X) = 0 \cdot 0,125 + 1 \cdot 0,375 + 2 \cdot 0,375 + 3 \cdot 0,125 = 1,5$$

Wird eine Münze dreimal geworfen, so ist durchschnittlich 1,5-mal Wappen zu erwarten.

**c) Varianz und Standardabweichung**

$$\begin{aligned}\text{VAR(X)} &= (0 - 1{,}5)^2 \cdot 0{,}125 + (1 - 1{,}5)^2 \cdot 0{,}375 + (2 - 1{,}5)^2 \cdot 0{,}375 \\ &\quad + (3 - 1{,}5)^2 \cdot 0{,}125 \\ &= 0{,}75\end{aligned}$$

$$\sigma = \sqrt{0{,}75} = 0{,}866$$

## Aufgabe 8: Ungleichung von Tschebyscheff

Aus der Mindestwahrscheinlichkeit 0,75 kann die Größe c berechnet werden:

$$0{,}75 = 1 - \frac{1}{c^2} \qquad \Rightarrow \quad c = 2$$

Mit c = 2 und den Ergebnissen $E(\overline{X}) = 1{,}5$ und $\sigma = 0{,}866$ aus Aufgabe 6 kann das Intervall berechnet werden:

$$W(1{,}5 - 2 \cdot 0{,}866 < X < 1{,}5 + 2 \cdot 0{,}866) > 0{,}75$$

$$W(-0{,}232 < X < 3{,}232) > 0{,}75$$

$$W(0 \leq X \leq 3) > 0{,}75 \quad \text{bzw.} \quad 75\ \%$$

D.h. die Wahrscheinlichkeit, daß bei dreimaligem Werfen einer Münze die Anzahl Wappen 0, 1, 2 oder 3 beträgt, beläuft sich auf mindestens 75 %. - Der exakte Wert beträgt 1 bzw. 100 % (S. 322: Aufgabe 6a)

## Aufgabe 9: Durchlaufzeit eines Auftrages

**a) Wahrscheinlichkeits- und Verteilungsfunktion**

Wegen der Grundlinielänge 230 - 210 = 20 muß die Rechteckhöhe bzw. die Wahrscheinlichkeitsdichte f(x) gleich 1/20 betragen.

$$f(x) = \begin{cases} \dfrac{1}{20} & \text{für } 210 \leq x \leq 230 \\ 0 & \text{sonst} \end{cases}$$

$$F(x) = \begin{cases} 0 & \text{für } x < 210 \\ \frac{x-210}{20} & \text{für } 210 \leq x \leq 230 \\ 1 & \text{sonst} \end{cases}$$

**b) Durchlaufzeit zwischen 214 und 218 Minuten**

$$W(214 \leq X \leq 218) = \int_{214}^{218} \frac{1}{20} dx = \frac{1}{20} x \Big|_{214}^{218} = \frac{1}{20} \cdot (218 - 214)$$

$$= 0{,}20 \quad \text{bzw.} \quad 20\%$$

**c) Durchlaufzeit höchsten 223 Minuten**

$$W(X \leq 223) = \frac{223 - 210}{20} = \frac{13}{20} = 0{,}65 \quad \text{bzw.} \quad 65\ \%$$

**d) Erwartungswert**

$$E(X) = \int_{210}^{230} \frac{1}{20} x\, dx = \frac{1}{40} x^2 \Big|_{210}^{230} = \frac{1}{40} \cdot (52900 - 44100)$$

$$= 220 \text{ Minuten}$$

Bei der Durchführung des Auftrages ist eine durchschnittliche Durchlaufzeit von 220 Minuten zu erwarten.

## Aufgabe 10: Glücksspiel

Das auf S. 59 beschriebene Glücksspiel wird als fair bezeichnet, wenn der Erwartungswert des Spiels gleich Null beträgt. - Mit einer Wahrscheinlichkeit von 0,7369 erhält der Student von Ihnen € 5, Sie erhalten mit einer Wahrscheinlichkeit von 0,2631 vom Studenten € 10.

Der Erwartungswert bei dem derzeitigen Spielmodus beträgt damit für Sie:

$$E(X) = -5 \cdot 0{,}7369 + 10 \cdot 0{,}2631 = -1{,}0535\ €$$

Bei einem fairen Spiel muß gelten:

$$E(X) = -5 \cdot 0{,}7369 + x \cdot 0{,}2631 = 0 \Rightarrow x = 14{,}00\ €$$

Beim Ziehen einer grünen Kugel müßten Sie € 14,00 erhalten.

# Lösungen zu Kapitel 7

## Aufgabe 5: Wahrscheinlichkeiten ermitteln

$$f_B(7|\,9;\,0{,}45)=\binom{9}{7}\cdot 0{,}45^7\cdot 0{,}55^2=0{,}0407$$

$$F_B(3|\,7;\,0{,}30)=f_B(0)+f_B(1)+f_B(2)+f_B(3)$$

$$=\;0{,}0824+0{,}2471+0{,}3177+0{,}2263$$

$$=\;0{,}8740$$

$$f_B(2|\,5;\,0{,}80)=\binom{5}{2}\cdot 0{,}80^2\cdot 0{,}20^3=0{,}0512$$

oder für den Fall des Nachschlagens in Tabellenwerken

$$f_B(2|\,5;\,0{,}80)\;=\;f_B(3|\,5;\,0{,}20)\;=\;\binom{5}{3}\cdot 0{,}20^3\cdot 0{,}80^2\;=\;0{,}0512$$

$$f_P(10|\,4{,}4)\;=\;\frac{4{,}4^{10}\cdot e^{-4{,}4}}{10!}=0{,}0092$$

$$F_P(4|\,4{,}4)\;=\;f_P(0)+\ldots+f_P(4)=0{,}5512$$

## Aufgabe 10: Schwarzfahrer

Die Zufallsvariable "Anzahl der Schwarzfahrer" ist binomialverteilt, weil

1. die Fahrgastkontrolle n-mal identisch durchgeführt wird,
2. der Fahrgast ein Schwarzfahrer sein kann oder nicht,
3. die Wahrscheinlichkeit für einen jeden Fahrgast, Schwarzfahrer zu sein, auf 2 % geschätzt wird.

**a) 9 kontrollierte Fahrgäste ($n = 9$; $\Theta = 0{,}02$)**

$$f_B(0|\,9;\,0{,}02)\;=\;\binom{9}{0}\cdot 0{,}02^0\cdot 0{,}98^9\;=\;0{,}8337\quad\text{bzw.}\quad 83{,}37\,\%$$

$$F_B(1|\,9;\,0{,}02)\;=\;f_B(0)+f_B(1)\;=\;0{,}8337+\binom{9}{1}\cdot 0{,}02^1\cdot 0{,}98^8$$

$$=\;0{,}8337+0{,}1531\;=\;0{,}9868\quad\text{bzw.}\quad 98{,}68\,\%$$

$F_B(X \geq 1 | 9; 0{,}02) = 1 - F_B(0) = 1 - 0{,}8337$

$= 0{,}1663$ bzw. $16{,}63\,\%$

**b) 200 kontrollierte Fahrgäste**

Schritt 1: Erkennen der Verteilungsform (siehe oben)

Schritt 2: Feststellung der Funktionalparameter

$n = 200; \quad \Theta = 0{,}02$

Wegen der vielen und hohen Binomialkoeffizienten ist zu prüfen, ob eine Approximation durch eine weniger rechenaufwendige Verteilung möglich ist (s.S. 183).

Schritt 3: Poissonverteilung als Approximationsverteilung

Wegen $\Theta = 0{,}02$ ist die Normalverteilung als Approximationsverteilung nicht zulässig. Für die Poissonverteilung dagegen sind die Approximationsbedingungen erfüllt.

$n = 200 \geq 30; \quad \Theta = 0{,}02 \leq 0{,}1$

Schritt 4: Feststellung der Funktionalparameter

$\mu = n \cdot \Theta = 200 \cdot 0{,}02 = 4$

d.h. bei 200 kontrollierten Fahrgästen werden durchschnittlich 4 Schwarzfahrer ertappt.

Schritt 5: Berechnung der Wahrscheinlichkeit

$f_B(x | 200; 0{,}02) \approx f_P(x | 4)$

$f_B(3 | 200; 0{,}02) \approx f_P(3 | 4) = 0{,}1954$ bzw. $19{,}54\,\%$

$F_B(5 | 200; 0{,}02) \approx F_P(5 | 4) = 0{,}7851$ bzw. $78{,}51\,\%$

$F_B(X \geq 7 | 200; 0{,}02) \approx F_P(X \geq 7 | 4)$

$= 1 - F_P(X \leq 6 | 4) = 1 - 0{,}8893$

$= 0{,}1107$ bzw. $11{,}07\,\%$

**c) Entdeckung des "ersten" Schwarzfahrers**

Die Wahrscheinlichkeit kann am elegantesten mit der geometrischen Verteilung ermittelt werden. Gesucht ist hier der Erwartungswert der Verteilung.

$$E(X) = \frac{1}{\Theta} = \frac{1}{0{,}02} = 50$$

Es ist zu erwarten, daß der erste Schwarzfahrer durchschnittlich bei der 50. Kontrolle ertappt wird.

**d) Kostendeckung**

Zur Deckung seiner Kosten muß der Kontrolleur drei Schwarzfahrer ertappen. Es ist zu ermitteln, wieviele Personen durchschnittlich zu kontrollieren sind, bis das Ereignis "Schwarzfahrer ertappt" zum dritten Mal eintritt. - Die Wahrscheinlichkeit kann am elegantesten mit der negativen Binomialverteilung ermittelt werden. Gesucht ist der Erwartungswert der Verteilung.

$$E(X) = \frac{b}{\Theta} = \frac{3}{0{,}02} = 150$$

d.h. es ist zu erwarten, daß durchschnittlich mit der 150. Kontrolle der dritte Schwarzfahrer ertappt wird.

## Aufgabe 11: Multiple-choice-Klausur

**a) Verteilungstyp**

Die Zufallsvariable X "Anzahl der richtig angekreuzten Antworten" ist binomialverteilt, da

1. das Ankreuzen einer Antwort 50-mal identisch durchgeführt wird,
2. das Ankreuzen richtig oder falsch ist,
3. die Wahrscheinlichkeit für das richtige Ankreuzen jedesmal 1/3 beträgt.

**b) Rein zufälliges Bestehen der Klausur**

Schritt 1: Erkennen der Verteilungsform (unter a) aufgezeigt)

Schritt 2: Feststellung der Funktionalparameter

$n = 50;\ \Theta = 1/3$

Wegen der hohen Binomialkoeffizienten und der vielen zu berechnenden Einzelwahrscheinlichkeiten ist zu prüfen, ob eine Approximation durch eine weniger rechenaufwendige Verteilung möglich ist (s.S. 183).

Schritt 3: Normalverteilung der Approximationsverteilung

Die Normalverteilung, die Verteilung mit dem geringsten Rechenaufwand, ist als Approximationsverteilung zulässig, da die beiden Approximationsbedingungen erfüllt sind.

$$n \cdot \Theta \cdot (1 - \Theta) = 50 \cdot \frac{1}{3} \cdot \frac{2}{3} = 11{,}11 \geq 9$$

$$0{,}1 \leq \Theta = \frac{1}{3} \leq 0{,}9$$

Schritt 4: Feststellung der Funktionalparameter

$$\mu = n \cdot \Theta = 50 \cdot \frac{1}{3} = \frac{50}{3} = 16{,}67$$

$$\sigma = \sqrt{n \cdot \Theta \cdot (1-\Theta)} = \sqrt{50 \cdot \frac{1}{3} \cdot \frac{2}{3}} = \sqrt{\frac{100}{3}} = 3{,}33$$

D.h. bei 50 rein zufällig angekreuzten Antworten sind durchschnittlich 16,67 Antworten richtig beantwortet. Die Standardabweichung von 3,33 läßt erkennen, daß die Wahrscheinlichkeit des Bestehens relativ hoch ist.

Schritt 5: Berechnung der Wahrscheinlichkeit

$$F_B(X \geq 20|\ 50; \tfrac{1}{3}) \approx F_N(X \geq 19{,}5|\ 16{,}67; 3{,}33)$$

$$= 1 - F_N(19{,}5|\ 16{,}67; 3{,}33)$$

$$= 1 - F_{SN}(\frac{19{,}5 - 16{,}67}{3{,}33}|\ 0; 1) = 1 - F_{SN}(0{,}85|\ 0; 1)$$

$$= 1 - 0{,}8023 = 0{,}1977 \quad \text{bzw.} \quad 19{,}77\ \%$$

**c) Erwartungswert**

$E(X) = n \cdot \Theta = 50 \cdot \frac{1}{3} = 16{,}67$ (Interpretation, siehe Schritt 4 unter b) )

**d) Sinnvolle Maßnahmen**

i) Erhöhung der Anzahl der Fragen. Bei n = 100 z.B. beträgt die Wahrscheinlichkeit des zufälligen Bestehens nur noch 9,42 %.
ii) Erhöhung der vorgegebenen Antworten von 3 auf 4. Bei 50 Fragen beträgt die Wahrscheinlichkeit des zufälligen Bestehens nur noch 1,12 %.

## Aufgabe 12: Blutspende, Poolbildung

Die Zufallsvariable X "Anzahl der guten Blutspenden" ist binomialverteilt.

Die Kosten der Prüfung sinken von € 80 auf € 20, da anstatt 4 nur eine Prüfung durchzuführen ist. Die Einsparung bei 4 Blutspenden beträgt also € 60.

Die Wahrscheinlichkeiten für die drei möglichen Poolbildungen, bei denen gute und schlechte Blutspenden vermengt werden, betragen:

$$f_B(1|\,4;\,0{,}95) = \binom{4}{1} \cdot 0{,}95^1 \cdot 0{,}05^3 = 0{,}000475$$

$$f_B(2|\,4;\,0{,}95) = \binom{4}{2} \cdot 0{,}95^2 \cdot 0{,}05^2 = 0{,}0135375$$

$$f_B(3|\,4;\,0{,}95) = \binom{4}{3} \cdot 0{,}95^3 \cdot 0{,}05^1 = 0{,}0171475$$

Werden 4 Blutspenden zu einem Pool zusammengeführt und dann geprüft, so beträgt die Einsparung gegenüber 4 Einzelprüfungen durchschnittlich:

$$60 \cdot 1{,}0000 - 100 \cdot 0{,}000475 - 200 \cdot 0{,}0135375 - 300 \cdot 0{,}0171475$$

$$= +5{,}8025\ €$$

Bei einem Pool aus 4 Blutspenden werden durchschnittlich € 5,80 eingespart, bei einem Pool aus 3 Blutspenden durchschnittlich € 12,21. Damit ist eine Erhöhung von 3 auf 4 Blutspenden nicht sinnvoll.

## Aufgabe 13: "6 aus 49" (Lotto)

### a) Verteilungstyp

Die Zufallsvariable X "Anzahl der richtig angekreuzten Zahlen" ist hypergeometrisch verteilt, da

1. von den 49 Zahlen 6 richtig sind und die restlichen 43 nicht,
2. von den 49 Zahlen 6 "ohne Zurücklegen" ausgewählt werden.

### b) Genau 2 "Richtige"

Eine Approximationsmöglichkeit ist nicht gegeben.

$$f_H(2|\,49;6;6) = \frac{\binom{6}{2}\cdot\binom{43}{4}}{\binom{49}{6}} = 0{,}13238 \quad \text{bzw.} \quad 13{,}24\ \%$$

## Aufgabe 14: Porzellanfabrik

Schritt 1: Erkennen der Verteilungsform

Die Zufallsvariable X "Anzahl der fehlerbehafteten Vasen" ist hypergeometrisch verteilt, da

1. von den 1.000 Vasen 400 fehlerhaft sind und die restlichen 600 nicht,
2. von den 1.000 Vasen 40 "ohne Zurücklegen" ausgewählt werden.

Schritt 2: Feststellen der Funktionalparameter

$$N = 1.000; \quad M = 400; \quad n = 40$$

Wegen der hohen Binomialkoeffizienten und der vielen zu berechnenden Einzelwahrscheinlichkeiten ist zu prüfen, ob eine Approximation durch eine weniger rechenaufwendige Verteilung möglich ist (s.S.183).

Schritt 3: Normalverteilung als Approximationsverteilung

Die Normalverteilung, die Verteilung mit dem geringsten Rechenaufwand, ist als Approximationsverteilung zulässig, da die drei Approximationsbedingungen erfüllt sind.

$$n = 40 > 30$$

$$0{,}1 < \frac{M}{N} = 0{,}4 < 0{,}9$$

$$n \cdot \frac{M}{N} \cdot (1 - \frac{M}{N}) = 40 \cdot 0{,}4 \cdot 0{,}6 = 9{,}6 \geq 9{,}0$$

Schritt 4: Feststellen der Funktionalparameter

$$\mu = n \cdot \frac{M}{N} = 40 \cdot \frac{400}{1000} = 16$$

$$\sigma = \sqrt{n \cdot \frac{M}{N} \cdot (1 - \frac{M}{N}) \cdot \frac{N-n}{N-1}} = \sqrt{40 \cdot 0{,}4 \cdot 0{,}6 \cdot \frac{1000-40}{1000-1}} = 3{,}0373$$

Schritt 5: Berechnung der Wahrscheinlichkeit $W(X \leq 30\ \%\ \text{aus}\ 40 = 12)$

$$F_H(12|\ 1000;\ 400;\ 40) \approx F_N(12{,}5|\ 16;\ 3{,}0373)$$

$$= F_{SN}(\frac{12{,}5 - 16}{3{,}0373}|\ 0;\ 1) = F_{SN}(-1{,}15;\ 0;\ 1)$$

$$= 0{,}1251 \quad \text{bzw.} \quad 12{,}51\ \% \quad (\text{exakt mit hyp. Vert.: } 12{,}39\ \%)$$

## Aufgabe 15: Lieferung von 2.000 Artikeln

### a) Stichprobenumfang n = 50

Schritt 1: Erkennen der Verteilungsform

Die Zufallsvariable X "Anzahl der fehlerhaften Artikel" ist hypergeometrisch verteilt, da

1. von den 2.000 Artikeln 40 fehlerhaft sind und die restlichen 1.960 nicht,
2. von den 2.000 Artikeln 50 "ohne Zurücklegen" entnommen werden.

Schritt 2: Feststellen der Funktionalparameter

$$N = 2.000; \quad M = 40; \quad n = 50$$

Wegen der hohen Binomialkoeffizienten ist zu prüfen, ob eine Approximation durch eine weniger rechenaufwendige Verteilung möglich ist (s.S. 183).

Schritt 3: Poissonverteilung als Approximationsverteilung

Die Poissonverteilung ist als Approximationsverteilung zulässig, da die drei Approximationsbedingungen erfüllt sind.

$$n = 50 \geq 30$$

$$\frac{M}{N} = \frac{40}{2000} = 0{,}02 \leq 0{,}1$$

$$\frac{n}{N} = \frac{50}{2000} = 0{,}025 < 0{,}05$$

Schritt 4: Feststellen der Funktionalparameter

$$\mu = n \cdot \frac{M}{N} = 50 \cdot \frac{40}{2000} = 1$$

d.h. bei der Entnahme von 50 Artikeln ist zu erwarten, daß durchschnittlich ein Artikel fehlerhaft ist.

Schritt 5: Berechnung der Wahrscheinlichkeit

$$F_H(X \geq 1|\, 2000;\, 40;\, 50) = 1 - F_H(0|\, 2000;\, 40;\, 50)$$

$$\approx 1 - F_P(0|\, 1) = 1 - 0{,}3679$$

$$= 0{,}6321 \quad \text{bzw.} \quad 63{,}21\,\%$$

**b) Stichprobenumfang n = 100**

Die Poissonverteilung kann als Approximationsverteilung gerade noch als zulässig angesehen werden; die dritte Bedingung ist mit genau 0,05 nicht ganz erfüllt.

$$\mu = n \cdot \frac{M}{N} = 100 \cdot \frac{40}{2000} = 2$$

$$F_H(X \geq 2|\, 2000;\, 40;\, 100) = 1 - F_H(1|\, 2000;\, 40;\, 100)$$

$$\approx 1 - F_P(1|\, 2) = 1 - 0{,}4060$$

$$= 0{,}5940 \quad \text{bzw.} \quad 59{,}40\%$$

## Aufgabe 16: Müllentsorgung

Die Zufallsvariable X "Anzahl der nichtanwesenden Arbeitnehmer" ist poissonverteilt.

$$f_P(7|\, 8) = 0{,}1396; \quad F_P(9|\, 8) = 0{,}7166;$$

$$F_P(X > 9|\, 8) = 1 - F_P(9|\, 8) = 1 - 0{,}7166 = 0{,}2834 \quad \text{bzw.} \quad 28{,}34\,\%.$$

## Aufgabe 17: "Schnell" und "Rasant"

Die Zufallsvariable X "Anzahl der eingehenden Aufträge" ist poissonverteilt.

**a) 6 Aufträge bei "Schnell"**

$$f_P(6|\, 5) = 0{,}1462 \quad \text{bzw.} \quad 14{,}62\,\%$$

**b) Überlastung von "Schnell"**

$$F_P(X \geq 9|\, 5) = 1 - F_P(8|\, 5) = 1 - 0{,}9319 = 0{,}0681 \quad \text{bzw.} \quad 6{,}81\,\%$$

**c) Überlastung nach der Kooperation**

Aufgrund der Reproduktivitätseigenschaft der Poissonverteilung gilt

$$\mu = \mu_S + \mu_R = 5 + 2 = 7$$

d.h. bei "Schnell" und "Rasant" treffen täglich durchschnittlich 7 Aufträge ein. "Schnell" und "Rasant" können mit ihren insgesamt 4 + 2 - 1 = 5 Beschäftigten nach der Kooperation täglich 10 Aufträge erledigen.

$$F_P(X \geq 11|\, 7) = 1 - F_P(10|\, 7) = 1 - 0{,}9015$$

$$= 0{,}0985 \quad \text{bzw.} \quad 9{,}85\,\%.$$

Die Wahrscheinlichkeit, daß nach der Kooperation Aufträge abgelehnt werden müssen, sinkt trotz der Personalreduzierung von 11,7 % auf 9,85 %.

## Aufgabe 19: Wipfelder Zehntgraf

Die Zufallsvariable X "Füllmenge (in ml) des Bocksbeutels" ist normalverteilt.

**a) Wahrscheinlichkeit der Unterfüllung**

$$F_N(750|\, 752; 0{,}8) = F_{SN}(\frac{750 - 752}{0{,}8}|\, 0; 1) = F_{SN}(-2{,}5|\, 0; 1)$$

$$= 0{,}0062 \quad \text{bzw.} \quad 0{,}62\%$$

**b) Füllmenge zwischen 750 und 754 ml**

$$F_N^*(754|\, 752; 0{,}8) = F_{SN}^*(\frac{754 - 752}{0{,}8}|\, 0; 1) = F_{SN}^*(2{,}5|\, 0; 1)$$

$$= 0{,}9876 \quad \text{bzw.} \quad 98{,}76\,\%$$

**c) Unterfüllung von 6 Bocksbeutel**

Aufgrund der Reproduktivitätseigenschaft (s.S. 173) der Normalverteilung gilt

$$\mu = 6 \cdot \mu_1 = 6 \cdot 752 = 4512 \text{ ml}$$

d.h. die durchschnittliche Füllmenge von 6 Bocksbeutel beträgt 4.512 ml.

$$\sigma = \sqrt{6 \cdot \sigma_1^2} = \sqrt{6 \cdot 0{,}8^2} = \sqrt{3{,}84} = 1{,}9596$$

$$F_N(4500|\,4512;\,1{,}9596) = F_{SN}(\frac{4500 - 4512}{1{,}9596}|\,0;\,1)$$

$$= F_{SN}(-6{,}1237|\,0;\,1)$$

$$= 0{,}0000 \quad \text{bzw.} \quad 0{,}00\%$$

Mit an Sicherheit grenzender Wahrscheinlichkeit ist es ausgeschlossen, daß die Füllmenge von 6 Bocksbeutel die Sollfüllmenge von 4.500 ml unterschreitet.

**d) höchstens 2 % der Flaschen sind unterfüllt**

$$F_N(750|\,\mu;\,0{,}8) = 0{,}02 \quad \rightarrow \quad F_{SN}(\frac{750 - \mu}{0{,}8}|\,0;\,1) = 0{,}02$$

$$\frac{750 - \mu}{0{,}8} = z = -2{,}055 \quad \rightarrow \quad -1{,}644 = 750 - \mu$$

$$\mu = 750 + 1{,}644 = 751{,}644$$

Wird die Abfüllanlage auf 751,644 ml eingestellt, dann sind 2 % der Flaschen unterfüllt.

## Aufgabe 20: Dichtungsringe

Die Zufallsvariable X "Durchmesser des Dichtungsrings" ist normalverteilt.

**a) Maschineneinstellung**

Die Maschine ist auf den Soll-Durchmesser von 65 mm einzustellen. Bei einem Abweichen von diesem Wert ist wegen der Symmetrie der Normalverteilung um den Erwartungswert der Zugewinn an Wahrscheinlichkeit (Fläche) auf der einen Seite kleiner als der Verlust an Wahrscheinlichkeit (Fläche) auf der anderen Seite.

$$F_N^*(65{,}12|\,65{,}00;\,0{,}05) = F_{SN}^*(\frac{65{,}12 - 65{,}00}{0{,}05}|\,0;\,1) = F_{SN}^*(2{,}4|\,0;\,1)$$

$$= 0{,}9836 \quad \text{bzw.} \quad 98{,}36\,\%$$

Die Wahrscheinlichkeit, daß der Durchmesser des Dichtungsrings innerhalb der Toleranzgrenzen liegt, beträgt 98,36 %.

**b) Bedienungsfehler**

$$W(64{,}88 \leq X \leq 65{,}12) = F_N(65{,}12|\,65{,}05;\,0{,}05) - F_N(64{,}88|\,65{,}05;\,0{,}05)$$

$$= F_{SN}(\frac{65,12 - 65,05}{0,05} | 0; 1) - F_{SN}(\frac{64,88 - 65,05}{0,05} | 0; 1)$$

$$= F_{SN}(1,4 | 0; 1) - F_{SN}(-3,4 | 0; 1)$$

$$= 0,9192 - 0,0000 = 0,9192 \quad \text{bzw.} \quad 91,92\ \%$$

Durch die fehlerhafte Maschineneinstellung von 65,05 mm sinkt die Wahrscheinlichkeit, daß der Durchmesser des Dichtungsrings innerhalb der Toleranzgrenzen liegt, von 98,36 % auf 91,92 %.

## Lösungen zu Kapitel 8

### Aufgabe 5: Kaffeekonsum (Inklusionsschluß)

Gesucht ist die Wahrscheinlichkeit, daß sich der Stichproben-Mittelwert bei vorgegebenem Stichprobenumfang in einem vorgegebenen Intervall realisiert.

**a) n = 100; Konfidenzintervall (2,3, 2,5)**

Mit Formel 8.2.1.-1 (S. 198) ergibt sich

$$W(2,4 - z \cdot 0,0917 \leq \overline{X} \leq 2,4 + z \cdot 0,917) \qquad (\sigma_{\overline{X}} = \sqrt{\frac{0,84}{100}} = 0,0917)$$

$$= F_N^*(2,5 | 2,4; 0,0917)$$

$$\downarrow \quad z = \frac{\overline{x} - \mu}{\sigma_{\overline{X}}} = \frac{2,5 - 2,4}{0,0917} = 1,0905$$

$$= F_{SN}^*(1,0905 | 0; 1) = 0,7245 \quad \text{bzw.} \quad 72,45\ \%$$

Der Stichproben-Mittelwert wird sich mit einer Wahrscheinlichkeit von 72,45 % zwischen 2,3 und 2,5 Tassen realisieren.

Oder in einer kürzeren Fassung:

Für die maximal mögliche Entfernung im Inklusionsschluß gilt

$$\overline{x} - \mu = z \cdot \sigma_{\overline{X}} \quad \rightarrow \quad 0,1 = z \cdot 0,0917 \quad \rightarrow \quad z = 1,0905$$

$\rightarrow$ Wahrscheinlichkeit: 0,7245 bzw. 72,45 %

**b) n = 200; Konfidenzintervall (2,3, 2,5)**

Mit Formel 8.2.1.-1 (s.S. 198) ergibt sich

$$W(2{,}4 - z \cdot 0{,}0648 \le \overline{X} \le 2{,}4 + z \cdot 0{,}0648) \qquad \left(\sigma_{\overline{X}} = \sqrt{\frac{0{,}84}{200}} = 0{,}0648\right)$$

$$= F_N^*(2{,}5 \mid 2{,}4;\ 0{,}0648)$$

$$z = \frac{\overline{x} - \mu}{\sigma_{\overline{X}}} = \frac{2{,}5 - 2{,}4}{0{,}0648} = 1{,}5432$$

$$= F_{SN}^*(1{,}5432 \mid 0;\ 1) = 0{,}8772 \quad \text{bzw.} \quad 87{,}72\ \%$$

Der Stichproben-Mittelwert wird sich mit einer Wahrscheinlichkeit von 87,72 % zwischen 2,3 und 2,5 Tassen realisieren.

**c) n = 200; Konfidenzintervall (2,2, 2,6)**

Mit Formel 8.2.1.-1 (s.S. 198) ergibt sich

$$W(2{,}4 - z \cdot 0{,}0648 \le \overline{X} \le 2{,}4 + z \cdot 0{,}0648) \qquad \left(\sigma_{\overline{X}} = \sqrt{\frac{0{,}84}{200}} = 0{,}0648\right)$$

$$= F_N^*(2{,}6 \mid 2{,}4;\ 0{,}0648)$$

$$z = \frac{\overline{x} - \mu}{\sigma_{\overline{X}}} = \frac{2{,}6 - 2{,}4}{0{,}0648} = 3{,}0864$$

$$= F_{SN}^*(3{,}0864 \mid 0;\ 1) = 0{,}9980 \quad \text{bzw.} \quad 99{,}80\ \%$$

Der Stichproben-Mittelwert wird sich mit einer Wahrscheinlichkeit von 99,80 % zwischen 2,2 und 2,6 Tassen realisieren.

## Aufgabe 6: Kaffeekonsum (Inklusionsschluß)

Gesucht sind die Grenzen des Konfidenzintervalls, in dem sich der Stichproben-Mittelwert bei vorgegebenem Stichprobenumfang mit einer vorgegebenen Wahrscheinlichkeit realisiert.

**a) n = 200; 1 - α = 90 %**

Die maximal mögliche Entfernung im Inklusionsschluß beträgt

$$\bar{x} - \mu = z \cdot \sigma_{\overline{X}} = 1{,}645 \cdot \sqrt{\frac{0{,}84}{200}} = 1{,}645 \cdot 0{,}0648 = 0{,}1066$$

Damit ergibt sich für den Inklusionsschluß

$W(2{,}4 - 0{,}1066 \leq \overline{X} \leq 2{,}4 + 0{,}1066) = 0{,}90$

$W(2{,}2934 \leq \overline{X} \leq 2{,}5066) = 0{,}90$

Der Stichproben-Mittelwert liegt mit einer Wahrscheinlichkeit von 90 % zwischen ca. 2,29 und 2,51 Tassen.

**b) n = 200; 1 - α = 95 %**

Die maximal mögliche Entfernung im Inklusionsschluß beträgt

$$\bar{x} - \mu = z \cdot \sigma_{\overline{X}} = 1{,}96 \cdot 0{,}0648 = 0{,}127$$

Damit ergibt sich für den Inklusionsschluß

$W(2{,}4 - 0{,}127 \leq \overline{X} \leq 2{,}4 + 0{,}127) = 0{,}95$

$W(2{,}273 \leq \overline{X} \leq 2{,}527) = 0{,}95$

Der Stichproben-Mittelwert liegt mit einer Wahrscheinlichkeit von 95 % zwischen ca. 2,27 und 2,53 Tassen.

**c) n = 200; 1 - α = 99 %**

Die maximal mögliche Entfernung im Inklusionsschluß beträgt

$$\bar{x} - \mu = z \cdot \sigma_{\overline{X}} = 2{,}577 \cdot 0{,}0648 = 0{,}167$$

Damit ergibt sich für den Inklusionsschluß

$W(2{,}4 - 0{,}167 \leq \overline{X} \leq 2{,}4 + 0{,}167) = 0{,}99$

$W(2{,}233 \leq \overline{X} \leq 2{,}567) = 0{,}99$

Der Stichproben-Mittelwert liegt mit einer Wahrscheinlichkeit von 99 % zwischen ca. 2,23 und 2,57 Tassen.

## Aufgabe 7: Kaffeekonsum (Repräsentationsschluß)

Gesucht ist das Konfidenzintervall, das den durchschnittlichen Kaffeekonsum in der Grundgesamtheit mit einer vorgegebenen Wahrscheinlichkeit bei vorgegebenem Stichprobenumfang 200 und Stichproben-Mittelwert 2,35 überdeckt.

**a) n = 200; 1 - α = 90 %**

Mit Formel 8.2.2.-1 (S. 198) ergibt sich

$W(2{,}35 - 1{,}645 \cdot 0{,}0648 \leq \mu \leq 2{,}35 + 1{,}645 \cdot 0{,}0648) = 0{,}90$

$W(2{,}35 - 0{,}1066 \leq \mu \leq 2{,}35 + 0{,}1066) = 0{,}90$

$W(2{,}2434 \leq \mu \leq 2{,}4566) = 0{,}90$

Der durchschnittliche Kaffeekonsum in der Grundgesamtheit wird mit einer Wahrscheinlichkeit von 90 % vom Intervall [2,2434; 2,4566] Tassen überdeckt.

**b) n = 200; 1 - α = 95 %**

$W(2{,}35 - 1{,}96 \cdot 0{,}0648 \leq \mu \leq 2{,}35 + 1{,}96 \cdot 0{,}0648) = 0{,}95$

$W(2{,}223 \leq \mu \leq 2{,}477) = 0{,}95$

Der durchschnittliche Kaffeekonsum in der Grundgesamtheit wird mit einer Wahrscheinlichkeit von 95 % vom Intervall [2,223; 2,477] Tassen überdeckt.

**c) n = 200; 1 - α = 99 %**

$W(2{,}35 - 2{,}577 \cdot 0{,}0648 \leq \mu \leq 2{,}35 + 2{,}577 \cdot 0{,}0648) = 0{,}99$

$W(2{,}183 \leq \mu \leq 2{,}517) = 0{,}95$

Der durchschnittliche Kaffeekonsum in der Grundgesamtheit wird mit einer Wahrscheinlichkeit von 99 % vom Intervall [2,183; 2,517] Tassen überdeckt.

## Aufgabe 17: Studierdauer

**a) Arithmetisches Mittel und Varianz der Grundgesamtheit**

$$\mu = E(X) = \frac{1}{4} \cdot \sum_{i=1}^{4} x_i = \frac{1}{4} \cdot 40 = 10 \text{ Stunden}$$

$$\sigma^2 = VAR(X) = \frac{1}{4} \cdot \sum_{i=1}^{4} (x_i - \mu)^2$$

$$= \frac{1}{4} \cdot \left[(10-10)^2 + (9-10)^2 + (11-10)^2 + (10-10)^2\right]$$

$$= \frac{1}{4} \cdot 2 = \frac{1}{2} \text{ Stunden}^2$$

**b) Stichprobenparameter; vollständige Enumeration (n = 2)**

| 1.Zug | 2.Zug | $x_1$ | $x_2$ | $\bar{x}_i$ | $\left[\bar{x}_i - E(\bar{X})\right]^2$ | $p_i$ | $\left[p_i - E(P)\right]^2$ |
|---|---|---|---|---|---|---|---|
| A | B | 10 | 9 | 9,5 | 0,25 | 0 | 1/16 |
| B | A | 9 | 10 | 9,5 | 0,25 | 0 | 1/16 |
| A | C | 10 | 11 | 10,5 | 0,25 | 0,5 | 1/16 |
| C | A | 11 | 10 | 10,5 | 0,25 | 0,5 | 1/16 |
| A | D | 10 | 10 | 10,0 | 0,00 | 0 | 1/16 |
| D | A | 10 | 10 | 10,0 | 0,00 | 0 | 1/16 |
| B | C | 9 | 11 | 10,0 | 0,00 | 0,5 | 1/16 |
| C | B | 11 | 9 | 10,0 | 0,00 | 0,5 | 1/16 |
| B | D | 9 | 10 | 9,5 | 0,25 | 0,0 | 1/16 |
| D | B | 10 | 9 | 9,5 | 0,25 | 0,0 | 1/16 |
| C | D | 11 | 10 | 10,5 | 0,25 | 0,5 | 1/16 |
| D | C | 10 | 11 | 10,5 | 0,25 | 0,5 | 1/16 |
| | | | | 120,0 | 2,00 | 3,0 | 12/16 |

i) Erwartungswert für das Stichprobenmittel (s.S. 223)

$$\mu_{\bar{X}} = E(\bar{X}) = \frac{1}{12} \cdot \sum_{i=1}^{12} \bar{x}_i = \frac{1}{12} \cdot 120 = 10 \text{ Stunden}$$

ii) Varianz für das Stichprobenmittel (s.S. 223)

$$\sigma_{\bar{X}}^2 = VAR(\bar{X}) = \frac{1}{12} \cdot \sum_{i=1}^{12} \left[\bar{x}_i - E(\bar{X})\right]^2 = \frac{1}{12} \cdot 2,0 = \frac{1}{6} \text{ Stunden}^2$$

**c) Stichprobenparameter; per Formel**

i) Erwartungswert für das Stichprobenmittel (s.S. 223)

$$\mu_{\bar{X}} = E(\bar{X}) = \mu = 10 \text{ Stunden}$$

ii) Varianz für das Stichprobenmittel (s.S. 223)

$$\sigma_{\bar{X}}^2 = VAR(\bar{X}) = \frac{\sigma^2}{n} \cdot \frac{N-n}{N-1} = \frac{\frac{1}{2}}{2} \cdot \frac{4-2}{4-1} = \frac{1}{6} \text{ Stunden}^2$$

**d) Berechnungen für den Anteilswert**

d1) Arithmetisches Mittel und Varianz der Grundgesamtheit

$$x_i = \begin{cases} 1 & \text{wenn die Studierdauer eines Studenten } \geq 11 \\ 0 & \text{wenn die Studierdauer eines Studenten } < 11 \end{cases}$$

$$\Theta = \frac{\sum_{i=1}^{4} x_i}{4} = \frac{1}{4}$$

$$\sigma^2 = \Theta \cdot (1 - \Theta) = \frac{1}{4} \cdot \frac{3}{4} = \frac{3}{16}$$

d2) Stichprobenparameter; vollständige Enumeration (n = 2)

Die Basisrechnungen sind in der Tabelle unter b) durchgeführt.

$$\mu_P = E(P) = \frac{1}{12} \cdot \sum_{i=1}^{12} p_i = \frac{1}{12} \cdot 3 = \frac{3}{12} = \frac{1}{4} \qquad \text{(s.S. 226)}$$

$$\sigma_P = VAR(P) = \frac{1}{12} \cdot \sum_{i=1}^{12} \left[ p_i - E(P) \right] = \frac{1}{12} \cdot \frac{12}{16} = \frac{1}{16} \qquad \text{(s.S. 226)}$$

d3) Stichprobenparameter; per Formel

$$\mu_P = E(P) = \Theta = \frac{1}{4} \qquad \text{(s.S. 226)}$$

$$\sigma_P = VAR(P) = \frac{\Theta \cdot (1 - \Theta)}{n} \cdot \frac{N-n}{N-1} = \frac{\frac{1}{4} \cdot \frac{3}{4}}{2} \cdot \frac{2}{3} = \frac{\frac{3}{16}}{2} \cdot \frac{2}{3} = \frac{1}{16} \qquad \text{(s.S. 226)}$$

# Lösungen zu Kapitel 9

## Aufgabe 10: Kaffeeröster

**a) zentrales 95%-Konfidenzintervall**

Schritt 1: Feststellung der Verteilungsform von $\overline{X}$ (s.S. 243; Abb. 9.3.2.1.-1)

X ist unbekannt verteilt
Varianz $\sigma^2$ ist bekannt } $\Rightarrow$ wegen n > 30 ist $\overline{X}$ approximativ normalverteilt

Schritt 2: Feststellung der Standardabweichung von $\overline{X}$ (s.S. 244; Abb. 9.3.2.1.-2)

$$\left.\begin{array}{c}\text{Varianz } \sigma^2 \text{ ist bekannt} \\ \text{Stichprobe ohne Zurücklegen} \\ \text{mit Auswahlsatz } < 5\,\%\end{array}\right\} \Rightarrow \quad \sigma_{\overline{X}} = \frac{\sigma}{\sqrt{n}} = \frac{1,2}{\sqrt{40}} = 0,19$$

Schritt 3: Ermittlung von z

Für $1 - \alpha = 0{,}95$ ist $z = 1{,}96$ (s. Tabelle 3b, S. 370)

Schritt 4: Berechnung des maximalen Schätzfehlers

$$z \cdot \sigma_{\overline{X}} = 1{,}96 \cdot 0{,}19 = 0{,}37 \text{ g}$$

Schritt 5: Berechnung der Konfidenzgrenzen

$$W(500{,}3 - 0{,}37 \le \mu \le 500{,}3 + 0{,}37) = 0{,}95$$

$$W(499{,}93 \le \mu \le 500{,}67) = 0{,}95$$

Das durchschnittliche Füllgewicht in der Grundgesamtheit wird mit einer Wahrscheinlichkeit von 95 % vom Intervall [499,93 g; 500,67 g] überdeckt.

**b) zentrales 99%-Konfidenzintervall**

Die Schritte 1 und 2 werden wie unter a) durchgeführt.

Schritt 3: Ermittlung von z

Für $1 - \alpha = 0{,}99$ ist $z = 2{,}58$ (s. Tabelle 3b, S. 370; interpoliert → 2,5767)

Schritt 4: Berechnung des maximalen Schätzfehlers

$$z \cdot \sigma_{\overline{X}} = 2{,}58 \cdot 0{,}19 = 0{,}49 \text{ g}$$

Schritt 5: Berechnung der Konfidenzgrenzen

$$W(500{,}3 - 0{,}49 \le \mu \le 500{,}3 + 0{,}49) = 0{,}99$$

$$W(499{,}81 \le \mu \le 500{,}79) = 0{,}99$$

Das durchschnittliche Füllgewicht in der Grundgesamtheit wird mit einer Wahrscheinlichkeit von 99 % vom Intervall [499,81 g; 500,79 g] überdeckt.

**c) Konfidenz für das mit 500 g nach oben begrenzte Intervall**

Schritte 1 und 2 wie unter a).

Schritt 3: Bestimmung der oberen Konfidenzgrenze

$$W(\mu \leq 500{,}0 = 500{,}3 + z \cdot \sigma_{\overline{X}}) = 1 - \alpha$$

Schritt 4: Berechnung des maximalen Schätzfehlers

$$500{,}0 = 500{,}3 + z \cdot \sigma_{\overline{X}} \quad \rightarrow \quad z \cdot \sigma_{\overline{X}} = -0{,}3 \text{ g}$$

Schritt 5: Ermittlung der Konfidenz 1 - α

$$z \cdot \sigma_{\overline{X}} = z \cdot 0{,}19 = -0{,}3$$

$$z = -1{,}58 \quad \rightarrow \quad 1 - \alpha = 0{,}0571 \quad \text{(s. Tabelle 3a, S. 368)}$$

Das durchschnittliche Füllgewicht in der Grundgesamtheit wird mit einer Wahrscheinlichkeit von 5,71 % vom Intervall [0 g; 500,0 g] überdeckt.

**d) notwendiger Stichprobenumfang**

Mit Formel 9.3.2.5.-1 (S. 262) errechnet sich mit e = 0,2 g und 1 - α = 0,95

$$n \geq \frac{1{,}96^2 \cdot 1{,}2^2}{0{,}2^2} = 138{,}3$$

d.h. es müssen 139 Packungen entnommen werden.

**e) Feinkostgeschäft, zentrales 95%-Konfidenzintervall**

Schritt 1: Feststellung der Verteilungsform von $\overline{X}$ (s.S. 243; Abb. 9.3.2.1.-1)

X ist unbekannt verteilt; Varianz $\sigma^2$ ist bekannt $\Rightarrow$ wegen n > 30 ist $\overline{X}$ approximativ normalverteilt

Schritt 2: Feststellung der Standardabweichung von $\overline{X}$ (s.S. 244; Abb. 9.3.2.1.-2)

Varianz $\sigma^2$ ist bekannt; Stichprobe ohne Zurücklegen mit Auswahlsatz ≥ 5 %

$$\sigma_{\overline{X}} = \frac{\sigma}{\sqrt{n}} \cdot \sqrt{\frac{N-n}{N-1}} = \frac{1{,}2}{\sqrt{40}} \cdot \sqrt{\frac{300-40}{300-1}}$$

$$= 0{,}19 \cdot 0{,}9325 = 0{,}177$$

Schritt 3: Ermittlung von z

Für 1 - α = 0,95 ist z = 1,96 (s. Tabelle 3b, S. 370)

Schritt 4: Berechnung des maximalen Schätzfehlers

$$z \cdot \sigma_{\overline{X}} = 1{,}96 \cdot 0{,}177 = 0{,}35 \text{ g}$$

Schritt 5: Berechnung der Konfidenzgrenzen

$$W(500{,}3 - 0{,}35 \leq \mu \leq 500{,}3 + 0{,}35) = 0{,}95$$

$$W(499{,}95 \leq \mu \leq 500{,}65) = 0{,}95$$

Das durchschnittliche Füllgewicht in der Grundgesamtheit wird mit einer Wahrscheinlichkeit von 95 % vom Intervall [499,95 g; 500,65 g] überdeckt.

**f) notwendiger Stichprobenumfang**

Mit Formel 9.3.2.5.-2 errechnet sich mit e = 0,2 g und $1 - \alpha = 0{,}95$

$$n \geq \frac{1{,}96^2 \cdot 300 \cdot 1{,}2^2}{0{,}2^2 \cdot 299 + 1{,}96^2 \cdot 1{,}2^2} = 94{,}87$$

d.h. es müssen 95 Packungen entnommen werden.

## Aufgabe 11: Wirtschaftliche Verhältnisse

**a) zentrales 97%-Konfidenzintervall**

Schritt 1: Feststellung der Verteilungsform von $\overline{X}$ (s.S. 243; Abb. 9.3.2.1.-1)

X ist unbekannt verteilt
Varianz $\sigma^2$ unbekannt
$\Rightarrow$ wegen $n > 30$ ist $\overline{X}$ approximativ normalverteilt

Schritt 2: Feststellung der Standardabweichung von $\overline{X}$ (s.S. 244; Abb. 9.3.2.1.-2)

Varianz $\sigma^2$ ist unbekannt
Stichprobe ohne Zurücklegen
mit Auswahlsatz $\geq 0{,}05$

$$\hat{\sigma}_{\overline{X}} = \frac{s}{\sqrt{n}} \cdot \sqrt{\frac{N-n}{N}} = \frac{50}{\sqrt{105}} \cdot \sqrt{\frac{1.400-105}{1.400}}$$

$$= 4{,}880 \cdot 0{,}9618 = 4{,}69$$

Schritt 3: Ermittlung von z

Für $1 - \alpha = 0{,}97$ ist $z = 2{,}17$ (s. Tabelle 3b, S. 370)

Schritt 4: Berechnung des maximalen Schätzfehlers

$$z \cdot \hat{\sigma}_{\overline{X}} = 2{,}17 \cdot 4{,}69 = 10{,}18 \text{ €}$$

Schritt 5: Berechnung der Konfidenzgrenzen

$$W(480 - 10{,}18 \leq \mu \leq 480 + 10{,}18) = 0{,}97$$

$$W(469{,}82 \leq \mu \leq 490{,}18) = 0{,}97$$

Die durchschnittlichen Ausgaben der 1.400 Studenten werden mit einer Wahrscheinlichkeit von 97 % vom Intervall [469,82 €; 490,18 €] überdeckt.

**b) notwendiger Stichprobenumfang**

Mit Formel 9.3.2.5.-2 (s.S. 263) errechnet sich mit e = 5 € und $1 - \alpha = 0{,}97$

$$n \geq \frac{2{,}17^2 \cdot 1.400 \cdot 50^2}{5^2 \cdot 1.399 + 2{,}17^2 \cdot 50^2} = \frac{16.481.150}{46.747{,}25} = 352{,}6$$

d.h. es müssen 353 Studenten befragt werden.

**c) Konfidenz für das mit 490 € nach oben begrenzte Intervall**

Schritte 1 und 2 wie unter a).

Schritt 3: Bestimmung der oberen Konfidenzgrenze

$$W(\mu \leq 490 = 480 + z \cdot \hat{\sigma}_{\overline{X}}) = 1 - \alpha$$

Schritt 4: Berechnung des maximalen Schätzfehlers

$$490 = 480 + z \cdot \hat{\sigma}_{\overline{X}} \quad \rightarrow \quad z \cdot \hat{\sigma}_{\overline{X}} = 10$$

Schritt 5: Ermittlung der Konfidenz $1 - \alpha$

$$z \cdot 4{,}69 = 10$$

$$z = 2{,}13 \quad \rightarrow \quad 1 - \alpha = 0{,}9834 \quad \text{(s. Tabelle 3a, S. 369)}$$

Die durchschnittlichen Ausgaben der 1.400 Studenten werden mit einer Wahrscheinlichkeit von 98,34 % vom Intervall [0 €; 490 €] überdeckt.

## Aufgabe 12: Molkerei Alpmilch

**a) zentrales 95%-Konfidenzintervall**

Schritt 1: Feststellung der Verteilungsform von $\overline{X}$ (s.S. 243; Abb. 9.3.2.1.-1)

$$\left.\begin{array}{l}\text{X ist normalverteilt}\\ \text{Varianz } \sigma^2 \text{ ist unbekannt}\end{array}\right\} \Rightarrow \overline{X} \text{ ist t-verteilt}$$

Schritt 2: Feststellung der Standardabweichung (s.S. 244; Abb. 9.3.2.1.-2)

$$\left.\begin{array}{c}\text{Varianz } \sigma^2 \text{ ist unbekannt}\\ \text{Stichprobe ohne Zurücklegen}\\ \text{mit Auswahlsatz} \leq 0{,}05\end{array}\right\} \Rightarrow \hat{\sigma}_{\overline{X}} \approx \frac{s}{\sqrt{n}} = \frac{3{,}5}{\sqrt{20}} = 0{,}783$$

Schritt 3: Ermittlung von t (s. Tabelle 6b, S. 374)

Für $1 - \alpha = 0{,}95$ bei $k = 20 - 1 = 19$ Freiheitsgraden ist $t = 2{,}093$

Schritt 4: Berechnung des maximalen Schätzfehlers

$$t \cdot \hat{\sigma}_{\overline{X}} = 2{,}093 \cdot 0{,}783 = 1{,}64 \text{ ml}$$

Schritt 5: Berechnung der Konfidenzgrenzen

$$W(1.000{,}88 - 1{,}64 \leq \mu \leq 1.000{,}88 + 1{,}64) = 0{,}95$$

$$W(999{,}24 \leq \mu \leq 1.002{,}52) = 0{,}95$$

Der durchschnittliche Inhalt der 40.000 Flaschen wird mit einer Wahrscheinlichkeit von 95 % vom Intervall [999,24 ml; 1.002,52 ml] überdeckt.

**b) Konfidenz für das mit 1.000 ml nach unten begrenzte Intervall**

Schritte 1 und 2 wie unter a).

Schritt 3: Bestimmung der unteren Konfidenzgrenze

$$W(1.000{,}88 - t \cdot \hat{\sigma}_{\overline{X}} = 1.000 \leq \mu) = 1 - \alpha$$

Schritt 4: Berechnung des maximalen Schätzfehlers

$$1.000{,}88 - t \cdot \hat{\sigma}_{\overline{X}} = 1.000$$

$$t \cdot \hat{\sigma}_{\overline{X}} = 0{,}88 \text{ ml}$$

Schritt 5: Ermittlung der Konfidenz $1 - \alpha$ (s. Tabelle 6a, S. 373)

$$t \cdot 0{,}783 = 0{,}88$$

$t = 1{,}124$ bei 19 Freiheitsgraden liegt $1 - \alpha =$ zwischen 0,85 und 0,90

Der durchschnittliche Inhalt der 40.000 Flaschen wird mit einer Wahrscheinlichkeit von zirka 86 % vom Intervall [1000 ml; ∞ ml] überdeckt.

## Aufgabe 13: Streikbereitschaft

**a) zentrales 99%-Konfidenzintervall**

Schritt 1: Feststellung der Verteilungsform von P (s.S. 268)

$$n \cdot P \cdot (1 - P) = 1.200 \cdot \frac{910}{1.200} \cdot \frac{290}{1.200} = 219{,}94 > 9$$

P ist daher approximativ normalverteilt.

Schritt 2: Feststellung der Standardabweichung von P (s.S. 267; Abb. 9.3.3.1.-1)

$$\left.\begin{array}{c}\text{Varianz von } \Theta \text{ unbekannt}\\ \text{Stichprobe ohne Zurücklegen}\\ \text{mit Auswahlsatz } < 0{,}05\end{array}\right\} \quad \hat{\sigma}_P = \sqrt{\frac{P \cdot (1-P)}{n}}$$

$$= \sqrt{\frac{0{,}7583 \cdot 0{,}2417}{1.200}} = 0{,}0124$$

Schritt 3: Ermittlung von z

Für $1 - \alpha = 0{,}99$ ist $z = 2{,}58$ (s. Tabelle 3b, S. 370)

Schritt 4: Berechnung des maximalen Schätzfehlers

$z \cdot \hat{\sigma}_P = 2{,}58 \cdot 0{,}0124 = 0{,}0320$ bzw. 3,2 %-Punkte

Schritt 5: Berechnung der Konfidenzgrenzen

$W(0{,}7583 - 0{,}0320 \le \Theta \le 0{,}7583 + 0{,}0320) = 0{,}99$

$W(0{,}7263 \le \Theta \le 0{,}7903) = 0{,}99$

Der Anteil der Arbeitnehmer, die streikbereit sind, wird mit einer Wahrscheinlichkeit von 99 % vom Intervall [0,7263; 0,7903] überdeckt.

**b) zentrales 99%-Konfidenzintervall für die Anzahl**

Zur Ermittlung des Konfidenzintervalls für die Anzahl der streikbereiten Arbeitnehmer sind die Anteile aus dem Konfidenzintervall unter a) in die Anzahlen umzurechnen.

$W(0{,}7263 \cdot 940.000 \le 940.000 \cdot \Theta \le 0{,}7903 \cdot 940.000) = 0{,}99$

$W(682.722 \le 940.000 \cdot \Theta \le 742.882) = 0{,}99$

Der Anzahl der Arbeitnehmer, die streikbereit sind, wird mit einer Wahrscheinlichkeit von 99 % vom Intervall [682.722; 742.882] überdeckt.

**c) Konfidenz für das mit 75 % nach unten begrenzte Intervall**

Schritte 1 und 2 wie unter a).

Schritt 3: Bestimmung der unteren Konfidenzgrenze

$W(0{,}7583 - z \cdot \hat{\sigma}_P = 0{,}75 \le \Theta) = 1 - \alpha$

Schritt 4: Berechnung des maximalen Schätzfehlers

$0{,}7583 - z \cdot \hat{\sigma}_P = 0{,}7500$

$z \cdot \hat{\sigma}_P = 0{,}0083$

Schritt 5: Ermittlung der Konfidenz $1 - \alpha$

$z \cdot 0{,}0124 = 0{,}0083$

$z = 0{,}67 \quad \rightarrow \quad 1 - \alpha = 0{,}7486$ (s. Tabelle 3a, S. 369)

Der Anteil der Arbeitnehmer, die streikbereit sind, wird mit einer Wahrscheinlichkeit von 74,86 % vom Intervall [0,75; 1,00] überdeckt.

**d) notwendiger Stichprobenumfang**

Mit Formel 9.3.3.4.-1 (s.S. 275) errechnet sich mit $e = 0{,}01$ und $1 - \alpha = 0{,}99$

$$n \geq \frac{2{,}58^2 \cdot 0{,}7583 \cdot 0{,}2417}{0{,}01^2} = \frac{1{,}220}{0{,}0001} = 12.220$$

d.h. es müssen 12.220 Arbeitnehmer befragt werden. Verwendet man die Formel 9.3.3.4.-2 (s.S. 276), dann sind nur 12.044 Arbeitnehmer zu befragen.

**e) zentrales 99%-Konfidenzintervall (Stimmbezirk A)**

Schritt 1 wie Schritt 1 unter a).

Schritt 2: Feststellung der Standardabweichung von P (s.S. 267; Abb. 9.3.3.1.-1)

Die Varianz $\hat{\sigma}_P$ unter a) ist wegen des jetzt großen Auswahlsatzes mit der Endlichkeitskorrektur zu multiplizieren.

$$\hat{\sigma}_P = 0{,}0124 \cdot \sqrt{\frac{10.000 - 1.200}{10.000}} = 0{,}0116$$

Schritt 3: Ermittlung von z

Für $1 - \alpha = 0{,}99$ ist $z = 2{,}58$ (s. Tabelle 3b, S. 370)

Schritt 4: Berechnung des maximalen Schätzfehlers

$z \cdot \hat{\sigma}_P = 2{,}58 \cdot 0{,}0116 = 0{,}03$ bzw. 3 %-Punkte

Schritt 5: Berechnung der Konfidenzgrenzen

$W(0{,}7583 - 0{,}03 \leq \Theta \leq 0{,}7583 + 0{,}03) = 0{,}99$

$W(0{,}7283 \leq \Theta \leq 0{,}7883) = 0{,}99$

Der Anteil der Arbeitnehmer, die streikbereit sind, wird mit einer Wahrscheinlichkeit von 99 % vom Intervall [0,7283; 0,7883] überdeckt.

**f) notwendiger Stichprobenumfang; Stimmbezirk A**

Mit Formel 9.3.3.4.-2 (s.S. 276) errechnet sich mit e = 0,01 und 1 - α = 0,99

$$n \geq \frac{2,58^2 \cdot 10.000 \cdot 0,7583 \cdot 0,2417}{0,01^2 \cdot 9.999 + 2,58^2 \cdot 0,7583 \cdot 0,2417} = \frac{12.199,92}{2,20} = 5.545,4$$

Es müssen 5.546 Arbeitnehmer, also mehr als die Hälfte der Arbeitnehmer im Stimmbezirk A befragt werden.

## Aufgabe 14: Puderzucker

Zunächst sind die beiden Stichprobenparameter $\overline{X}$ und $s^2$ zu berechnen:

$$\overline{x} = \frac{1}{25} \cdot \sum_{i=1}^{25} x_i = 100,286 \text{ g}$$

$$s^2 = \frac{1}{25-1} \cdot \sum_{i=1}^{25} (x_i - 100,286)^2 = 1,75 \text{ g}^2$$

**a) beidseitiges 90%-Konfidenzintervall**

Mit Formel 9.3.4.-1 (s.S. 278) ergibt sich

$$W\left(\frac{(25-1) \cdot 1,75}{y_{0,95,\ 24}} \leq \sigma^2 \leq \frac{(25-1) \cdot 1,75}{y_{0,05,\ 24}}\right) = 0,90 \quad \text{(s. Tabelle 5, S. 372)}$$

$$W\left(\frac{24 \cdot 1,75}{36,4150} \leq \sigma^2 \leq \frac{24 \cdot 1,75}{13,8484}\right) = 0,90$$

$$W(1,15 \leq \sigma^2 \leq 3,03) = 0,90$$

Die Varianz der Grundgesamtheit wird mit einer Wahrscheinlichkeit von 90 % vom Intervall [1,15; 3,03] überdeckt.

**b) nach unten begrenztes 90%-Konfidenzintervall**

Mit der für das einseitige Konfidenzintervall abgewandelten Formel 9.3.4.-1 (s.S. 278) ergibt sich

$$W\left(\frac{(25-1) \cdot 1,75}{y_{0,90,\ 24}} \leq \sigma^2\right) = 0,90$$

$$W\left(\frac{24 \cdot 1,75}{33,1962} \leq \sigma^2\right) = 0,90 \quad \text{(s. Tabelle 5, S. 372)}$$

$$W(1,27 \leq \sigma^2) = 0,90$$

Die Varianz der Grundgesamtheit wird mit einer Wahrscheinlichkeit von 90 % vom Intervall [1,27; ∞] überdeckt.

## Lösungen zu Kapitel 10

### Aufgabe 9: Reifenhersteller

#### a) Überprüfung der Behauptung

Schritt 1: Erstellen der Hypothesen

$$H_0: \ \mu \geq \mu_0 = 35.000 \text{ km}$$

$$H_1: \ \mu < \mu_0 = 35.000 \text{ km}$$

Schritt 2: Verteilungsform und Varianz von $\overline{X}$

Anhand von Abb. 9.3.2.1.-1 (s.S. 243) ergibt sich

X ist unbekannt verteilt<br>Varianz $\sigma^2$ ist unbekannt } ⇒ wegen n > 30 ist $\overline{X}$ appr. normalverteilt

Anhand von Abb. 9.3.2.1.-2 (s.S. 244) ergibt sich

Varianz $\sigma^2$ ist unbekannt<br>Stichprobe ohne Zurücklegen<br>mit Auswahlsatz < 5 % } ⇒ $\hat{\sigma}_{\overline{X}} \approx \frac{s}{\sqrt{n}}$

$$\hat{\sigma}_{\overline{X}} = \frac{4.800}{\sqrt{100}} = 480 \text{ km}$$

Schritt 3: Festlegung des Signifikanzniveaus

Das Signifikanzniveau ist mit 0,05 bereits vorgegeben.

Schritt 4: Ermittlung des Beibehaltungsbereichs

Beibehaltungsbereich: $[35.000 - z \cdot \hat{\sigma}_{\overline{X}}; \ \infty]$

Für $1 - \alpha = 0{,}95 \quad \rightarrow \quad z = 1{,}645$ (s. Tabelle 3a, S. 369)

$$z \cdot \hat{\sigma}_{\overline{X}} = 1{,}645 \cdot 480 = 790 \text{ km}$$

Beibehaltungsbereich: [34.210; "∞"] km

Schritt 5: Entscheidung

Das Stichprobenmittel liegt mit 35.700 km im Beibehaltungsbereich. Bei einem Signifikanzniveau von 5 % besitzen die Reifen eine durchschnittliche Laufleistung von mindestens 35.000 km ($H_0$ wird beibehalten).

**b) Fehlentscheidung bei μ = 35.700 km**

Die Wahrscheinlichkeit, daß $H_0$ irrtümlich abgelehnt wird (α-Fehler), beträgt

$$F_N(\overline{X} < 34.210 | 35.700; 480)$$

$$F_{SN}\left(\frac{34.210 - 35.700}{480} = -3{,}10 | 0; 1\right) = 0{,}0001 \text{ bzw. } 0{,}01\ \% \text{ (Tab. 3a, S. 368)}$$

Die Wahrscheinlichkeit der irrtümlichen Ablehnung ist nahezu ausgeschlossen.

**c) Fehlentscheidung bei μ = 34.800 km**

Die Wahrscheinlichkeit, daß $H_1$ irrtümlich nicht angenommen wird (β-Fehler), beträgt

$$F_N(\overline{X} > 34.210 | 34.800; 480) = 1 - F_N(\overline{X} \leq 34.210 | 34.800; 480)$$

$$F_{SN}\left(\frac{34.210 - 34.800}{480} = -1{,}23 | 0; 1\right) = 0{,}1093 \text{ (s. Tabelle 3a, S. 368)}$$

Die Wahrscheinlichkeit, daß $H_1$ nicht angenommen wird, obwohl die Laufleistung mit 34.800 km kleiner als 35.000 km ist, beträgt 1 - 0,1093 = 0,8907 bzw. 89,07 %.

## Aufgabe 10: Wurstfabrik

Schritt 1: S. 292 f.

Schritt 2: Verteilungsform und Varianz von $\overline{X}$

Durch die Erhöhung des Stichprobenumfangs von 36 auf 100 verändert sich die Stichprobenvarianz von 0,28 g (s.S. 293) auf

$$\hat{\sigma}_{\overline{X}} = \frac{1{,}72}{\sqrt{100}} \cdot \sqrt{\frac{600-100}{600}} = 0{,}17 \cdot 0{,}91 = 0{,}15 \text{ g}$$

Schritt 3: Festlegung des Signifikanzniveaus

Das Signifikanzniveau ist mit 0,01 bereits vorgegeben.

Schritt 4: Ermittlung des Beibehaltungsbereichs

$$[125{,}0 - z \cdot \hat{\sigma}_{\overline{X}};\ \infty]$$

Für $1 - \alpha = 0{,}99 \quad \rightarrow \quad z = 2{,}33$ (s. Tabelle 3a, S. 369)

$$z \cdot \hat{\sigma}_{\overline{X}} = 2{,}33 \cdot 0{,}15 = 0{,}35$$

Beibehaltungsbereich: [124,65; "∞"]

Das Stichprobenmittel liegt mit 124,58 g außerhalb des Beibehaltungsbereich. Bei einem Signifikanzniveau von 1 % unterschreitet das durchschnittliche Füllgewicht der Würste das Mindestgewicht von 125 g ($H_1$ wird angenommen).

Der β-Fehler, d.h. die irrtümliche Annahme von $H_0$ beträgt

$$F_N(\overline{X} > 124{,}65 \mid 124{,}58;\ 0{,}15) = 1 - F_N(\overline{X} \leq 124{,}65 \mid 124{,}58;\ 0{,}15)$$

$$F_{SN}(\frac{124{,}65 - 124{,}58}{0{,}15} = 0{,}47 \mid 0;\ 1) = 0{,}6808 \quad \text{(s. Tabelle 3a, S. 369)}$$

Die Wahrscheinlichkeit, daß $H_0$ angenommen wird, obwohl das Füllgewicht mit 124,58 g kleiner als 125,0 g ist, beträgt 1 - 0,6808 = 0,3192 bzw. 31,92 %.

Ergebnisvergleich für n = 36 (s.S. 292 ff.) und n = 100

| Stichprobenumfang | 36 | 100 |
|---|---|---|
| Beibehaltungsbereich | [124,35, ...] | [124,65, ...] |
| β-Fehler bei $\mu = 124{,}58$ | 0,7939 | 0,3192 |

Erkenntnis: Durch die Erhöhung des Stichprobenumfangs ist die Aussage genauer bzw. die Trennschärfe besser. Bei konstantem α-Fehler ($\alpha = 0{,}01$) sinkt der β-Fehler z.B. bei $\mu = 124{,}58$ erheblich und zwar von 79,39 % auf 31,92 %.

## Aufgabe 11: Kaffeeröster

### a) Festlegung der Eingriffsgrenzen

Die Eingriffsgrenzen werden mit Hilfe des Inklusionsschlusses berechnet.

$$W(500 - z \cdot \sigma_{\overline{X}} \leq \overline{X} \leq 500 + z \cdot \sigma_{\overline{X}}) = 0{,}99$$

$$\sigma_{\overline{X}} = \frac{\sigma}{\sqrt{n}} = \frac{1,2}{\sqrt{40}} = 0,19 \text{ g}$$

Für $1 - \alpha = 0,99 \quad \rightarrow \quad z = 2,58$ (s. Tabelle 3b, S. 370)

$$z \cdot \sigma_{\overline{X}} = 2,58 \cdot 0,19 = 0,49 \text{ g}$$

$$W(500 - 0,49 \leq \overline{X} \leq 500 + 0,49) = 0,99$$

Die Eingriffsgrenzen betragen damit 499,51 und 500,49 g.

**b) Fehlentscheidung bei $\mu = 500,2$ g**

$$F_N(\overline{X} < 499,51 | 500,2; 0,19) + F_N(\overline{X} > 500,49 | 500,2; 0,19)$$

$$F_{SN}(\frac{499,51 - 500,2}{0,19} = -3,63 \mid 0; 1) = 0,0000 \quad \text{(s. Tabelle 3a, S. 368)}$$

$$F_{SN}(\frac{500,49 - 500,2}{0,19} = 1,53 \mid 0; 1) = 0,9370 \quad \text{(s. Tabelle 3a, S. 369)}$$

Die Wahrscheinlichkeit der Fehlentscheidung, d.h. des irrtümlichen Anhaltens der Abfüllung beträgt 0,0000 + (1 - 0,9370) = 0,0630 bzw. 6,30 %.

## Aufgabe 12: Elektronikversand

Die interessierende Zufallsvariable heißt

X = Anzahl der Bestellungen, die später als vier Tage eintreffen

Diese Zufallsvariable ist binomialverteilt mit $n = 7$ und $\Theta = 0,05$.

$$H_0 : \Theta \leq \Theta_0 = 0,05$$

$$H_1 : \Theta > \Theta_0 = 0,05$$

**a) Wahrscheinlichkeits- und Verteilungsfunktion**

| x | 0 | 1 | 2 | 3 | 4 ... | 7 |
|---|---|---|---|---|---|---|
| f(x) | 0,6983 | 0,2573 | 0,0406 | 0,0036 | 0,0002 | 0,0000 |
| F(x) | 0,6983 | 0,9556 | 0,9962 | 0,9998 | 1,0000 | 1,0000 |

**b) Beibehaltungsbereich**

Wenn der $\alpha$-Fehler höchstens 5 % betragen darf, dann umfaßt der Beibehaltungsbereich für $H_0$ die Werte 0 und 1. Der Ablehnungsbereich umfaßt die Werte 2 bis 7. Die Wahrscheinlichkeit für eine Realisation im Ablehnungsbereich beträgt 4,44 % (100 - 95,56) und ist damit kleiner gleich 5 %.

**c) β-Fehler bei Θ = 0,10**

Die Wahrscheinlichkeit, daß die unwahre Hypothese $H_0$ angenommen wird, beträgt

$$f_B(0 \mid 7; 0{,}10) = \binom{7}{0} \cdot 0{,}10^0 \cdot 0{,}90^7 = 0{,}4783$$

$$f_B(1 \mid 7; 0{,}10) = \binom{7}{1} \cdot 0{,}10^1 \cdot 0{,}90^6 = 0{,}3720$$

Die Wahrscheinlichkeit der irrtümlichen Annahme von $H_0$ beträgt 85,03%.

**d) Güte des Testverfahrens**

Das Ergebnis unter c) zeigt, daß das Risiko der Fehlentscheidung sehr hoch ist. Die Trennschärfe des Test ist damit zu gering. Die Trennschärfe kann durch eine Erhöhung des Stichprobenumfangs verbessert werden.

**e) Testverfahren bei n = 500 Bestellungen**

Schritt 1: Erstellen der Hypothesen

$$H_0 : \Theta \leq \Theta_0 = 0{,}05; \qquad H_1 : \Theta > \Theta_0 = 0{,}05$$

Schritt 2: Verteilung und Varianz von P

Wegen

$$n \cdot \Theta_0 \cdot (1 - \Theta_0) = 500 \cdot 0{,}05 \cdot 0{,}95 = 23{,}75 > 9$$

ist P approximativ normalverteilt.

Anhand von 9.3.3.1.-1 (s.S. 267) ergibt sich

$$\left.\begin{array}{c}\text{Varianz } \sigma^2 \text{ ist "bekannt"} \\ \text{Stichprobe ohne Zurücklegen} \\ \text{mit Auswahlsatz } < 5\,\%\end{array}\right\} \Rightarrow \sigma_P = \sqrt{\frac{\Theta_0 \cdot (1 - \Theta_0)}{n}}$$

$$\sigma_P = \sqrt{\frac{0{,}05 \cdot 0{,}95}{500}} = 0{,}01$$

Schritt 3: Festlegung des Signifikanzniveaus

Das Signifikanzniveau ist mit 0,05 vorgegeben.

Schritt 4: Ermittlung des Beibehaltungsbereichs

Beibehaltungsbereich: $[0;\ 0{,}05 + z \cdot \sigma_P]$

Mit $1 - \alpha = 0{,}95 \rightarrow z = 1{,}645$ (s. Tabelle 3b, S. 370)

$z \cdot \sigma_P = 1{,}645 \cdot 0{,}01 = 0{,}01645$

Beibehaltungsbereich: - Anteil der verspäteten Lieferungen [0; 0,066]
- Anzahl der verspäteten Lieferungen [0; 33]

Schritt 5: Entscheidung

Treffen von den 500 Bestellungen höchstens 33 verspätet ein, dann wird die Behauptung des Händlers beibehalten.

Ermittlung des β-Fehlers bei $\Theta = 0{,}10$:

Die Entscheidung ist fehlerhaft, wenn die unwahre Hypothese $H_0$ beibehalten wird. Die Wahrscheinlichkeit dafür beträgt

$$W(P \leq 0{,}066 \mid \Theta = 0{,}10) \quad \text{mit} \quad z = \frac{P - \Theta}{\sigma_P} = \frac{0{,}066 - 0{,}10}{\sqrt{\frac{0{,}10 \cdot 0{,}90}{500}}}$$

$$F_{SN}\left(\frac{-0{,}034}{0{,}0134} = -2{,}54 \mid 0;1\right) = 0{,}0055$$

Mit einer Wahrscheinlichkeit von 0,55 % (bei n = 7: 85,03 %!) wird die unwahre Hypothese $H_0$ irrtümlich beibehalten.

**Aufgabe 13: Exportanteil**

Schritt 1: Erstellen der Hypothesen

$$H_0 : \Theta \leq \Theta_0 = 0{,}34$$

$$H_1 : \Theta > \Theta_0 = 0{,}34$$

Schritt 2: Verteilung und Varianz von P

Wegen

$$n \cdot \Theta_0 \cdot (1 - \Theta_0) = 200 \cdot 0{,}34 \cdot 0{,}66 = 44{,}88 > 9$$

ist P approximativ normalverteilt.

Anhand von 9.3.3.1.-1 (s.S. 267) ergibt sich

$$\left.\begin{array}{c}\text{Varianz } \sigma^2 \text{ ist "bekannt"} \\ \text{Stichprobe ohne Zurücklegen} \\ \text{mit Auswahlsatz } \geq 5\,\%\end{array}\right\} \Rightarrow \sigma_P = \sqrt{\frac{\Theta\cdot(1-\Theta)}{n}} \cdot \sqrt{\frac{N-n}{N-1}}$$

$$\sigma_P = \sqrt{\frac{0,34 \cdot 0,66}{200}} \cdot \sqrt{\frac{3.000-200}{3.000-1}} = 0{,}032 \quad \text{bzw.} \quad 3{,}2\ \%\text{-Punkte}$$

Schritt 3: Festlegung des Signifikanzniveaus

Das Signifikanzniveau ist mit 0,10 vorgegeben.

Schritt 4: Ermittlung des Beibehaltungsbereichs

Beibehaltungsbereich: $[0;\ 0{,}34 + z \cdot \sigma_P]$

Mit $1 - \alpha = 0{,}90 \rightarrow z = 1{,}28$ (s. Tabelle 3a, S. 369)

$z \cdot \sigma_P = 1{,}28 \cdot 0{,}032 = 0{,}041$

Beibehaltungsbereich: $[0;\ 0{,}381]$

Schritt 5: Entscheidung

Der Stichprobenanteilswert liegt mit 77/200 = 0,385 im Ablehnungsbereich. Bei einem Signifikanzniveau von 10 % kann behauptet werden, daß der Auslandsanteil nach den Auslandsaktivitäten größer geworden ist ($H_1$ angenommen).

## Aufgabe 14: Pumpenstation

Schritt 1: Erstellen der Hypothesen

$H_0$ : Merkmal X ist in der Grundgesamtheit binomialverteilt ($\Theta = 0{,}95$).

$H_1$ : Merkmal X ist in der Grundgesamtheit nicht binomialverteilt

Schritt 2: Festlegung des Signifikanzniveaus

Das Signifikanzniveau ist mit 0,10 bereits vorgegeben.

Schritt 3: Ermittlung des Beibehaltungsbereichs

Beibehaltungsbereich: $[0;\ y_{1-\alpha=0{,}90,\ k=(8-5)-1=2}]$

$= [0;\ 4{,}6052]$ (s. Tabelle 5, S. 372)

Schritt 4: Berechnung des Testwerts und Entscheidung

In der nachstehenden Tabelle sind die empirischen Häufigkeiten aus der Stichprobe und die theoretischen Häufigkeiten für die Binomialverteilung mit n = 7 und $\Theta = 0{,}95$ für 200 Tage gegenübergestellt. Die Merkmalswerte 0 bis 5 wurden zusammengefaßt, so daß alle theoretischen Häufigkeiten größer als 5 sind. Wegen der Zusammenfassung der sechs Merkmalswerte zu einem Merkmalswert wurde die Anzahl der Freiheitsgrade in einem ersten Schritt von 8 um 5 auf 3 reduziert.

| $x_i$ | 0 bis 5 | 6 | 7 |
|---|---|---|---|
| $h_i^e$ | 12+2=14 | 60 | 126 |
| $h_i^t$ | 0,72+8,12= 8,84 | 51,46 | 139,66 |

(51,46 ← $200 \cdot f_B(6|\,7;\,0{,}95)$)

Mit Formel 10.6.-1 (S. 301) ergibt sich

$$y = \frac{(14 - 8{,}84)^2}{8{,}84} + \frac{(60 - 51{,}46)^2}{51{,}46} + \frac{(126 - 139{,}66)^2}{139{,}66}$$

$$= 5{,}765$$

Der Stichprobenfunktionswert liegt mit 5,765 nicht im Beibehaltungsbereich. Bei einem Signifikanzniveau von 0,10 kann behauptet werden, daß das Merkmal X "Anzahl der laufenden Motore" nicht binomialverteilt ist mit $\Theta = 0{,}95$.

## Aufgabe 15: Kundenzufriedenheit

Schritt 1: Erstellen der Hypothesen

$H_0$: Die Merkmale Firma und Zufriedenheit sind voneinander unabhängig.

$H_1$: Die beiden Merkmale sind voneinander abhängig.

Schritt 2: Festlegung des Signifikanzniveaus

Das Signifikanzniveau ist mit 0,10 bereits vorgegeben.

Schritt 3: Ermittlung des Beibehaltungsbereichs

Beibehaltungsbereich: $[0;\ y_{0,90,\ k=(3-1)\cdot(3-1)=4}] = [0;\ 7{,}7794]$ (Tab. 5)

Schritt 4: Berechnung des Testwerts und Entscheidung

Im Falle der Unabhängigkeit, d.h. die Herkunft des Gutes (Merkmal X) ist ohne Einfluß auf die Zufriedenheit der Kunden (Merkmal Y), wären die in der nachstehenden Tabelle angegebenen Häufigkeiten zu erwarten. Die Berechnung der Häufigkeiten, die mit Formel 10.7.-1 (s.S. 304) durchzuführen ist, ist in der Tabelle ebenfalls angegeben.

| Firma \ Urteil | sehr zufrieden | zufrieden | unzufrieden | Summe |
|---|---|---|---|---|
| A | $\frac{200 \cdot 180}{500} = 72$ | $\frac{200 \cdot 260}{500} = 104$ | $\frac{200 \cdot 60}{500} = 24$ | 200 |
| B | $\frac{120 \cdot 180}{500} = 43,2$ | $\frac{120 \cdot 260}{500} = 62,4$ | $\frac{120 \cdot 60}{50} = 14,4$ | 120 |
| C | $\frac{180 \cdot 180}{500} = 64,8$ | $\frac{180 \cdot 260}{500} = 93,6$ | $\frac{180 \cdot 60}{500} = 21,6$ | 180 |
| Summe | 180 | 260 | 60 | 500 |

Mit Formel 10.7.-2 (S. 304) ergibt sich

$$y = \frac{(80 - 72)^2}{72} + \frac{(100 - 104)^2}{104} + \frac{(20 - 24)^2}{24} +$$

$$\frac{(40 - 43,2)^2}{43,2} + \frac{(66 - 62,4)^2}{62,4} + \frac{(14 - 14,4)^2}{14,4} +$$

$$\frac{(60 - 64,8)^2}{64,8} + \frac{(94 - 93,6)^2}{93,6} + \frac{(26 - 21,6)^2}{21,6}$$

$$= 0,8889 + 0,1538 + 0,6667 + 0,2370 + 0,2077 + 0,0111 +$$

$$0,3556 + 0,0017 + 0,8963 = 3,4188$$

Der Stichprobenfunktionswert liegt mit 3,4188 im Beibehaltungsbereich. Bei einem Signifikanzniveau von 0,10 kann behauptet werden, daß die Herkunft des Gutes ohne Einfluß auf die Zufriedenheit der Kunden ist.

# Tabellenanhang

## Tabelle 1a: Binomialverteilung; Wahrscheinlichkeitsfunktion $f_B(x)$

| | | Θ | | | | | | | | | |
|---|---|---|---|---|---|---|---|---|---|---|---|
| n | x | 0,05 | 0,10 | 0,15 | 0,20 | 0,25 | 0,30 | 0,35 | 0,40 | 0,45 | 0,50 |
| 1 | 0 | 0,9500 | 0,9000 | 0,8500 | 0,8000 | 0,7500 | 0,7000 | 0,6500 | 0,6000 | 0,5500 | 0,5000 |
| 1 | 1 | 0,0500 | 0,1000 | 0,1500 | 0,2000 | 0,2500 | 0,3000 | 0,3500 | 0,4000 | 0,4500 | 0,5000 |
| 2 | 0 | 0,9025 | 0,8100 | 0,7225 | 0,6400 | 0,5625 | 0,4900 | 0,4225 | 0,3600 | 0,3025 | 0,2500 |
| 2 | 1 | 0,0950 | 0,1800 | 0,2550 | 0,3200 | 0,3750 | 0,4200 | 0,4550 | 0,4800 | 0,4950 | 0,5000 |
| 2 | 2 | 0,0025 | 0,0100 | 0,0225 | 0,0400 | 0,0625 | 0,0900 | 0,1225 | 0,1600 | 0,2025 | 0,2500 |
| 3 | 0 | 0,8574 | 0,7290 | 0,6141 | 0,5120 | 0,4219 | 0,3430 | 0,2746 | 0,2160 | 0,1664 | 0,1250 |
| 3 | 1 | 0,1354 | 0,2430 | 0,3251 | 0,3840 | 0,4219 | 0,4410 | 0,4436 | 0,4320 | 0,4084 | 0,3750 |
| 3 | 2 | 0,0071 | 0,0270 | 0,0574 | 0,0960 | 0,1406 | 0,1890 | 0,2389 | 0,2880 | 0,3341 | 0,3750 |
| 3 | 3 | 0,0001 | 0,0010 | 0,0034 | 0,0080 | 0,0156 | 0,0270 | 0,0429 | 0,0640 | 0,0911 | 0,1250 |
| 4 | 0 | 0,8145 | 0,6561 | 0,5220 | 0,4096 | 0,3164 | 0,2401 | 0,1785 | 0,1296 | 0,0915 | 0,0625 |
| 4 | 1 | 0,1715 | 0,2916 | 0,3685 | 0,4096 | 0,4219 | 0,4116 | 0,3845 | 0,3456 | 0,2995 | 0,2500 |
| 4 | 2 | 0,0135 | 0,0486 | 0,0975 | 0,1536 | 0,2109 | 0,2646 | 0,3105 | 0,3456 | 0,3675 | 0,3750 |
| 4 | 3 | 0,0005 | 0,0036 | 0,0115 | 0,0256 | 0,0469 | 0,0756 | 0,1115 | 0,1536 | 0,2005 | 0,2500 |
| 4 | 4 | 0,0000 | 0,0001 | 0,0005 | 0,0016 | 0,0039 | 0,0081 | 0,0150 | 0,0256 | 0,0410 | 0,0625 |
| 5 | 0 | 0,7738 | 0,5905 | 0,4437 | 0,3277 | 0,2373 | 0,1681 | 0,1160 | 0,0778 | 0,0503 | 0,0313 |
| 5 | 1 | 0,2036 | 0,3281 | 0,3915 | 0,4096 | 0,3955 | 0,3602 | 0,3124 | 0,2592 | 0,2059 | 0,1563 |
| 5 | 2 | 0,0214 | 0,0729 | 0,1382 | 0,2048 | 0,2637 | 0,3087 | 0,3364 | 0,3456 | 0,3369 | 0,3125 |
| 5 | 3 | 0,0011 | 0,0081 | 0,0244 | 0,0512 | 0,0879 | 0,1323 | 0,1811 | 0,2304 | 0,2757 | 0,3125 |
| 5 | 4 | 0,0000 | 0,0005 | 0,0022 | 0,0064 | 0,0146 | 0,0284 | 0,0488 | 0,0768 | 0,1128 | 0,1563 |
| 5 | 5 | 0,0000 | 0,0000 | 0,0001 | 0,0003 | 0,0010 | 0,0024 | 0,0053 | 0,0102 | 0,0185 | 0,0313 |
| 6 | 0 | 0,7351 | 0,5314 | 0,3771 | 0,2621 | 0,1780 | 0,1176 | 0,0754 | 0,0467 | 0,0277 | 0,0156 |
| 6 | 1 | 0,2321 | 0,3543 | 0,3993 | 0,3932 | 0,3560 | 0,3025 | 0,2437 | 0,1866 | 0,1359 | 0,0938 |
| 6 | 2 | 0,0305 | 0,0984 | 0,1762 | 0,2458 | 0,2966 | 0,3241 | 0,3280 | 0,3110 | 0,2780 | 0,2344 |
| 6 | 3 | 0,0021 | 0,0146 | 0,0415 | 0,0819 | 0,1318 | 0,1852 | 0,2355 | 0,2765 | 0,3032 | 0,3125 |
| 6 | 4 | 0,0001 | 0,0012 | 0,0055 | 0,0154 | 0,0330 | 0,0595 | 0,0951 | 0,1382 | 0,1861 | 0,2344 |
| 6 | 5 | 0,0000 | 0,0001 | 0,0004 | 0,0015 | 0,0044 | 0,0102 | 0,0205 | 0,0369 | 0,0609 | 0,0938 |
| 6 | 6 | 0,0000 | 0,0000 | 0,0000 | 0,0001 | 0,0002 | 0,0007 | 0,0018 | 0,0041 | 0,0083 | 0,0156 |
| 7 | 0 | 0,6983 | 0,4783 | 0,3206 | 0,2097 | 0,1335 | 0,0824 | 0,0490 | 0,0280 | 0,0152 | 0,0078 |
| 7 | 1 | 0,2573 | 0,3720 | 0,3960 | 0,3670 | 0,3115 | 0,2471 | 0,1848 | 0,1306 | 0,0872 | 0,0547 |
| 7 | 2 | 0,0406 | 0,1240 | 0,2097 | 0,2753 | 0,3115 | 0,3177 | 0,2985 | 0,2613 | 0,2140 | 0,1641 |
| 7 | 3 | 0,0036 | 0,0230 | 0,0617 | 0,1147 | 0,1730 | 0,2269 | 0,2679 | 0,2903 | 0,2918 | 0,2734 |
| 7 | 4 | 0,0002 | 0,0026 | 0,0109 | 0,0287 | 0,0577 | 0,0972 | 0,1442 | 0,1935 | 0,2388 | 0,2734 |
| 7 | 5 | 0,0000 | 0,0002 | 0,0012 | 0,0043 | 0,0115 | 0,0250 | 0,0466 | 0,0774 | 0,1172 | 0,1641 |
| 7 | 6 | 0,0000 | 0,0000 | 0,0001 | 0,0004 | 0,0013 | 0,0036 | 0,0084 | 0,0172 | 0,0320 | 0,0547 |
| 7 | 7 | 0,0000 | 0,0000 | 0,0000 | 0,0000 | 0,0001 | 0,0002 | 0,0006 | 0,0016 | 0,0037 | 0,0078 |
| 8 | 0 | 0,6634 | 0,4305 | 0,2725 | 0,1678 | 0,1001 | 0,0576 | 0,0319 | 0,0168 | 0,0084 | 0,0039 |
| 8 | 1 | 0,2793 | 0,3826 | 0,3847 | 0,3355 | 0,2670 | 0,1977 | 0,1373 | 0,0896 | 0,0548 | 0,0313 |
| 8 | 2 | 0,0515 | 0,1488 | 0,2376 | 0,2936 | 0,3115 | 0,2965 | 0,2587 | 0,2090 | 0,1569 | 0,1094 |
| 8 | 3 | 0,0054 | 0,0331 | 0,0839 | 0,1468 | 0,2076 | 0,2541 | 0,2786 | 0,2787 | 0,2568 | 0,2188 |
| 8 | 4 | 0,0004 | 0,0046 | 0,0185 | 0,0459 | 0,0865 | 0,1361 | 0,1875 | 0,2322 | 0,2627 | 0,2734 |
| 8 | 5 | 0,0000 | 0,0004 | 0,0026 | 0,0092 | 0,0231 | 0,0467 | 0,0808 | 0,1239 | 0,1719 | 0,2188 |
| 8 | 6 | 0,0000 | 0,0000 | 0,0002 | 0,0011 | 0,0038 | 0,0100 | 0,0217 | 0,0413 | 0,0703 | 0,1094 |
| 8 | 7 | 0,0000 | 0,0000 | 0,0000 | 0,0001 | 0,0004 | 0,0012 | 0,0033 | 0,0079 | 0,0164 | 0,0313 |
| 8 | 8 | 0,0000 | 0,0000 | 0,0000 | 0,0000 | 0,0000 | 0,0001 | 0,0002 | 0,0007 | 0,0017 | 0,0039 |

## Tabelle 1a: Binomialverteilung; Wahrscheinlichkeitsfunktion $f_B(x)$

| | | Θ | | | | | | | | | |
|---|---|---|---|---|---|---|---|---|---|---|---|
| n | x | 0,05 | 0,10 | 0,15 | 0,20 | 0,25 | 0,30 | 0,35 | 0,40 | 0,45 | 0,50 |
| 9 | 0 | 0,6302 | 0,3874 | 0,2316 | 0,1342 | 0,0751 | 0,0404 | 0,0207 | 0,0101 | 0,0046 | 0,0020 |
| 9 | 1 | 0,2985 | 0,3874 | 0,3679 | 0,3020 | 0,2253 | 0,1556 | 0,1004 | 0,0605 | 0,0339 | 0,0176 |
| 9 | 2 | 0,0629 | 0,1722 | 0,2597 | 0,3020 | 0,3003 | 0,2668 | 0,2162 | 0,1612 | 0,1110 | 0,0703 |
| 9 | 3 | 0,0077 | 0,0446 | 0,1069 | 0,1762 | 0,2336 | 0,2668 | 0,2716 | 0,2508 | 0,2119 | 0,1641 |
| 9 | 4 | 0,0006 | 0,0074 | 0,0283 | 0,0661 | 0,1168 | 0,1715 | 0,2194 | 0,2508 | 0,2600 | 0,2461 |
| 9 | 5 | 0,0000 | 0,0008 | 0,0050 | 0,0165 | 0,0389 | 0,0735 | 0,1181 | 0,1672 | 0,2128 | 0,2461 |
| 9 | 6 | 0,0000 | 0,0001 | 0,0006 | 0,0028 | 0,0087 | 0,0210 | 0,0424 | 0,0743 | 0,1160 | 0,1641 |
| 9 | 7 | 0,0000 | 0,0000 | 0,0000 | 0,0003 | 0,0012 | 0,0039 | 0,0098 | 0,0212 | 0,0407 | 0,0703 |
| 9 | 8 | 0,0000 | 0,0000 | 0,0000 | 0,0000 | 0,0001 | 0,0004 | 0,0013 | 0,0035 | 0,0083 | 0,0176 |
| 9 | 9 | 0,0000 | 0,0000 | 0,0000 | 0,0000 | 0,0000 | 0,0000 | 0,0001 | 0,0003 | 0,0008 | 0,0020 |
| 10 | 0 | 0,5987 | 0,3487 | 0,1969 | 0,1074 | 0,0563 | 0,0282 | 0,0135 | 0,0060 | 0,0025 | 0,0010 |
| 10 | 1 | 0,3151 | 0,3874 | 0,3474 | 0,2684 | 0,1877 | 0,1211 | 0,0725 | 0,0403 | 0,0207 | 0,0098 |
| 10 | 2 | 0,0746 | 0,1937 | 0,2759 | 0,3020 | 0,2816 | 0,2335 | 0,1757 | 0,1209 | 0,0763 | 0,0439 |
| 10 | 3 | 0,0105 | 0,0574 | 0,1298 | 0,2013 | 0,2503 | 0,2668 | 0,2522 | 0,2150 | 0,1665 | 0,1172 |
| 10 | 4 | 0,0010 | 0,0112 | 0,0401 | 0,0881 | 0,1460 | 0,2001 | 0,2377 | 0,2508 | 0,2384 | 0,2051 |
| 10 | 5 | 0,0001 | 0,0015 | 0,0085 | 0,0264 | 0,0584 | 0,1029 | 0,1536 | 0,2007 | 0,2340 | 0,2461 |
| 10 | 6 | 0,0000 | 0,0001 | 0,0012 | 0,0055 | 0,0162 | 0,0368 | 0,0689 | 0,1115 | 0,1596 | 0,2051 |
| 10 | 7 | 0,0000 | 0,0000 | 0,0001 | 0,0008 | 0,0031 | 0,0090 | 0,0212 | 0,0425 | 0,0746 | 0,1172 |
| 10 | 8 | 0,0000 | 0,0000 | 0,0000 | 0,0001 | 0,0004 | 0,0014 | 0,0043 | 0,0106 | 0,0229 | 0,0439 |
| 10 | 9 | 0,0000 | 0,0000 | 0,0000 | 0,0000 | 0,0000 | 0,0001 | 0,0005 | 0,0016 | 0,0042 | 0,0098 |
| 10 | 10 | 0,0000 | 0,0000 | 0,0000 | 0,0000 | 0,0000 | 0,0000 | 0,0000 | 0,0001 | 0,0003 | 0,0010 |

## Tabelle 1b: Binomialverteilung; Verteilungsfunktion $F_B(x)$

| | | Θ | | | | | | | | | |
|---|---|---|---|---|---|---|---|---|---|---|---|
| n | x | 0,05 | 0,10 | 0,15 | 0,20 | 0,25 | 0,30 | 0,35 | 0,40 | 0,45 | 0,50 |
| 1 | 0 | 0,9500 | 0,9000 | 0,8500 | 0,8000 | 0,7500 | 0,7000 | 0,6500 | 0,6000 | 0,5500 | 0,5000 |
| 1 | 1 | 1,0000 | 1,0000 | 1,0000 | 1,0000 | 1,0000 | 1,0000 | 1,0000 | 1,0000 | 1,0000 | 1,0000 |
| 2 | 0 | 0,9025 | 0,8100 | 0,7225 | 0,6400 | 0,5625 | 0,4900 | 0,4225 | 0,3600 | 0,3025 | 0,2500 |
| 2 | 1 | 0,9975 | 0,9900 | 0,9775 | 0,9600 | 0,9375 | 0,9100 | 0,8775 | 0,8400 | 0,7975 | 0,7500 |
| 2 | 2 | 1,0000 | 1,0000 | 1,0000 | 1,0000 | 1,0000 | 1,0000 | 1,0000 | 1,0000 | 1,0000 | 1,0000 |
| 3 | 0 | 0,8574 | 0,7290 | 0,6141 | 0,5120 | 0,4219 | 0,3430 | 0,2746 | 0,2160 | 0,1664 | 0,1250 |
| 3 | 1 | 0,9928 | 0,9720 | 0,9393 | 0,8960 | 0,8438 | 0,7840 | 0,7183 | 0,6480 | 0,5748 | 0,5000 |
| 3 | 2 | 0,9999 | 0,9990 | 0,9966 | 0,9920 | 0,9844 | 0,9730 | 0,9571 | 0,9360 | 0,9089 | 0,8750 |
| 3 | 3 | 1,0000 | 1,0000 | 1,0000 | 1,0000 | 1,0000 | 1,0000 | 1,0000 | 1,0000 | 1,0000 | 1,0000 |
| 4 | 0 | 0,8145 | 0,6561 | 0,5220 | 0,4096 | 0,3164 | 0,2401 | 0,1785 | 0,1296 | 0,0915 | 0,0625 |
| 4 | 1 | 0,9860 | 0,9477 | 0,8905 | 0,8192 | 0,7383 | 0,6517 | 0,5630 | 0,4752 | 0,3910 | 0,3125 |
| 4 | 2 | 0,9995 | 0,9963 | 0,9880 | 0,9728 | 0,9492 | 0,9163 | 0,8735 | 0,8208 | 0,7585 | 0,6875 |
| 4 | 3 | 1,0000 | 0,9999 | 0,9995 | 0,9984 | 0,9961 | 0,9919 | 0,9850 | 0,9744 | 0,9590 | 0,9375 |
| 4 | 4 | 1,0000 | 1,0000 | 1,0000 | 1,0000 | 1,0000 | 1,0000 | 1,0000 | 1,0000 | 1,0000 | 1,0000 |

# Tabelle 1b: Binomialverteilung; Verteilungsfunktion $F_B(x)$

| | | Θ | | | | | | | | | |
|---|---|---|---|---|---|---|---|---|---|---|---|
| n | x | 0,05 | 0,10 | 0,15 | 0,20 | 0,25 | 0,30 | 0,35 | 0,40 | 0,45 | 0,50 |
| 5 | 0 | 0,7738 | 0,5905 | 0,4437 | 0,3277 | 0,2373 | 0,1681 | 0,1160 | 0,0778 | 0,0503 | 0,0313 |
| 5 | 1 | 0,9774 | 0,9185 | 0,8352 | 0,7373 | 0,6328 | 0,5282 | 0,4284 | 0,3370 | 0,2562 | 0,1875 |
| 5 | 2 | 0,9988 | 0,9914 | 0,9734 | 0,9421 | 0,8965 | 0,8369 | 0,7648 | 0,6826 | 0,5931 | 0,5000 |
| 5 | 3 | 1,0000 | 0,9995 | 0,9978 | 0,9933 | 0,9844 | 0,9692 | 0,9460 | 0,9130 | 0,8688 | 0,8125 |
| 5 | 4 | 1,0000 | 1,0000 | 0,9999 | 0,9997 | 0,9990 | 0,9976 | 0,9947 | 0,9898 | 0,9815 | 0,9688 |
| 5 | 5 | 1,0000 | 1,0000 | 1,0000 | 1,0000 | 1,0000 | 1,0000 | 1,0000 | 1,0000 | 1,0000 | 1,0000 |
| 6 | 0 | 0,7351 | 0,5314 | 0,3771 | 0,2621 | 0,1780 | 0,1176 | 0,0754 | 0,0467 | 0,0277 | 0,0156 |
| 6 | 1 | 0,9672 | 0,8857 | 0,7765 | 0,6554 | 0,5339 | 0,4202 | 0,3191 | 0,2333 | 0,1636 | 0,1094 |
| 6 | 2 | 0,9978 | 0,9842 | 0,9527 | 0,9011 | 0,8306 | 0,7443 | 0,6471 | 0,5443 | 0,4415 | 0,3438 |
| 6 | 3 | 0,9999 | 0,9987 | 0,9941 | 0,9830 | 0,9624 | 0,9295 | 0,8826 | 0,8208 | 0,7447 | 0,6563 |
| 6 | 4 | 1,0000 | 0,9999 | 0,9996 | 0,9984 | 0,9954 | 0,9891 | 0,9777 | 0,9590 | 0,9308 | 0,8906 |
| 6 | 5 | 1,0000 | 1,0000 | 1,0000 | 0,9999 | 0,9998 | 0,9993 | 0,9982 | 0,9959 | 0,9917 | 0,9844 |
| 6 | 6 | 1,0000 | 1,0000 | 1,0000 | 1,0000 | 1,0000 | 1,0000 | 1,0000 | 1,0000 | 1,0000 | 1,0000 |
| 7 | 0 | 0,6983 | 0,4783 | 0,3206 | 0,2097 | 0,1335 | 0,0824 | 0,0490 | 0,0280 | 0,0152 | 0,0078 |
| 7 | 1 | 0,9556 | 0,8503 | 0,7166 | 0,5767 | 0,4449 | 0,3294 | 0,2338 | 0,1586 | 0,1024 | 0,0625 |
| 7 | 2 | 0,9962 | 0,9743 | 0,9262 | 0,8520 | 0,7564 | 0,6471 | 0,5323 | 0,4199 | 0,3164 | 0,2266 |
| 7 | 3 | 0,9998 | 0,9973 | 0,9879 | 0,9667 | 0,9294 | 0,8740 | 0,8002 | 0,7102 | 0,6083 | 0,5000 |
| 7 | 4 | 1,0000 | 0,9998 | 0,9988 | 0,9953 | 0,9871 | 0,9712 | 0,9444 | 0,9037 | 0,8471 | 0,7734 |
| 7 | 5 | 1,0000 | 1,0000 | 0,9999 | 0,9996 | 0,9987 | 0,9962 | 0,9910 | 0,9812 | 0,9643 | 0,9375 |
| 7 | 6 | 1,0000 | 1,0000 | 1,0000 | 1,0000 | 0,9999 | 0,9998 | 0,9994 | 0,9984 | 0,9963 | 0,9922 |
| 7 | 7 | 1,0000 | 1,0000 | 1,0000 | 1,0000 | 1,0000 | 1,0000 | 1,0000 | 1,0000 | 1,0000 | 1,0000 |
| 8 | 0 | 0,6634 | 0,4305 | 0,2725 | 0,1678 | 0,1001 | 0,0576 | 0,0319 | 0,0168 | 0,0084 | 0,0039 |
| 8 | 1 | 0,9428 | 0,8131 | 0,6572 | 0,5033 | 0,3671 | 0,2553 | 0,1691 | 0,1064 | 0,0632 | 0,0352 |
| 8 | 2 | 0,9942 | 0,9619 | 0,8948 | 0,7969 | 0,6785 | 0,5518 | 0,4278 | 0,3154 | 0,2201 | 0,1445 |
| 8 | 3 | 0,9996 | 0,9950 | 0,9786 | 0,9437 | 0,8862 | 0,8059 | 0,7064 | 0,5941 | 0,4770 | 0,3633 |
| 8 | 4 | 1,0000 | 0,9996 | 0,9971 | 0,9896 | 0,9727 | 0,9420 | 0,8939 | 0,8263 | 0,7396 | 0,6367 |
| 8 | 5 | 1,0000 | 1,0000 | 0,9998 | 0,9988 | 0,9958 | 0,9887 | 0,9747 | 0,9502 | 0,9115 | 0,8555 |
| 8 | 6 | 1,0000 | 1,0000 | 1,0000 | 0,9999 | 0,9996 | 0,9987 | 0,9964 | 0,9915 | 0,9819 | 0,9648 |
| 8 | 7 | 1,0000 | 1,0000 | 1,0000 | 1,0000 | 1,0000 | 0,9999 | 0,9998 | 0,9993 | 0,9983 | 0,9961 |
| 8 | 8 | 1,0000 | 1,0000 | 1,0000 | 1,0000 | 1,0000 | 1,0000 | 1,0000 | 1,0000 | 1,0000 | 1,0000 |
| 9 | 0 | 0,6302 | 0,3874 | 0,2316 | 0,1342 | 0,0751 | 0,0404 | 0,0207 | 0,0101 | 0,0046 | 0,0020 |
| 9 | 1 | 0,9288 | 0,7748 | 0,5995 | 0,4362 | 0,3003 | 0,1960 | 0,1211 | 0,0705 | 0,0385 | 0,0195 |
| 9 | 2 | 0,9916 | 0,9470 | 0,8591 | 0,7382 | 0,6007 | 0,4628 | 0,3373 | 0,2318 | 0,1495 | 0,0898 |
| 9 | 3 | 0,9994 | 0,9917 | 0,9661 | 0,9144 | 0,8343 | 0,7297 | 0,6089 | 0,4826 | 0,3614 | 0,2539 |
| 9 | 4 | 1,0000 | 0,9991 | 0,9944 | 0,9804 | 0,9511 | 0,9012 | 0,8283 | 0,7334 | 0,6214 | 0,5000 |
| 9 | 5 | 1,0000 | 0,9999 | 0,9994 | 0,9969 | 0,9900 | 0,9747 | 0,9464 | 0,9006 | 0,8342 | 0,7461 |
| 9 | 6 | 1,0000 | 1,0000 | 1,0000 | 0,9997 | 0,9987 | 0,9957 | 0,9888 | 0,9750 | 0,9502 | 0,9102 |
| 9 | 7 | 1,0000 | 1,0000 | 1,0000 | 1,0000 | 0,9999 | 0,9996 | 0,9986 | 0,9962 | 0,9909 | 0,9805 |
| 9 | 8 | 1,0000 | 1,0000 | 1,0000 | 1,0000 | 1,0000 | 1,0000 | 0,9999 | 0,9997 | 0,9992 | 0,9980 |
| 9 | 9 | 1,0000 | 1,0000 | 1,0000 | 1,0000 | 1,0000 | 1,0000 | 1,0000 | 1,0000 | 1,0000 | 1,0000 |
| 10 | 0 | 0,5987 | 0,3487 | 0,1969 | 0,1074 | 0,0563 | 0,0282 | 0,0135 | 0,0060 | 0,0025 | 0,0010 |
| 10 | 1 | 0,9139 | 0,7361 | 0,5443 | 0,3758 | 0,2440 | 0,1493 | 0,0860 | 0,0464 | 0,0233 | 0,0107 |
| 10 | 2 | 0,9885 | 0,9298 | 0,8202 | 0,6778 | 0,5256 | 0,3828 | 0,2616 | 0,1673 | 0,0996 | 0,0547 |
| 10 | 3 | 0,9990 | 0,9872 | 0,9500 | 0,8791 | 0,7759 | 0,6496 | 0,5138 | 0,3823 | 0,2660 | 0,1719 |
| 10 | 4 | 0,9999 | 0,9984 | 0,9901 | 0,9672 | 0,9219 | 0,8497 | 0,7515 | 0,6331 | 0,5044 | 0,3770 |
| 10 | 5 | 1,0000 | 0,9999 | 0,9986 | 0,9936 | 0,9803 | 0,9527 | 0,9051 | 0,8338 | 0,7384 | 0,6230 |
| 10 | 6 | 1,0000 | 1,0000 | 0,9999 | 0,9991 | 0,9965 | 0,9894 | 0,9740 | 0,9452 | 0,8980 | 0,8281 |
| 10 | 7 | 1,0000 | 1,0000 | 1,0000 | 0,9999 | 0,9996 | 0,9984 | 0,9952 | 0,9877 | 0,9726 | 0,9453 |
| 10 | 8 | 1,0000 | 1,0000 | 1,0000 | 1,0000 | 1,0000 | 0,9999 | 0,9995 | 0,9983 | 0,9955 | 0,9893 |
| 10 | 9 | 1,0000 | 1,0000 | 1,0000 | 1,0000 | 1,0000 | 1,0000 | 1,0000 | 0,9999 | 0,9997 | 0,9990 |
| 10 | 10 | 1,0000 | 1,0000 | 1,0000 | 1,0000 | 1,0000 | 1,0000 | 1,0000 | 1,0000 | 1,0000 | 1,0000 |

# Tabelle 2a: Poissonverteilung; Wahrscheinlichkeitsfunktion $f_P(x)$

| μ | | 0,01 | 0,02 | 0,03 | 0,04 | 0,05 | 0,06 | 0,07 | 0,08 | 0,09 | 0,1 |
|---|---|---|---|---|---|---|---|---|---|---|---|
| x | 0 | 0,9900 | 0,9802 | 0,9704 | 0,9608 | 0,9512 | 0,9418 | 0,9324 | 0,9231 | 0,9139 | 0,9048 |
| | 1 | 0,0099 | 0,0196 | 0,0291 | 0,0384 | 0,0476 | 0,0565 | 0,0653 | 0,0738 | 0,0823 | 0,0905 |
| | 2 | 0,0000 | 0,0002 | 0,0004 | 0,0008 | 0,0012 | 0,0017 | 0,0023 | 0,0030 | 0,0037 | 0,0045 |
| | 3 | 0,0000 | 0,0000 | 0,0000 | 0,0000 | 0,0000 | 0,0000 | 0,0001 | 0,0001 | 0,0001 | 0,0002 |
| μ | | 0,1 | 0,2 | 0,3 | 0,4 | 0,5 | 0,6 | 0,7 | 0,8 | 0,9 | 1 |
| x | 0 | 0,9048 | 0,8187 | 0,7408 | 0,6703 | 0,6065 | 0,5488 | 0,4966 | 0,4493 | 0,4066 | 0,3679 |
| | 1 | 0,0905 | 0,1637 | 0,2222 | 0,2681 | 0,3033 | 0,3293 | 0,3476 | 0,3595 | 0,3659 | 0,3679 |
| | 2 | 0,0045 | 0,0164 | 0,0333 | 0,0536 | 0,0758 | 0,0988 | 0,1217 | 0,1438 | 0,1647 | 0,1839 |
| | 3 | 0,0002 | 0,0011 | 0,0033 | 0,0072 | 0,0126 | 0,0198 | 0,0284 | 0,0383 | 0,0494 | 0,0613 |
| | 4 | 0,0000 | 0,0001 | 0,0003 | 0,0007 | 0,0016 | 0,0030 | 0,0050 | 0,0077 | 0,0111 | 0,0153 |
| | 5 | 0,0000 | 0,0000 | 0,0000 | 0,0001 | 0,0002 | 0,0004 | 0,0007 | 0,0012 | 0,0020 | 0,0031 |
| | 6 | 0,0000 | 0,0000 | 0,0000 | 0,0000 | 0,0000 | 0,0000 | 0,0001 | 0,0002 | 0,0003 | 0,0005 |
| | 7 | 0,0000 | 0,0000 | 0,0000 | 0,0000 | 0,0000 | 0,0000 | 0,0000 | 0,0000 | 0,0000 | 0,0001 |
| μ | | 1,1 | 1,2 | 1,3 | 1,4 | 1,5 | 1,6 | 1,7 | 1,8 | 1,9 | 2 |
| x | 0 | 0,3329 | 0,3012 | 0,2725 | 0,2466 | 0,2231 | 0,2019 | 0,1827 | 0,1653 | 0,1496 | 0,1353 |
| | 1 | 0,3662 | 0,3614 | 0,3543 | 0,3452 | 0,3347 | 0,3230 | 0,3106 | 0,2975 | 0,2842 | 0,2707 |
| | 2 | 0,2014 | 0,2169 | 0,2303 | 0,2417 | 0,2510 | 0,2584 | 0,2640 | 0,2678 | 0,2700 | 0,2707 |
| | 3 | 0,0738 | 0,0867 | 0,0998 | 0,1128 | 0,1255 | 0,1378 | 0,1496 | 0,1607 | 0,1710 | 0,1804 |
| | 4 | 0,0203 | 0,0260 | 0,0324 | 0,0395 | 0,0471 | 0,0551 | 0,0636 | 0,0723 | 0,0812 | 0,0902 |
| | 5 | 0,0045 | 0,0062 | 0,0084 | 0,0111 | 0,0141 | 0,0176 | 0,0216 | 0,0260 | 0,0309 | 0,0361 |
| | 6 | 0,0008 | 0,0012 | 0,0018 | 0,0026 | 0,0035 | 0,0047 | 0,0061 | 0,0078 | 0,0098 | 0,0120 |
| | 7 | 0,0001 | 0,0002 | 0,0003 | 0,0005 | 0,0008 | 0,0011 | 0,0015 | 0,0020 | 0,0027 | 0,0034 |
| | 8 | 0,0000 | 0,0000 | 0,0001 | 0,0001 | 0,0001 | 0,0002 | 0,0003 | 0,0005 | 0,0006 | 0,0009 |
| | 9 | 0,0000 | 0,0000 | 0,0000 | 0,0000 | 0,0000 | 0,0000 | 0,0001 | 0,0001 | 0,0001 | 0,0002 |
| μ | | 2,1 | 2,2 | 2,3 | 2,4 | 2,5 | 2,6 | 2,7 | 2,8 | 2,9 | 3 |
| x | 0 | 0,1225 | 0,1108 | 0,1003 | 0,0907 | 0,0821 | 0,0743 | 0,0672 | 0,0608 | 0,0550 | 0,0498 |
| | 1 | 0,2572 | 0,2438 | 0,2306 | 0,2177 | 0,2052 | 0,1931 | 0,1815 | 0,1703 | 0,1596 | 0,1494 |
| | 2 | 0,2700 | 0,2681 | 0,2652 | 0,2613 | 0,2565 | 0,2510 | 0,2450 | 0,2384 | 0,2314 | 0,2240 |
| | 3 | 0,1890 | 0,1966 | 0,2033 | 0,2090 | 0,2138 | 0,2176 | 0,2205 | 0,2225 | 0,2237 | 0,2240 |
| | 4 | 0,0992 | 0,1082 | 0,1169 | 0,1254 | 0,1336 | 0,1414 | 0,1488 | 0,1557 | 0,1622 | 0,1680 |
| | 5 | 0,0417 | 0,0476 | 0,0538 | 0,0602 | 0,0668 | 0,0735 | 0,0804 | 0,0872 | 0,0940 | 0,1008 |
| | 6 | 0,0146 | 0,0174 | 0,0206 | 0,0241 | 0,0278 | 0,0319 | 0,0362 | 0,0407 | 0,0455 | 0,0504 |
| | 7 | 0,0044 | 0,0055 | 0,0068 | 0,0083 | 0,0099 | 0,0118 | 0,0139 | 0,0163 | 0,0188 | 0,0216 |
| | 8 | 0,0011 | 0,0015 | 0,0019 | 0,0025 | 0,0031 | 0,0038 | 0,0047 | 0,0057 | 0,0068 | 0,0081 |
| | 9 | 0,0003 | 0,0004 | 0,0005 | 0,0007 | 0,0009 | 0,0011 | 0,0014 | 0,0018 | 0,0022 | 0,0027 |
| | 10 | 0,0001 | 0,0001 | 0,0001 | 0,0002 | 0,0002 | 0,0003 | 0,0004 | 0,0005 | 0,0006 | 0,0008 |
| | 11 | 0,0000 | 0,0000 | 0,0000 | 0,0000 | 0,0000 | 0,0001 | 0,0001 | 0,0001 | 0,0002 | 0,0002 |
| | 12 | 0,0000 | 0,0000 | 0,0000 | 0,0000 | 0,0000 | 0,0000 | 0,0000 | 0,0000 | 0,0000 | 0,0001 |
| μ | | 3,1 | 3,2 | 3,3 | 3,4 | 3,5 | 3,6 | 3,7 | 3,8 | 3,9 | 4 |
| x | 0 | 0,0450 | 0,0408 | 0,0369 | 0,0334 | 0,0302 | 0,0273 | 0,0247 | 0,0224 | 0,0202 | 0,0183 |
| | 1 | 0,1397 | 0,1304 | 0,1217 | 0,1135 | 0,1057 | 0,0984 | 0,0915 | 0,0850 | 0,0789 | 0,0733 |
| | 2 | 0,2165 | 0,2087 | 0,2008 | 0,1929 | 0,1850 | 0,1771 | 0,1692 | 0,1615 | 0,1539 | 0,1465 |
| | 3 | 0,2237 | 0,2226 | 0,2209 | 0,2186 | 0,2158 | 0,2125 | 0,2087 | 0,2046 | 0,2001 | 0,1954 |
| | 4 | 0,1733 | 0,1781 | 0,1823 | 0,1858 | 0,1888 | 0,1912 | 0,1931 | 0,1944 | 0,1951 | 0,1954 |
| | 5 | 0,1075 | 0,1140 | 0,1203 | 0,1264 | 0,1322 | 0,1377 | 0,1429 | 0,1477 | 0,1522 | 0,1563 |
| | 6 | 0,0555 | 0,0608 | 0,0662 | 0,0716 | 0,0771 | 0,0826 | 0,0881 | 0,0936 | 0,0989 | 0,1042 |
| | 7 | 0,0246 | 0,0278 | 0,0312 | 0,0348 | 0,0385 | 0,0425 | 0,0466 | 0,0508 | 0,0551 | 0,0595 |

## Tabelle 2a: Poissonverteilung; Wahrscheinlichkeitsfunktion $f_P(x)$

| μ | 3,1 | 3,2 | 3,3 | 3,4 | 3,5 | 3,6 | 3,7 | 3,8 | 3,9 | 4 |
|---|---|---|---|---|---|---|---|---|---|---|
| x 8 | 0,0095 | 0,0111 | 0,0129 | 0,0148 | 0,0169 | 0,0191 | 0,0215 | 0,0241 | 0,0269 | 0,0298 |
| 9 | 0,0033 | 0,0040 | 0,0047 | 0,0056 | 0,0066 | 0,0076 | 0,0089 | 0,0102 | 0,0116 | 0,0132 |
| 10 | 0,0010 | 0,0013 | 0,0016 | 0,0019 | 0,0023 | 0,0028 | 0,0033 | 0,0039 | 0,0045 | 0,0053 |
| 11 | 0,0003 | 0,0004 | 0,0005 | 0,0006 | 0,0007 | 0,0009 | 0,0011 | 0,0013 | 0,0016 | 0,0019 |
| 12 | 0,0001 | 0,0001 | 0,0001 | 0,0002 | 0,0002 | 0,0003 | 0,0003 | 0,0004 | 0,0005 | 0,0006 |
| 13 | 0,0000 | 0,0000 | 0,0000 | 0,0000 | 0,0001 | 0,0001 | 0,0001 | 0,0001 | 0,0002 | 0,0002 |
| 14 | 0,0000 | 0,0000 | 0,0000 | 0,0000 | 0,0000 | 0,0000 | 0,0000 | 0,0000 | 0,0000 | 0,0001 |
| μ | 4,1 | 4,2 | 4,3 | 4,4 | 4,5 | 4,6 | 4,7 | 4,8 | 4,9 | 5 |
| x 0 | 0,0166 | 0,0150 | 0,0136 | 0,0123 | 0,0111 | 0,0101 | 0,0091 | 0,0082 | 0,0074 | 0,0067 |
| 1 | 0,0679 | 0,0630 | 0,0583 | 0,0540 | 0,0500 | 0,0462 | 0,0427 | 0,0395 | 0,0365 | 0,0337 |
| 2 | 0,1393 | 0,1323 | 0,1254 | 0,1188 | 0,1125 | 0,1063 | 0,1005 | 0,0948 | 0,0894 | 0,0842 |
| 3 | 0,1904 | 0,1852 | 0,1798 | 0,1743 | 0,1687 | 0,1631 | 0,1574 | 0,1517 | 0,1460 | 0,1404 |
| 4 | 0,1951 | 0,1944 | 0,1933 | 0,1917 | 0,1898 | 0,1875 | 0,1849 | 0,1820 | 0,1789 | 0,1755 |
| 5 | 0,1600 | 0,1633 | 0,1662 | 0,1687 | 0,1708 | 0,1725 | 0,1738 | 0,1747 | 0,1753 | 0,1755 |
| 6 | 0,1093 | 0,1143 | 0,1191 | 0,1237 | 0,1281 | 0,1323 | 0,1362 | 0,1398 | 0,1432 | 0,1462 |
| 7 | 0,0640 | 0,0686 | 0,0732 | 0,0778 | 0,0824 | 0,0869 | 0,0914 | 0,0959 | 0,1002 | 0,1044 |
| 8 | 0,0328 | 0,0360 | 0,0393 | 0,0428 | 0,0463 | 0,0500 | 0,0537 | 0,0575 | 0,0614 | 0,0653 |
| 9 | 0,0150 | 0,0168 | 0,0188 | 0,0209 | 0,0232 | 0,0255 | 0,0281 | 0,0307 | 0,0334 | 0,0363 |
| 10 | 0,0061 | 0,0071 | 0,0081 | 0,0092 | 0,0104 | 0,0118 | 0,0132 | 0,0147 | 0,0164 | 0,0181 |
| 11 | 0,0023 | 0,0027 | 0,0032 | 0,0037 | 0,0043 | 0,0049 | 0,0056 | 0,0064 | 0,0073 | 0,0082 |
| 12 | 0,0008 | 0,0009 | 0,0011 | 0,0013 | 0,0016 | 0,0019 | 0,0022 | 0,0026 | 0,0030 | 0,0034 |
| 13 | 0,0002 | 0,0003 | 0,0004 | 0,0005 | 0,0006 | 0,0007 | 0,0008 | 0,0009 | 0,0011 | 0,0013 |
| 14 | 0,0001 | 0,0001 | 0,0001 | 0,0001 | 0,0002 | 0,0002 | 0,0003 | 0,0003 | 0,0004 | 0,0005 |
| 15 | 0,0000 | 0,0000 | 0,0000 | 0,0000 | 0,0001 | 0,0001 | 0,0001 | 0,0001 | 0,0001 | 0,0002 |
| 16 | 0,0000 | 0,0000 | 0,0000 | 0,0000 | 0,0000 | 0,0000 | 0,0000 | 0,0000 | 0,0000 | 0,0000 |
| μ | 5,2 | 5,4 | 5,6 | 5,8 | 6 | 6,2 | 6,4 | 6,6 | 6,8 | 7 |
| x 0 | 0,0055 | 0,0045 | 0,0037 | 0,0030 | 0,0025 | 0,0020 | 0,0017 | 0,0014 | 0,0011 | 0,0009 |
| 1 | 0,0287 | 0,0244 | 0,0207 | 0,0176 | 0,0149 | 0,0126 | 0,0106 | 0,0090 | 0,0076 | 0,0064 |
| 2 | 0,0746 | 0,0659 | 0,0580 | 0,0509 | 0,0446 | 0,0390 | 0,0340 | 0,0296 | 0,0258 | 0,0223 |
| 3 | 0,1293 | 0,1185 | 0,1082 | 0,0985 | 0,0892 | 0,0806 | 0,0726 | 0,0652 | 0,0584 | 0,0521 |
| 4 | 0,1681 | 0,1600 | 0,1515 | 0,1428 | 0,1339 | 0,1249 | 0,1162 | 0,1076 | 0,0992 | 0,0912 |
| 5 | 0,1748 | 0,1728 | 0,1697 | 0,1656 | 0,1606 | 0,1549 | 0,1487 | 0,1420 | 0,1349 | 0,1277 |
| 6 | 0,1515 | 0,1555 | 0,1584 | 0,1601 | 0,1606 | 0,1601 | 0,1586 | 0,1562 | 0,1529 | 0,1490 |
| 7 | 0,1125 | 0,1200 | 0,1267 | 0,1326 | 0,1377 | 0,1418 | 0,1450 | 0,1472 | 0,1486 | 0,1490 |
| 8 | 0,0731 | 0,0810 | 0,0887 | 0,0962 | 0,1033 | 0,1099 | 0,1160 | 0,1215 | 0,1263 | 0,1304 |
| 9 | 0,0423 | 0,0486 | 0,0552 | 0,0620 | 0,0688 | 0,0757 | 0,0825 | 0,0891 | 0,0954 | 0,1014 |
| 10 | 0,0220 | 0,0262 | 0,0309 | 0,0359 | 0,0413 | 0,0469 | 0,0528 | 0,0588 | 0,0649 | 0,0710 |
| 11 | 0,0104 | 0,0129 | 0,0157 | 0,0190 | 0,0225 | 0,0265 | 0,0307 | 0,0353 | 0,0401 | 0,0452 |
| 12 | 0,0045 | 0,0058 | 0,0073 | 0,0092 | 0,0113 | 0,0137 | 0,0164 | 0,0194 | 0,0227 | 0,0263 |
| 13 | 0,0018 | 0,0024 | 0,0032 | 0,0041 | 0,0052 | 0,0065 | 0,0081 | 0,0099 | 0,0119 | 0,0142 |
| 14 | 0,0007 | 0,0009 | 0,0013 | 0,0017 | 0,0022 | 0,0029 | 0,0037 | 0,0046 | 0,0058 | 0,0071 |
| 15 | 0,0002 | 0,0003 | 0,0005 | 0,0007 | 0,0009 | 0,0012 | 0,0016 | 0,0020 | 0,0026 | 0,0033 |
| 16 | 0,0001 | 0,0001 | 0,0002 | 0,0002 | 0,0003 | 0,0005 | 0,0006 | 0,0008 | 0,0011 | 0,0014 |
| 17 | 0,0000 | 0,0000 | 0,0001 | 0,0001 | 0,0001 | 0,0002 | 0,0002 | 0,0003 | 0,0004 | 0,0006 |
| 18 | 0,0000 | 0,0000 | 0,0000 | 0,0000 | 0,0000 | 0,0001 | 0,0001 | 0,0001 | 0,0002 | 0,0002 |

## Tabelle 2a: Poissonverteilung; Wahrscheinlichkeitsfunktion $f_P(x)$

| μ | | 7,2 | 7,4 | 7,6 | 7,8 | 8,0 | 8,2 | 8,4 | 8,6 | 8,8 | 9,0 |
|---|---|---|---|---|---|---|---|---|---|---|---|
| x | 0 | 0,0007 | 0,0006 | 0,0005 | 0,0004 | 0,0003 | 0,0003 | 0,0002 | 0,0002 | 0,0002 | 0,0001 |
| | 1 | 0,0054 | 0,0045 | 0,0038 | 0,0032 | 0,0027 | 0,0023 | 0,0019 | 0,0016 | 0,0013 | 0,0011 |
| | 2 | 0,0194 | 0,0167 | 0,0145 | 0,0125 | 0,0107 | 0,0092 | 0,0079 | 0,0068 | 0,0058 | 0,0050 |
| | 3 | 0,0464 | 0,0413 | 0,0366 | 0,0324 | 0,0286 | 0,0252 | 0,0222 | 0,0195 | 0,0171 | 0,0150 |
| | 4 | 0,0836 | 0,0764 | 0,0696 | 0,0632 | 0,0573 | 0,0517 | 0,0466 | 0,0420 | 0,0377 | 0,0337 |
| | 5 | 0,1204 | 0,1130 | 0,1057 | 0,0986 | 0,0916 | 0,0849 | 0,0784 | 0,0722 | 0,0663 | 0,0607 |
| | 6 | 0,1445 | 0,1394 | 0,1339 | 0,1282 | 0,1221 | 0,1160 | 0,1097 | 0,1034 | 0,0972 | 0,0911 |
| | 7 | 0,1486 | 0,1474 | 0,1454 | 0,1428 | 0,1396 | 0,1358 | 0,1317 | 0,1271 | 0,1222 | 0,1171 |
| | 8 | 0,1337 | 0,1363 | 0,1381 | 0,1392 | 0,1396 | 0,1392 | 0,1382 | 0,1366 | 0,1344 | 0,1318 |
| | 9 | 0,1070 | 0,1121 | 0,1167 | 0,1207 | 0,1241 | 0,1269 | 0,1290 | 0,1306 | 0,1315 | 0,1318 |
| | 10 | 0,0770 | 0,0829 | 0,0887 | 0,0941 | 0,0993 | 0,1040 | 0,1084 | 0,1123 | 0,1157 | 0,1186 |
| | 11 | 0,0504 | 0,0558 | 0,0613 | 0,0667 | 0,0722 | 0,0776 | 0,0828 | 0,0878 | 0,0925 | 0,0970 |
| | 12 | 0,0303 | 0,0344 | 0,0388 | 0,0434 | 0,0481 | 0,0530 | 0,0579 | 0,0629 | 0,0679 | 0,0728 |
| | 13 | 0,0168 | 0,0196 | 0,0227 | 0,0260 | 0,0296 | 0,0334 | 0,0374 | 0,0416 | 0,0459 | 0,0504 |
| | 14 | 0,0086 | 0,0104 | 0,0123 | 0,0145 | 0,0169 | 0,0196 | 0,0225 | 0,0256 | 0,0289 | 0,0324 |
| | 15 | 0,0041 | 0,0051 | 0,0062 | 0,0075 | 0,0090 | 0,0107 | 0,0126 | 0,0147 | 0,0169 | 0,0194 |
| | 16 | 0,0019 | 0,0024 | 0,0030 | 0,0037 | 0,0045 | 0,0055 | 0,0066 | 0,0079 | 0,0093 | 0,0109 |
| | 17 | 0,0008 | 0,0010 | 0,0013 | 0,0017 | 0,0021 | 0,0026 | 0,0033 | 0,0040 | 0,0048 | 0,0058 |
| | 18 | 0,0003 | 0,0004 | 0,0006 | 0,0007 | 0,0009 | 0,0012 | 0,0015 | 0,0019 | 0,0024 | 0,0029 |
| | 19 | 0,0001 | 0,0002 | 0,0002 | 0,0003 | 0,0004 | 0,0005 | 0,0007 | 0,0009 | 0,0011 | 0,0014 |
| | 20 | 0,0000 | 0,0001 | 0,0001 | 0,0001 | 0,0002 | 0,0002 | 0,0003 | 0,0004 | 0,0005 | 0,0006 |
| | 21 | 0,0000 | 0,0000 | 0,0000 | 0,0000 | 0,0001 | 0,0001 | 0,0001 | 0,0002 | 0,0002 | 0,0003 |
| | 22 | 0,0000 | 0,0000 | 0,0000 | 0,0000 | 0,0000 | 0,0000 | 0,0000 | 0,0001 | 0,0001 | 0,0001 |

## Tabelle 2b: Poissonverteilung; Verteilungsfunktion $F_P(x)$

| μ | | 0,01 | 0,02 | 0,03 | 0,04 | 0,05 | 0,06 | 0,07 | 0,08 | 0,09 | 0,1 |
|---|---|---|---|---|---|---|---|---|---|---|---|
| x | 0 | 0,9900 | 0,9802 | 0,9704 | 0,9608 | 0,9512 | 0,9418 | 0,9324 | 0,9231 | 0,9139 | 0,9048 |
| | 1 | 1,0000 | 0,9998 | 0,9996 | 0,9992 | 0,9988 | 0,9983 | 0,9977 | 0,9970 | 0,9962 | 0,9953 |
| | 2 | 1,0000 | 1,0000 | 1,0000 | 1,0000 | 1,0000 | 1,0000 | 0,9999 | 0,9999 | 0,9999 | 0,9998 |
| | 3 | 1,0000 | 1,0000 | 1,0000 | 1,0000 | 1,0000 | 1,0000 | 1,0000 | 1,0000 | 1,0000 | 1,0000 |
| **μ** | | **0,1** | **0,2** | **0,3** | **0,4** | **0,5** | **0,6** | **0,7** | **0,8** | **0,9** | **1** |
| x | 0 | 0,9048 | 0,8187 | 0,7408 | 0,6703 | 0,6065 | 0,5488 | 0,4966 | 0,4493 | 0,4066 | 0,3679 |
| | 1 | 0,9953 | 0,9825 | 0,9631 | 0,9384 | 0,9098 | 0,8781 | 0,8442 | 0,8088 | 0,7725 | 0,7358 |
| | 2 | 0,9998 | 0,9989 | 0,9964 | 0,9921 | 0,9856 | 0,9769 | 0,9659 | 0,9526 | 0,9371 | 0,9197 |
| | 3 | 1,0000 | 0,9999 | 0,9997 | 0,9992 | 0,9982 | 0,9966 | 0,9942 | 0,9909 | 0,9865 | 0,9810 |
| | 4 | 1,0000 | 1,0000 | 1,0000 | 0,9999 | 0,9998 | 0,9996 | 0,9992 | 0,9986 | 0,9977 | 0,9963 |
| | 5 | 1,0000 | 1,0000 | 1,0000 | 1,0000 | 1,0000 | 1,0000 | 0,9999 | 0,9998 | 0,9997 | 0,9994 |
| | 6 | 1,0000 | 1,0000 | 1,0000 | 1,0000 | 1,0000 | 1,0000 | 1,0000 | 1,0000 | 1,0000 | 0,9999 |
| | 7 | 1,0000 | 1,0000 | 1,0000 | 1,0000 | 1,0000 | 1,0000 | 1,0000 | 1,0000 | 1,0000 | 1,0000 |

## Tabelle 2b: Poissonverteilung; Verteilungsfunktion $F_P(x)$

| μ / x | 1,1 | 1,2 | 1,3 | 1,4 | 1,5 | 1,6 | 1,7 | 1,8 | 1,9 | 2,0 |
|---|---|---|---|---|---|---|---|---|---|---|
| 0 | 0,3329 | 0,3012 | 0,2725 | 0,2466 | 0,2231 | 0,2019 | 0,1827 | 0,1653 | 0,1496 | 0,1353 |
| 1 | 0,6990 | 0,6626 | 0,6268 | 0,5918 | 0,5578 | 0,5249 | 0,4932 | 0,4628 | 0,4337 | 0,4060 |
| 2 | 0,9004 | 0,8795 | 0,8571 | 0,8335 | 0,8088 | 0,7834 | 0,7572 | 0,7306 | 0,7037 | 0,6767 |
| 3 | 0,9743 | 0,9662 | 0,9569 | 0,9463 | 0,9344 | 0,9212 | 0,9068 | 0,8913 | 0,8747 | 0,8571 |
| 4 | 0,9946 | 0,9923 | 0,9893 | 0,9857 | 0,9814 | 0,9763 | 0,9704 | 0,9636 | 0,9559 | 0,9473 |
| 5 | 0,9990 | 0,9985 | 0,9978 | 0,9968 | 0,9955 | 0,9940 | 0,9920 | 0,9896 | 0,9868 | 0,9834 |
| 6 | 0,9999 | 0,9997 | 0,9996 | 0,9994 | 0,9991 | 0,9987 | 0,9981 | 0,9974 | 0,9966 | 0,9955 |
| 7 | 1,0000 | 1,0000 | 0,9999 | 0,9999 | 0,9998 | 0,9997 | 0,9996 | 0,9994 | 0,9992 | 0,9989 |
| 8 | 1,0000 | 1,0000 | 1,0000 | 1,0000 | 1,0000 | 1,0000 | 0,9999 | 0,9999 | 0,9998 | 0,9998 |
| 9 | 1,0000 | 1,0000 | 1,0000 | 1,0000 | 1,0000 | 1,0000 | 1,0000 | 1,0000 | 1,0000 | 1,0000 |

| μ / x | 2,1 | 2,2 | 2,3 | 2,4 | 2,5 | 2,6 | 2,7 | 2,8 | 2,9 | 3,0 |
|---|---|---|---|---|---|---|---|---|---|---|
| 0 | 0,1225 | 0,1108 | 0,1003 | 0,0907 | 0,0821 | 0,0743 | 0,0672 | 0,0608 | 0,0550 | 0,0498 |
| 1 | 0,3796 | 0,3546 | 0,3309 | 0,3084 | 0,2873 | 0,2674 | 0,2487 | 0,2311 | 0,2146 | 0,1991 |
| 2 | 0,6496 | 0,6227 | 0,5960 | 0,5697 | 0,5438 | 0,5184 | 0,4936 | 0,4695 | 0,4460 | 0,4232 |
| 3 | 0,8386 | 0,8194 | 0,7993 | 0,7787 | 0,7576 | 0,7360 | 0,7141 | 0,6919 | 0,6696 | 0,6472 |
| 4 | 0,9379 | 0,9275 | 0,9162 | 0,9041 | 0,8912 | 0,8774 | 0,8629 | 0,8477 | 0,8318 | 0,8153 |
| 5 | 0,9796 | 0,9751 | 0,9700 | 0,9643 | 0,9580 | 0,9510 | 0,9433 | 0,9349 | 0,9258 | 0,9161 |
| 6 | 0,9941 | 0,9925 | 0,9906 | 0,9884 | 0,9858 | 0,9828 | 0,9794 | 0,9756 | 0,9713 | 0,9665 |
| 7 | 0,9985 | 0,9980 | 0,9974 | 0,9967 | 0,9958 | 0,9947 | 0,9934 | 0,9919 | 0,9901 | 0,9881 |
| 8 | 0,9997 | 0,9995 | 0,9994 | 0,9991 | 0,9989 | 0,9985 | 0,9981 | 0,9976 | 0,9969 | 0,9962 |
| 9 | 0,9999 | 0,9999 | 0,9999 | 0,9998 | 0,9997 | 0,9996 | 0,9995 | 0,9993 | 0,9991 | 0,9989 |
| 10 | 1,0000 | 1,0000 | 1,0000 | 1,0000 | 0,9999 | 0,9999 | 0,9999 | 0,9998 | 0,9998 | 0,9997 |
| 11 | 1,0000 | 1,0000 | 1,0000 | 1,0000 | 1,0000 | 1,0000 | 1,0000 | 1,0000 | 0,9999 | 0,9999 |
| 12 | 1,0000 | 1,0000 | 1,0000 | 1,0000 | 1,0000 | 1,0000 | 1,0000 | 1,0000 | 1,0000 | 1,0000 |

| μ / x | 3,1 | 3,2 | 3,3 | 3,4 | 3,5 | 3,6 | 3,7 | 3,8 | 3,9 | 4,0 |
|---|---|---|---|---|---|---|---|---|---|---|
| 0 | 0,0450 | 0,0408 | 0,0369 | 0,0334 | 0,0302 | 0,0273 | 0,0247 | 0,0224 | 0,0202 | 0,0183 |
| 1 | 0,1847 | 0,1712 | 0,1586 | 0,1468 | 0,1359 | 0,1257 | 0,1162 | 0,1074 | 0,0992 | 0,0916 |
| 2 | 0,4012 | 0,3799 | 0,3594 | 0,3397 | 0,3208 | 0,3027 | 0,2854 | 0,2689 | 0,2531 | 0,2381 |
| 3 | 0,6248 | 0,6025 | 0,5803 | 0,5584 | 0,5366 | 0,5152 | 0,4942 | 0,4735 | 0,4532 | 0,4335 |
| 4 | 0,7982 | 0,7806 | 0,7626 | 0,7442 | 0,7254 | 0,7064 | 0,6872 | 0,6678 | 0,6484 | 0,6288 |
| 5 | 0,9057 | 0,8946 | 0,8829 | 0,8705 | 0,8576 | 0,8441 | 0,8301 | 0,8156 | 0,8006 | 0,7851 |
| 6 | 0,9612 | 0,9554 | 0,9490 | 0,9421 | 0,9347 | 0,9267 | 0,9182 | 0,9091 | 0,8995 | 0,8893 |
| 7 | 0,9858 | 0,9832 | 0,9802 | 0,9769 | 0,9733 | 0,9692 | 0,9648 | 0,9599 | 0,9546 | 0,9489 |
| 8 | 0,9953 | 0,9943 | 0,9931 | 0,9917 | 0,9901 | 0,9883 | 0,9863 | 0,9840 | 0,9815 | 0,9786 |
| 9 | 0,9986 | 0,9982 | 0,9978 | 0,9973 | 0,9967 | 0,9960 | 0,9952 | 0,9942 | 0,9931 | 0,9919 |
| 10 | 0,9996 | 0,9995 | 0,9994 | 0,9992 | 0,9990 | 0,9987 | 0,9984 | 0,9981 | 0,9977 | 0,9972 |
| 11 | 0,9999 | 0,9999 | 0,9998 | 0,9998 | 0,9997 | 0,9996 | 0,9995 | 0,9994 | 0,9993 | 0,9991 |
| 12 | 1,0000 | 1,0000 | 1,0000 | 0,9999 | 0,9999 | 0,9999 | 0,9999 | 0,9998 | 0,9998 | 0,9997 |
| 13 | 1,0000 | 1,0000 | 1,0000 | 1,0000 | 1,0000 | 1,0000 | 1,0000 | 1,0000 | 0,9999 | 0,9999 |
| 14 | 1,0000 | 1,0000 | 1,0000 | 1,0000 | 1,0000 | 1,0000 | 1,0000 | 1,0000 | 1,0000 | 1,0000 |

## Tabelle 2b: Poissonverteilung; Verteilungsfunktion $F_P(x)$

| μ | | 4,1 | 4,2 | 4,3 | 4,4 | 4,5 | 4,6 | 4,7 | 4,8 | 4,9 | 5 |
|---|---|---|---|---|---|---|---|---|---|---|---|
| x | 0 | 0,0166 | 0,0150 | 0,0136 | 0,0123 | 0,0111 | 0,0101 | 0,0091 | 0,0082 | 0,0074 | 0,0067 |
| | 1 | 0,0845 | 0,0780 | 0,0719 | 0,0663 | 0,0611 | 0,0563 | 0,0518 | 0,0477 | 0,0439 | 0,0404 |
| | 2 | 0,2238 | 0,2102 | 0,1974 | 0,1851 | 0,1736 | 0,1626 | 0,1523 | 0,1425 | 0,1333 | 0,1247 |
| | 3 | 0,4142 | 0,3954 | 0,3772 | 0,3594 | 0,3423 | 0,3257 | 0,3097 | 0,2942 | 0,2793 | 0,2650 |
| | 4 | 0,6093 | 0,5898 | 0,5704 | 0,5512 | 0,5321 | 0,5132 | 0,4946 | 0,4763 | 0,4582 | 0,4405 |
| | 5 | 0,7693 | 0,7531 | 0,7367 | 0,7199 | 0,7029 | 0,6858 | 0,6684 | 0,6510 | 0,6335 | 0,6160 |
| | 6 | 0,8786 | 0,8675 | 0,8558 | 0,8436 | 0,8311 | 0,8180 | 0,8046 | 0,7908 | 0,7767 | 0,7622 |
| | 7 | 0,9427 | 0,9361 | 0,9290 | 0,9214 | 0,9134 | 0,9049 | 0,8960 | 0,8867 | 0,8769 | 0,8666 |
| | 8 | 0,9755 | 0,9721 | 0,9683 | 0,9642 | 0,9597 | 0,9549 | 0,9497 | 0,9442 | 0,9382 | 0,9319 |
| | 9 | 0,9905 | 0,9889 | 0,9871 | 0,9851 | 0,9829 | 0,9805 | 0,9778 | 0,9749 | 0,9717 | 0,9682 |
| | 10 | 0,9966 | 0,9959 | 0,9952 | 0,9943 | 0,9933 | 0,9922 | 0,9910 | 0,9896 | 0,9880 | 0,9863 |
| | 11 | 0,9989 | 0,9986 | 0,9983 | 0,9980 | 0,9976 | 0,9971 | 0,9966 | 0,9960 | 0,9953 | 0,9945 |
| | 12 | 0,9997 | 0,9996 | 0,9995 | 0,9993 | 0,9992 | 0,9990 | 0,9988 | 0,9986 | 0,9983 | 0,9980 |
| | 13 | 0,9999 | 0,9999 | 0,9998 | 0,9998 | 0,9997 | 0,9997 | 0,9996 | 0,9995 | 0,9994 | 0,9993 |
| | 14 | 1,0000 | 1,0000 | 1,0000 | 0,9999 | 0,9999 | 0,9999 | 0,9999 | 0,9999 | 0,9998 | 0,9998 |
| | 15 | 1,0000 | 1,0000 | 1,0000 | 1,0000 | 1,0000 | 1,0000 | 1,0000 | 1,0000 | 0,9999 | 0,9999 |
| | 16 | 1,0000 | 1,0000 | 1,0000 | 1,0000 | 1,0000 | 1,0000 | 1,0000 | 1,0000 | 1,0000 | 1,0000 |

| μ | | 5,2 | 5,4 | 5,6 | 5,8 | 6,0 | 6,2 | 6,4 | 6,6 | 6,8 | 7,0 |
|---|---|---|---|---|---|---|---|---|---|---|---|
| x | 0 | 0,0055 | 0,0045 | 0,0037 | 0,0030 | 0,0025 | 0,0020 | 0,0017 | 0,0014 | 0,0011 | 0,0009 |
| | 1 | 0,0342 | 0,0289 | 0,0244 | 0,0206 | 0,0174 | 0,0146 | 0,0123 | 0,0103 | 0,0087 | 0,0073 |
| | 2 | 0,1088 | 0,0948 | 0,0824 | 0,0715 | 0,0620 | 0,0536 | 0,0463 | 0,0400 | 0,0344 | 0,0296 |
| | 3 | 0,2381 | 0,2133 | 0,1906 | 0,1700 | 0,1512 | 0,1342 | 0,1189 | 0,1052 | 0,0928 | 0,0818 |
| | 4 | 0,4061 | 0,3733 | 0,3422 | 0,3127 | 0,2851 | 0,2592 | 0,2351 | 0,2127 | 0,1920 | 0,1730 |
| | 5 | 0,5809 | 0,5461 | 0,5119 | 0,4783 | 0,4457 | 0,4141 | 0,3837 | 0,3547 | 0,3270 | 0,3007 |
| | 6 | 0,7324 | 0,7017 | 0,6703 | 0,6384 | 0,6063 | 0,5742 | 0,5423 | 0,5108 | 0,4799 | 0,4497 |
| | 7 | 0,8449 | 0,8217 | 0,7970 | 0,7710 | 0,7440 | 0,7160 | 0,6873 | 0,6581 | 0,6285 | 0,5987 |
| | 8 | 0,9181 | 0,9027 | 0,8857 | 0,8672 | 0,8472 | 0,8259 | 0,8033 | 0,7796 | 0,7548 | 0,7291 |
| | 9 | 0,9603 | 0,9512 | 0,9409 | 0,9292 | 0,9161 | 0,9016 | 0,8858 | 0,8686 | 0,8502 | 0,8305 |
| | 10 | 0,9823 | 0,9775 | 0,9718 | 0,9651 | 0,9574 | 0,9486 | 0,9386 | 0,9274 | 0,9151 | 0,9015 |
| | 11 | 0,9927 | 0,9904 | 0,9875 | 0,9841 | 0,9799 | 0,9750 | 0,9693 | 0,9627 | 0,9552 | 0,9467 |
| | 12 | 0,9972 | 0,9962 | 0,9949 | 0,9932 | 0,9912 | 0,9887 | 0,9857 | 0,9821 | 0,9779 | 0,9730 |
| | 13 | 0,9990 | 0,9986 | 0,9980 | 0,9973 | 0,9964 | 0,9952 | 0,9937 | 0,9920 | 0,9898 | 0,9872 |
| | 14 | 0,9997 | 0,9995 | 0,9993 | 0,9990 | 0,9986 | 0,9981 | 0,9974 | 0,9966 | 0,9956 | 0,9943 |
| | 15 | 0,9999 | 0,9998 | 0,9998 | 0,9996 | 0,9995 | 0,9993 | 0,9990 | 0,9986 | 0,9982 | 0,9976 |
| | 16 | 1,0000 | 0,9999 | 0,9999 | 0,9999 | 0,9998 | 0,9997 | 0,9996 | 0,9995 | 0,9993 | 0,9990 |
| | 17 | 1,0000 | 1,0000 | 1,0000 | 1,0000 | 0,9999 | 0,9999 | 0,9999 | 0,9998 | 0,9997 | 0,9996 |
| | 18 | 1,0000 | 1,0000 | 1,0000 | 1,0000 | 1,0000 | 1,0000 | 1,0000 | 0,9999 | 0,9999 | 0,9999 |
| | 19 | 1,0000 | 1,0000 | 1,0000 | 1,0000 | 1,0000 | 1,0000 | 1,0000 | 1,0000 | 1,0000 | 1,0000 |

## Tabelle 2b: Poissonverteilung; Verteilungsfunktion $F_P(x)$

| μ | | 7,2 | 7,4 | 7,6 | 7,8 | 8,0 | 8,2 | 8,4 | 8,6 | 8,8 | 9,0 |
|---|---|---|---|---|---|---|---|---|---|---|---|
| x | 0 | 0,0007 | 0,0006 | 0,0005 | 0,0004 | 0,0003 | 0,0003 | 0,0002 | 0,0002 | 0,0002 | 0,0001 |
| | 1 | 0,0061 | 0,0051 | 0,0043 | 0,0036 | 0,0030 | 0,0025 | 0,0021 | 0,0018 | 0,0015 | 0,0012 |
| | 2 | 0,0255 | 0,0219 | 0,0188 | 0,0161 | 0,0138 | 0,0118 | 0,0100 | 0,0086 | 0,0073 | 0,0062 |
| | 3 | 0,0719 | 0,0632 | 0,0554 | 0,0485 | 0,0424 | 0,0370 | 0,0323 | 0,0281 | 0,0244 | 0,0212 |
| | 4 | 0,1555 | 0,1395 | 0,1249 | 0,1117 | 0,0996 | 0,0887 | 0,0789 | 0,0701 | 0,0621 | 0,0550 |
| | 5 | 0,2759 | 0,2526 | 0,2307 | 0,2103 | 0,1912 | 0,1736 | 0,1573 | 0,1422 | 0,1284 | 0,1157 |
| | 6 | 0,4204 | 0,3920 | 0,3646 | 0,3384 | 0,3134 | 0,2896 | 0,2670 | 0,2457 | 0,2256 | 0,2068 |
| | 7 | 0,5689 | 0,5393 | 0,5100 | 0,4812 | 0,4530 | 0,4254 | 0,3987 | 0,3728 | 0,3478 | 0,3239 |
| | 8 | 0,7027 | 0,6757 | 0,6482 | 0,6204 | 0,5925 | 0,5647 | 0,5369 | 0,5094 | 0,4823 | 0,4557 |
| | 9 | 0,8096 | 0,7877 | 0,7649 | 0,7411 | 0,7166 | 0,6915 | 0,6659 | 0,6400 | 0,6137 | 0,5874 |
| | 10 | 0,8867 | 0,8707 | 0,8535 | 0,8352 | 0,8159 | 0,7955 | 0,7743 | 0,7522 | 0,7294 | 0,7060 |
| | 11 | 0,9371 | 0,9265 | 0,9148 | 0,9020 | 0,8881 | 0,8731 | 0,8571 | 0,8400 | 0,8220 | 0,8030 |
| | 12 | 0,9673 | 0,9609 | 0,9536 | 0,9454 | 0,9362 | 0,9261 | 0,9150 | 0,9029 | 0,8898 | 0,8758 |
| | 13 | 0,9841 | 0,9805 | 0,9762 | 0,9714 | 0,9658 | 0,9595 | 0,9524 | 0,9445 | 0,9358 | 0,9261 |
| | 14 | 0,9927 | 0,9908 | 0,9886 | 0,9859 | 0,9827 | 0,9791 | 0,9749 | 0,9701 | 0,9647 | 0,9585 |
| | 15 | 0,9969 | 0,9959 | 0,9948 | 0,9934 | 0,9918 | 0,9898 | 0,9875 | 0,9848 | 0,9816 | 0,9780 |
| | 16 | 0,9987 | 0,9983 | 0,9978 | 0,9971 | 0,9963 | 0,9953 | 0,9941 | 0,9926 | 0,9909 | 0,9889 |
| | 17 | 0,9995 | 0,9993 | 0,9991 | 0,9988 | 0,9984 | 0,9979 | 0,9973 | 0,9966 | 0,9957 | 0,9947 |
| | 18 | 0,9998 | 0,9997 | 0,9996 | 0,9995 | 0,9993 | 0,9991 | 0,9989 | 0,9985 | 0,9981 | 0,9976 |
| | 19 | 0,9999 | 0,9999 | 0,9999 | 0,9998 | 0,9997 | 0,9997 | 0,9995 | 0,9994 | 0,9992 | 0,9989 |
| | 20 | 1,0000 | 1,0000 | 1,0000 | 0,9999 | 0,9999 | 0,9999 | 0,9998 | 0,9998 | 0,9997 | 0,9996 |
| | 21 | 1,0000 | 1,0000 | 1,0000 | 1,0000 | 1,0000 | 1,0000 | 0,9999 | 0,9999 | 0,9999 | 0,9998 |
| | 22 | 1,0000 | 1,0000 | 1,0000 | 1,0000 | 1,0000 | 1,0000 | 1,0000 | 1,0000 | 1,0000 | 0,9999 |
| | 23 | 1,0000 | 1,0000 | 1,0000 | 1,0000 | 1,0000 | 1,0000 | 1,0000 | 1,0000 | 1,0000 | 1,0000 |

## Tabelle 3a: Standardnormalverteilung; $F_{SN}(z) = W(-\infty \leq Z \leq z)$

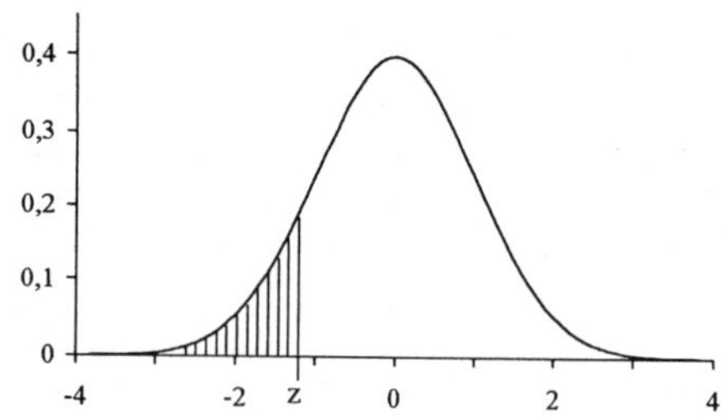


| z | -0,09 | -0,08 | -0,07 | -0,06 | -0,05 | -0,04 | -0,03 | -0,02 | -0,01 | 0,00 |
|---|---|---|---|---|---|---|---|---|---|---|
| -3,2 | 0,0005 | 0,0005 | 0,0005 | 0,0006 | 0,0006 | 0,0006 | 0,0006 | 0,0006 | 0,0007 | 0,0007 |
| -3,1 | 0,0007 | 0,0007 | 0,0008 | 0,0008 | 0,0008 | 0,0008 | 0,0009 | 0,0009 | 0,0009 | 0,0010 |
| -3,0 | 0,0010 | 0,0010 | 0,0011 | 0,0011 | 0,0011 | 0,0012 | 0,0012 | 0,0013 | 0,0013 | 0,0013 |
| -2,9 | 0,0014 | 0,0014 | 0,0015 | 0,0015 | 0,0016 | 0,0016 | 0,0017 | 0,0018 | 0,0018 | 0,0019 |
| -2,8 | 0,0019 | 0,0020 | 0,0021 | 0,0021 | 0,0022 | 0,0023 | 0,0023 | 0,0024 | 0,0025 | 0,0026 |
| -2,7 | 0,0026 | 0,0027 | 0,0028 | 0,0029 | 0,0030 | 0,0031 | 0,0032 | 0,0033 | 0,0034 | 0,0035 |
| -2,6 | 0,0036 | 0,0037 | 0,0038 | 0,0039 | 0,0040 | 0,0041 | 0,0043 | 0,0044 | 0,0045 | 0,0047 |
| -2,5 | 0,0048 | 0,0049 | 0,0051 | 0,0052 | 0,0054 | 0,0055 | 0,0057 | 0,0059 | 0,0060 | 0,0062 |
| -2,4 | 0,0064 | 0,0066 | 0,0068 | 0,0069 | 0,0071 | 0,0073 | 0,0075 | 0,0078 | 0,0080 | 0,0082 |
| -2,3 | 0,0084 | 0,0087 | 0,0089 | 0,0091 | 0,0094 | 0,0096 | 0,0099 | 0,0102 | 0,0104 | 0,0107 |
| -2,2 | 0,0110 | 0,0113 | 0,0116 | 0,0119 | 0,0122 | 0,0125 | 0,0129 | 0,0132 | 0,0136 | 0,0139 |
| -2,1 | 0,0143 | 0,0146 | 0,0150 | 0,0154 | 0,0158 | 0,0162 | 0,0166 | 0,0170 | 0,0174 | 0,0179 |
| -2,0 | 0,0183 | 0,0188 | 0,0192 | 0,0197 | 0,0202 | 0,0207 | 0,0212 | 0,0217 | 0,0222 | 0,0228 |
| -1,9 | 0,0233 | 0,0239 | 0,0244 | 0,0250 | 0,0256 | 0,0262 | 0,0268 | 0,0274 | 0,0281 | 0,0287 |
| -1,8 | 0,0294 | 0,0301 | 0,0307 | 0,0314 | 0,0322 | 0,0329 | 0,0336 | 0,0344 | 0,0351 | 0,0359 |
| -1,7 | 0,0367 | 0,0375 | 0,0384 | 0,0392 | 0,0401 | 0,0409 | 0,0418 | 0,0427 | 0,0436 | 0,0446 |
| -1,6 | 0,0455 | 0,0465 | 0,0475 | 0,0485 | 0,0495 | 0,0505 | 0,0516 | 0,0526 | 0,0537 | 0,0548 |
| -1,5 | 0,0559 | 0,0571 | 0,0582 | 0,0594 | 0,0606 | 0,0618 | 0,0630 | 0,0643 | 0,0655 | 0,0668 |
| -1,4 | 0,0681 | 0,0694 | 0,0708 | 0,0721 | 0,0735 | 0,0749 | 0,0764 | 0,0778 | 0,0793 | 0,0808 |
| -1,3 | 0,0823 | 0,0838 | 0,0853 | 0,0869 | 0,0885 | 0,0901 | 0,0918 | 0,0934 | 0,0951 | 0,0968 |
| -1,2 | 0,0985 | 0,1003 | 0,1020 | 0,1038 | 0,1056 | 0,1075 | 0,1093 | 0,1112 | 0,1131 | 0,1151 |
| -1,1 | 0,1170 | 0,1190 | 0,1210 | 0,1230 | 0,1251 | 0,1271 | 0,1292 | 0,1314 | 0,1335 | 0,1357 |
| -1,0 | 0,1379 | 0,1401 | 0,1423 | 0,1446 | 0,1469 | 0,1492 | 0,1515 | 0,1539 | 0,1562 | 0,1587 |
| -0,9 | 0,1611 | 0,1635 | 0,1660 | 0,1685 | 0,1711 | 0,1736 | 0,1762 | 0,1788 | 0,1814 | 0,1841 |
| -0,8 | 0,1867 | 0,1894 | 0,1922 | 0,1949 | 0,1977 | 0,2005 | 0,2033 | 0,2061 | 0,2090 | 0,2119 |
| -0,7 | 0,2148 | 0,2177 | 0,2206 | 0,2236 | 0,2266 | 0,2296 | 0,2327 | 0,2358 | 0,2389 | 0,2420 |
| -0,6 | 0,2451 | 0,2483 | 0,2514 | 0,2546 | 0,2578 | 0,2611 | 0,2643 | 0,2676 | 0,2709 | 0,2743 |
| -0,5 | 0,2776 | 0,2810 | 0,2843 | 0,2877 | 0,2912 | 0,2946 | 0,2981 | 0,3015 | 0,3050 | 0,3085 |
| -0,4 | 0,3121 | 0,3156 | 0,3192 | 0,3228 | 0,3264 | 0,3300 | 0,3336 | 0,3372 | 0,3409 | 0,3446 |
| -0,3 | 0,3483 | 0,3520 | 0,3557 | 0,3594 | 0,3632 | 0,3669 | 0,3707 | 0,3745 | 0,3783 | 0,3821 |
| -0,2 | 0,3859 | 0,3897 | 0,3936 | 0,3974 | 0,4013 | 0,4052 | 0,4090 | 0,4129 | 0,4168 | 0,4207 |
| -0,1 | 0,4247 | 0,4286 | 0,4325 | 0,4364 | 0,4404 | 0,4443 | 0,4483 | 0,4522 | 0,4562 | 0,4602 |
| 0,0 | 0,4641 | 0,4681 | 0,4721 | 0,4761 | 0,4801 | 0,4840 | 0,4880 | 0,4920 | 0,4960 | 0,5000 |

# Tabelle 3a: Standardnormalverteilung; $F_{SN}(z) = W(-\infty \leq Z \leq z)$

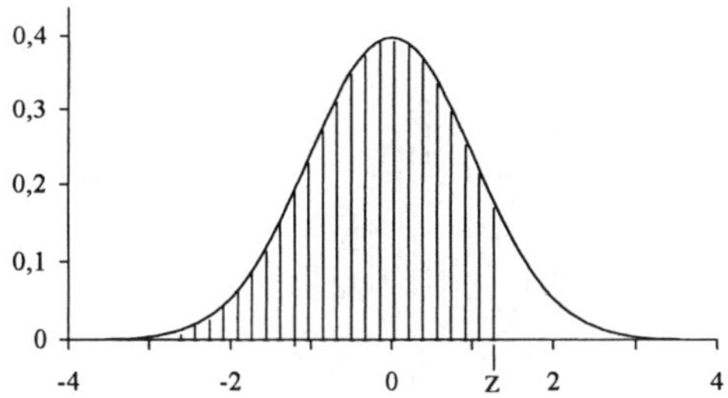


| z | 0,00 | 0,01 | 0,02 | 0,03 | 0,04 | 0,05 | 0,06 | 0,07 | 0,08 | 0,09 |
|---|---|---|---|---|---|---|---|---|---|---|
| 0,0 | 0,5000 | 0,5040 | 0,5080 | 0,5120 | 0,5160 | 0,5199 | 0,5239 | 0,5279 | 0,5319 | 0,5359 |
| 0,1 | 0,5398 | 0,5438 | 0,5478 | 0,5517 | 0,5557 | 0,5596 | 0,5636 | 0,5675 | 0,5714 | 0,5753 |
| 0,2 | 0,5793 | 0,5832 | 0,5871 | 0,5910 | 0,5948 | 0,5987 | 0,6026 | 0,6064 | 0,6103 | 0,6141 |
| 0,3 | 0,6179 | 0,6217 | 0,6255 | 0,6293 | 0,6331 | 0,6368 | 0,6406 | 0,6443 | 0,6480 | 0,6517 |
| 0,4 | 0,6554 | 0,6591 | 0,6628 | 0,6664 | 0,6700 | 0,6736 | 0,6772 | 0,6808 | 0,6844 | 0,6879 |
| 0,5 | 0,6915 | 0,6950 | 0,6985 | 0,7019 | 0,7054 | 0,7088 | 0,7123 | 0,7157 | 0,7190 | 0,7224 |
| 0,6 | 0,7257 | 0,7291 | 0,7324 | 0,7357 | 0,7389 | 0,7422 | 0,7454 | 0,7486 | 0,7517 | 0,7549 |
| 0,7 | 0,7580 | 0,7611 | 0,7642 | 0,7673 | 0,7704 | 0,7734 | 0,7764 | 0,7794 | 0,7823 | 0,7852 |
| 0,8 | 0,7881 | 0,7910 | 0,7939 | 0,7967 | 0,7995 | 0,8023 | 0,8051 | 0,8078 | 0,8106 | 0,8133 |
| 0,9 | 0,8159 | 0,8186 | 0,8212 | 0,8238 | 0,8264 | 0,8289 | 0,8315 | 0,8340 | 0,8365 | 0,8389 |
| 1,0 | 0,8413 | 0,8438 | 0,8461 | 0,8485 | 0,8508 | 0,8531 | 0,8554 | 0,8577 | 0,8599 | 0,8621 |
| 1,1 | 0,8643 | 0,8665 | 0,8686 | 0,8708 | 0,8729 | 0,8749 | 0,8770 | 0,8790 | 0,8810 | 0,8830 |
| 1,2 | 0,8849 | 0,8869 | 0,8888 | 0,8907 | 0,8925 | 0,8944 | 0,8962 | 0,8980 | 0,8997 | 0,9015 |
| 1,3 | 0,9032 | 0,9049 | 0,9066 | 0,9082 | 0,9099 | 0,9115 | 0,9131 | 0,9147 | 0,9162 | 0,9177 |
| 1,4 | 0,9192 | 0,9207 | 0,9222 | 0,9236 | 0,9251 | 0,9265 | 0,9279 | 0,9292 | 0,9306 | 0,9319 |
| 1,5 | 0,9332 | 0,9345 | 0,9357 | 0,9370 | 0,9382 | 0,9394 | 0,9406 | 0,9418 | 0,9429 | 0,9441 |
| 1,6 | 0,9452 | 0,9463 | 0,9474 | 0,9484 | 0,9495 | 0,9505 | 0,9515 | 0,9525 | 0,9535 | 0,9545 |
| 1,7 | 0,9554 | 0,9564 | 0,9573 | 0,9582 | 0,9591 | 0,9599 | 0,9608 | 0,9616 | 0,9625 | 0,9633 |
| 1,8 | 0,9641 | 0,9649 | 0,9656 | 0,9664 | 0,9671 | 0,9678 | 0,9686 | 0,9693 | 0,9699 | 0,9706 |
| 1,9 | 0,9713 | 0,9719 | 0,9726 | 0,9732 | 0,9738 | 0,9744 | 0,9750 | 0,9756 | 0,9761 | 0,9767 |
| 2,0 | 0,9772 | 0,9778 | 0,9783 | 0,9788 | 0,9793 | 0,9798 | 0,9803 | 0,9808 | 0,9812 | 0,9817 |
| 2,1 | 0,9821 | 0,9826 | 0,9830 | 0,9834 | 0,9838 | 0,9842 | 0,9846 | 0,9850 | 0,9854 | 0,9857 |
| 2,2 | 0,9861 | 0,9864 | 0,9868 | 0,9871 | 0,9875 | 0,9878 | 0,9881 | 0,9884 | 0,9887 | 0,9890 |
| 2,3 | 0,9893 | 0,9896 | 0,9898 | 0,9901 | 0,9904 | 0,9906 | 0,9909 | 0,9911 | 0,9913 | 0,9916 |
| 2,4 | 0,9918 | 0,9920 | 0,9922 | 0,9925 | 0,9927 | 0,9929 | 0,9931 | 0,9932 | 0,9934 | 0,9936 |
| 2,5 | 0,9938 | 0,9940 | 0,9941 | 0,9943 | 0,9945 | 0,9946 | 0,9948 | 0,9949 | 0,9951 | 0,9952 |
| 2,6 | 0,9953 | 0,9955 | 0,9956 | 0,9957 | 0,9959 | 0,9960 | 0,9961 | 0,9962 | 0,9963 | 0,9964 |
| 2,7 | 0,9965 | 0,9966 | 0,9967 | 0,9968 | 0,9969 | 0,9970 | 0,9971 | 0,9972 | 0,9973 | 0,9974 |
| 2,8 | 0,9974 | 0,9975 | 0,9976 | 0,9977 | 0,9977 | 0,9978 | 0,9979 | 0,9979 | 0,9980 | 0,9981 |
| 2,9 | 0,9981 | 0,9982 | 0,9982 | 0,9983 | 0,9984 | 0,9984 | 0,9985 | 0,9985 | 0,9986 | 0,9986 |
| 3,0 | 0,9987 | 0,9987 | 0,9987 | 0,9988 | 0,9988 | 0,9989 | 0,9989 | 0,9989 | 0,9990 | 0,9990 |
| 3,1 | 0,9990 | 0,9991 | 0,9991 | 0,9991 | 0,9992 | 0,9992 | 0,9992 | 0,9992 | 0,9993 | 0,9993 |
| 3,2 | 0,9993 | 0,9993 | 0,9994 | 0,9994 | 0,9994 | 0,9994 | 0,9994 | 0,9995 | 0,9995 | 0,9995 |

## Tabelle 3b: Standardnormalverteilung; $F^*_{SN}(z) = W(-z \leq Z \leq +z)$

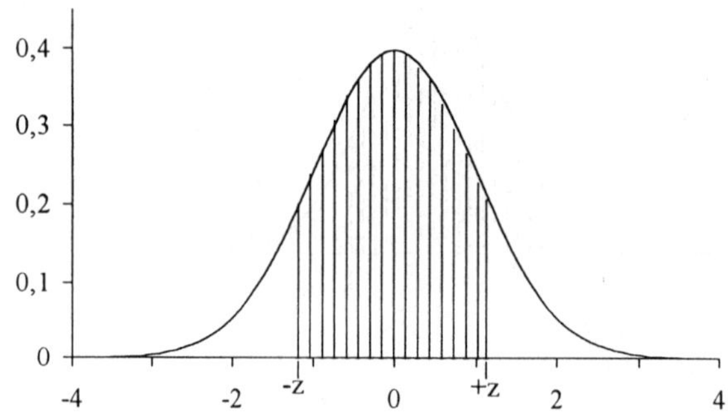


| z | 0,00 | 0,01 | 0,02 | 0,03 | 0,04 | 0,05 | 0,06 | 0,07 | 0,08 | 0,09 |
|---|---|---|---|---|---|---|---|---|---|---|
| 0,0 | 0,0000 | 0,0080 | 0,0160 | 0,0239 | 0,0319 | 0,0399 | 0,0478 | 0,0558 | 0,0638 | 0,0717 |
| 0,1 | 0,0797 | 0,0876 | 0,0955 | 0,1034 | 0,1113 | 0,1192 | 0,1271 | 0,1350 | 0,1428 | 0,1507 |
| 0,2 | 0,1585 | 0,1663 | 0,1741 | 0,1819 | 0,1897 | 0,1974 | 0,2051 | 0,2128 | 0,2205 | 0,2282 |
| 0,3 | 0,2358 | 0,2434 | 0,2510 | 0,2586 | 0,2661 | 0,2737 | 0,2812 | 0,2886 | 0,2961 | 0,3035 |
| 0,4 | 0,3108 | 0,3182 | 0,3255 | 0,3328 | 0,3401 | 0,3473 | 0,3545 | 0,3616 | 0,3688 | 0,3759 |
| 0,5 | 0,3829 | 0,3899 | 0,3969 | 0,4039 | 0,4108 | 0,4177 | 0,4245 | 0,4313 | 0,4381 | 0,4448 |
| 0,6 | 0,4515 | 0,4581 | 0,4647 | 0,4713 | 0,4778 | 0,4843 | 0,4907 | 0,4971 | 0,5035 | 0,5098 |
| 0,7 | 0,5161 | 0,5223 | 0,5285 | 0,5346 | 0,5407 | 0,5467 | 0,5527 | 0,5587 | 0,5646 | 0,5705 |
| 0,8 | 0,5763 | 0,5821 | 0,5878 | 0,5935 | 0,5991 | 0,6047 | 0,6102 | 0,6157 | 0,6211 | 0,6265 |
| 0,9 | 0,6319 | 0,6372 | 0,6424 | 0,6476 | 0,6528 | 0,6579 | 0,6629 | 0,6680 | 0,6729 | 0,6778 |
| 1,0 | 0,6827 | 0,6875 | 0,6923 | 0,6970 | 0,7017 | 0,7063 | 0,7109 | 0,7154 | 0,7199 | 0,7243 |
| 1,1 | 0,7287 | 0,7330 | 0,7373 | 0,7415 | 0,7457 | 0,7499 | 0,7540 | 0,7580 | 0,7620 | 0,7660 |
| 1,2 | 0,7699 | 0,7737 | 0,7775 | 0,7813 | 0,7850 | 0,7887 | 0,7923 | 0,7959 | 0,7995 | 0,8029 |
| 1,3 | 0,8064 | 0,8098 | 0,8132 | 0,8165 | 0,8198 | 0,8230 | 0,8262 | 0,8293 | 0,8324 | 0,8355 |
| 1,4 | 0,8385 | 0,8415 | 0,8444 | 0,8473 | 0,8501 | 0,8529 | 0,8557 | 0,8584 | 0,8611 | 0,8638 |
| 1,5 | 0,8664 | 0,8690 | 0,8715 | 0,8740 | 0,8764 | 0,8789 | 0,8812 | 0,8836 | 0,8859 | 0,8882 |
| 1,6 | 0,8904 | 0,8926 | 0,8948 | 0,8969 | 0,8990 | 0,9011 | 0,9031 | 0,9051 | 0,9070 | 0,9090 |
| 1,7 | 0,9109 | 0,9127 | 0,9146 | 0,9164 | 0,9181 | 0,9199 | 0,9216 | 0,9233 | 0,9249 | 0,9265 |
| 1,8 | 0,9281 | 0,9297 | 0,9312 | 0,9328 | 0,9342 | 0,9357 | 0,9371 | 0,9385 | 0,9399 | 0,9412 |
| 1,9 | 0,9426 | 0,9439 | 0,9451 | 0,9464 | 0,9476 | 0,9488 | 0,9500 | 0,9512 | 0,9523 | 0,9534 |
| 2,0 | 0,9545 | 0,9556 | 0,9566 | 0,9576 | 0,9586 | 0,9596 | 0,9606 | 0,9615 | 0,9625 | 0,9634 |
| 2,1 | 0,9643 | 0,9651 | 0,9660 | 0,9668 | 0,9676 | 0,9684 | 0,9692 | 0,9700 | 0,9707 | 0,9715 |
| 2,2 | 0,9722 | 0,9729 | 0,9736 | 0,9743 | 0,9749 | 0,9756 | 0,9762 | 0,9768 | 0,9774 | 0,9780 |
| 2,3 | 0,9786 | 0,9791 | 0,9797 | 0,9802 | 0,9807 | 0,9812 | 0,9817 | 0,9822 | 0,9827 | 0,9832 |
| 2,4 | 0,9836 | 0,9840 | 0,9845 | 0,9849 | 0,9853 | 0,9857 | 0,9861 | 0,9865 | 0,9869 | 0,9872 |
| 2,5 | 0,9876 | 0,9879 | 0,9883 | 0,9886 | 0,9889 | 0,9892 | 0,9895 | 0,9898 | 0,9901 | 0,9904 |
| 2,6 | 0,9907 | 0,9909 | 0,9912 | 0,9915 | 0,9917 | 0,9920 | 0,9922 | 0,9924 | 0,9926 | 0,9929 |
| 2,7 | 0,9931 | 0,9933 | 0,9935 | 0,9937 | 0,9939 | 0,9940 | 0,9942 | 0,9944 | 0,9946 | 0,9947 |
| 2,8 | 0,9949 | 0,9950 | 0,9952 | 0,9953 | 0,9955 | 0,9956 | 0,9958 | 0,9959 | 0,9960 | 0,9961 |
| 2,9 | 0,9963 | 0,9964 | 0,9965 | 0,9966 | 0,9967 | 0,9968 | 0,9969 | 0,9970 | 0,9971 | 0,9972 |
| 3,0 | 0,9973 | 0,9974 | 0,9975 | 0,9976 | 0,9976 | 0,9977 | 0,9978 | 0,9979 | 0,9979 | 0,9980 |
| 3,1 | 0,9981 | 0,9981 | 0,9982 | 0,9983 | 0,9983 | 0,9984 | 0,9984 | 0,9985 | 0,9985 | 0,9986 |
| 3,2 | 0,9986 | 0,9987 | 0,9987 | 0,9988 | 0,9988 | 0,9988 | 0,9989 | 0,9989 | 0,9990 | 0,9990 |
| 3,3 | 0,9990 | 0,9991 | 0,9991 | 0,9991 | 0,9992 | 0,9992 | 0,9992 | 0,9992 | 0,9993 | 0,9993 |

## Tabelle 4: Zwischen 0 und 100.000 gleich verteilte Zufallszahlen

| | | | | | | | | | |
|---|---|---|---|---|---|---|---|---|---|
| 94355 | 08102 | 50829 | 58093 | 72634 | 19250 | 87598 | 00465 | 45411 | 08017 |
| 51953 | 91337 | 47182 | 78783 | 68807 | 66403 | 44430 | 13748 | 03644 | 17792 |
| 84267 | 72545 | 52892 | 07701 | 66570 | 27252 | 78486 | 98122 | 70347 | 37369 |
| 88978 | 12837 | 27532 | 07851 | 36573 | 11650 | 27318 | 47857 | 69914 | 05531 |
| 59928 | 09015 | 08949 | 22033 | 35882 | 38083 | 88985 | 07318 | 45249 | 23784 |
| 76746 | 69805 | 24361 | 97720 | 27968 | 33663 | 49487 | 38135 | 72326 | 64322 |
| 05616 | 25760 | 83088 | 67036 | 70222 | 78989 | 26765 | 59007 | 40387 | 39084 |
| 65749 | 74030 | 17081 | 85388 | 52018 | 42219 | 83853 | 53300 | 76075 | 27891 |
| 68420 | 94842 | 79836 | 27254 | 18064 | 27400 | 97689 | 13733 | 88381 | 93179 |
| 68951 | 55855 | 73122 | 92226 | 77107 | 62952 | 03904 | 52203 | 66605 | 18733 |
| 56007 | 86227 | 20137 | 25914 | 54007 | 08424 | 28937 | 48102 | 14095 | 93575 |
| 90611 | 47752 | 01998 | 22348 | 25222 | 94675 | 13601 | 95957 | 48241 | 30839 |
| 72959 | 86371 | 54258 | 97081 | 29322 | 94991 | 52528 | 96338 | 12837 | 83872 |
| 30536 | 50312 | 57166 | 09738 | 04051 | 38782 | 04441 | 88380 | 89051 | 63350 |
| 56956 | 98385 | 52864 | 10817 | 40545 | 61381 | 52259 | 75718 | 01563 | 23424 |
| 07838 | 47835 | 87183 | 78084 | 38271 | 24755 | 12117 | 88330 | 11431 | 50840 |
| 73831 | 24209 | 44538 | 06315 | 34944 | 25610 | 75543 | 10575 | 25465 | 67074 |
| 22829 | 84014 | 10250 | 10028 | 15629 | 03288 | 77404 | 48616 | 56239 | 26305 |
| 55935 | 64019 | 02530 | 51337 | 92560 | 46133 | 03943 | 01801 | 14630 | 75950 |
| 56582 | 21081 | 48457 | 31578 | 47328 | 93903 | 28121 | 47257 | 71054 | 91524 |
| 64062 | 52769 | 79099 | 63991 | 47332 | 25204 | 09378 | 29334 | 45047 | 89540 |
| 17180 | 63333 | 45163 | 58673 | 83274 | 60927 | 62686 | 66525 | 41192 | 17643 |
| 00104 | 50237 | 42656 | 63988 | 23485 | 44823 | 90472 | 15006 | 74075 | 75633 |
| 12916 | 34212 | 08280 | 47845 | 07456 | 80591 | 02918 | 87179 | 74276 | 79234 |
| 00820 | 02034 | 70928 | 34441 | 85746 | 20829 | 23908 | 73180 | 83388 | 79967 |
| 35716 | 73100 | 67697 | 43921 | 87906 | 25096 | 49761 | 07385 | 08134 | 58961 |
| 26544 | 93647 | 45247 | 26120 | 80257 | 46305 | 18616 | 40841 | 05735 | 68602 |
| 72068 | 50194 | 71544 | 35633 | 68620 | 26102 | 59567 | 99892 | 01596 | 62554 |
| 76732 | 26642 | 88759 | 36836 | 92986 | 02991 | 61204 | 73927 | 53564 | 98131 |
| 11133 | 24925 | 19214 | 00071 | 08215 | 93217 | 47253 | 66625 | 08598 | 88553 |
| 53741 | 20724 | 98269 | 20077 | 09836 | 42357 | 96774 | 61142 | 09138 | 75671 |
| 62284 | 90647 | 20107 | 37827 | 30406 | 67713 | 26489 | 21709 | 14082 | 98407 |
| 12422 | 87108 | 27204 | 55463 | 44744 | 22546 | 83627 | 78634 | 18639 | 77169 |
| 12758 | 97362 | 32876 | 08147 | 41298 | 34754 | 14246 | 70237 | 04495 | 34666 |
| 64493 | 75180 | 96401 | 88166 | 72871 | 48738 | 29185 | 56991 | 61342 | 88964 |
| 39654 | 16518 | 46583 | 49865 | 68906 | 52444 | 76350 | 62036 | 00126 | 86322 |
| 08398 | 36156 | 04960 | 16707 | 80989 | 30930 | 67387 | 76718 | 20492 | 94233 |
| 83586 | 14577 | 06709 | 17033 | 14733 | 66327 | 51496 | 99687 | 20026 | 31664 |
| 56583 | 86196 | 17031 | 38030 | 12414 | 54535 | 41863 | 23381 | 81611 | 87681 |
| 66843 | 93600 | 32438 | 19694 | 72996 | 45133 | 36832 | 03352 | 98267 | 64888 |
| 35911 | 81989 | 37141 | 95959 | 07044 | 20557 | 08675 | 96282 | 17450 | 79945 |
| 56420 | 65476 | 99485 | 49310 | 45212 | 20072 | 65278 | 28158 | 97109 | 58615 |
| 93858 | 01270 | 08174 | 54922 | 13525 | 79757 | 13355 | 71662 | 18781 | 74528 |
| 56460 | 97692 | 10098 | 73617 | 34065 | 67082 | 95250 | 55949 | 32933 | 94517 |
| 49344 | 07752 | 36950 | 70443 | 68593 | 95077 | 87453 | 09690 | 24548 | 89245 |
| 21546 | 86539 | 59542 | 91339 | 52079 | 46638 | 57257 | 00991 | 49972 | 53566 |

## Tabelle 5: Quantile der Chi-Quadrat-Verteilung

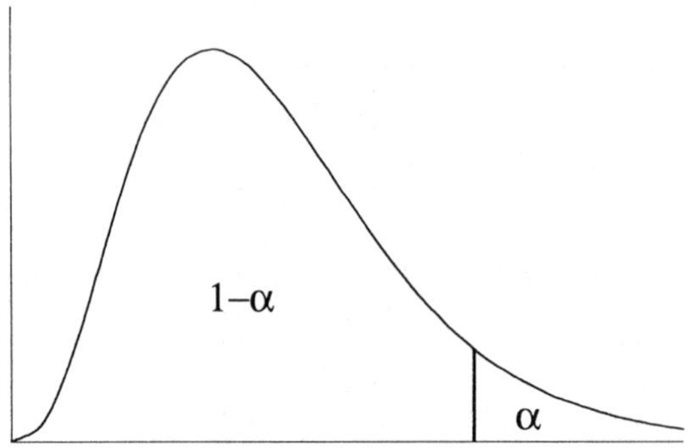


| 1- α | | 0,010 | 0,020 | 0,025 | 0,050 | 0,900 | 0,950 | 0,975 | 0,980 | 0,990 |
|---|---|---|---|---|---|---|---|---|---|---|
| k | 1 | 0,0002 | 0,0006 | 0,0010 | 0,0039 | 2,7055 | 3,8415 | 5,0239 | 5,4119 | 6,6349 |
| | 2 | 0,0201 | 0,0404 | 0,0506 | 0,1026 | 4,6052 | 5,9915 | 7,3778 | 7,8241 | 9,2104 |
| | 3 | 0,1148 | 0,1848 | 0,2158 | 0,3518 | 6,2514 | 7,8147 | 9,3484 | 9,8374 | 11,3449 |
| | 4 | 0,2971 | 0,4294 | 0,4844 | 0,7107 | 7,7794 | 9,4877 | 11,1433 | 11,6678 | 13,2767 |
| | 5 | 0,5543 | 0,7519 | 0,8312 | 1,1455 | 9,2363 | 11,0705 | 12,8325 | 13,3882 | 15,0863 |
| | 6 | 0,8721 | 1,1344 | 1,2373 | 1,6354 | 10,6446 | 12,5916 | 14,4494 | 15,0332 | 16,8119 |
| | 7 | 1,2390 | 1,5643 | 1,6899 | 2,1673 | 12,0170 | 14,0671 | 16,0128 | 16,6224 | 18,4753 |
| | 8 | 1,6465 | 2,0325 | 2,1797 | 2,7326 | 13,3616 | 15,5073 | 17,5345 | 18,1682 | 20,0902 |
| | 9 | 2,0879 | 2,5324 | 2,7004 | 3,3251 | 14,6837 | 16,9190 | 19,0228 | 19,6790 | 21,6660 |
| | 10 | 2,5582 | 3,0591 | 3,2470 | 3,9403 | 15,9872 | 18,3070 | 20,4832 | 21,1608 | 23,2093 |
| | 11 | 3,0535 | 3,6087 | 3,8157 | 4,5748 | 17,2750 | 19,6752 | 21,9200 | 22,6179 | 24,7250 |
| | 12 | 3,5706 | 4,1783 | 4,4038 | 5,2260 | 18,5493 | 21,0261 | 23,3367 | 24,0539 | 26,2170 |
| | 13 | 4,1069 | 4,7654 | 5,0087 | 5,8919 | 19,8119 | 22,3620 | 24,7356 | 25,4715 | 27,6882 |
| | 14 | 4,6604 | 5,3682 | 5,6287 | 6,5706 | 21,0641 | 23,6848 | 26,1189 | 26,8727 | 29,1412 |
| | 15 | 5,2294 | 5,9849 | 6,2621 | 7,2609 | 22,3071 | 24,9958 | 27,4884 | 28,2595 | 30,5780 |
| | 16 | 5,8122 | 6,6142 | 6,9077 | 7,9616 | 23,5418 | 26,2962 | 28,8453 | 29,6332 | 31,9999 |
| | 17 | 6,4077 | 7,2550 | 7,5642 | 8,6718 | 24,7690 | 27,5871 | 30,1910 | 30,9950 | 33,4087 |
| | 18 | 7,0149 | 7,9062 | 8,2307 | 9,3904 | 25,9894 | 28,8693 | 31,5264 | 32,3462 | 34,8052 |
| | 19 | 7,6327 | 8,5670 | 8,9065 | 10,1170 | 27,2036 | 30,1435 | 32,8523 | 33,6874 | 36,1908 |
| | 20 | 8,2604 | 9,2367 | 9,5908 | 10,8508 | 28,4120 | 31,4104 | 34,1696 | 35,0196 | 37,5663 |
| | 21 | 8,8972 | 9,9145 | 10,2829 | 11,5913 | 29,6151 | 32,6706 | 35,4789 | 36,3434 | 38,9322 |
| | 22 | 9,5425 | 10,6000 | 10,9823 | 12,3380 | 30,8133 | 33,9245 | 36,7807 | 37,6595 | 40,2894 |
| | 23 | 10,1957 | 11,2926 | 11,6885 | 13,0905 | 32,0069 | 35,1725 | 38,0756 | 38,9683 | 41,6383 |
| | 24 | 10,8563 | 11,9918 | 12,4011 | 13,8484 | 33,1962 | 36,4150 | 39,3641 | 40,2703 | 42,9798 |
| | 25 | 11,5240 | 12,6973 | 13,1197 | 14,6114 | 34,3816 | 37,6525 | 40,6465 | 41,5660 | 44,3140 |
| | 26 | 12,1982 | 13,4086 | 13,8439 | 15,3792 | 35,5632 | 38,8851 | 41,9231 | 42,8558 | 45,6416 |
| | 27 | 12,8785 | 14,1254 | 14,5734 | 16,1514 | 36,7412 | 40,1133 | 43,1945 | 44,1399 | 46,9628 |
| | 28 | 13,5647 | 14,8475 | 15,3079 | 16,9279 | 37,9159 | 41,3372 | 44,4608 | 45,4188 | 48,2782 |
| | 29 | 14,2564 | 15,5745 | 16,0471 | 17,7084 | 39,0875 | 42,5569 | 45,7223 | 46,6926 | 49,5878 |
| | 30 | 14,9535 | 16,3062 | 16,7908 | 18,4927 | 40,2560 | 43,7730 | 46,9792 | 47,9618 | 50,8922 |

## Tabelle 6a: Quantile der t-Verteilung; einseitiges Intervall

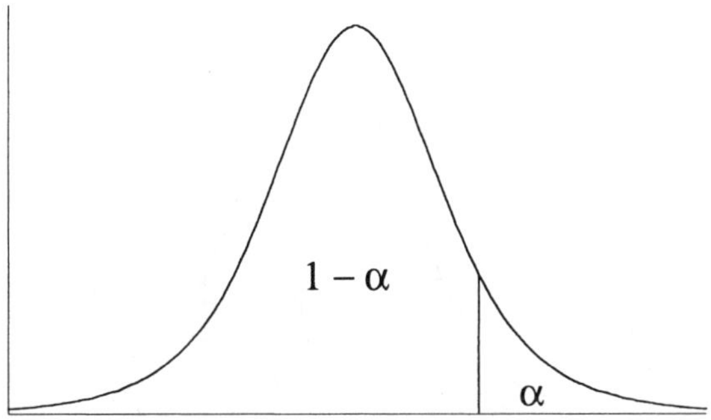


| 1 - α | | 0,700 | 0,750 | 0,800 | 0,850 | 0,900 | 0,950 | 0,975 | 0,980 | 0,990 |
|---|---|---|---|---|---|---|---|---|---|---|
| k | 1 | 0,727 | 1,000 | 1,376 | 1,963 | 3,078 | 6,314 | 12,706 | 15,894 | 31,821 |
| | 2 | 0,617 | 0,816 | 1,061 | 1,386 | 1,886 | 2,920 | 4,303 | 4,849 | 6,965 |
| | 3 | 0,584 | 0,765 | 0,978 | 1,250 | 1,638 | 2,353 | 3,182 | 3,482 | 4,541 |
| | 4 | 0,569 | 0,741 | 0,941 | 1,190 | 1,533 | 2,132 | 2,776 | 2,999 | 3,747 |
| | 5 | 0,559 | 0,727 | 0,920 | 1,156 | 1,476 | 2,015 | 2,571 | 2,757 | 3,365 |
| | 6 | 0,553 | 0,718 | 0,906 | 1,134 | 1,440 | 1,943 | 2,447 | 2,612 | 3,143 |
| | 7 | 0,549 | 0,711 | 0,896 | 1,119 | 1,415 | 1,895 | 2,365 | 2,517 | 2,998 |
| | 8 | 0,546 | 0,706 | 0,889 | 1,108 | 1,397 | 1,860 | 2,306 | 2,449 | 2,896 |
| | 9 | 0,543 | 0,703 | 0,883 | 1,100 | 1,383 | 1,833 | 2,262 | 2,398 | 2,821 |
| | 10 | 0,542 | 0,700 | 0,879 | 1,093 | 1,372 | 1,812 | 2,228 | 2,359 | 2,764 |
| | 11 | 0,540 | 0,697 | 0,876 | 1,088 | 1,363 | 1,796 | 2,201 | 2,328 | 2,718 |
| | 12 | 0,539 | 0,695 | 0,873 | 1,083 | 1,356 | 1,782 | 2,179 | 2,303 | 2,681 |
| | 13 | 0,538 | 0,694 | 0,870 | 1,079 | 1,350 | 1,771 | 2,160 | 2,282 | 2,650 |
| | 14 | 0,537 | 0,692 | 0,868 | 1,076 | 1,345 | 1,761 | 2,145 | 2,264 | 2,624 |
| | 15 | 0,536 | 0,691 | 0,866 | 1,074 | 1,341 | 1,753 | 2,131 | 2,249 | 2,602 |
| | 16 | 0,535 | 0,690 | 0,865 | 1,071 | 1,337 | 1,746 | 2,120 | 2,235 | 2,583 |
| | 17 | 0,534 | 0,689 | 0,863 | 1,069 | 1,333 | 1,740 | 2,110 | 2,224 | 2,567 |
| | 18 | 0,534 | 0,688 | 0,862 | 1,067 | 1,330 | 1,734 | 2,101 | 2,214 | 2,552 |
| | 19 | 0,533 | 0,688 | 0,861 | 1,066 | 1,328 | 1,729 | 2,093 | 2,205 | 2,539 |
| | 20 | 0,533 | 0,687 | 0,860 | 1,064 | 1,325 | 1,725 | 2,086 | 2,197 | 2,528 |
| | 21 | 0,532 | 0,686 | 0,859 | 1,063 | 1,323 | 1,721 | 2,080 | 2,189 | 2,518 |
| | 22 | 0,532 | 0,686 | 0,858 | 1,061 | 1,321 | 1,717 | 2,074 | 2,183 | 2,508 |
| | 23 | 0,532 | 0,685 | 0,858 | 1,060 | 1,319 | 1,714 | 2,069 | 2,177 | 2,500 |
| | 24 | 0,531 | 0,685 | 0,857 | 1,059 | 1,318 | 1,711 | 2,064 | 2,172 | 2,492 |
| | 25 | 0,531 | 0,684 | 0,856 | 1,058 | 1,316 | 1,708 | 2,060 | 2,167 | 2,485 |
| | 26 | 0,531 | 0,684 | 0,856 | 1,058 | 1,315 | 1,706 | 2,056 | 2,162 | 2,479 |
| | 27 | 0,531 | 0,684 | 0,855 | 1,057 | 1,314 | 1,703 | 2,052 | 2,158 | 2,473 |
| | 28 | 0,530 | 0,683 | 0,855 | 1,056 | 1,313 | 1,701 | 2,048 | 2,154 | 2,467 |
| | 29 | 0,530 | 0,683 | 0,854 | 1,055 | 1,311 | 1,699 | 2,045 | 2,150 | 2,462 |
| | 30 | 0,530 | 0,683 | 0,854 | 1,055 | 1,310 | 1,697 | 2,042 | 2,147 | 2,457 |
| | 40 | 0,529 | 0,681 | 0,851 | 1,050 | 1,303 | 1,684 | 2,021 | 2,123 | 2,423 |
| | 50 | 0,528 | 0,679 | 0,849 | 1,047 | 1,299 | 1,676 | 2,009 | 2,109 | 2,403 |
| | 100 | 0,526 | 0,677 | 0,845 | 1,042 | 1,290 | 1,660 | 1,984 | 2,081 | 2,364 |
| | 200 | 0,525 | 0,676 | 0,843 | 1,039 | 1,286 | 1,653 | 1,972 | 2,067 | 2,345 |

## Tabelle 6b: Quantile der t-Verteilung; zentrales Intervall

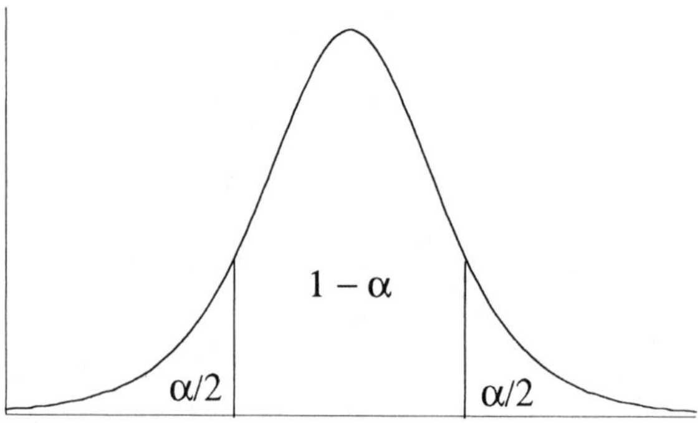


| 1 - α | | 0,700 | 0,750 | 0,800 | 0,850 | 0,900 | 0,950 | 0,975 | 0,980 | 0,990 |
|---|---|---|---|---|---|---|---|---|---|---|
| k | 1 | 1,963 | 2,414 | 3,078 | 4,165 | 6,314 | 12,706 | 25,452 | 31,821 | 63,656 |
| | 2 | 1,386 | 1,604 | 1,886 | 2,282 | 2,920 | 4,303 | 6,205 | 6,965 | 9,925 |
| | 3 | 1,250 | 1,423 | 1,638 | 1,924 | 2,353 | 3,182 | 4,177 | 4,541 | 5,841 |
| | 4 | 1,190 | 1,344 | 1,533 | 1,778 | 2,132 | 2,776 | 3,495 | 3,747 | 4,604 |
| | 5 | 1,156 | 1,301 | 1,476 | 1,699 | 2,015 | 2,571 | 3,163 | 3,365 | 4,032 |
| | 6 | 1,134 | 1,273 | 1,440 | 1,650 | 1,943 | 2,447 | 2,969 | 3,143 | 3,707 |
| | 7 | 1,119 | 1,254 | 1,415 | 1,617 | 1,895 | 2,365 | 2,841 | 2,998 | 3,499 |
| | 8 | 1,108 | 1,240 | 1,397 | 1,592 | 1,860 | 2,306 | 2,752 | 2,896 | 3,355 |
| | 9 | 1,100 | 1,230 | 1,383 | 1,574 | 1,833 | 2,262 | 2,685 | 2,821 | 3,250 |
| | 10 | 1,093 | 1,221 | 1,372 | 1,559 | 1,812 | 2,228 | 2,634 | 2,764 | 3,169 |
| | 11 | 1,088 | 1,214 | 1,363 | 1,548 | 1,796 | 2,201 | 2,593 | 2,718 | 3,106 |
| | 12 | 1,083 | 1,209 | 1,356 | 1,538 | 1,782 | 2,179 | 2,560 | 2,681 | 3,055 |
| | 13 | 1,079 | 1,204 | 1,350 | 1,530 | 1,771 | 2,160 | 2,533 | 2,650 | 3,012 |
| | 14 | 1,076 | 1,200 | 1,345 | 1,523 | 1,761 | 2,145 | 2,510 | 2,624 | 2,977 |
| | 15 | 1,074 | 1,197 | 1,341 | 1,517 | 1,753 | 2,131 | 2,490 | 2,602 | 2,947 |
| | 16 | 1,071 | 1,194 | 1,337 | 1,512 | 1,746 | 2,120 | 2,473 | 2,583 | 2,921 |
| | 17 | 1,069 | 1,191 | 1,333 | 1,508 | 1,740 | 2,110 | 2,458 | 2,567 | 2,898 |
| | 18 | 1,067 | 1,189 | 1,330 | 1,504 | 1,734 | 2,101 | 2,445 | 2,552 | 2,878 |
| | 19 | 1,066 | 1,187 | 1,328 | 1,500 | 1,729 | 2,093 | 2,433 | 2,539 | 2,861 |
| | 20 | 1,064 | 1,185 | 1,325 | 1,497 | 1,725 | 2,086 | 2,423 | 2,528 | 2,845 |
| | 21 | 1,063 | 1,183 | 1,323 | 1,494 | 1,721 | 2,080 | 2,414 | 2,518 | 2,831 |
| | 22 | 1,061 | 1,182 | 1,321 | 1,492 | 1,717 | 2,074 | 2,405 | 2,508 | 2,819 |
| | 23 | 1,060 | 1,180 | 1,319 | 1,489 | 1,714 | 2,069 | 2,398 | 2,500 | 2,807 |
| | 24 | 1,059 | 1,179 | 1,318 | 1,487 | 1,711 | 2,064 | 2,391 | 2,492 | 2,797 |
| | 25 | 1,058 | 1,178 | 1,316 | 1,485 | 1,708 | 2,060 | 2,385 | 2,485 | 2,787 |
| | 26 | 1,058 | 1,177 | 1,315 | 1,483 | 1,706 | 2,056 | 2,379 | 2,479 | 2,779 |
| | 27 | 1,057 | 1,176 | 1,314 | 1,482 | 1,703 | 2,052 | 2,373 | 2,473 | 2,771 |
| | 28 | 1,056 | 1,175 | 1,313 | 1,480 | 1,701 | 2,048 | 2,368 | 2,467 | 2,763 |
| | 29 | 1,055 | 1,174 | 1,311 | 1,479 | 1,699 | 2,045 | 2,364 | 2,462 | 2,756 |
| | 30 | 1,055 | 1,173 | 1,310 | 1,477 | 1,697 | 2,042 | 2,360 | 2,457 | 2,750 |
| | 40 | 1,050 | 1,167 | 1,303 | 1,468 | 1,684 | 2,021 | 2,329 | 2,423 | 2,704 |
| | 50 | 1,047 | 1,164 | 1,299 | 1,462 | 1,676 | 2,009 | 2,311 | 2,403 | 2,678 |
| | 100 | 1,042 | 1,157 | 1,290 | 1,451 | 1,660 | 1,984 | 2,276 | 2,364 | 2,626 |
| | 200 | 1,039 | 1,154 | 1,286 | 1,445 | 1,653 | 1,972 | 2,258 | 2,345 | 2,601 |

## Tabelle 7a: Quantile der F-Verteilung (1 - α = 0,95)

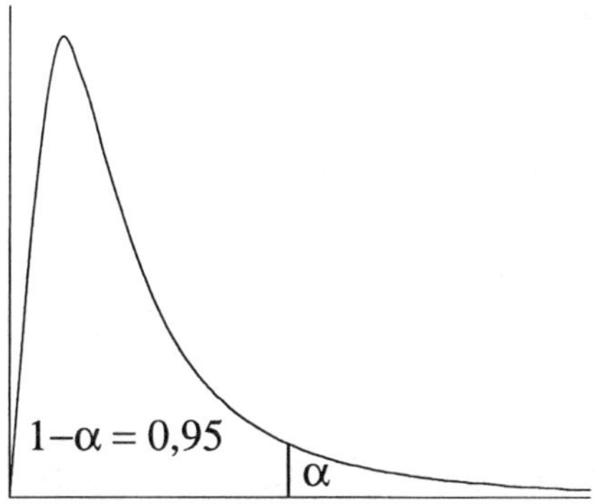


| k1 | | 1 | 2 | 3 | 4 | 5 | 6 | 7 | 8 | 9 | 15 | 20 | 30 |
|---|---|---|---|---|---|---|---|---|---|---|---|---|---|
| k2 | 1 | 161,4 | 199,5 | 215,7 | 224,6 | 230,2 | 234,0 | 236,8 | 238,9 | 240,5 | 245,9 | 248,0 | 250,1 |
| | 2 | 18,51 | 19,00 | 19,16 | 19,25 | 19,30 | 19,33 | 19,35 | 19,37 | 19,38 | 19,43 | 19,45 | 19,46 |
| | 3 | 10,13 | 9,55 | 9,28 | 9,12 | 9,01 | 8,94 | 8,89 | 8,85 | 8,81 | 8,70 | 8,66 | 8,62 |
| | 4 | 7,71 | 6,94 | 6,59 | 6,39 | 6,26 | 6,16 | 6,09 | 6,04 | 6,00 | 5,86 | 5,80 | 5,75 |
| | 5 | 6,61 | 5,79 | 5,41 | 5,19 | 5,05 | 4,95 | 4,88 | 4,82 | 4,77 | 4,62 | 4,56 | 4,50 |
| | 6 | 5,99 | 5,14 | 4,76 | 4,53 | 4,39 | 4,28 | 4,21 | 4,15 | 4,10 | 3,94 | 3,87 | 3,81 |
| | 7 | 5,59 | 4,74 | 4,35 | 4,12 | 3,97 | 3,87 | 3,79 | 3,73 | 3,68 | 3,51 | 3,44 | 3,38 |
| | 8 | 5,32 | 4,46 | 4,07 | 3,84 | 3,69 | 3,58 | 3,50 | 3,44 | 3,39 | 3,22 | 3,15 | 3,08 |
| | 9 | 5,12 | 4,26 | 3,86 | 3,63 | 3,48 | 3,37 | 3,29 | 3,23 | 3,18 | 3,01 | 2,94 | 2,86 |
| | 10 | 4,96 | 4,10 | 3,71 | 3,48 | 3,33 | 3,22 | 3,14 | 3,07 | 3,02 | 2,85 | 2,77 | 2,70 |
| | 11 | 4,84 | 3,98 | 3,59 | 3,36 | 3,20 | 3,09 | 3,01 | 2,95 | 2,90 | 2,72 | 2,65 | 2,57 |
| | 12 | 4,75 | 3,89 | 3,49 | 3,26 | 3,11 | 3,00 | 2,91 | 2,85 | 2,80 | 2,62 | 2,54 | 2,47 |
| | 13 | 4,67 | 3,81 | 3,41 | 3,18 | 3,03 | 2,92 | 2,83 | 2,77 | 2,71 | 2,53 | 2,46 | 2,38 |
| | 14 | 4,60 | 3,74 | 3,34 | 3,11 | 2,96 | 2,85 | 2,76 | 2,70 | 2,65 | 2,46 | 2,39 | 2,31 |
| | 15 | 4,54 | 3,68 | 3,29 | 3,06 | 2,90 | 2,79 | 2,71 | 2,64 | 2,59 | 2,40 | 2,33 | 2,25 |
| | 16 | 4,49 | 3,63 | 3,24 | 3,01 | 2,85 | 2,74 | 2,66 | 2,59 | 2,54 | 2,35 | 2,28 | 2,19 |
| | 17 | 4,45 | 3,59 | 3,20 | 2,96 | 2,81 | 2,70 | 2,61 | 2,55 | 2,49 | 2,31 | 2,23 | 2,15 |
| | 18 | 4,41 | 3,55 | 3,16 | 2,93 | 2,77 | 2,66 | 2,58 | 2,51 | 2,46 | 2,27 | 2,19 | 2,11 |
| | 19 | 4,38 | 3,52 | 3,13 | 2,90 | 2,74 | 2,63 | 2,54 | 2,48 | 2,42 | 2,23 | 2,16 | 2,07 |
| | 20 | 4,35 | 3,49 | 3,10 | 2,87 | 2,71 | 2,60 | 2,51 | 2,45 | 2,39 | 2,20 | 2,12 | 2,04 |
| | 21 | 4,32 | 3,47 | 3,07 | 2,84 | 2,68 | 2,57 | 2,49 | 2,42 | 2,37 | 2,18 | 2,10 | 2,01 |
| | 22 | 4,30 | 3,44 | 3,05 | 2,82 | 2,66 | 2,55 | 2,46 | 2,40 | 2,34 | 2,15 | 2,07 | 1,98 |
| | 23 | 4,28 | 3,42 | 3,03 | 2,80 | 2,64 | 2,53 | 2,44 | 2,37 | 2,32 | 2,13 | 2,05 | 1,96 |
| | 24 | 4,26 | 3,40 | 3,01 | 2,78 | 2,62 | 2,51 | 2,42 | 2,36 | 2,30 | 2,11 | 2,03 | 1,94 |
| | 25 | 4,24 | 3,39 | 2,99 | 2,76 | 2,60 | 2,49 | 2,40 | 2,34 | 2,28 | 2,09 | 2,01 | 1,92 |
| | 26 | 4,23 | 3,37 | 2,98 | 2,74 | 2,59 | 2,47 | 2,39 | 2,32 | 2,27 | 2,07 | 1,99 | 1,90 |
| | 27 | 4,21 | 3,35 | 2,96 | 2,73 | 2,57 | 2,46 | 2,37 | 2,31 | 2,25 | 2,06 | 1,97 | 1,88 |
| | 28 | 4,20 | 3,34 | 2,95 | 2,71 | 2,56 | 2,45 | 2,36 | 2,29 | 2,24 | 2,04 | 1,96 | 1,87 |
| | 29 | 4,18 | 3,33 | 2,93 | 2,70 | 2,55 | 2,43 | 2,35 | 2,28 | 2,22 | 2,03 | 1,94 | 1,85 |
| | 30 | 4,17 | 3,32 | 2,92 | 2,69 | 2,53 | 2,42 | 2,33 | 2,27 | 2,21 | 2,01 | 1,93 | 1,84 |
| | 40 | 4,08 | 3,23 | 2,84 | 2,61 | 2,45 | 2,34 | 2,25 | 2,18 | 2,12 | 1,92 | 1,84 | 1,74 |
| | 50 | 4,03 | 3,18 | 2,79 | 2,56 | 2,40 | 2,29 | 2,20 | 2,13 | 2,07 | 1,87 | 1,78 | 1,69 |
| | 60 | 4,00 | 3,15 | 2,76 | 2,53 | 2,37 | 2,25 | 2,17 | 2,10 | 2,04 | 1,84 | 1,75 | 1,65 |
| | 80 | 3,96 | 3,11 | 2,72 | 2,49 | 2,33 | 2,21 | 2,13 | 2,06 | 2,00 | 1,79 | 1,70 | 1,60 |
| | 100 | 3,94 | 3,09 | 2,70 | 2,46 | 2,31 | 2,19 | 2,10 | 2,03 | 1,97 | 1,77 | 1,68 | 1,57 |
| | 200 | 3,89 | 3,04 | 2,65 | 2,42 | 2,26 | 2,14 | 2,06 | 1,98 | 1,93 | 1,72 | 1,62 | 1,52 |

## Tabelle 7b: Quantile der F-Verteilung $(1 - \alpha = 0{,}99)$

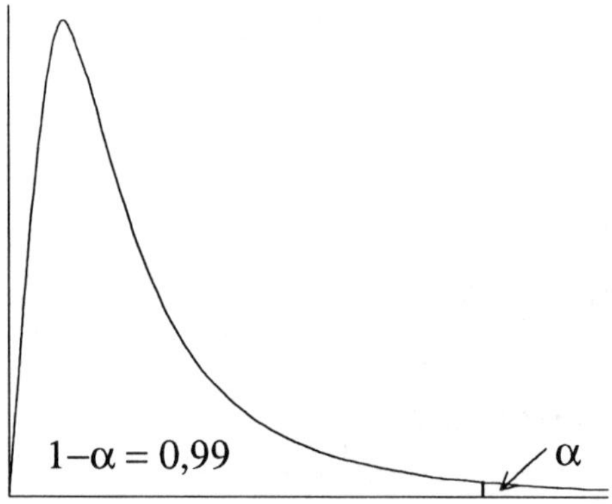


| k1 | | 1 | 2 | 3 | 4 | 5 | 6 | 7 | 8 | 9 | 15 | 20 | 30 |
|---|---|---|---|---|---|---|---|---|---|---|---|---|---|
| k2 | 1 | 4052 | 4999 | 5404 | 5624 | 5764 | 5859 | 5928 | 5981 | 6022 | 6157 | 6209 | 6260 |
| | 2 | 98,50 | 99,00 | 99,16 | 99,25 | 99,30 | 99,33 | 99,36 | 99,38 | 99,39 | 99,43 | 99,45 | 99,47 |
| | 3 | 34,12 | 30,82 | 29,46 | 28,71 | 28,24 | 27,91 | 27,67 | 27,49 | 27,34 | 26,87 | 26,69 | 26,50 |
| | 4 | 21,20 | 18,00 | 16,69 | 15,98 | 15,52 | 15,21 | 14,98 | 14,80 | 14,66 | 14,20 | 14,02 | 13,84 |
| | 5 | 16,26 | 13,27 | 12,06 | 11,39 | 10,97 | 10,67 | 10,46 | 10,29 | 10,16 | 9,72 | 9,55 | 9,38 |
| | 6 | 13,75 | 10,92 | 9,78 | 9,15 | 8,75 | 8,47 | 8,26 | 8,10 | 7,98 | 7,56 | 7,40 | 7,23 |
| | 7 | 12,25 | 9,55 | 8,45 | 7,85 | 7,46 | 7,19 | 6,99 | 6,84 | 6,72 | 6,31 | 6,16 | 5,99 |
| | 8 | 11,26 | 8,65 | 7,59 | 7,01 | 6,63 | 6,37 | 6,18 | 6,03 | 5,91 | 5,52 | 5,36 | 5,20 |
| | 9 | 10,56 | 8,02 | 6,99 | 6,42 | 6,06 | 5,80 | 5,61 | 5,47 | 5,35 | 4,96 | 4,81 | 4,65 |
| | 10 | 10,04 | 7,56 | 6,55 | 5,99 | 5,64 | 5,39 | 5,20 | 5,06 | 4,94 | 4,56 | 4,41 | 4,25 |
| | 11 | 9,65 | 7,21 | 6,22 | 5,67 | 5,32 | 5,07 | 4,89 | 4,74 | 4,63 | 4,25 | 4,10 | 3,94 |
| | 12 | 9,33 | 6,93 | 5,95 | 5,41 | 5,06 | 4,82 | 4,64 | 4,50 | 4,39 | 4,01 | 3,86 | 3,70 |
| | 13 | 9,07 | 6,70 | 5,74 | 5,21 | 4,86 | 4,62 | 4,44 | 4,30 | 4,19 | 3,82 | 3,66 | 3,51 |
| | 14 | 8,86 | 6,51 | 5,56 | 5,04 | 4,69 | 4,46 | 4,28 | 4,14 | 4,03 | 3,66 | 3,51 | 3,35 |
| | 15 | 8,68 | 6,36 | 5,42 | 4,89 | 4,56 | 4,32 | 4,14 | 4,00 | 3,89 | 3,52 | 3,37 | 3,21 |
| | 16 | 8,53 | 6,23 | 5,29 | 4,77 | 4,44 | 4,20 | 4,03 | 3,89 | 3,78 | 3,41 | 3,26 | 3,10 |
| | 17 | 8,40 | 6,11 | 5,19 | 4,67 | 4,34 | 4,10 | 3,93 | 3,79 | 3,68 | 3,31 | 3,16 | 3,00 |
| | 18 | 8,29 | 6,01 | 5,09 | 4,58 | 4,25 | 4,01 | 3,84 | 3,71 | 3,60 | 3,23 | 3,08 | 2,92 |
| | 19 | 8,18 | 5,93 | 5,01 | 4,50 | 4,17 | 3,94 | 3,77 | 3,63 | 3,52 | 3,15 | 3,00 | 2,84 |
| | 20 | 8,10 | 5,85 | 4,94 | 4,43 | 4,10 | 3,87 | 3,70 | 3,56 | 3,46 | 3,09 | 2,94 | 2,78 |
| | 21 | 8,02 | 5,78 | 4,87 | 4,37 | 4,04 | 3,81 | 3,64 | 3,51 | 3,40 | 3,03 | 2,88 | 2,72 |
| | 22 | 7,95 | 5,72 | 4,82 | 4,31 | 3,99 | 3,76 | 3,59 | 3,45 | 3,35 | 2,98 | 2,83 | 2,67 |
| | 23 | 7,88 | 5,66 | 4,76 | 4,26 | 3,94 | 3,71 | 3,54 | 3,41 | 3,30 | 2,93 | 2,78 | 2,62 |
| | 24 | 7,82 | 5,61 | 4,72 | 4,22 | 3,90 | 3,67 | 3,50 | 3,36 | 3,26 | 2,89 | 2,74 | 2,58 |
| | 25 | 7,77 | 5,57 | 4,68 | 4,18 | 3,85 | 3,63 | 3,46 | 3,32 | 3,22 | 2,85 | 2,70 | 2,54 |
| | 26 | 7,72 | 5,53 | 4,64 | 4,14 | 3,82 | 3,59 | 3,42 | 3,29 | 3,18 | 2,81 | 2,66 | 2,50 |
| | 27 | 7,68 | 5,49 | 4,60 | 4,11 | 3,78 | 3,56 | 3,39 | 3,26 | 3,15 | 2,78 | 2,63 | 2,47 |
| | 28 | 7,64 | 5,45 | 4,57 | 4,07 | 3,75 | 3,53 | 3,36 | 3,23 | 3,12 | 2,75 | 2,60 | 2,44 |
| | 29 | 7,60 | 5,42 | 4,54 | 4,04 | 3,73 | 3,50 | 3,33 | 3,20 | 3,09 | 2,73 | 2,57 | 2,41 |
| | 30 | 7,56 | 5,39 | 4,51 | 4,02 | 3,70 | 3,47 | 3,30 | 3,17 | 3,07 | 2,70 | 2,55 | 2,39 |
| | 40 | 7,31 | 5,18 | 4,31 | 3,83 | 3,51 | 3,29 | 3,12 | 2,99 | 2,89 | 2,52 | 2,37 | 2,20 |
| | 50 | 7,17 | 5,06 | 4,20 | 3,72 | 3,41 | 3,19 | 3,02 | 2,89 | 2,78 | 2,42 | 2,27 | 2,10 |
| | 60 | 7,08 | 4,98 | 4,13 | 3,65 | 3,34 | 3,12 | 2,95 | 2,82 | 2,72 | 2,35 | 2,20 | 2,03 |
| | 80 | 6,96 | 4,88 | 4,04 | 3,56 | 3,26 | 3,04 | 2,87 | 2,74 | 2,64 | 2,27 | 2,12 | 1,94 |
| | 100 | 6,90 | 4,82 | 3,98 | 3,51 | 3,21 | 2,99 | 2,82 | 2,69 | 2,59 | 2,22 | 2,07 | 1,89 |
| | 200 | 6,76 | 4,71 | 3,88 | 3,41 | 3,11 | 2,89 | 2,73 | 2,60 | 2,50 | 2,13 | 1,97 | 1,79 |

# Stichwortverzeichnis

## A



## B



## C



## D

## E



## F



## G



## H



## I

## K



## L



## M



## N



## O



## P